华 章 图 书

一本打开的书，一扇开启的门，

通向科学殿堂的阶梯，托起一流人才的基石。

实战

DevSecOps
实战

周纪海 周一帆 马松松 陶 芬 杨伟强 程胜聪 陈亚平 著

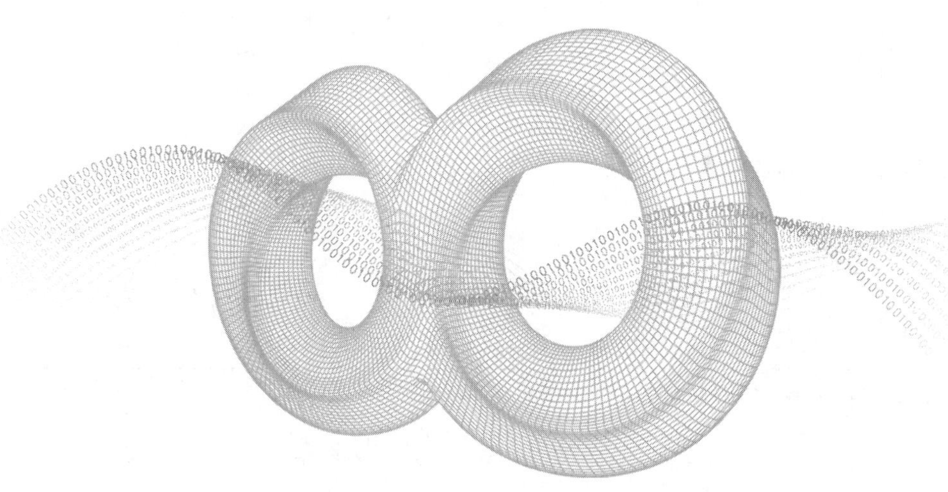

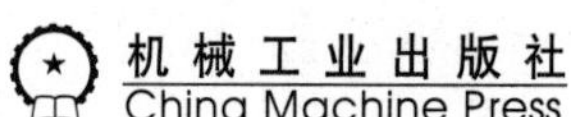

图书在版编目（CIP）数据

DevSecOps 实战 / 周纪海等著 .-- 北京：机械工业出版社，2022.1
（实战）
ISBN 978-7-111-69565-3

I. ①D… II. ①周… III. ①软件开发 IV. ① TP311.52

中国版本图书馆 CIP 数据核字（2021）第 231475 号

DevSecOps 实战

出版发行：机械工业出版社（北京市西城区百万庄大街 22 号 邮政编码：100037）

责任编辑：陈　洁	责任校对：马荣敏
印　　刷：三河市宏图印务有限公司	版　　次：2022 年 1 月第 1 版第 1 次印刷
开　　本：186mm×240mm　1/16	印　　张：18.75
书　　号：ISBN 978-7-111-69565-3	定　　价：99.00 元

客服电话：（010）88361066　88379833　68326294
投稿热线：（010）88379604
华章网站：www.hzbook.com
读者信箱：hzjsj@hzbook.com

Preface 序

我和纪海于2020年在深圳举办的DevOps社区活动中相识，并一同在金融机构实施DevOps方面做过经验交流。之后在纪海的组织下，我们在广州和深圳两地又举办过多次DevOps社区活动，并且在不同的领域有了更多的沟通。近期纪海决定把自己在DevSecOps领域的多年实践经验以图书的形式在更大范围内分享并邀请我作序，我欣然应邀，相信本书对国内企业的DevSecOps转型会有重要的参考价值。

在过去的10年中，本人有幸参与了大型金融机构的数字化转型工作。在转型过程中，如何为企业建立一套高效和切实可行的研发流程，并对研发流程的关键节点进行有效的跟踪和监控，是实现科技团队数字化、精细化管理的核心工作之一。做好这个转型并非易事，它既需要高效灵活的工具作为辅助，又需要企业管理层和所有员工在思维方式上做相应的转变。目前国内企业在DevSecOps转型过程中普遍遇到了如下挑战。

1）IT成熟度相对较低。很多企业核心系统自研比例低，自有IT人员少，大量采用外购系统和使用外包人员，IT团队和软件系统成熟度低。

2）管理理念落后。一些企业科技侧的管理人员在交付压力较大的情况下，在推动科技团队数字化和精细化管理方面主动性不足，数字化管理理念相对欠缺。

3）人才短缺。目前在软件开发质量管理和研发效能度量方面，经验丰富的人才缺口较大，市场上该类人才的供给明显不足。

4）安全和效率的平衡。对很多企业来说，安全已经成为DevOps发展的阻碍，企业的研发人员认为安全要求降低了IT对业务需求的响应速度。这就要求企业在系统安全管理上也要积极转型，以适应DevSecOps全新的研发流程。

针对以上挑战，企业管理者需要积极转变思维方式，引领团队主动拥抱变革，在人才培养、系统建设、工具研发等方面积极探索适合企业发展的模式，全面提升企业的研发效能和交付速度。

本书对 DevSecOps 的理论知识进行了详细的讲解，并且融入了 DevSecOps 建设过程中的很多经验分享，相信对那些已经在参与或者即将参与企业敏捷和 DevSecOps 转型的读者一定会有所帮助。

平安银行资金同业 CTO　李玮

Preface 前　言

为什么要写这本书

12 年前，DevOps（研发运维一体化）作为精益和敏捷之后的另一个全新的方法论被提出，并且走进了软件开发的世界。作为 DevOps 的核心理念，持续交付帮助企业通过自动化和更好的团队协作实现了快速交付。之后出现的微服务让 DevOps 摆脱了单一架构模式下各个模块的依赖关系，从而使得交付速度更上一层楼。而云原生的出现不仅降低了基础设施的成本，也使得系统的运维和运营更加稳定。经过过去 10 多年的发展，企业的 DevOps 已经逐渐成熟。大家突然发现，除了速度和质量外，安全对于企业来说也同等重要。而且传统应用安全保护模式已经不适应 DevOps 模式下的快速交付了，甚至逐渐成为快速交付继续进阶的瓶颈。为了解决这个问题，2012 年就被提出来的 DevSecOps 于 2017 年开始在世界范围内逐渐流行起来。

然而，DevSecOps 横跨研发效能和安全两个领域，过去这种复合型人才几乎不存在。从事研发效能的专家将安全引入开发流程的各个阶段，以及从事应用安全的专家将安全在开发团队进行落地，都需要额外的技能和大胆的尝试。由于实践 DevSecOps 的挑战巨大和难度极高，虽然经历了三四年的发展，不仅国外 DevSecOps 相关的书籍甚少，国内至今仍无一本全面并且系统地介绍 DevSecOps 落地实践的书籍。

自从 2018 年在汇丰银行内部开始实践 DevSecOps，并于 2019 年年初作为演讲嘉宾参加日内瓦 DevOpsDays 以来，截至 2020 年，我已经在国内外 20 多场技术峰会、论坛以及社区分享过自己在国际大型银行和国内大型互联网公司实践 DevSecOps 的经验。在有了一定的积累之后，为了让更多正迷茫于如何落地 DevSecOps 的企业和对 DevSecOps 感兴趣的个人有相关的经验可以参考，从 2020 年年末开始，我联合腾讯、百度等多家互联网公司和汇丰银行等金融行业的研发效能和应用安全领域的 DevSecOps 实践者，一起计划编写国内第一本 DevSecOps 相关书籍，希望让更多人受益，尤其是对 DevSecOps 这种全新的理念和方法论还处于迷茫状态的人们。

本书特色

本书采取了与大部分技术书不同的编写方式。书中杜撰了一个简单的故事，讲述了两位发小，作为研发效能和安全专家在比较有代表性的互联网公司（灰石网络）和金融企业（德富银行）落地 DevSecOps 的经历。通过故事里实践 DevSecOps 过程中抛出的问题和痛点，引出各章的相关内容和解决方案，让读者更有实际工作场景的代入感。

本书的作者都是拥有 DevSecOps 相关工具开发或者落地实践经验的资深专家和高级管理者，却又来自不同的领域（DevOps 和应用安全）和不同的行业（互联网和金融）。由于 DevSecOps 本身是跨越软件开发、研发效能和应用安全等不同领域的全新方法论，并且在不同行业的落地目标和方式也有所不同，因此本书的作者群体正好可以从不同角度对 DevSecOps 的实践和落地进行全方位覆盖。其目标是不仅使来自不同行业的开发和 DevOps 背景的读者了解 DevSecOps 相关安全理念和实践，也使来自不同行业信息安全背景的读者了解如何进行安全前置，最终将安全意识和能力落地开发团队。

读者对象

- 研发效能工程师
- 研发效能架构师
- 研发效能管理人员
- 敏捷和研发效能教练
- 应用安全工程师
- 应用安全架构师
- 应用安全管理人员
- 开发、测试和运维人员
- 对研发效能和应用安全感兴趣的其他人员

如何阅读本书

本书共分为 9 章。其中，第 3 ~ 7 章为本书的重点，如果你没有充足的时间完成全书的阅读，则可以选择性地进行重点章节的阅读。

第 1 章由马松松、周纪海和杨伟强编写，简单介绍了 DevOps 的理念和发展史，以及 DevOps 到 DevSecOps 的演进，接着详细介绍了实践 DevSecOps 的理论基础和指导原则，最后分析了互联网和金融行业推动 DevSecOps 的动机和目标。

第 2 章由周纪海和周一帆编写，对 DevSecOps 行业和企业现状进行了调研和分析。关于 DevSecOps 解决方案，本章从流程和方法论、技术、文化和组织，以及 DevSecOps 体系建设层面进行了详细的介绍和讨论。

第 3 章由马松松和周纪海编写，详细介绍了在软件开发阶段 DevSecOps 通过安全左移带来的开发人员安全意识和能力提升、安全编码、代码质量，以及如何通过持续集成流水线实现安全扫描自动化等内容。

第 4 章由程胜聪和周纪海编写，详细介绍和讨论了持续测试对于提高测试效能、实现自动化测试的重要性，以及安全左移和右移后对测试阶段的影响。另外，本章对融入测试阶段的动态安全测试和交互式安全测试也进行了详细的介绍。

第 5 章由周纪海和周一帆编写，详细介绍了一个完整的业务需求管理涵盖的各个方面：需求收集和过滤、需求分析、需求排期、需求描述、需求拆分和需求评审等。另外，本章也详细介绍了如何基于变更分类进行需求安全管理和评审的融入。

第 6 章由周一帆和陈亚平编写，详细介绍了 DevOps 快速交付模式下微服务架构的拆分和设计原则、微服务改造和开发框架。接着详细介绍了架构安全评估体系下的不同实现模式（快速检查表、威胁建模以及合规检查等），其中尤其重点介绍了完整风险评估——威胁建模。

第 7 章由周一帆、周纪海和杨伟强编写，详细介绍了运维和线上运营阶段 DevSecOps 包含的各方面内容：配置和环境管理、发布部署、持续监控、日志分析、事件响应、权限控制、安全众测和红蓝对抗等。最后对最新的运行时自我保护工具 RASP 进行了重点介绍和分析。

第 8 章由周纪海和周一帆编写，从实际问题出发，讨论了为什么需要度量驱动进行持续反馈，重点介绍了 DevSecOps 度量指标和平台建设，分析了度量实践中常见的问题和误区，并对如何使用好度量提出了指导建议。

第 9 章由陶芬编写，重点讨论 DevSecOps 在云原生场景下的应用，其中包括 DevSecOps 在基于云原生的开发、分发、部署和运行时各个阶段的实施流程，以及相关的落地工具和框架。

勘误和支持

由于作者的水平有限，编写时间仓促，书中难免会出现一些错误或者不准确的地方，恳请读者批评指正。如果你有更多的宝贵意见，则欢迎通过邮箱 Service@ChinaDevSecOps.com 与我联系，期待能够得到你们的真挚反馈，在技术之路上我们互勉共进。

致谢

感谢参与本书编著的小伙伴们，很高兴和你们一起并肩作战，共同完成这个作品。

另外，我也要感谢我的太太和儿子。为写作这本书，我牺牲了很多陪伴他们的时间，但也正因为有了他们的付出与支持，我才能坚持写下去。

最后，谨以此书献给众多热爱研发效能以及 DevSecOps 的朋友们！

周纪海

2021 年 8 月

Contents 目　录

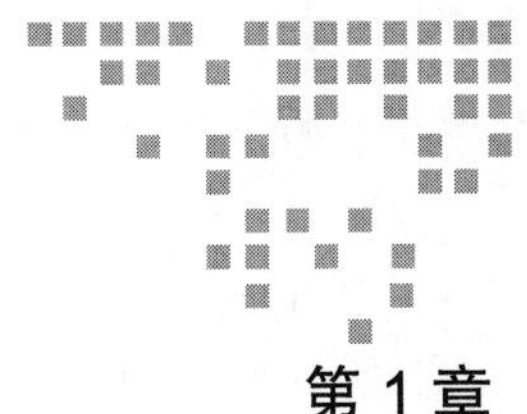

第 1 章 Chapter 1

DevSecOps 的演进与落地思考

随着技术的发展与市场竞争的日益激烈，传统 SDLC 的研发模式已无法满足当今传统行业和互联网行业的发展需求。作为金融巨头的德富银行与互联网行业龙头的灰石网络也面临着同样的挑战。随着一场内部事故的发生，就职于德富银行和灰石网络的两位发小之间的交流，也揭开了两家不同背景企业中 DevSecOps 推动与转型的序幕。

2017 年 10 月的江南市已渐入深秋，凌晨的秋风透露着丝丝的寒意。此时，位于 CBD 德富广场的德富银行亚太运营中心已然是一幅热火朝天的景象。

“叮铃铃……”

一阵紧促的手机铃声在卧室响起，睡意朦胧的江宇宁摸起床头的手机，揉了揉眼。是公司老汪的电话，他所带领的安全运营中心一直有人值夜班，难道有事故发生？江宇宁心中暗暗道。

信息安全科班出身的江宇宁 2006 年研究生毕业后，就一直就职于德富银行亚太运营中心，先后在零售银行、信息安全等部门担任过多个职务。凭着出色的工作成绩，目前任职德富银行中国区信息安全团队的主管。老汪，全名汪泉，是宇宁在公司的老搭档了，他是德富银行中国区安全运营中心主任。

“喂，老汪？”

“宇宁，出事了！”

老汪的第一句话就印证了他心中的想法，此刻，他不由得一惊。

“怎么了？”

“你上公司内部论坛看看吧，我们的所有员工个人信息都被发布上去了。”

也许是刚从睡梦中惊醒的缘由，江宇宁现在脑袋还有点乱。

“15 分钟前，公司的内部论坛上就陆续出现了数个帖子，批量发布了咱们德富银行中国区员工的个人身份信息，包括姓名、员工号、职级、联系方式，甚至还有家庭住址……”

许多画面在宇宁的脑海中闪烁着，他意识到了事态可能的严重性。

“但是……”

“但是什么？”江宇宁追问。

“我们发现信息是被处理过的。”老汪补充道。

“嗯？”

“比如员工姓名、联系方式、地址等，里面不少关键信息使用星号字符代替了。而且值班的同事也赶紧比对了可能的数据来源，目前高度怀疑这些信息泄露来自咱们公司的员工内部福利平台，所以我认为……”

“应该没错了，就是他们，这就是一个示警，相信明天一早就会有一份正式的报告发到刘总和咱们的邮箱了。”宇宁还没等老汪说完，就已经有了自己的判断，相信这也是老汪接下来想要说的话。

江宇宁所指的“他们”，正是德富银行内部前几年才成立的一个专业化蓝军团队。作为一家跨国金融机构，该团队成员分布于世界各地，由银行招募的各类精英白帽黑客组成。他们致力于搜寻与发掘银行机构各业务及系统中可能存在的漏洞及安全风险，并给予及时的通报预警。网络与信息安全重在预防，应力争在漏洞及风险暴露的早期去发现它、修复它，对于一家被强监管的金融机构来说更是如此。德富银行的蓝军团队正是发挥着这样的关键作用。但这同时也意味着对于业务与产品，甚至安全团队来说，需要承受的压力与责任也是前所未有的。

“哎，接下来咱们的任务重咯。”老汪叹了口气。

“这样吧，老汪，如无意外的话，明早组织早会，尽快对蓝军的报告进行分析与复盘，尽快定位事故源头，查找事故原因，并与相关业务团队保持沟通，尽快提出解决方案。”

“是的，我也这么想，咱们得尽可能地减小影响范围和影响程度。”

“老汪啊，我其实觉得是时候开始研究一下之前我和你提过的那个想法了。虽说咱们安全重在预防，但也不能总是这么被动嘛……”说到这，江宇宁又陷入了思考之中。

“宇宁你是说实施安全左移与DevOps结合的计划是吧？”

“对！咱们明天细聊吧。”

结束通话之后，江宇宁躺在床上辗转反侧。虽然这次蓝军攻击的是公司某个内部员工福利系统，无论从业务风险等级还是数据的重要性来评估，暂且还算不上严重“事故”。但即便如此，在外人看来，一个连自己员工个人信息都无法保护的公司，又谈何能被客户信任呢？再映射到现实生产环境中，又有多少在线的业务系统或产品还存在未知的漏洞呢？为什么对于有些漏洞利用，现有的常规安全审查手段依旧无法发现？我们可以在更早的阶段避免漏洞和各种安全风险的产生吗？

第二日，秋日的晨光显得十分柔和，江宇宁起床后的第一件事便是打开公司邮箱查找可能会收到的报告。果然，一份标记着黑鹰Logo的报告已送达收件箱，邮件除了发给安全团队主管、相关业务团队主管，还同时抄送了银行CIO、亚太区COO等高层，这足以体现出这次“事故”的严重性，同时也意味着江宇宁在接下来的工作中所面临的压力。

在上午的会议中，大家仔细分析了报告中所提及的各种问题。总的来说最突出的“事故”原因有三个，一是员工福利平台的系统设计存在漏洞，供系统用于访问数据库的服务账号凭证虽然在服务器上做了基于AES256的加密，但由于加密密钥管理设计存在缺陷，才给蓝军留下了乘虚而入的机会。二是编码上存在不符合规范的情况，由于该业务系统是一个纯粹面向公司内部的平台，无任何对外服务存在，使得开发人员在编码阶段没有严格遵循纵深防御的原则，在个别指令校验机制的编写上存在漏洞。其实这本质上也是安全意识薄弱所导致的。三是对于该类业务风险等级较低的面向纯内部服务的业务系统，在后期安全审查、测试等阶段存在系统性的管理缺陷。面对该类业务，安全审查、测试范围不够明确，也是导致“事故”的原因之一。

“看吧，如果咱们之前讨论的安全左移计划可以与DevOps同步实施，相信这类事故就不太可能会发生了。”会后，江宇宁对老汪说。

“是啊，但毕竟咱们现在也还只是个计划，当中还包括许多不成熟的想法，这些都需要去摸索怎么解决，而且诸多流程与制度的改变问题更是棘手。我们毕竟没有经验，在国内业界应该也没有人尝试过。”老汪回答道。

老汪所说，也正是宇宁的心中所忧。

其实在2017年年初，德富银行就确立了开展DevOps转型的目标。随着技术的发展与市场竞争的日益激烈，传统SDLC的研发模式已无法满足当今日益激增的业务发展需求。对于德富银行来说，无论是数字基础设施重构，拥抱人工智能、区块链还是物联网，都需要先完成自身的敏捷化，也离不开DevOps技术转型的实施。这无疑将成为未来几年金融数字化升级的必备条件。作为安全团队主管的江宇宁也意识到了一个问题的存在，即传统信息安全交付模式和现代DevOps的快速持续交付理念实质上是相冲突的，这使信息安全成为快速交付的瓶颈。而另一方面，没有考虑到信息安全的DevOps，会让产品更容易存在信息安全漏洞的风险。因此，要将信息安全的意识和职能进行左移，变被动为主动，才是打破这一瓶颈的正确方向。在江宇宁的心中，这一DevOps转型的契机又何尝不是一次同步开展安全左移计划的最佳机遇呢！

此刻的江宇宁又想起了周天——他的发小，或许从他那里能获得些灵感？

周天和江宇宁从小学到高中都是同一所学校，可以说是多年的“老铁”。后来大学期间，周天选择了出国深造，攻读软件工程。回国后的周天最终加入了灰石网络，担任高级研发效能专家，负责研发团队的DevOps推广和效能提高。同时，周天对应用安全也有着浓厚的兴趣，经常和江宇宁互相交流彼此在研发效能和应用安全方面的经验。周天工作的公司——灰石网络，可以算是国内首屈一指的网络游戏与社交平台，庞大的用户群体与多元化业务线注定了灰石网络始终处于各类网络与信息安全事件热点的风口浪尖。

周末，猫头鹰咖啡馆，这是江宇宁和周天常聚的地方。

“听说你们公司最近也在推进 DevOps 工作?”大家都是老相识了，宇宁直入主题。

“咳，别提了。最近我们才出了个岔子。”周天一脸的苦笑。

“有一台前置服务器被发现受到了非法入侵，还好检测报警及时，没造成什么严重后果。”

“这说明你们的安全防范措施还是到位嘛。”宇宁拍了拍周天的肩膀，紧接着问道，“那入侵原因找到了吗?”

“找到了，其实算是一个蛮低级的错误吧，很快就发布了修复版本。”

“嗯?”宇宁有点疑惑。

“产品开发中为了提高发布频率，引用了一个旧版本的第三方库，恰巧那个第三方库中包含了前段时间的一个高危漏洞。这不，刚好被黑客利用了呗。”周天解释道。

“趁着公司刚开始推行 DevOps，我们在考虑能不能借着这一契机进化成 DevSecOps。”周天接着补充。

“DevSecOps ?”又一个问号在宇宁脑海中浮起。

“今年的 RSA 大会上有很多人提到了这个名词，其实核心也就是你之前和我聊过的如何将安全职能左移。它的核心理念是使安全成为整个 IT 团队，包括开发、运维及安全团队每个人的责任，需要贯穿从开发到运营整个业务生命周期的每一个环节。”

宇宁恍然大悟。是的，周天提到的 DevSecOps 不正是对自己想法的一个系统化概述吗? 这让宇宁感到又惊又喜，惊的是没想到业界这么快就已经有了共识，喜的是这也对宇宁接下来的工作开展具有系统化的引导意义。

“既然 DevOps 通过研发运维的一体化来提升效能，那么我们现在的安全交付模式必定会和它有实践上的冲突。”周天接着说。

“呵呵，我可不希望成为 DevOps 转型路上的绊脚石，这也是为什么我一直坚信将安全职能左移与 DevOps 推进同时进行，用 DevSecOps 的方法来开展工作才是正确的方向!”周天带来的信息，也更加坚定了宇宁的想法。

随着讨论的深入，两人也分析了基于各自行业的 DevSecOps 进化可行性，毕竟以金融为代表的传统行业，与以互联网为代表的新兴行业都有各自的行业属性，业务与产品形态的不同注定了两者在未来 DevSecOps 进化蓝图上的差异。

一场轰轰烈烈的改革之路随之拉开序幕。

1.1 DevOps 简介

维基百科上，DevOps（Development 和 Operations 的组合词）是指一种重视软件开发人员（Dev）和 IT 运维技术人员（Ops）之间沟通合作的文化、运动或惯例。通过自动化软件交付和架构变更的流程，使构建、测试、发布软件能够更加快捷、频繁和可靠。现在，即使对了解过 DevOps 甚至是已经在使用这种研发模式的人来说，也难以定义到底什么是 DevOps。有些观点认为，DevOps 区别于传统的瀑布模式，基于敏捷模式，并将敏捷思想和实践从开发扩展到运维（也有激进的观点认为它完全不同于这两种研发模式），是一种新的思维模式和行动方法。

1.1.1　DevOps 发展简史

在 2008 年举办的敏捷大会上，Patrick Debois 和 Andrew Clay Shafer 首次提议讨论了“敏捷基础架构”这个话题。在第二年的敏捷大会上，两名 Flickr 员工做了题为“10+ Deploys per Day: Dev and Ops Cooperation at Flickr”（“每天 10 次部署”）的演讲，这可以看作开创了我们现在所说的 DevOps 的概念。之后它激发着 Patrick 在同年 10 月于比利时根特市举办了第一届 DevOpsDays，这代表着 DevOps 推广的开始。从那以后，DevOps 借助 DevOpsDays 在全球范围内传播，并于 2019 年达到顶峰——全球有 80 座城市在 2019 年举办了 DevOpsDays。2019 年 10 月 28 日到 30 日，全球各个国家和城市的 DevOps 活动组织者和推广者齐聚比利时根特市，举办了 DevOpsDays 十周年庆典。

相比欧美国家，DevOpsDays 进入中国相对较晚，2017 年 3 月 18 日北京举办了第一届中国 DevOpsDays，并于接下来几年陆续在上海和深圳也分别举办了 DevOpsDays 峰会。由于 DevOpsDays 对中国 DevOps 行业的影响，2018 年 7 月 22 日，中国 DevOps 社区成立，并迅速发展到全国 18 个城市，通过本地化的 DevOps Meetup 等小型活动在各个城市继续推广 DevOps。

除了 DevOpsDays，另一个标志性事件是 Alanna Brown 在 2012 年起草了第一版年度《DevOps 现状报告》。从 2012 年起，这份年度报告就被 DevOps 业界和从业人士作为了解 DevOps 现状的参考以及 DevOps 发展方向的风向标。另外，2013 年 Gene Kim 出版了小说体的《凤凰项目》一书，通过描述一家正在经历 DevOps 转型的企业，生动形象地向读者介绍了转型过程中的思想碰撞，以及各种问题和相关的解决方法。2016 年，Gene Kim 联合 Jez Humble、Patrick Debois 和 John Wills 合力出版了 DevOps 业界最具权威的经典著作：《DevOps 实践指南》。图 1-1 给出了 DevOps 10 多年的发展历程。

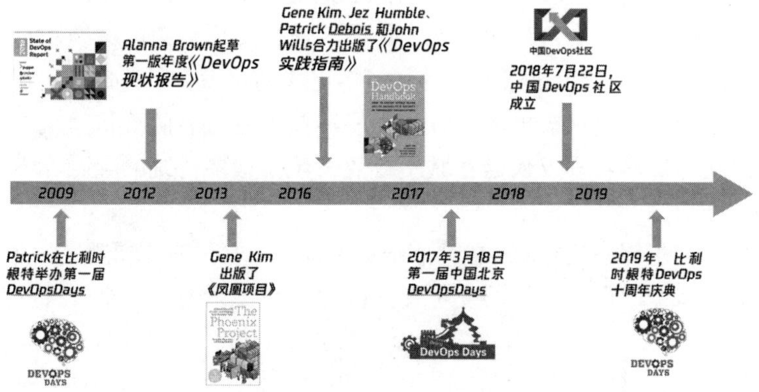

图 1-1　DevOps 发展史

1.1.2 DevOps 理念

DevOps 的目标是提升整个研发效能，进行更便捷、更快速、更可靠的交付，从而提高产品竞争优势。DevOps 模糊了以往研发模式中开发、测试、运维等岗位和角色的界限，加强了他们之间的协作，甚至鼓励将各个角色从传统的专家团队的组织结构，重新编制成全功能团队，用以加强协作（如图 1-2 所示）。

技术层面上，则通过流水线和一系列自动化机制、成熟可伸缩的基础设施（如云）等，使开发人员获得更高的效能，从而更加频繁且快速地将代码变为产品，并从这种快速中获得持续不断的反馈和验证，以获得更高的可靠性。为了能够达到 DevOps 的目标：更便捷、更频繁地进行更可靠的交付，除了思维模式和文化以外，DevOps 也需要一些技术和工具来支撑。也是得益于一些基础设施和工具的发展和成熟，才使得越来越多的公司能够践行 DevOps。

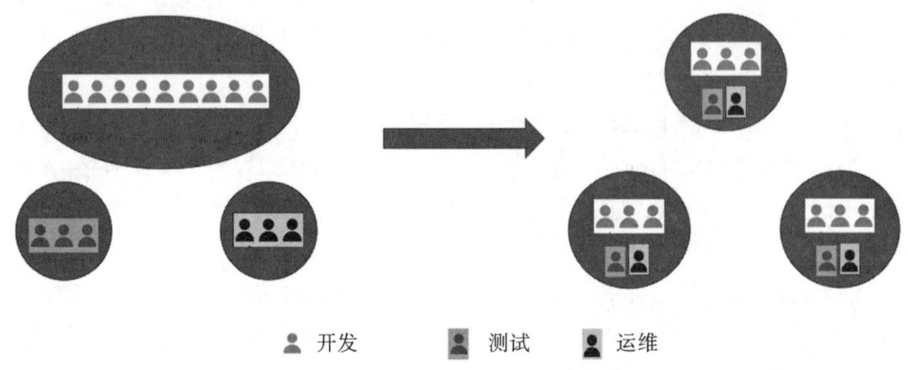

图 1-2 DevOps 组织结构转变

从目前业界的最佳实践来看，DevOps 技术和理念主要包括几个关键的要素：持续集成（Continuous Integration, CI）、持续交付（Continuous Delivery, CD）、微服务（Microservice）、自动化测试、基础设施即代码（Infrastructure as Code，隐含了虚拟化、容器、自动编排、配置即代码等技术和理念）、监控和日志（Monitoring and Logging）等。业界围绕 DevOps 已经形成了一系列的工具集合和解决方案。最终，通过文化意识的改变和自动化工具的使用，DevOps 能够带来的价值也是很明显的，包括更快的研发交付速度、更快的产品创新和尝试速度；有效地管理了更大规模的系统，并能够提供更可靠的质量；从文化角度，深化了研发各角色之间的协作。不仅仅是互联网行业，包括很多传统的金融、零售、制造等行业也在尝试 DevOps。

在如图 1-3 所示的传统模式下，在整个研发流程（需求、开发和测试）完成之后和上线前需要进行安全评审，以保证应用的安全性。因此，简单来说，整个软件开发的交付周期就是研发时长加上安全评估的时长。在 DevOps 模式下，我们通过自动化、敏捷开发、团队协作、微服务设计等 DevOps 理念和技术手段，提高了研发效能。研发阶段的时长缩短了，从而也减少了整个交付周期的时长，提高了交付速度和效率。然而，由于传统的 DevOps 模式没有考虑安全，因此上线前的安全评审时长并没有改变。从图 1-3 可以清晰地看出，在 DevOps 成熟的情况下，团队继续提高研发效能的瓶颈已经不在研发阶段，而是在上线前的安全评审阶段。那么，如何在 DevOps 模式下进一步改进研发效能，提高交付效率呢？另外，从安全的角度考虑，瀑布模式下的传统应用安全模式（比如 SDL）已经无法跟上 DevOps 模式下越来越快的交付速度了，因此需要摸索出一套适合不停迭代和快速交付的全新应用安全模式的方法论。

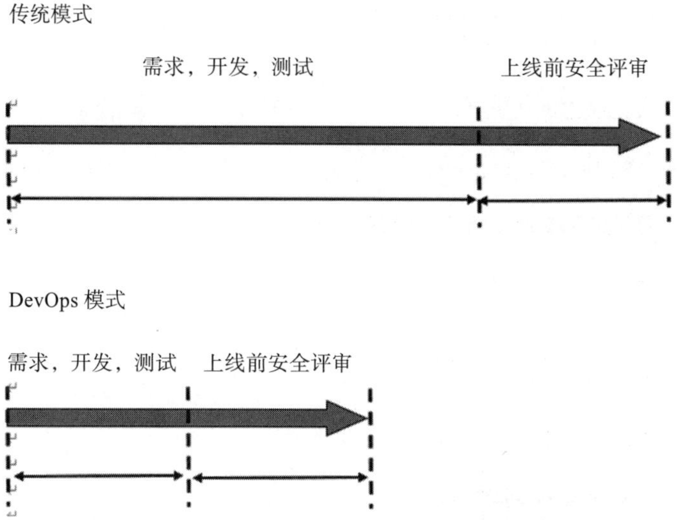

图 1-3　从传统模式到 DevOps 模式

1.2　DevSecOps 简介

上一节我们用一个图简单描述了从传统研发模式到 DevOps 模式的转变。然而，传统 DevOps 主要考虑速度和质量，并没有考虑信息安全。所以，在 DevOps 比较成熟的情况下，信息安全就变成了研发效能继续改进的瓶颈。DevSecOps 的最终目的就是通过安全左移到开发测试团队，使安全评审阶段的时长变短，从而进一步缩短交付周期（如图 1-4 所示）。并且它可以在更早的阶段发现并修复安全漏洞，从而减少上线前发现安全漏洞的返工成本。

1.2.1　从 DevOps 到 DevSecOps

DevSecOps 是 Gartner 在 2012 年就提出的概念，其原始术语是 DevOpsSec。2017 年 RSA 峰会之后，DevSecOps 开始成为世界热门话题。DevSecOps 延续了 DevOps 的理念，其设计与执行仍然处于 Agile 的框架之下。DevSecOps 的目标是将安全嵌入到 DevOps 的各个流程中（需求、架构、开发、测试等），从而实现安全的左移，让所有人为安全负责，将安全性从被动转变为主动，最终让团队可以更快、更安全地开发出质量更好的产品。

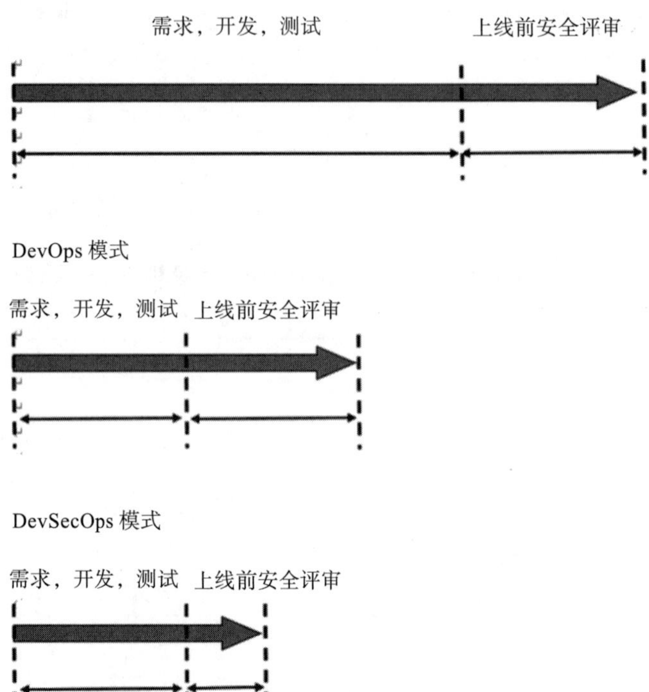

图 1-4　从 DevOps 模式到 DevSecOps 模式

所谓安全左移，在实践中就是为了让团队对他们开发的内容负责，通过将安全等工作（比如测试安全）从部署前的安全评审阶段左移到更早的阶段，从而更早、更快地发现并解决安全问题，而不是等到几天后部署时才发现，或者几个月后再发出渗透测试报告。DevSecOps 的出现并非偶然，它是软件持续交付演进的必然产物。在这种新型软件交付模式下，安全行为会散落在软件交付的各个阶段，而安全的职责也会落在各个阶段的参与者身上，而不再是主责落在安全团队身上。DevSecOps 可以给研发效能提供诸多好处，主要表现在以下三个方面（见图 1-5）：

1）交付更快：DevSecOps 通过自动化安全工具扫描，无感地左移了部分传统模式中在上线前最后阶段进行的安全扫描工作，使整个交付周期变得更短，交付速度因此变得更快。比如在图 1-5 中，由于安全评审阶段时长的减少（T7），交付周期从 DevOps 模式下的 T1，变成了 DevSecOps 模式下的“T1–T7”。

2）节省成本：DevSecOps 由于在 SDLC 前期阶段发现并且修正安全隐患和漏洞，避免了传统模式中在上线前最后阶段进行安全扫描发现高危安全漏洞后进行的返工，从而从流程上节省了成本。比如在图 1-5 中，在上线前发现高危安全漏洞返工修复安全漏洞后，整个开发、测试和安全评审流程又要重新走一遍，因此额外消耗的成本就是 T2 时间下的人力。在 DevSecOps 模式下，由于安全左移到了开发或者测试阶段，因此，如果高危安全漏洞在开发阶段被发现，那么额外耗费的人力也仅仅是开发时长 T4 下的人力，节省下来的是“T2–T4”时长下的人力。而如果高危安全漏洞是在测试阶段被发现的，那么返工额外消耗的人力就是“T4 + T5”下的人力，因此节省下来的就是“T2–T4–T5”下的人力。

3）控制风险：DevSecOps 减少了开发团队对安全部门 / 团队的依赖，通过安全左移让开发团队具备发现和修正部分安全隐患和漏洞的能力。

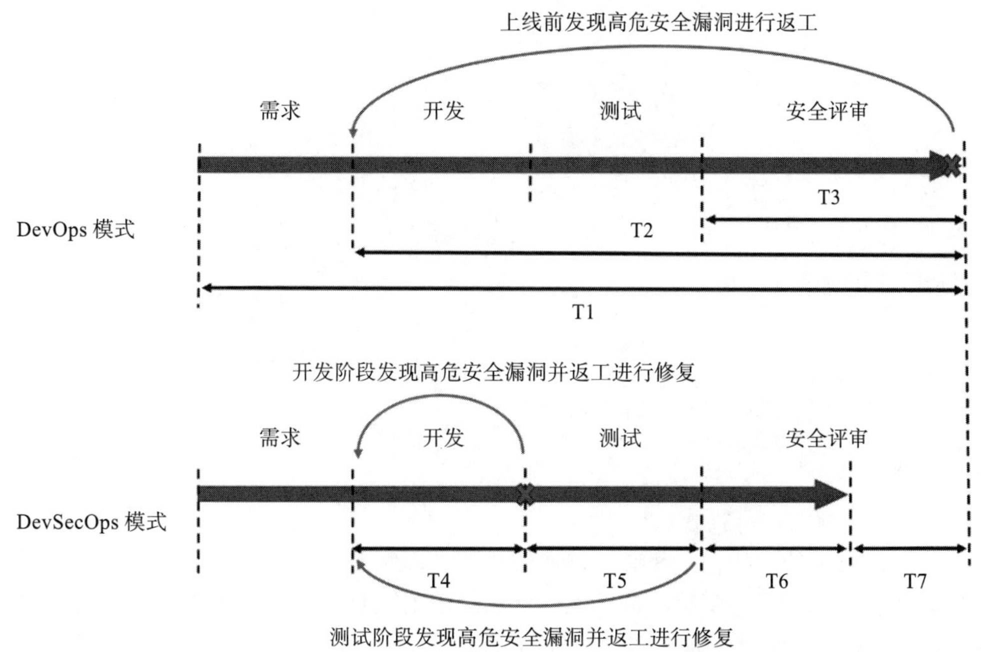

图 1-5　DevSecOps 相比 DevOps 的好处

另外，在传统模式下，安全部门 / 团队往往扮演“警察”的角色为企业的安全提供保障，因此有时会因为安全隐患或者风险从而阻止或者延迟开发团队交付上线。基于这种关系，因为大家的目的不同，开发团队和安全团队的关系往往并不是那么融洽，有时甚至会产生矛盾。然而，DevSecOps 的目的是通过将安全左移最终让所有人为安全负责。因此，将不再有安全“警察”的角色来监督开发团队，而是开发团队为自己开发的产品的安全性负责。

虽然 DevSecOps 是 DevOps 演进的必然结果，但是在 DevSecOps 实践落地的过程中，仍然面临来自技术、流程、人和文化诸多方面的困难和挑战（如图 1-6 所示）。其中技术挑战主要来源于两个方面：

1）由于 DevSecOps 是一个全新的概念，因此市场上可选择的开源和商用工具并不太多。

2）现有的很多 DevSecOps 工具也并不成熟（比如误报率、专业性要求高等问题），所以也增加了 DevSecOps 工具在推广和使用过程中的难度。

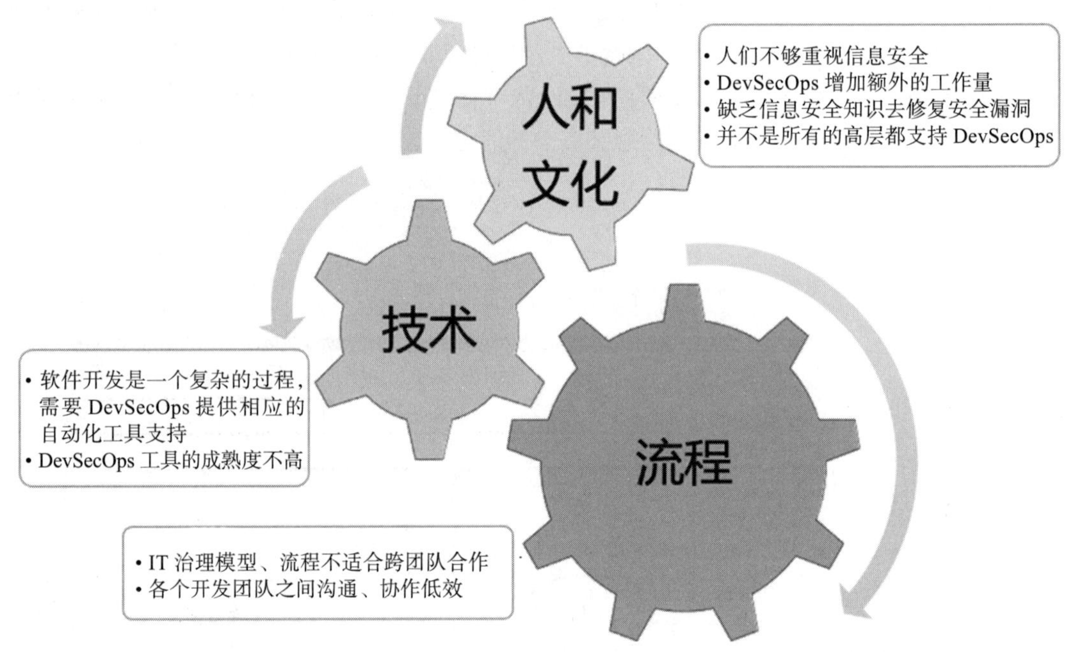

图 1-6　实现 DevSecOps 的挑战

相比来自技术的挑战，人和文化方面的挑战则影响更大。对于程序员来说，他们的主要工作是写代码，所以很多程序员可能缺乏相关的安全意识，并且简单地认为安全不是他们的职责，而是安全团队的职责。美国威胁检测公司 Threat Stack 针对北美大中小企业 200 多名安全、开发和运维专业人员的一项调查和报告表明，DevSecOps 仍然停留在理论阶段。造成这种情况的主要原因一是信息安全知识和能力并没有得到普及，二是缺少高层的支持，业务领导者甚至对此并不鼓励。报告中指出，只有 27% 的运维团队和 18% 的开发团队配备了安全专家；超过 44% 的开发人员没有接受过任何安全编码的培训；42% 的运维人员没有接受过基本安全实践方面的培训。因此，就算有些开发人员有安全方面的意识，但他们可能不具备安全编码和修复安全漏洞的能力，所以需要相关的安全培训。然而，信息安全毕竟是一门独立的学科，因此也增加了程序员的学习成本。最后，与 DevOps 刚出现时一样，作为一个全新的概念，DevSecOps 的理念还没有得到普及，因此很多时候得不到高级管理层的支持。报告中也指出，52% 的公司承认会削减安全措施，以便在截止日期前完成业务目标。68% 的受访企业 CEO 不允许因为安全问题让业务交付变慢。从这个报告可以看出，如果没有管理层自上而下的支持，DevSecOps 的推动会非常缓慢，甚至停滞不前。

针对以上种种挑战，DevSecOps 也给出了对应的最佳实践（见图 1-7），以便进一步在企业里进行推广。比如在技术层面，DevSecOps 最佳实践强调自动化信息安全，甚至将安全扫描进一步左移到 IDE 阶段，更早发现并修复问题，从而节省成本。另外，安全指标也可以作为质量门禁，用来保障交付的安全性。人和文化层面强调持续培训和安全意识的培养，以及 DevSecOps 负责人和开发团队里 DevSecOps“专家”等新角色的定义（详细内容请查看第 2 章）。流程层面强调定期的代码审查、红蓝对抗，通过 DevSecOps 度量发现研发过程中的瓶颈，以及评估 DevSecOps 改进的效果（详细内容请查看第 8 章）。

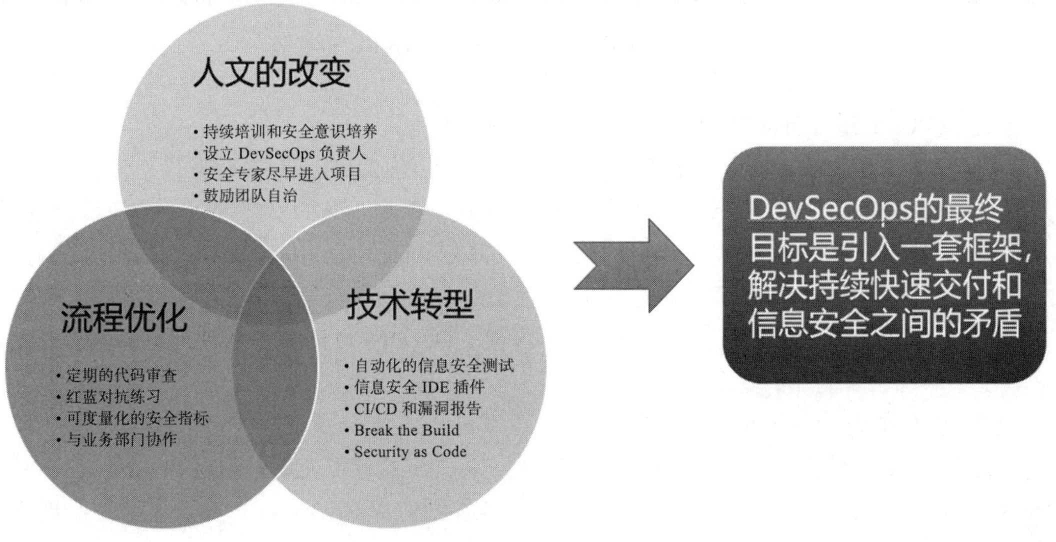

图 1-7　DevSecOps 最佳实践

1.2.2　从 SDL 到 DevSecOps

1. SDL

传统的基于瀑布和敏捷开发的研发模式下，有很多软件安全开发的管理理论方法，比如 BSIMM（Building Security In Maturity Model）、SAMM（Software Assurance Maturity Model）等。其中，一个由微软发明并向业界推荐的行之有效且被 IT/ 互联网行业大量使用的最佳安全实践，被称为安全开发生命周期（Security Development Lifecycle，SDL），这套方法论和其中的最佳实践已经成为一些行业事实上的标准，国内外各大 IT 和互联网公司都在基于这套理论和实践，结合自己的研发实际情况进行研发安全管控。从图 1-8 中我们可以看到整个过程，需要注意的是，SDL 本身并未关注运维，为了弥补这个缺陷，微软也推出了 OSA（Operational Security Assurance）。SDL 在研发、测试之外定义了安全的角色，通过流程上的保证，使安全人员及其工作能够嵌入到研发过程的各个环节中，以此来降低产品中出现安全漏洞的风险。

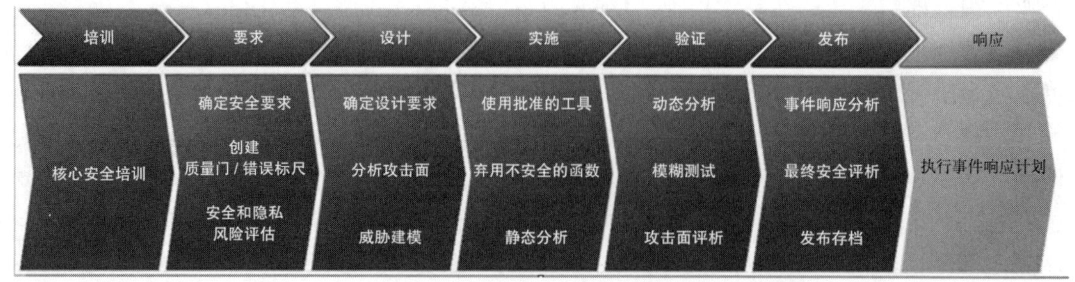

图 1-8　SDL 过程实践（来自微软官方发布的中文版本）

2. DevOps 对 SDL 的挑战

DevOps 出现之后，问题也随之出现。传统意义上的 DevOps 只关注开发、测试、运维及其之间的协作，安全（Security）是被排除在外的。随着业务的复杂度以及商业价值的增加，安全问题已然成为企业发展战略的关键组成部分。DevOps 中频繁的交付以及其他行为方式的改变事实上已经成了双刃剑，对旧有的 SDL 这类研发安全管控思想、流程和工具形成了很大的挑战，也让研发安全问题越发不可控。DevOps 对传统安全 SDL 的挑战，目前来看主要体现在如下几个方面。

（1）弱化的设计过程使安全评估难以展开

敏捷时代所倡导的“代码即设计”导致开发人员在设计上花费的时间大大降低。许多 DevOps 团队更是进一步升级了这个思想，比如硅谷创业家 Eric Rise 在其著作《精益创业》中提出了“精益创业”（Lean Startup）的理念。其核心思想是，开发产品时先做出一个简单的原型——最小化可行产品（Minimum Viable Product，MVP），然后通过 A/B 测试等方式收集用户的反馈，快速迭代，不断修正产品，最终适应市场的需求。如果是失败的尝试，则尽快让它停止。这样会导致两个关键的问题，一个是安全人员要不要 / 有没有必要参与到其中，另一个是安全人员根本无法参与到设计阶段，无法进行传统的针对设计方案的威胁建模、风险分析和消除等工作。

（2）高速的交付让安全过程无从下手

敏捷模式的研发过程可以将发布降低为 1 ~ 2 周，如果认为这个频次还能够承受的话。DevOps 模式下则更加极端，比如亚马逊在整个 2014 年部署变更了 5000 万次以上，平均每秒部署 2 次变更。在这个强度之下，传统的 SDL 实际上已经无法落地。

（3）云、微服务、容器等技术需要新的安全能力

云技术，特别是基础设施即服务（IaaS）和平台即服务（PaaS）等技术的快速发展，深刻地改变了我们进行系统架构和设计的思维模式。云环境中包含了众多的开发、运维、管控及安全等功能和产品，如账户管理、数据存储、加密和密钥管理、审计、故障处理、监控等服务和 API。举个例子，现在很多云都有 Serverless 服务，如何使用它来评估安全风险

和安全责任呢？使用云，就意味着必须接受共享责任模型（SRM）或者一些云服务厂商认为的“责任共担模式”，需要了解云技术供应商和自己的责任范围以及确保云技术供应商是否执行了所要求的安全能力。

微服务是许多成功实施了 DevOps 的案例中的一部分，亚马逊和 NetFlix 在围绕微服务构建系统和组织方面取得了巨大成功。但是微服务也有一些缺点，如操作复杂（单个微服务很容易理解，但是它们之间的相互关系和治理可能会超出人的理解能力）、攻击面分析困难（单个的攻击面可能很小，但是整个系统的攻击面可能很大，并且基于操作复杂的问题不容易看清楚）、边界不清晰（相比传统三层结构的 Web 网站，数据流分析难以应用在微服务架构中，因为不容易确定信任边界）、审计困难（除非使用统一的日志记录和审计机制，否则审计系统中众多的微服务会是一件非常困难和高成本的事情）等。

容器特别是 Docker 的发展和使用，也是 DevOps 的一个重要实践，它改变了传统的部署方式，与微服务等更容易结合。但是容器类技术也会带来另外的问题，比如资产识别问题（可能会遗漏，需要从基于 OS 或虚拟机的粒度增加到容器粒度，但是容器的使用又很灵活，快速的大量创建和销毁会使之成为很大挑战）、安全系统兼容问题（比如一些主机入侵检测系统 HIDS 可能需要能够支持容器）、引入新的安全风险（如内核溢出、容器逃逸、资源拒绝服务、有漏洞的镜像、泄露密钥等），这都需要使用新的方法来应对，详情请参考第 9 章。

（4）安全的职责分离原则被挑战

在传统思维中，职责分离（Segregation of Duties，SoD）是一个基本的要求。特别是，审计和合规领域极其关注这一要求。试想一下，一条流水线可以从代码直接通到服务器上去运行，如何平衡这种便利性和安全性？此外，这一点也可以扩展到变更的安全管理上。每天有那么多变更，怎么对这些变更进行有效管理？万一有恶意变更呢？有关变更的安全管理，有个案例可以很好地说明这一情况：骑士资本集团（Knight Capital Group）的一次失败变更使其在 45 分钟内就亏损了 4.6 亿美元。最终它因破产而被收购。

诸如此类的挑战，以及 SDL 本身固有的一些问题（如各个角色信息不对称、孤岛效应、意识不足、配合沟通困难、延误放大等），使得在 DevOps 潮流之下 SDL 逐渐变得困难重重。甚至有些悲观的看法认为 SDL 无法适应 DevOps 的出现。微软可能也感受到了这一压力，并提出 Secure DevOps 的概念和实践予以应对。

3. 安全领域更深的思考

传统的 SDL 类的方式管控了多年，但还是有持续不断的大小公司被入侵和数据泄露等安全事件发生。面对发展势头猛烈的 DevOps 研发思想和实践，传统的 SDL 已经渐感力不从心。无数的事实告诉我们一个道理，安全人员的角色不能仅仅是兜底，况且实际情况是根本无法兜底，所以需要引入一个重要的思维变化，即如亚马逊首席技术官 Werner Vogels 等人所反复讲的那样，安全需要每个工程师的参与。安全不再是安全团队单独的责任，而是整个组织所有人的一致目标和责任，这样才能更好地对研发过程中的安全问题进行管控。这并不是安全团队推脱责任的说辞，实际上这对安全团队的思维方式、组织形式和安全能力建设等提出了更高的要求。想要每个工程师在安全意识和安全能力上都达到专业安全人员的标准是不可能的，因此如何将安全要求和安全能力融合到 DevOps 过程中来，如何让安全赋能，从而让整个组织既享受 DevOps 带来的好处，又较好地管控安全风险，变成了一个重要问题。这些思考也导致了 DevSecOps 思想的诞生以及一系列解决方案的尝试。

1.2.3 DevSecOps 的指导原则

1. 安全左移

安全左移（Shift Security Left）是 DevSecOps 时代非常关键的一个思路转变。传统模式下把所有的安全检查都放在发布之前是根本跟不上 DevOps 下持续交付的发布速度的，所以需要更多地关注研发流程的“左”边，在更早的环节（设计、编码、测试）进行安全介入和管控。但安全工作必须从工程师的角度出发，制定更加轻量级、可迭代的措施，并以有效、可重复和易于使用的方式实现自动化。这个想法虽好，但并不是那么容易落地，主要原因是安全人员数量并不充足，所以需要让开发和运维人员承担更多的安全责任。这需要安全人员对他们进行更多的安全培训（意识和能力），还有就是提供有效的工具来帮助构建更安全的系统。

这一思想诞生了众多的尝试，比如需求和架构设计中的快速安全评估机制以及简易威胁建模方法论和工具集等。例如 PayPal 曾在 2016 年的 RSA 大会上分享：他们每个团队都必须进行初步的风险评估，并在每一个新应用或微服务开始工作时填写一份自动化的风险调查问卷。又如沉寂多年的源代码安全扫描手段和工具重新被重视，在 IDE 中做更好的集成以提供更好的体验等。为了更快地开发代码，敏捷或 DevOps 团队大量使用开源组件、库或框架等代码，根据全球最大的开源组件中央仓库服务提供商 Sonatype 的研究报告，应用的源码中大约 80% 的代码是开源的组件、库或框架代码，由此也引发了开源组件安全以及供应链攻击等视角，同时诞生了一些安全工具和解决方案。还有一些人开始重新思考如何更高效地将安全融入到单元测试、集成测试等测试环节。总之，围绕这一原则，已经产生并将继续探索安全的解决方案。

2. 默认安全

默认安全（Secure by Default）这一思维至关重要。拿编码环节来说，持续的快速构建也意味着需要快速地产生代码，而如何快速地产生安全的代码变得越发重要。在开发人员能力短期无法发生质变（或不停地有人力交接、新人加入）的情况下，通过提供默认安全的开发框架或者默认安全的组件可以很好地防止低级错误。比如 Web 开发人员肯定知道，一些新的开发框架中都内置了一些安全机制或者安全操作库，比如得益于框架内置的 anti-CSRF Token 安全机制，在一个基于 CodeIgniter 框架并且打开了该项配置的应用中可能很难找到 CSRF 漏洞。再比如当使用 Go 或 Rust 语言构建系统时，基本上也杜绝了 C/C++ 中常见的缓冲区漏洞及攻击，这是语言特性中默认安全原则的体现。当然，默认安全的原则并不仅限于代码，Web 接入层上默认覆盖的 WAF、默认安全配置的云 / 容器 / 数据库 / 缓存等基础系统和服务、统一的登录鉴权认证服务、KMS（密钥管理系统）、保护关键数据的票据系统、零信任（Zero Trust）架构等，都是默认安全的很好实践。这也要求安全团队应参与到整个系统架构、基础设施等的建设中，反过来也会要求更多的组织架构保障以及安全与研发团队之间的沟通协作能力。

实践中，与“零信任”等安全思维很相似，默认安全表面上看起来好像很简单，其实背后所需要做的工作却极为复杂。真正想要尽可能地分析系统并且使各个环节做到默认安全，是一件长期和不那么容易的事情。虽然回报巨大，但它要求从根本上改变安全部门与研发部门协同工作的方式，需要两者更紧密地合作起来，一方面增强应用安全和软件设计相关的知识，提升安全编码能力；另一方面要以易用和安全的方式将安全防护措施融入开发框架、模板、系统架构中，并且还要有持续有效的检查和监控机制。此外，研发人员及管理人员需要做出承诺，要把上述默认安全的框架和系统用起来。如果安全不是所有人的一致目标，则很难真正实施默认安全。

3. 运行时安全

运行时安全（Runtime Security）并不是什么新话题，但是在越来越快的发布速度之下，倒逼着安全的考量除了上述的左移和默认安全以外，更加需要特别关注和加强上线后运行时的异常监控和攻击阻断能力的提升，需要有更加及时、快速、自动化的风险监控、发现、阻断、恢复等手段和机制。类似于致力于提升系统整体可用性的各种 Monkey（混沌工程），安全机制也需要有类似的机制和能力，重点在识别内外部的安全风险上。

再比如与应用运行时环境嵌入更紧密的运行时应用自我保护（Runtime Application Self-Protection，RASP）技术，虽然也有一些问题，如部署比较麻烦、兼容性问题、性能问题等，但是借助云、容器等成熟的大规模基础设施和技术，通过优化完全有可能提供更优雅、更易于接受和使用的方案，能够带来更快、更精准、更细致入微的安全检查及防护能力。此外，对于很多安全风险来说，情报来源管理和自动化分级分析是第一步，然后才是如何更快地检测，以及如何快速地对问题进行响应。特别是，为了提升安全响应效能，不能仅仅从单点来考虑，还要从全网及整个系统架构层面来考虑，将分散的检测和响应机制整合起来，这也导致了 Gartner 在 2015 年提出安全编排、自动化和响应（Security Orchestration, Automation and Response，SOAR）的概念，以更好地完成运行时的风险响应问题。

4. 安全服务自动化 / 自助化

在 DevSecOps 中，安全并不是特殊或者拥有某种高权限的存在，与其他所有研发环节和工具一样，不能因为安全而中断 DevOps 的流程。如果你的安全服务没有实现自动化，那么就无法称为 DevSecOps。整个研发流程都在围绕流水线运转，而不应该让研发人员投入过多的精力在安全工具本身。因此，安全团队应该向研发人员提供可使用且易于理解的安全工具，让这些工具自动进行配置和运行，保证这些工具能以合适的方式融入到流水线中，融入各个流程中，成为 DevSecOps 工具链中的一环，且使用角度跟其他工具没有大的区别。总而言之，须确保安全测试和检查服务能够自动化和自助化，并且提供快速且清晰的反馈。业界有一些研究和尝试，比如漏洞代码自动修复（如 MIT 的 CodePhage、GitHub 发布的针对开源漏洞组件自动修复的 Dependabot）等技术，虽然目前来看有些成熟度可能还不高，而且存在一些困难，但这些方向绝对是正确的，是一种贯彻 DevSecOps 思想的尝试。但是这里也要小心陷入另一个误区，我们需要清晰地认识到，如同所有风险类管控一样，信息安全的管控本身一定是层层防御的机制，对于很多以营销为目的的所谓新技术一定要全面了解、多方对比才能做出判断，不太可能指望一个方案就一劳永逸地解决所有安全问题，达到 100% 安全，这是不切实际的空想！如同软件研发领域的系统可用性没有 100%（一般我们说要做到 4 个或 5 个 9）一样，安全也没有 100%。

5. 利用基础设施即代码

基础设施即代码（Infrastructure as Code，IaC）思想和工具是成功构建、实施 DevOps 的关键之一，安全管控也要积极地利用这些能力。利用它们可以确保大规模场景下配置、环境和系统行为等的一致性，通过版本控制、代码审计、重构、动静态分析、自动测试等手段，采用持续交付流水线来验证和部署基础设施，确保标准化、可审核且使之更安全，减少攻击者发现和利用运维漏洞的机会。在出现安全漏洞或应急事件时，直接使用 IaC 的一些机制可以快速、安全、可靠地修复漏洞或部署缓解措施。另外，特别要保护这些基础设施，保护持续集成和持续交付流水线等研发流程中的关键系统，避免流水线系统被恶意控制（比如曾爆出的有关 SaltStack 自动化运维工具的漏洞对业界就造成了不小的影响）。总之，DevOps 模式下对于安全保护的要求会更高，因为对攻击者而言至少目标是更加明确了。

6. 利用持续集成和交付

对于安全来讲，从某些角度来说，快速的持续交付也会带来某些“好处”，因此要充分利用这些好处。比如，源代码安全扫描机制有一个很大的局限性问题，就是误报率高，并且在不同场景下误报率不稳定，对于特定的代码误报率更高。从本质上说，更快速的变更意味着每次变更的范围更小且独立性更强，轻量级的变更更容易被理解和检查，所需的测试会更快，错误也会更容易被发现，发现问题时修改起来也更简单。当然，如果代码更加标准化（如代码风格、代码规范、框架及架构等），这一点会更有利。有一些研究结论也表明，对于研发安全领域，轻量而频繁的变更可能让系统变得更安全。

7. 需要组织和文化建设

DevOps 与 DevSecOps 并不像某些 ERP 软件系统那样，买一套回来部署，然后用起来就解决问题了。DevSecOps 体系需要工具链提取痛点（需求）、购买 / 研发系统并部署、推广使用以及建立度量这样一个正向循环以持续发展，并由一个个业务部门逐步试用摸索经验，然后推广变成整个公司的研发方法论，在这个过程中也需要辅以研发文化的建设。这个过程还需要结合各个公司的实际情况来具体问题具体分析，以一步步解决问题、提升研发效能的方式来制定适合自己的 DevSecOps 实践方案。比如谷歌会有专门的组织架构及员工角色 SRE（Site Reliability Engineering），联合他们的专业安全团队来共同实践 DevSecOps。

除了以上原则外，最后还有一点需要留意，就是要特别关注安全建设的衡量和实际效果的评估和改进。安全不是一蹴而就的，要结合内外力量来避免虚假的安全感。一些措施如经常性的红蓝军对抗渗透测试、针对外部安全研究人员的漏洞奖励计划、完善的安全事件复盘等，都是已知的一些不错的实践。

1.2.4 DevSecOps 实践

目前 DevSecOps 实践还处在快速摸索和发展阶段，Gartner 在 2019 年的一篇文章中给出了一个经过调研和分析之后的比较全面的实践清单（在 DevOps 工具链的基础上增加了 Sec 工具链实践），如图 1-9 所示，它由一系列关键路径和持续的关键步骤中的措施和机制组成，周而复始地运转。它的关注点主要是研发过程中的安全漏洞及其引发的各类风险的管控。

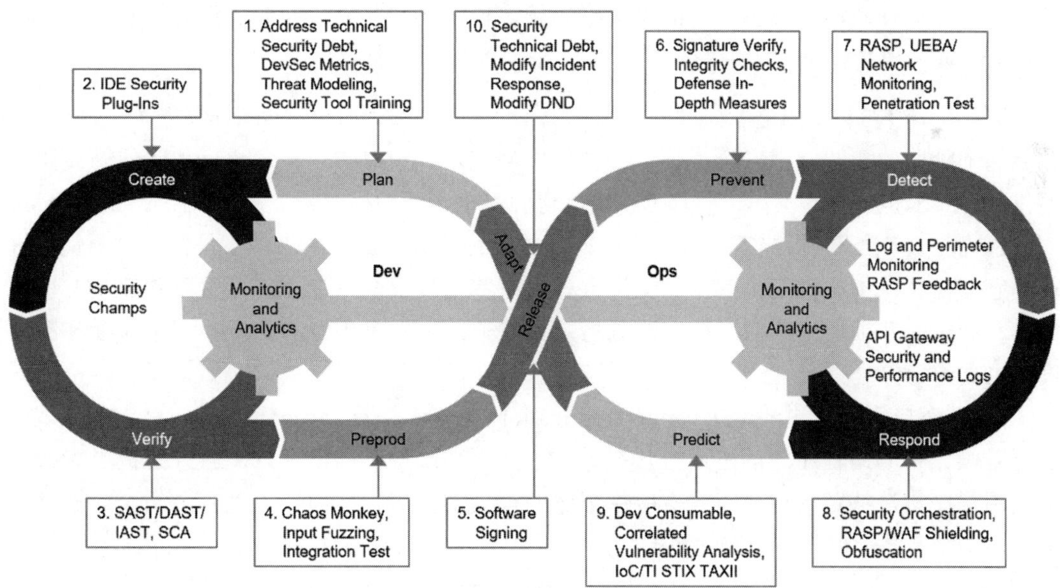

图 1-9　Gartner DevSecOps 工具链

1. Plan（需求和设计）

1）偿还安全债务：类似系统研发过程中的技术债务，DevSecOps 也会出现安全债务。

需要认识到风险并且制定计划逐步偿还，否则早晚有一天会造成严重的安全事故，引起广泛的关注，这时再慌忙应对、紧急挽救，造成的损失将无法挽回。因此，研发团队需要持续评估和跟进以推动安全负债的解决。

2）度量与指标：推进 DevSecOps 需要良好的度量方式。正确地选用指标和合理地使用度量，可以帮助团队得到持续的反馈，进而得到持续的改进。DevSecOps 度量可以从不同维度发现研发流程的瓶颈和验证改进的成果，第 8 章会进行详细描述和讨论。

3）轻量有效的威胁建模：除了传统意义上的威胁建模方法论和工具以外，快速的安全自查清单、安全知识库等都是一些有益的探索。目的都是将需求和设计的安全评估推上持续构建的快车道，让这个过程不至于变得名存实亡。

4）安全流程和安全工具的使用培训：DevSecOps 工具可以帮助团队发现问题，但最终解决安全问题的还是人。对于没有足够的意识和能力进行安全漏洞修补的团队成员，相关的安全工具和安全知识的培训还是非常有必要的。

2. Create（编码 / 编译）

IDE 安全插件：即各类安全漏洞扫描、开源组件版本甚至是代码质量、代码风格检查等工具，可以让研发人员在编码时就发现和消除一些潜在的安全风险。在 DevSecOps 时代，这些需要大力投入，如果做得好，可以大大减少后续环节的工作量。不过这里也面临着一些挑战，比如针对源码静态分析的误报率问题，再比如某些安全漏洞的准确检测方案极度依赖编译或构建过程等。

3. Verify（测试 / 验证）

这个阶段的相关应用安全工具需要被集成到流水线中以实现自动化，从而使开发团队不仅不需要承担额外的工作，而且可以快速得到安全测试扫描的结果，从而制定相关策略。

1）静态应用安全测试（Static Application Security Testing，SAST）：是指针对源代码进行静态分析，从中找到安全漏洞的测试方式，有些工具也会依赖于编译过程甚至是二进制文件，通过一些抽象语法树、控制流分析及污点追踪等技术手段来提升检测覆盖度和准确度。也被称为白盒测试。

2）动态应用安全测试（Dynamic Application Security Testing，DAST）：是指在测试或运行阶段分析应用程序的动态运行状态。在不需要系统源码的情况下，通过模拟黑客行为给应用程序构造特定的输入，分析应用程序的行为和反应，从而确定该应用是否存在某些类型的安全漏洞。也被称为黑盒测试。

3）交互式应用安全测试（Interactive Application Security Testing，IAST）：是由 Gartner 公司在 2012 年提出的一种新的应用程序安全测试方案。IAST 寻求将外部动态和内部静态分析技术结合起来，以达到上述目标。常见的 IAST 有代理和插桩两种模式。代理模式是在 PC 端浏览器或者移动端 App 设置代理，通过代理拿到功能测试的流量，利用功能测试流量模拟多种漏洞的检测方式。插桩模式（分为主动和被动插桩）是在保证目标程序原有逻辑完整的情况下，在特定的位置插入探针，在应用程序运行时，通过探针获取请求、代码、数据流和控制流等，基于此综合分析和判断漏洞。

4）软件成分分析（Software Composition Analysis，SCA）：越快速的开发意味着开发者要大量地复用成熟的组件、库等代码。便捷的同时也引入了风险，如果引用了一些存在已知漏洞的代码版本该怎么办？这就衍生出了 SCA 的概念和工具。一些针对第三方开源代码组件 / 库的低版本漏洞检测工具也被集成到 IDE 安全插件中，编码的时候只要引入就会有安全提醒，甚至修正引入库的版本来修复漏洞。

4. Preprod（预发布）

1）混沌工程（Chaos Engineering）：这套方法论认为分布式系统中的各种故障和问题都是不可避免的，并且随着复杂度不断提升已经不太可能通过上线之前的测试来发现，但是系统架构要确保在这种情况下依然能够提供持续稳定的服务。混沌工程方法论通过在分布式系统中自动注入各种预设的故障来增强系统可用性，以及自动发现脆弱的环节并改进。在安全方面虽然有一些公开项目比如“Security Monkey”，但也只是一个传统意义上的监控机制，还有待发展。应将异常或自动化攻击测试融入线上系统架构中，从而不断地锤炼以提升系统处理过程中的安全性。

2）Fuzzing：又称为模糊测试（Fuzz Testing），这可能是一种最古老的安全测试技术。通过把自动或半自动生成的随机数据输入一个程序并监控它的异常来判断是否存在安全漏洞，常常被用于文件格式解析、网络协议解析等程序的安全测试中。但是传统的 Fuzzing 机制实施并不是为了提速，而是为了尽可能地提高代码覆盖，所以速度往往是个很大的问题，导致可能无法适配 DevOps。因此如何在 DevSecOps 之下做 Fuzzing 是当前一个很好的话题。

3）集成测试：方法类似于 SAST、DAST 和 IAST 等，只是测试针对的目标和范围不同。

5. Prevent（预防）

1）完整性检查：完整性检查器可以检测任何关键的系统文件是否已被更改，从而使系统管理员可以查找未经授权的系统更改；也可以检查存储的文件或网络数据包，以确定它们是否已被更改。

2）纵深防御措施：即 Defence-in-Depth（DiD），这是一个来源于传统军事理论的内涵极大的词语，在信息安全领域，它假定单个安全措施和机制都会失效或被绕过，所以需要采用分层的方式，使用一个个独立的措施来层层进行防御。这是安全建设领域广泛采用的一种思路。

6. Detect（检测）

1）RASP：即运行时应用自我保护（Runtime Application Self-Protection），被 Gartner 在 2014 年列为应用安全领域的关键趋势。不同于传统的应用外的安全措施（如外层的防火墙），它将安全能力像疫苗一样注入到应用程序中并与之融为一体，能够自动化实时监控、检测或阻断实际产生的安全攻击，使应用程序具备自我保护能力。在网络和系统边界日益模糊的今天，使重要的应用本身具备自我安全保护能力这一个方向具有极大的吸引力。它的一些底层技术实现可能会与某些 IAST 类似，但是该方案带来巨大收益的同时也因为修改了运行时环境的底层，可能会对应用的性能、兼容性和稳定性等造成或多或少的影响，在评估和实现方案时需要重点考虑和应对。

2）UEBA/ 网络监控：用户和实体行为分析（User and Entity Behavior Analytics）依然是 Gartner 所创造的安全领域的技术词汇。基于用户以及系统实体在数据层面的异常行为，利用机器学习方法来发现网络安全、IT 办公安全、内外部的业务安全等风险，如数据泄露、入侵、内部滥用等安全问题。在安全领域，异常分析是一个最重要的能力，传统方法更多依赖于经验形成的专家规则，在某些时候这种特别有用，但是在另外一些情况下规则又容易被绕过（特征以及阈值设置等）。

3）渗透测试：安全与否不应该靠主观感受，而应该多多借助于背靠背的演习和不断的渗透测试来证实。

7. Respond（响应）

1）安全编排（Security Orchestration）：这一技术定义安全事件分析与自动化响应工作流程。采集各种运营团队关心的安全检测系统数据，对它们进行分析与分类，利用最资深安全分析人员的专家经验，自动化地定义、排序和驱动按标准工作流程执行的安全事件响应活动。安全编排又可以详细定义为安全编排与自动化、安全事件响应平台和威胁情报平台三种技术 / 工具的融合。这一概念未来还会快速演化和发展，甚至内涵都有可能发生变化，但是都将是致力于解决 DevOps 下如何快速、准确地响应和预测安全事件。

2）WAF 防护：相对于 RASP 这个新事物，传统的 WAF（Web Application Firewall，Web 应用防火墙）早已被大量地部署和使用。不同于私有协议的应用，互联网时代 Web 形态的业务大量存在，而刚好它利用的又是一种公开的通用的 HTTP(S) 协议，因此 WAF 应运而生并发挥着重要的作用。它假定应用中肯定有漏洞存在，在这种情况下依然可以阻断实际产生的某些攻击尝试和行为，如入侵服务器、数据拖库、盗取用户信息等。传统的专家规则、前些年的机器学习以及最新的词法语法分析等技术陆续被用于升级 WAF 系统，以提升覆盖率并降低误报率。另外除了应对传统的 Web 漏洞攻击、CC 攻击以外，WAF 也逐渐发掘出了反爬虫、打击羊毛党等的场景，将安全能力从漏洞防护扩展到了业务安全领域。

8. Predict（预测）

1）漏洞相关性分析：属于软件漏洞管理，也被称为 Application Vulnerability Correlation（AVC）。漏洞的发现肯定无法依靠单一的一种工具和方式，而是会由上文的 SAST、DAST、IAST、RASP 以及人工渗透测试等各种各样的手段和工具来完成。但这也会产生新问题，比如这些方式和工具存在重复扫描、难以协同等问题。在这种情况下，就催生出了 AVC 方案。理想中的 AVC 方案可以管理所有安全工具，通过标准化数据格式等方式使它们之间更高效地协作，以此更高效地发现和管理所有环节的漏洞。

2）威胁情报：按 Gartner 在 2013 年的定义，威胁情报（Threat Intelligence）是基于证据的知识，包括场景、机制、标示、含义和可操作的建议。这些知识是关于现存的或者是即将出现的针对资产的威胁或危险的，可为响应相关威胁或危险提供决策信息。其中关键的信息就是失陷标示（Indicators of Compromise），如攻击行动所使用的木马名称、文件指纹、进程信息、恶意域名、C&C 服务器 IP 等。

除此之外，伴随整个流程，通过对系统内外行为、日志、RASP 系统监控到的异常、API 网关、性能日志、安全事件等的持续监控和分析，完成闭环，不断地复盘改进，从而自我完善，持续提升安全风险管控能力。

1.3　互联网行业推动 DevSecOps 的动机与目标

随着互联网对人类生活方式的不断改变，这个行业的竞争压力在不断加大，甚至成为竞争压力最大的行业之一。传统 IT 业的研发模式越来越笨拙和沉重，逐渐成为竞争中的最大阻力。如前文所述，最早和最知名的 DevOps 实践就是从 Flickr 等小公司发起的，并且逐渐获得了越来越多的关注，特别是在美国硅谷，DevOps 是典型开发人员角度导向，深刻影响了整个产品设计和开发过程，让小公司可以通过更高的效能来打败反应迟钝的大型公司，继而获得成长的可能性。

从安全角度来说，与金融证券等重监管、重安全流程管理的公司有所不同，互联网公司从创始人到员工，整个组织风格和习惯可能会更加“涣散”一些。它们推崇创意为先，以及高效和灵活的工作方法和方式，特别不喜欢被烦琐的流程和管理制度束缚，以期望达到更佳的创造效率。在这个过程中客观上也导致了大部分互联网公司对安全的重视度不足，往往是出现了重大安全事件之后才下定决心增加安全投入，提升安全管控能力。这种案例很多，国外的比如谷歌、Facebook、Twitter，国内的如腾讯、阿里乃至新兴的头条、拼多多等。另外这些互联网公司也确实难以实施严格的安全管控流程，比如某家互联网公司突然要求员工的电脑不允许上外网，不允许使用 U 盘，想想这会导致多少埋怨，甚至会造成离职率升高。

DevOps 致力于提升整个研发效能，使想法和代码可以更多、更快地变成交付产品，周而复始地从中获得竞争优势。对于从瀑布式或敏捷式传统研发模式转向这种新型研发模式的众多互联网公司来说，DevSecOps 可能是一种最佳平衡方案：既不需要像传统行业那样，通过增设成本巨大的管理流程和人力资源来保障安全工作，也不需要像以前很多公司在业务上“飞奔”、在安全上“裸奔”，直到出现严重安全事件才痛心疾首。将安全融入 DevOps 中，在建设完成之后，通过维持研发人员可接受的成本和习惯，既能够提升研发效能，更快推出产品和优化产品体验，又能提升安全质量，使自己以最低的综合成本获得最高的市场竞争力。

1.4 金融行业推动 DevSecOps 的动机与目标

现代金融行业已经拥有上百年的运行时间。在过去的近五十年，全球金融机构一直都在不断应用最新的科技来提高金融机构的运作效率和给顾客提供更好的金融服务。在当下的移动互联网时代，以及云计算的应用上，它们也遇到很大的挑战。

在过往的十多年，互联网对整个世界的改变可谓翻天覆地。同样地，金融机构也在紧密地跟上这个大潮，从网上银行到手机银行，每一项它们都不想被落下。对金融机构来说，科技变革带来的除了挑战还有机遇。随着互联网和金融的不断紧密结合，互联网金融已经成为另一个发展热点。而当中，技术创新所扮演的角色也越来越重要。伴随着技术的创新，软件开发的模式也在发生翻天覆地的变化。从瀑布到敏捷开发，越来越多金融机构也开始实施 DevOps。

DevOps 大幅度提升了服务交付的速度，前线业务可以更快地接触到用户，后台可以及时得到客户反馈。正是因为 DevOps 给金融机构带来的诸多益处，全球金融机构都在不断地推进 DevOps。同时，基于金融机构已经有的基础架构，从引入 DevOps 工具到平台搭建，再到大量项目往平台迁移，一步一步地，DevOps 平台成为另外一套新的金融基础组件。但是，在 DevOps 让软件的交付速度和质量不断提升的同时，传统的安全运营模式（例如上线前的安全扫描、安全测试等）已经跟不上服务的交付速度了。在市场和业务的强大压力下，不少项目可能需要冒着有严重安全隐患的风险上线，而伴随着的就是非常严重的合规风险。

众所周知，金融行业是牌照性行业，有非常强的合法合规要求，接受金融监管机构的严格监督。金融机构的各项业务和 IT 发展都必须遵守各种各样的规范和标准要求。任何系统性事故，特别是安全事故必须在规定时间内上报相关监管机关，因此金融机构内部的合规部门是一个非常重要的“把关”部门。

同时由于互联互通时代的到来，金融机构的业务也会面对各种各样的安全威胁。无论是有组织的带有特定目的的攻击还是高级持续威胁，金融机构的被攻击面正在不断扩大和延伸。从网络攻击工具的不断专业化到产业化，它们所带来的危害越来越大。而金融机构拥有大量敏感数据，取得和贩卖这些数据往往是攻击者的最终目的。但在金融机构内部，由于发展的不平衡，安全团队的人手和技能往往参差不齐。在面对项目的快速迭代和交付的同时，在更高业务要求的压力下，安全团队经常会疲于处理相关安全事件或者是测试任务，这使得在项目上线和交付时，安全团队往往成为所谓的“瓶颈”。

与此同时，由于在信息系统基础架构方面，在过往几十年的发展过程中，金融机构大多数都是借用外部的技术力量，采购外部的产品，缺少深厚的技术积累，加上各种系统架构错综复杂地结合在一起，安全团队没有办法像孙悟空那样，跳上筋斗云来一个十万八千里，而只能在路上慢慢地一个一个打妖怪。

因此，为了适应 DevOps 的全新开发过程，DevSecOps 转型应运而生。DevSecOps 的出现是为了改变和优化传统模式下安全工作的一些现状，比如安全测试的孤立性、滞后性等问题，它通过固化流程、加强不同人员协作，以及工具、技术手段将可以自动化、重复性的安全工作融入研发体系，让安全及合规作为属性嵌入 DevOps（开发运营一体化）中，在保证业务快速交付价值的同时实现安全内建，降低金融机构信息系统的安全风险和业务的合规风险。

1.5　总结

首先，本章简单介绍了 DevOps 的发展史以及 DevOps 的理念。DevOps 时代引领的快速交付，使得传统应用安全已经跟不上频繁的业务交付，并因此成为快速业务交付的瓶颈。为了解决这个问题，DevSecOps 应运而生。基于 DevSecOps 理念，本章列举了 DevSecOps 落地实践的一些基本指导原则和实践方法。本章最后针对互联网和金融这两个对开发和安全都非常重视的行业，分别分析了它们推动 DevSecOps 的动机和目标。

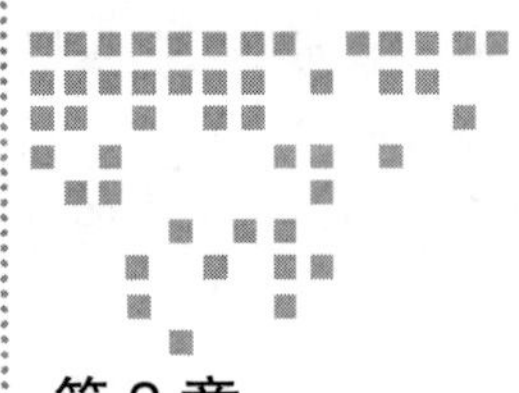

Chapter 2 第2章

DevSecOps 的实施解决方案和体系建设

文化、技术和流程的协同在DevSecOps实施的各个环节中都扮演着举足轻重的角色。针对所处行业的特点，德富银行与灰石网络都各自量身定制了对应的DevSecOps实施方案，并着手开始试点工作。

“好消息！宇宁。”老汪兴奋地推开了办公室大门。

周三的早晨阳光明媚，江宇宁最近一直都忙于编写DevSecOps项目的具体实施方案，所以经常是一早就来到了办公室。见到老汪这么兴奋，宇宁心中似乎已经猜到了是什么事情。

“你还没看邮件吧！”老汪问道。

确实，由于来得早，宇宁一直忙着查阅资料，还没打开邮箱。

“刚刚收到的总部邮件，管理委员会已经初步批准了咱们上报的在德富银行亚太运营中心开展DevSecOps试点的计划设想，同时也肯定了我们的思路方向。”老汪接着说。

此刻的江宇宁也松了口气。按着他与老汪的原本设想，一场转型的实施势必会有不少反对的声音，但没想到总部那边批准得这么快。

“上面还提出其他建议了吗？”宇宁问道。

“当然，这么大的动作老板们肯定还是要考虑多方面的因素来权衡利弊的，所以……”老汪说道。

“呵呵，我就想嘛，肯定还有任务给我们。”

老汪紧接着说：“是啊，毕竟上面只是同意了咱们的计划与设想，但还有许多问题需要搞清楚。比如说DevSecOps在行业当中的开展情况如何？是否有实践可以参考？有哪些成熟的技术或产品可以使用？咱们企业当前实施DevSecOps会面临哪些棘手的问题？各业务部门对转型实施的态度意见如何？等等这类问题总部都需要我们去搞清楚。”

江宇宁拍了拍老汪的肩膀，笑道："这不也正是咱们实施项目的第一步嘛，你看。"说着，他将显示器转了过来，以便让老汪也能看到。

"自从上次我们聊完后，我就一直编写 DevSecOps 项目的具体实施方案，其中第一步就是要做好对 DevSecOps 的现状调研，这就包括对行业的调研与咱们企业现状的调研两个维度。其中也就涵盖了总部所提出的这些疑问。"宇宁和老汪讲解着。

"知己知彼方能百战不殆嘛！"老汪笑了笑。

"没错！要开展一场转型，首先我们要清楚自己的位置，也要预判可能所面临的困难。"宇宁说道。

"是的，我们也知道 DevSecOps 的实施会涉及文化、技术和流程的多方面协同。咱们不能够只关注在技术问题上，通过调研了解和分析当前工作模式下存在哪些痛点，又有哪些挑战存在。"老汪补充道。

"老汪你说得太对了，所以在编写的实施方案中，我们接下来的工作就是要根据调研结果去分析这些痛点，又怎样去面对那些挑战。"宇宁接着说，"就比如说上个月咱们遇到的那场事故，我们找到了三个基本原因，一是早期设计缺陷，二是编码不规范，三是流程有疏漏。这些其实都反映出咱们目前所面临的一些痛点与挑战，但怎样通过技术手段去实现快速安全交付，怎样通过流程去保障快速安全交付的可靠，又怎样在文化意识上去推动技术与流程的落地，这些都需要我们在实施方案中去敲定。"宇宁解释道。

老汪点了点头："技术是一切的基础，流程是规则，文化则是给予了参与到其中人们的规范指引。"

"所以在实现了技术与制定了流程规范后，实施方案也需要重点对文化与技术、流程的结合进行展开说明。"宇宁继续思索着。

"但我总觉得还缺点什么。"老汪边说边起身，拿着他的保温杯走向饮水机。

"我们还缺一个模型，或者说一套模型。"宇宁打开抽屉，拿出一盒茶叶，跟着老汪一起走了过来，"老汪，试试我的特级普洱，我这也有现成的茶具。"

"哟，宇宁你还懂茶嘛。"

"呵呵，略懂，略懂。"宇宁笑了笑，他接着说，"其实实施一个项目就犹如咱们中国传统的制茶工艺一般。"

"此话怎讲？"老汪有点疑惑。

"市面上的茶叶，大多分为特级、一级、二级、三级等，其代表的是对一类茶叶成品在外形、干茶色泽、汤茶色泽、净度、香气、滋味、叶底等多维度的综合评估。"宇宁边说边向茶壶中盛了两勺茶叶。

"通过等级我们可以知道一类茶叶成品的好坏，那么我们怎样通过相应的工艺去制造出不同等级的茶叶，或者说特级的茶叶呢？这就需要一套完善的工艺与流程。从耕种到采茶，到烘烤甚至到发酵等都有严格的标准。哪种情况适合手工加工？哪种情况适合机械加工？也都有据可循。"

随着壶中热水的冲泡，阵阵茶香随之飘来。

“对于不同的制茶工艺与流程，人们在各个环节中的分工也是十分明确的。我们可以将整个DevSecOps的实施比作如何制作出好茶，这是一个系统化的工作，每个环节都紧密相关。对茶叶中成品的分级就好比不同团队在DevSecOps实施时的成熟度评估。制茶工艺与流程的规范就好比为DevSecOps实施定义一套运营模型。而人们在各个工艺环节中的分工制茶，也可以类比为我们如何分工实现DevSecOps。”宇宁边洗茶边说着。

“因此我们需要将一套完整的体系应用到DevSecOps的实施过程中，这个体系需要包括实现模型、运营模型、成熟度模型，以达成在文化、流程、组织结构、技术等多方面的协作。同时又可帮助我们量化成果。”老汪总结道。

“没错！老汪你总结得很到位！”宇宁点点头。

“嘿嘿，说了这么多，该让我品一下你的特级普洱吧。”看来老汪有点等不及了。

2.1 DevSecOps现状调研

DevSecOps自从2012年被提出，到2017年开始流行，之后又经历了数年的发展，在世界范围内得到了一定的推广。在业界，随着一些DevSecOps社区的建立，以及安全公司对于DevSecOps重视程度的提高，每年会有相关的DevSecOps报告被公布，用以调研和分析目前DevSecOps的现状，比如企业对于信息安全的重视程度、相关DevSecOps工具使用的情况，以及DevSecOps在企业内的发展情况等。

2.1.1 DevSecOps的行业调研

2020年，DevSecOps社区发布了他们一年一度的第七次社区调查报告[1]，对共计10多个国家的5045名IT从业者做了问卷调查并对调查结果做了分析，此报告是从安全角度看DevOps实践的权威材料。

在实践DevOps时，不同行业对安全的重视程度也不同。对安全最为关注的金融和科技行业，其受访从业人员占到了整体受访者比例的一半以上。另外，其中超过一半的受访者（55%）所在的开发团队每周需要进行至少一次发布部署，说明快速发布已经成为大部分企业的业务需求。然而，在传统模式下，安全管控往往成为快速发布的瓶颈。在巨大的业务交付压力下，安全也成为最容易被舍弃的环节，并且安全问题造成的返工也会大大增加整体的研发成本。DevSecOps正像报告中所指出的那样，这种安全左移的模式巧妙地解决了安全和速度的矛盾，帮助开发团队保持竞争力。这种积极主动的方式不仅降低了安全问题的冲击和成本，而且使得一切井然有序，不至于在出现问题时到处救火。

然而，根据最近三年的调查显示，有接近一半的开发者承认他们没有时间去处理安全问题。在实际工作中，真实数据甚至要远远高于调研数据。这个比率连续三年保持不可思议的稳定，再次验证了安全是一个被大部分人口头上非常重视，但往往在实践中选择性无视的一个话题。如果速度不是建立在安全和可用的基础之上的话，那么安全隐患将是注定的。因此，对于 DevOps 实践，需要在各个环节进行安全要素的引入。

然而在实际工作中，DevOps 成熟度较好的团队往往更加重视应用安全工具的使用、安全流程的建立，以及安全相关培训的开展。在应用安全工具的使用和自动化程度（开发流水线的集成）上，DevOps 成熟度较好的团队在应用安全的各个领域（WAF/SAST/DAST/IAST/SCA 等）都领先于 DevOps 不够成熟的团队。甚至在某些应用安全工具的使用上（比如说容器安全工具、动态安全测试工具、交互式安全测试工具和第三方组件安全扫描工具)，这个比率大于 2 倍。

报告中对第三方开源软件的安全管控也做了详细的调研。报告中显示，开源软件隐藏的安全问题从 2018 年开始已经连续三年呈下降趋势，但是这类问题仍然很多并且出现得很频繁。另外，DevOps 成熟度越高的团队对由开源软件引起的安全问题会更加重视，更愿意使用 Software Bill of Materials (SBOM) 来保证他们应用系统里开源软件的安全，也将开源软件安全使用规范集成到 SDLC 中进行自动化。

Synopsys 于 2020 年 8 月发布关于 DevSecOps 和开源管理的调查报告 [2]，对第三方开源的安全管控进行了更加详细的调研和分析。这份报告调研了 1500 多名 IT 从业者，其中包括：

1）79% 的开发人员和 21% 的安全人员。

2）对于访谈者所在的公司，100 人以上规模的占到了近 70%，其中 250 人以上的公司占到了 42%。

3）访谈者 65% 来自亚洲（中国、日本和新加坡）、18% 来自欧洲（英国、德国和芬兰）、17% 来自美国，每个国家至少有 50 个访谈者。

报告显示（图 2-1）：33% 被访谈的 IT 从业者所在的团队具备 DevSecOps 能力并且已经在业务范围内大规模推广和使用；30% 被访谈的 IT 从业者所在的团队拥有有限的 DevSecOps 能力并且正在推广中；另外 37% 被访谈的 IT 从业者所在的团队正在研究、试点或者根本没有 DevSecOps 实践。总之，63% 的开发团队已经或者正在实践和推广 DevSecOps，由此可见 DevSecOps 正在开始大规模推广，并且增速很快。另外，42% 访谈者所在的企业拥有专业的安全团队，负责软件开发过程中的应用安全。

报告根据调研的数据建议企业应该在 SCA 和 IAST 上进行更多的投入，因为 SCA 和 IAST 可以与开发流水线进行集成以实现自动化，从而更好地与 DevOps 进行融合。另外，报告也建议一套完整的 DevSecOps 工具栈应该包括 SAST、DAST、IAST 和 SCA，从而使得代码的质量和安全问题可以在 SDLC 的前期更早地被发现。虽然图 2-1 中显示 33% 和 30% 的团队分别已经或者正在推动 DevSecOps，但是图 2-2 显示安全工具最高的使用率也仅仅只有 45%，说明应用安全工具仍有待推广。

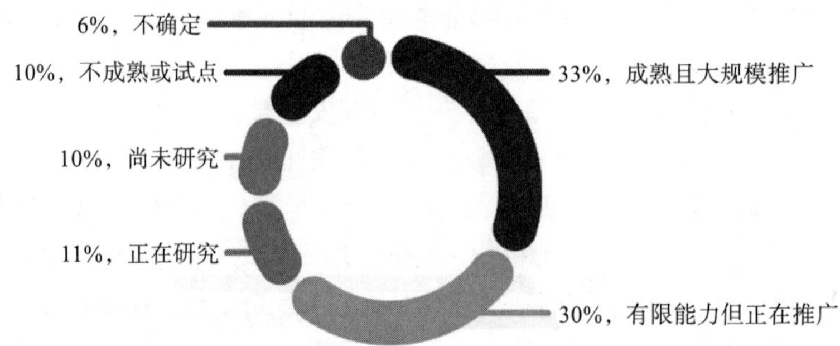

图 2-1 受访团队 DevSecOps 实践的成熟度

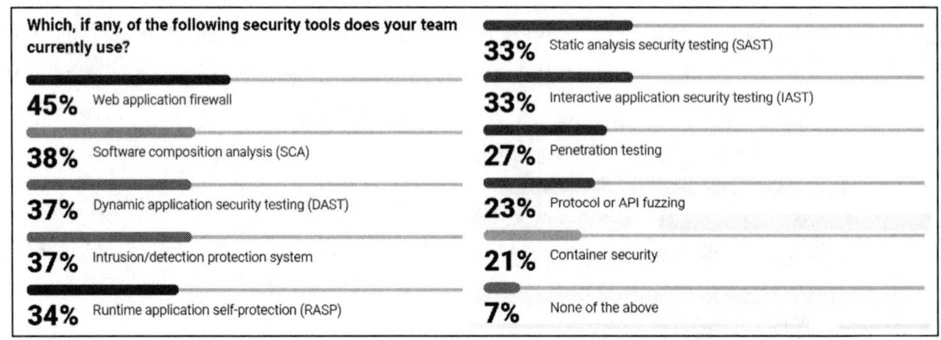

图 2-2 受访团队正在使用的安全工具

关于开源软件管理规范，调研显示 72% 的企业有公布的开源规范。然而，图 2-2 中显示只有 38% 的企业使用了 SCA 工具对开源安全进行管控。那剩下的 62% 的企业对开源安全是如何管控的呢？难道只是依赖于开发人员自觉遵守？这一点也正好验证了 SCA 工具的使用仍然处于早期阶段。

报告对开发团队从发现严重的开源安全漏洞到修复的平均时间也做了相关的调研（图 2-3）。调研显示，只有 16% 的团队可以在一周内修复严重级别的开源安全漏洞，而一半以上的团队需要 2 ~ 3 周的修复时间，甚至有 34% 的团队需要一个月甚至更长的时间进行修复。越长的安全漏洞修复时间意味着在更长的时间窗口中，此应用 / 系统会暴露在黑客的潜在攻击以及数据泄露的风险之下。

比如，2017 年 3 月，一个 Apache Structs 框架里的高危安全漏洞被发现并公布。就在同一天漏洞公布之后，安全研究员在网络上立即发现了大量的尝试攻击。另外，也是在同一天，如何利用此漏洞攻击 Apache Structs 的信息被一些黑客在流行网站上发布。成千上万的企业被攻击，甚至包括许多及时打好补丁升级的公司。由此可以看出，对于那些需要很久才会将 SCA 扫描出来的开源安全漏洞修复的企业，其潜在的安全风险和被黑客趁机攻击的风险是非常大的。

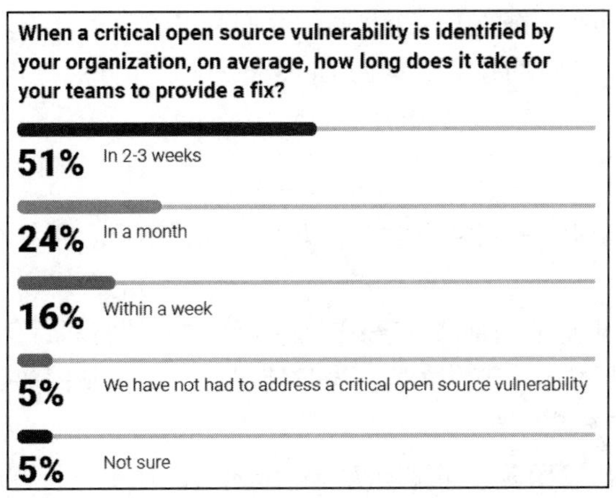

图 2-3 当一个严重开源漏洞被发现后，团队多久去修复它

调研报告最后对正在寻求安全开发的企业提出建议：

1）首先，需要对目前团队安全开发的成熟度等级做一个分析和判断。

2）参考安全开发时间，确定需要改进的核心部分，比如第三方开源补丁和自动化安全测试。

3）根据以上评估的结果，制定并实施高效的低成本的安全开发改进实践计划。

文章《2021 年 CVE 漏洞趋势安全分析报告》[3] 对最近几年 CVE 的分布和影响范围做了分析，并且通过数据预测 2021 年安全漏洞的趋势和重点高风险资产。自 2010 年后，CVE 漏洞数量是持续增长的，其中 2020 年的 CVE 数量已经是 2010 年 CVE 数量的 5 倍之多。

虽然 2020 年的漏洞在统计数量上是最高的，但实际情况是更多的漏洞主要集中在 2017 年的 CVE 编号上。这说明了互联网整体服务软件更新相对要落后，从而导致具有潜在安全隐患的软件未能及时更新升级补丁。报告中也针对 CVE 对于应用软件的影响进行了统计，排在前几位的分别是 Apache、MySQL、Nginx、Tomcat 和 OpenSSH。除此之外，Jenkins 也是互联网中最常见的中间件软件，另外还有数据库、远程管理协议和容器等工具。

在大体了解了行业内 DevSecOps 的发展现状后，如何更好地进行实践落地，还需要对企业本身的现状有充分的了解和清晰的认识。

2.1.2 企业现状调研

古有孙子曰“知己知彼方能百战不殆”，这句话的含义同样也适用于 DevSecOps 的推动工作。DevSecOps 的推动本质上可以理解为对企业现有研发运营体制的一次变革，通过一套系统化的项目推动，逐一击破传统研发运营体制中的各项瓶颈，通过大量的自动化工具引入及职能的左移，帮助企业实现产品的快速、持续、安全交付。那么对于企业来说，了解自身的情况，知道当前自身所处的位置，发现问题并深刻理解当前的瓶颈所在，即成为企业开展实施 DevSecOps 工作的第一个步骤。我们可以将其拆分为多个维度——技术现状、人员现状、流程现状。其目的是为后期的 DevSecOps 工作开展提供基础的数据量化支撑，同时帮助团队更好地了解自己，暴露问题。

1. 调研方式

针对企业内部的调研，建议采用以下若干种方式或组合，再结合企业自身情况，进行灵活处理。

1）资料采集：收集企业内部各业务线、产品线的文档材料，例如业务范围、用户量、关联的监管要求、技术指标、研发文档、人员情况和供应商情况等，便于对业务与产品线的组成架构做出初步了解及分类。

2）问卷调查：对研发团队、测试团队、运维团队的情况进行调研，可以采用问卷调查的方式，根据业务与产品线的分类进行实际情况调研。例如，在金融机构当中负责某类外汇产品交易系统的 IT 团队，从业务研发、测试到运维都属于同一业务线分类，则该问卷调查的结果处理与分析也可按照此分类进行。问卷调查的范围应当包含技术、人员、流程的多维度现状收集，具体问卷内容可参考本节下面的技术现状、人员现状和流程现状中的问题清单。

3）人员访谈：对于重点业务或产品团队，或在问卷调查后仍然对现状有诸多疑问的团队，建议采取与相关人员面对面访谈的形式，可以一对一或一对多，要求准备一个深入的问题清单，用来获取有关现状问题和潜在解决方案的整体特征信息。例如，当发现该业务或产品团队的代码质量长期处于问题多发状态，但团队成员并未采取任何及时措施时，进行一次人员访谈也许能够帮助企业更深入地了解其背后原因。

4）对问卷与访谈结果的集中讨论：即对整体问卷与访谈的结果进行整理后，针对各类特征信息、现状问题等进行集中式分析。对于跨部门、跨业务线、跨产品线的同类特征问题，可以把相关人员召集在一起，对现状问题进行思考，找出痛点和讨论潜在的解决方案。例如，某些产品由于对市场时效性敏感，对产品的更新及发布频率有较高的需求，但往往正是由于在追求速度的同时忽视了诸多潜在的安全问题，部分产品团队甚至长期将安全审查视为他们的瓶颈所在。针对该类问题，则可以对多个跨产品线的团队进行集中式讨论分析。

5）深入团队调研：对于诸多无法用言语、文字进行书面清晰描述的问题，可以派遣人员短期深入相关团队，在其实际工作环境下共同工作一段时间，以便更加深入地了解团队问题、要求和应用环境。

6）对潜在需求的分析：用户需求是一切业务与产品的生存核心，DevSecOps 的实施方案也必须要考虑到对未来需求转化的影响。在项目实际推进过程中，不进行合理管理和安全控制的需求变更往往给项目带来过高的成本和无法预料的风险。因此对于软件开发工程来说，一套合适的需求变更管理流程和规范是不可或缺的。所以，对当前业务及产品团队的需求管理方式及未来潜在需求的分析也是必不可少的调研环节。

7）最佳实践 / 用例的总结：在企业当前各业务及产品团队中，各自必定都有适合其场景的项目实施方法，对于在调研中明显展现出较强交付或安全能力的团队，可以对其团队经验进行总结，对诸多经验进行归纳分析形成最佳实践或用例。这对 DevSecOps 的实施方案编写具有积极意义。

2. 技术现状

技术现状一是业务或产品线本身技术的情况，包括其使用的技术框架、开发语言、依赖环境、数据库环境等（表 2-1）。二是研发、运维及安全相关自动化现状，包括各类自动化整合工具、代码测试工具、安全扫描工具等（表 2-2）。

表 2-1　业务 / 产品技术栈情况调研的问题清单范例

技术调研项	示例
该业务 / 产品的服务对象	外部用户 / 内部用户 / 自动化后台 / 数据中台等
该业务 / 产品的发布频率	每日 / 每周 / 每两周 / 每月多少次等
该业务 / 产品的运营事件（Incident）①发生频率	每日 / 每周 / 每两周 / 每月多少次等
该业务 / 产品的信息安全事件②发生频率	每日 / 每周 / 每两周 / 每月多少次等
该业务 / 产品是否存在任何第三方依赖因素	完全采用供应商产品 / 部分功能或组件使用供应商产品 / 部分使用了第三方授权源码、库等
该业务 / 产品开发使用了哪些 IDE	Visual Studio（VS）、Eclipse、NetBeans、PyCharm、IntelliJ IDEA、Aptana Studio、CodeLite、Komodo 等
该业务 / 产品的开发运营基于什么系统	Linux、CentOS、RedHat、Windows、iOS 等
该业务 / 产品是否使用了微服务架构	是 / 否
该业务 / 产品使用的主要开发语言	C++、Java、Python 等
前端技术的使用情况	Vue、jQuery、html、css 等
在技术框架中 Web 层的情况	Spring MVC、Strust2 等
在技术框架中持久化层的情况	Hibernate、MyBatis、JPA 等
在技术框架中缓存的情况	Redis、Memcache、Ehcache 等
该业务 / 产品使用了哪种数据库	Oracle、MySQL、Redis、MongoDB 等
该业务 / 产品中间件的使用情况	Hadoop、Kafka 等

①运营事件：在产品或业务系统运营过程中，在用户使用期间，遇到各种问题或故障（例如服务中断、逻辑错误、数据出错、异常报错等），可以使用专门的工具或渠道，向 IT 团队寻求帮助。我们通常称这种工具创建的帮助请求（Support Request）为运营事件。

②信息安全事件：信息安全事件是指由于人为原因、软硬件缺陷或故障、自然灾害等情况对网络和信息系统或者其中的数据造成危害，对业务甚至社会造成负面影响的网络安全事件。依据《中华人民共和国网络安全法》《GB/T 24363—2009 信息安全技术 信息安全应急响应计划规范》《GB/T 20984—2007 信息安全技术 信息安全风险评估规范》《GB/Z 20985—2007 信息技术 安全技术 信息安全事件管理指南》《GB/Z 20986—2007 信息安全技术 信息安全事件分类分级指南》等多部法律法规文件，根据信息安全事件发生的原因、表现形式等，将信息安全事件分为网络攻击事件、有害程序事件、信息泄密事件和信息内容安全事件四大类。

表 2-2　研发、运维及安全自动化现状的问题清单范例

自动化调研项	示例
该业务 / 产品的发布途径	团队自行发布 / 通过专有的发布团队统一发布
该业务 / 产品使用了哪些业务监控工具	Geneos、Grafana、SkyWalking 等
该业务 / 产品使用了哪些日志分析工具	Splunk、ELK 等
如何进行代码管理	GitHub、Bitbucket、RTC 等
在构建、发布与测试中，是否使用了持续集成工具	Jenkins、TeamCity、Bamboo 等
若在构建、发布与测试中使用了持续集成工具，则是否制定过标准化模板	是 / 否
在构建过程中使用了什么工具	Maven、Gradle、Ant、MS Build 等
该业务 / 产品在发布前使用过哪些代码质量扫描工具进行代码质量检查	SonarQube、Findbug、PMD、Resphare、Scalecop 等
如何进行制品管理	Nexus、RTC 等
该业务 / 产品使用了哪些自动化配置或发布工具	Ansible、Ansible Tower、Chief、Puppet 等
如何进行任务分配与管理	Jira、RTC、Confluence 等
是否部署了静态代码安全扫描工具	Checkmarx、Fortify SCA 等
是否部署了动态安全扫描工具	OWASP ZAP、IBM AppScan、Webinpsect、Burpsuite、AWVS 等
是否部署了交互式安全测试工具	Contrast、Checkmarx IAST 等
是否部署了第三方安全扫描工具	Dependency-Check、Sonatype IQ Server、Jfrog X-ray、Black Duck 等

更多关于问题清单示例中 DevSecOps 工具的详细情况，可参考 2.3 节。

3. 人员现状

DevOps 通过合并开发和运维实践，消除隔离，统一关注点，提升团队和产品的效率和性能，DevSecOps 则是将大量的信息安全工作左移，与之结合形成一种全新的安全理念与模式，其核心理念为安全是 IT 团队（包括开发、运维及安全团队）每个人的责任，需要贯穿从开发到运营整个业务生命周期的每一个环节。因此，对企业当前各团队人员现状的调研尤为重要。

人员现状的调研大致可以分为两个维度，一是人员组成的现状，二是人员文化与安全意识的现状。通过人员现状的调研，可以为后期 DevSecOps 框架中项目运营模型的建立提供数据支撑。

（1）人员组成的现状

在传统 SDL 模式下，软件产品或软件工程团队中通常包括以下几类角色：产品策划或业务分析师、产品经理或项目经理、架构师、开发人员、测试人员、运维或实施人员等。

随着产品规模的不断膨胀和软件开发技术的持续发展，软件开发的分工和组织也变得越来越复杂。不同团队之间对于同一角色的工作职责也会随着产品和技术的变化而不同。人员组成现状调研的目的首先是了解当前企业中各团队人员的分工情况，其次需要理清各团队人员职责的差异，最后则是要分析在软件研发过程中结合当前现状可能存在的瓶颈或缺陷。我们可以遵循以下思路：

1）当前各团队中有哪些角色？

2）每个角色的分工是什么？

3）角色分工的职责内容是否存在问题或不足？

4）各角色分工之间的沟通效率如何？

5）该人员组成是否适应产品快速迭代与交付需求？

（2）人员文化与安全意识的现状

在任何项目实施过程中，人都是其中的重要组成。就如产品的设计离不开产品策划与分析师，项目管理离不开产品或项目经理，技术实现离不开架构师、开发人员等。任何一个企业都不能单纯依靠技术和工具来支撑业务甚至作为业务本身。公司的核心价值还是人，而一群人的行为就形成了文化。所以通过 DevSecOps 改变人的思维模式、做事和协作方式，通过员工以及他们的专业知识和经验来实行 DevSecOps 转型，才能使得企业的研发效能可以长远改进。因此，在项目的前期调研中对人员的文化与安全意识现状了解透彻，对未来在项目中如何补足这方面短板并促进 DevSecOps 转型成功起到了积极作用。我们可以遵循以下调研思路：

1）当前各团队成员是否具备敏捷开发的意识？

2）各成员对 DevSecOps 技术栈中的各类工具是否熟悉？

3）人们在产品或项目开发、测试、运维等各环节的安全意识如何？

4）团队成员对于 DevSecOps 转型的意愿是否强烈？

5）团队成员是否具备代码安全开发的能力或安全漏洞的修复能力？

4. 流程现状

DevSecOps 的实施包含了文化、流程、组织结构、技术等多方面的协作，其最终目标是引入一套框架，解决持续快速交付和信息安全之间的矛盾（图 2-4 给出了传统软件开发的流程）。那么，对企业当中现有团队的工作流程进行调研，可为后期流程的改进提供依据，并尽可能地解决各类流程与管理上的瓶颈问题。同样，我们建议调研遵循以下思路：

图 2-4　传统软件开发流程图示

1）要详细了解与记录当前的软件项目开发流程：具体包含哪些步骤，每个步骤又包含哪些环节，它们在软件开发的整个生命周期或流程比例中所占的比重又有多大？

2）当前软件开发流程是否为各团队的统一标准，不同团队是否存在同一流程的执行偏差？

3）当前流程是否存在任何影响产品发布效率的瓶颈问题？

4）各团队成员严格执行了当前流程的每一环节吗？流程中又如何做到自身监管？

5）当前流程是否存在一些安全漏洞或机制上的不足？

2.2 流程和方法论：敏捷开发与 CI/CD

DevOps 可以看作基于敏捷开发的方法论，其核心是通过 CI/CD（持续集成 / 持续交付 / 持续部署）工具自动化研发流程，从而实现快速交付。而 DevSecOps 则基于 DevOps 自动化并左移应用安全检查。因此，在企业内推动 DevSecOps，不仅需要了解应用安全，也需要对 DevOps 的基础流程和方法论——敏捷开发和 CI/CD，有深刻的理解。

2.2.1 敏捷开发

敏捷是软件开发的一种方法论。它以用户的需求实现为核心，采用小步快跑、快速反馈和持续改进的方式进行软件开发。在敏捷开发中，软件开发项目被拆分成多个相互联系，但也可以独立运作的小项目，并分别完成，而整个过程中软件一直处于可运行状态。有两种主流的框架通常用来实现敏捷方法论：迭代和看板。首先我们介绍一下敏捷开发的一个重要概念——MVP。

1. 最小可行产品（MVP）

MVP（Minimum Viable Product）是指可以产生预期成果的最小产品发布。“最小”没有严格的定义，根据具体产品和场景而定。一般来说，最小可行产品 / 方案是指可以产生预期成果的最小发布方案。此外，我们需要设置更小规模的实验和原型来验证我们对“最小”和“可行”的猜测。通过《用户故事地图》这本书的介绍，第一个产品就是试验品，其后的版本是不断实验的结果，直到证明产品是对的。所以 MVP 可能不是产品，而是为了验证假设而做的最小规模的实验。那么，如何找到 MVP 呢？

1）创建用户故事地图。用户故事地图用来建立共识，帮助团队以可视化的方式展示依赖关系，并且发现设计中遗漏的关键环节。

2）划分 MVP 发布计划。在用户故事地图上识别并划分第一个发布需要的内容，其他切分的发布内容在之后的版本实现。MVP 聚焦于成果，即发布后用户能使用或者感知的东西，切分发布计划应该以成果为导向。换成另一句话，即就算做的需求再多，没有上线被用户体验并进行反馈，都是没有意义的。

3）划分发布路线图。排定开发工作优先级是为了聚焦于特定的目标成果。

4）为成果排列优先级，而非功能。拆分复杂需求是为了聚焦小的、特定的输出成果。

使用用户故事地图输出 MVP 的发布计划，是为了更快地开发、及时地反馈和修正，以及减少返工成本，并且按时发布。在使用用户故事地图时，需要考虑以下三件事：

- 尽可能全面地描述用户故事。
- 可视化你的用户行为。
- 在地图前重新审视下一个开发阶段要实现什么。

2. 迭代

迭代是一种敏捷框架或者实现方式。它将项目分解成各个需求并于特定的时间段内完成，然后不停地循环这种流程，完成分解出来的各个需求，最终完成整个项目。迭代周期没有固定的时长，一般是 1 ~ 2 周，最多不建议超过一个月。在迭代过程中，可以使用一些不同的方法帮助团队跟踪进度、计划和评审。在一个敏捷团队中，一般会有三种不同的角色以及对应的职责：

1）产品经理 / 负责人（product owner）：负责需求的收集、筛选、分析、描述，以及需求优先级的制定、需求的排期等，从而保证团队最大价值的输出。

2）Scrum Master：负责运作各种迭代会议，并且保证团队按照敏捷的方式进行交付。与项目经理关注人的管理不同，Scrum Master 更关注流程的管理。

3）开发团队：负责每个迭代中产品功能的开发和缺陷的修复。

除了角色之外，迭代是通过四种会议落实下去的。一个标准的迭代流程包含四个迭代会议（图 2-5）：计划会议、例会、评审会议和回顾会议。

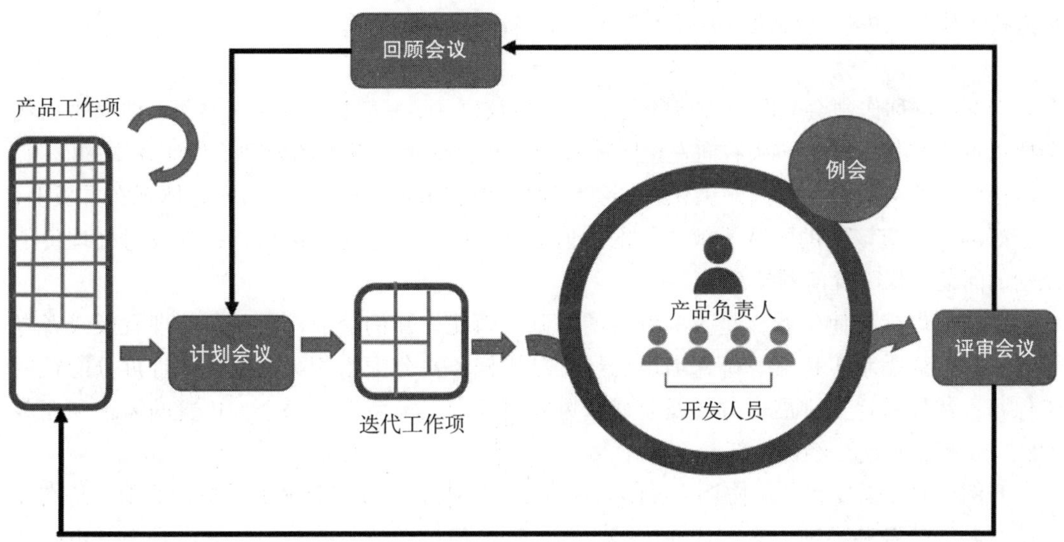

图 2-5 迭代框架

（1）计划会议

会议前，产品经理 / 负责人需要进行相关的需求收集和筛选，最终建立好产品功能列表（product backlog），也就是需求池。然后从需求池中预选出本次迭代需要完成的需求和任务，进行分析和排期，并对需求进行详细的描述，方便开发测试人员对需求的充分理解，避免因为需求理解不正确造成的返工。

计划会议一般在每个迭代的第一天召开，时长一般为 1 ~ 2 小时。会议的目的主要是确定本次迭代的工作项（sprint backlog）、优先级、工作量和时间表。会议最好涵盖产品、开发、测试、运维和业务人员。会议中，产品经理 / 负责人需要从需求池中预先选出本次迭代需要完成的工作项，基于现有资源，与团队共同确定本次迭代需要完成的工作项和评估相关工作量，业务人员或产品经理确定优先级并与团队针对各任务优先级达成一致。首先由产品经理 / 负责人讲解整体需求、场景和产品目标，再按照需求优先级依次讲解，并且最好可以确定用户故事的验收标准。团队成员一起讨论实现方式，以及评估工作量，并最终领取和分配相关任务。在产品经理 / 负责人讲解过程中，团队成员需要尽量提问，保证对需求的真正理解，避免变成产品经理 / 负责人的个人发言。另外，在需求讨论过程中，需要避免陷入细节讨论从而跑题和浪费时间，Scrum Master 需要有会议控场能力。

在迭代工作项被选定并且分配任务后，相关需求需要被分解，一般来说工作量的粒度最好为 1 ~ 3 天。分配任务和拆分需求后，再制定时间表进行排期。理论上，Scrum Master 定好计划后，不建议中间额外加入任务，打乱计划，但在实际工作中，有时会发生临时 / 紧急需求的加入。为了应对这种突发现象，相关的策略也可以在排期时制定。最后，Scrum Master 可以与大家再做一次审阅，确认没有遗漏互相依赖的任务，确认相关人员都已经了解迭代工作项的内容，确认所有任务都被定义、评估和排期等。

（2）例会

例会（也称作站会）作为敏捷的几个典型会议之一，一般比较频繁（每天）但简短。例会要以价值交付为线索，从右向左检视需求的状态，聚焦于发现和处理价值流动中的问题。不应该依赖例会检查每个人的工作，价值交付的状态和问题应该已经清晰地体现在看板上，一个好的例会应该帮助团队了解整体的价值流动状况，促进有效的协作，并及时处理价值流动的问题，保障价值顺畅流动。

良好地设计和使用看板是高效例会的基础，因此，开例会前，需要在物理看板或者电子看板上搭建需求工作流。确保需求已经拆分成任务并分配给相关人员，并且拆分的粒度确保每天都能看得到进展，方便及时暴露风险和问题，最后保证每个人负责的需求和任务的状态及截止日期已经被更新。

开例会时，需要找一位协调人（比如 Scrum Master）带领团队遵循看板六原则，从右往左检视各列任务和事项。从右往左，一方面体现价值拉动的方向，另一方面是为了更好地贯彻“暂缓开始，聚焦完成”的原则，让接近完成的需求尽快完成，以发挥它该有的机制，而不是开始更多的需求开发。每天例会的主要目的在于沟通和暴露问题。时间一般控制在

10 ~ 15 分钟，最好涵盖产品、开发、测试、运维和业务人员。参与例会的团队成员轮流进行更新——“昨天做了什么，今天计划做什么，困难和问题”。前两个问题更多是让大家了解彼此之间的工作，从而更好地协作，达到迭代的目的。陈述过程中应避免细节的陈述和讨论。一般来说，如果一分钟之内无法解决的话，就需要安排在会后进行解决。在整个例会过程中，Scrum Master 需要控制会议节奏，并且关注项目 / 任务的进度和问题。比如，如果有人陈述或者讨论时间过长，这时 Scrum Master 需要站出来进行提醒或者阻止其发言，并建议线下继续讨论。除此之外，Scrum Master 还需要注意开发中的工作量是否已超过预留的开发资源，开发中任务是否向需求对齐，以及需求是否按照既定的流转规则进行流转。当会议中识别出阻碍需求流动的问题时，要么现场解决，要么需要跟进记录要跟踪的问题和依赖项，方便会后处理。除了需求，也需要单独、快速地过一下缺陷的总体状况，从而保持缺陷库存的低水位。

在整个例会过程中，可以使用物理白板或者电子屏幕和工具进行可视化操作。团队可以根据场景，选择适合自己的物理看板或者电子看板。一般来说，团队在预算有限或者敏捷建设初期可以选用物理看板，这样上手容易。当敏捷建设已经进入状态，并且需要开始沉淀数据进行统计分析时，可以考虑更换成电子看板。物理看板的优势包括成本更低；可视化程度更高，更改方便；方便团队成员面对面交流。电子看板的优势包括可解决远距离协作的问题，打破空间限制；留档容易，保存方便，不会轻易丢失数据；可同时展示更多项目和数据，并且可进行数据的统计，方便分析。

例会中讨论带来的变化以及引入的新问题，需要即时在看板上进行更新。对于例会而言，它只是给团队提供了一个沟通的机会和渠道，更多的协作和沟通应该即时或者在平时和更小范围内发生，而不是过度依赖例会来做团队协作和沟通。另外，对于例会迟到的同事需要有相关的处理办法，最终尽量避免此类事件。总之，例会上不需要检视每一个需求或任务项，本着“促进价值顺畅流动和交付”的目的，需要重点关注影响价值流动的问题和阻碍项。

例会过程中的信息需要透明，会上遗留的风险和问题需要跟进，做小范围讨论或者解决。另外，例会后看板应处于最新的状态，反映例会讨论的结果。最后团队成员需要了解项目的整体进展和状态，并且清楚工作的优先级。

（3）评审会议

评审会议的主要目的是验收完成的需求是否达标和利益相关方或者客户是否满意，并且收集客户反馈。评审会议一般在一个迭代的最后一天进行，时长 1 ~ 2 小时。会议前，产品经理 / 负责人或者开发人员需要准备好演示环境和演示数据。另外，在会议开始前最好重申本次迭代的目标，起到提醒团队成员的作用。敏捷开发中，计划会议和评审会议是两个不同目的的会议，但在实际工作中，计划会议和评审会议经常会一起召开，或者连续召开，因为参会的角色基本上是相同的（产品负责人和开发、测试、运维人员等）。会议目的是对上一个迭代的完成情况、问题和反馈的回顾和总结，以及下一个迭代的计划制定。

评审会议的主要形式是产品团队根据需求的优先级展示本次迭代的结果和产品新功能，或者缺陷的修复情况。在展示过程中，尽量简要陈述，不要陷入技术细节的陈述和讨论，也不要演示太多缺陷的修复，除非这个很有必要。利益相关方可以在演示过程中提出意见，但不做讨论，只是做记录收集意见，会后再进行沟通。除非利益相关方要求，否则不展示未完成的功能，因为只有已经完成的功能才能给客户带来价值。如果使用了电子看板，则可以用来展示计划的工作。应保证所有人员都目标清晰，如果有人对产品不了解，则需要花几分钟对产品进行描述。在产品新功能实现结果的描述过程中，如果产品负责人想要改变功能，或者有一个新的想法，以及项目遇到的阻碍还没有解决，则需要把这个新的改动、想法和问题都添加到待做功能列表里。整个迭代验收评审的输出需要包括：产品负责人是否认可团队的完成结果；用户故事是否满足验收标准；相关文档是否具备；是否存在其他的技术约定限制以及用户的反馈等。

（4）回顾会议

回顾会议是 Scrum Master 的几个会议中最重要的，但往往是最容易被忽略的，因为不像其他会议都是在讨论与项目和需求相关的工作，回顾会议是以人为本，其目的更多是针对团队本身的问题和改进，提高产能和提升团队工作效率，而非项目本身。会议建议控制在 1 ~ 2 小时。

回顾会议一般不直接进入主题，而是需要营造一个轻松的便于讨论问题的环境。Scrum Master 可以在期间重申此次回顾会议的目的。接下来开始收集数据和信息，可以围绕三个问题展开——本次迭代做得好的部分、不够好的部分和可以改进的部分。针对可改进方面制定目标。问题暴露出来后，需要进行的改进不需要选择太多，集中精力在一到两个优先的问题上改进，制定解决方案和计划，并且跟踪改进状况。

进行回顾会议需要注意的事项包括：

1）不要让回顾会议变成批判会议，防止大家不敢开口，激励团队成员发言。

2）讨论的内容不要不着边际，空洞无物。

3）不能对大的问题视而不见。

4）碰到问题时不要互相指责、推脱。

5）收集数据一定要落到具体实处，并且对事不对人。

6）一定要探求根本原因并且制定解决方法，持之以恒贯彻执行。

7）不要因为所谓的“忙”而放弃回顾会议。

3. 看板

看板是以价值流动为基础进行设计的。为了分析价值流，需要首先识别团队交付的价值类型，一般团队交付的价值类型包括业务需求、关联需求、改进需求和其他任务等。其他任务一般包含开发和测试过程中发现的缺陷。一般来说业务需求占的比重会比较大。在进行看板设计时，首先要确定的是价值流动所经历的主要工作步骤，如需求收集、开发、测试等。在这些步骤之间可能会存在明显的交接或等待，如计划后等待开始实现、开发完成后向测试移交等。等待环节虽然没有具体的工作，却也占用了价值流动的时间，并可能产生积压，而且对于研发效能来说这些都是无效时间，即不产生价值的时间，最终影响了整个交付周期。

图 2-6 显示，用户需求在流动过程中要么正在被处理，要么已处理完成，等待进入下一个阶段，所以会停留在某个状态并形成队列（工作列和等待列）。队列的划分可多可少，具体细化到哪一个级别，需要考虑任务是否会在某个阶段显著停留，或者使用者是否需要特别关注某些阶段。另一个需要注意的问题是从哪个阶段开始，到哪个阶段结束。理论上，端到端的看板应该是从需求或者问题被提出开始，到需求被交付或者问题被解决结束。但实际上，团队可以从自己关注或者可以影响到的局部流程开始，并随着时间的推移，寻求向上游和下游的延伸，以促进整个组织的协作和需求端到端的顺畅流动。明确了看板的起止阶段后，就可以根据团队的具体情况设置中间的各阶段了。

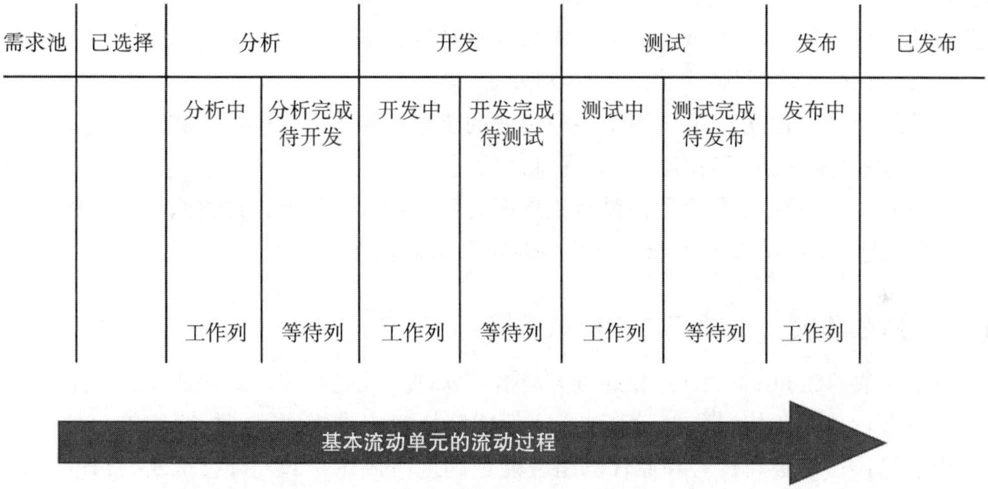

需求池	已选择	分析		开发		测试		发布	已发布
		分析中	分析完成待开发	开发中	开发完成待测试	测试中	测试完成待发布	发布中	
		工作列	等待列	工作列	等待列	工作列	等待列	工作列	

基本流动单元的流动过程

图 2-6　看板中的需求工作流

看板的目标是实现顺畅和高质量地交付有效价值，所以看板的设计就是使用可视化元素建模和反映价值流动过程，需要真实反映团队协作交付的价值和暴露问题。看板的设计可以分为以下几个阶段：

1）分析价值流动过程。

2）选取可视化设计元素。

3）用看板建模价值流动过程。

在分析完价值流动过程和选取可视化设计元素之后，就可以开始设计团队的可视化看板了。需求作为价值，是产品经理的输入，看板关注的是价值流动，不是任务完成的情况。需求的状态和问题需要在看板上清晰地表现出来。同时，在开发中的需求也可以拆分成各种子任务，从而拉通各角色之间的协同。这样既可以看到价值的流动，也可以看到任务的进展和问题。需求管理中常见的问题如下：

1）瓶颈：在软件开发的每个阶段，可能会出现需求积压形成队列的情况，这就是瓶颈所在。瓶颈是例会首先需要关注的问题，因为系统的流量往往是由瓶颈决定的，不解决瓶颈问题，价值将无法顺畅地流动。看板上的表现就是某个阶段的卡片数量特别多。另外，在安排任务时，对于同一个开发人员，建议同时进行中的任务数量不要超过两个，以便集中精力完成单个需求，促成价值的流动，避免队列中出现积压形成瓶颈。

2）缺陷：缺陷会阻碍需求的流动，而且缺陷数量多，容易造成需求积压产生瓶颈，从而阻碍其他需求进行流动。这种影响需求流动的缺陷需要及时解决。所以平时的例会需要简单了解一下缺陷的整体状况，保证缺陷被及时发现、解决并关闭。为了保证让存量的缺陷保持在低水平，建议缺陷可以做到日清，也就是当天的缺陷当天解决。

3）重点关注的需求：需要标注需求的优先级，价值或风险偏高的需要重点关注。

4）阻碍和问题：即因为外部（如依赖）或内部（如缺陷）等原因无法正常流动的需求。团队需要关注被阻碍的需求，分析、跟踪并推动问题解决，及时恢复需求的流动。另外，没有反映在看板上的问题也需要被思考和关注。

5）即将到期的需求：对于有明显完成时间要求的需求，在即将到期之际，需要特别关注（比如用颜色标注进行突出），以确保承诺的达成。

6）中断和闲置：指某个阶段没有正在进行中的需求和任务，价值流出现中断。此时可能会出现某些资源被闲置的状况，从而影响整个交付效能。

2.2.2 持续集成、持续交付和持续部署

持续集成（Continuous Integration）是指在软件开发过程中，频繁地将代码集成到主干上，然后进行自动化构建和单元测试，方便团队快速、频繁地得到构建和单元测试的结果和发现的错误，确定新代码和原代码是否能正确地集成在一起。持续集成的目的就是让产品可以快速迭代，同时还能保持高质量。其核心是，代码集成到主干之前，必须构建成功（有时也需要通过自动化单元测试），否则不能进行集成，从而最大限度地减少风险，降低修复错误代码的成本。Martin Fowler 曾经说过："持续集成并不能消除缺陷，但是让它们非常容易被发现和改正。"

持续交付（Continuous Delivery）是指在持续集成的基础上，将集成后的代码部署到测试环境进行接口测试、UI 测试、性能测试或者安全测试，验证通过后再手动部署到生产环境。持续交付能够以较短的周期频繁地完成小粒度的需求交付。频繁短小的交付周期使得开发团队可以更快地收到软件开发的反馈，从而实现更有效率的修正和反应。

持续部署（Continuous Deployment）是指在持续交付的基础上，将评审通过的代码自动化部署到生产环境。由于整个流程全部自动化、无人工参与，所以也就是我们通常意义上的生产环境一键部署。

图 2-7 对比了持续集成、持续交付和持续部署的区别。然而，实际软件开发环境的搭建、配置和管理是非常复杂的，从头到尾全部实现自动化持续部署比较困难。大部分情况，尤其在传统行业中，生产环境部署是需要通过一道甚至几道评审批准才可以执行自动化部署的。因此，实际工作场景下大部分情况仍然是持续交付。在技术和工具能力具备的情况下，对一些小的、独立的、不重要的变更，可以尝试进行持续部署。

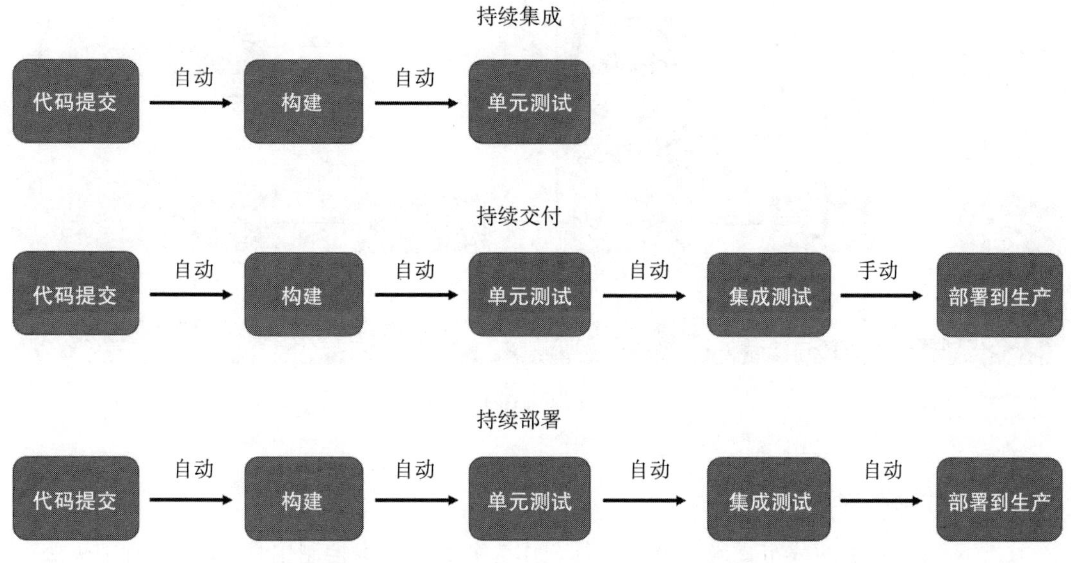

图 2-7　持续集成、持续交付和持续部署

2.3　技术：工具与自动化

前面介绍了实现 DevSecOps 需要基于敏捷开发和持续交付的方法论，并且整个 DevSecOps 的过程涵盖了软件开发的整个生命周期（图 2-8）。本节主要针对 DevSecOps 涵盖的整个开发、测试、运维过程，简单介绍各个领域常见的开源工具，它们将帮助团队实现 DevSecOps 落地，从而实现更快、质量更好和更安全的业务交付。

2.3.1　项目管理工具

目前市场上最流行的项目管理工具是 Atlassian 开发的 Jira。它支持迭代和看板的敏捷开发模式。Jira 中的 Workflow 功能提供了一种可视化方式，帮助团队更加容易并且自动地管理流程。Service Desk 功能提供了一种对业务和产品进行技术支持的工单系统。Jira 有着丰富的插件市场，可以与 Jenkins、GitHub 等工具进行集成，从而可以将代码仓库、构建和相关的任务或缺陷进行关联，并且可以通过插件进行数据的收集和统计，帮助产品 / 项目经理分析项目数据。

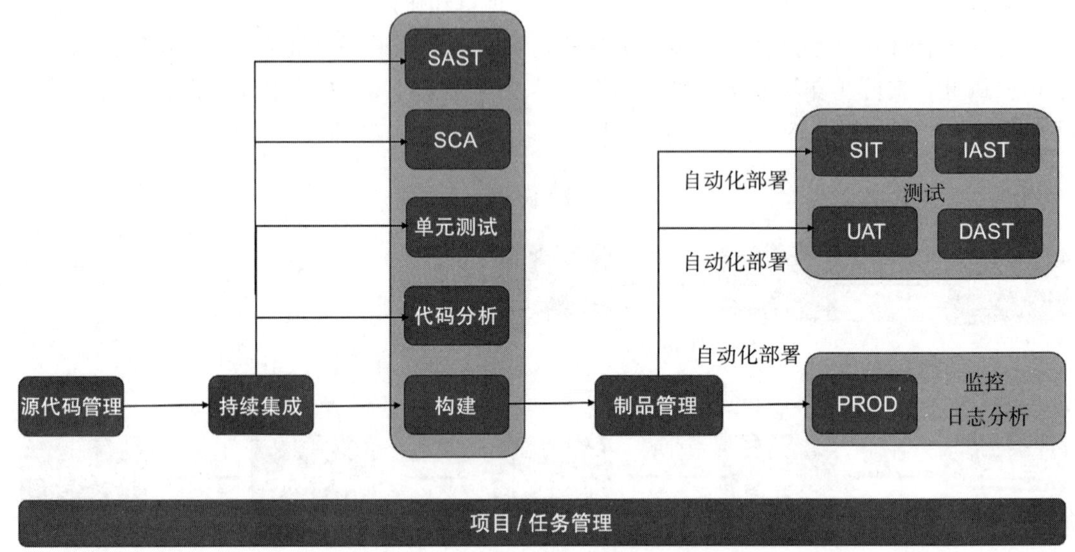

图 2-8 研发流程生命周期

2.3.2 源代码管理工具

Git 是一个开源的分布式版本管理工具。作为分布式版本控制工具，Git 没有中央服务器的概念，开发人员可以把代码完整地镜像到本地，从而摆脱了对网络的依赖。另外，Git 提供了一些特有的分支功能（如主分支、发布分支、开发分支、功能分支、缺陷修复分支等）以及不同的分支策略。目前市场上比较流行的基于 Git 的开源和商用代码托管工具有 GitHub、GitLab 和 Bitbucket（之前称 Stash）。

GitHub 是一个基于网页端的开源源代码管理工具。它有支持公共的和有限私有项目的开源版本。到目前为止，GitHub 可能拥有最多的代码仓库和 3800 多万个项目（其中有近 2000 万个开源项目）。在 2018 年被微软收购之后，GitHub 可以更好地支持微软的产品。GitLab 和 GitHub 做的事非常相似，但是 GitLab 可以创建私人的免费仓库。所以从私有性上来看，GitLab 是一个更好的选择。但对于开源项目而言，GitHub 依然是代码托管的首选。

2.3.3 静态代码扫描工具

目前市场上最流行的开源代码扫描工具是 SonarQube，另外 FindBugs(Java)、FxCop(.NET)、CppCheck(C++)、Pylint(Python) 等开源工具可以对单一开发语言进行支持。

SonarQube 是一个代码质量管理开源平台，用于管理源代码的质量。同时 SonarQube 还对大量的持续集成工具提供了接口支持，可以很方便地在持续集成中使用 SonarQube。

此外，SonarQube 的插件还可以对 Java 以外的其他编程语言提供支持。通过插件形式，可以支持包括 Java、C#、C/C++、PL/SQL 、Cobol 、JavaScript 等二十几种编程语言的代码质量管理与检测。SonarQube 在进行代码质量管理时，会从七个维度来分析项目的质量：不遵循代码标准；潜在的缺陷；糟糕的复杂度分布；重复；注释不足；缺乏单元测试；糟糕的设计。

FindBugs 是一个在 Java 程序中查找 Bug 的程序，它查找 Bug 模式的实例，也就是可能出错的代码实例，FindBugs 是检查 Java 字节码，也就是 *.class 文件。其实准确地说，它是寻找代码缺陷的，很多我们写得不好或可以优化的地方，它都能检查出来。例如，未关闭的数据库连接，缺少必要的 null check，多余的 null check，多余的 if 后置条件，等等。而且我们还可以自己配置检查规则，也可以自己实现独有的校验规则（用户自定义特定的 Bug 模式需要继承它的接口。编写自己的校验类属于高级技巧）。

FxCop 是一个代码分析工具，它依照微软 .NET 框架的设计规范对托管代码 assembly（可称为程序集，assembly 实际上指的就是 .NET 中的 .exe 或者 .dll 文件）进行扫描。大多数代码分析工具扫描你的源代码，但是 FxCop 直接对你编译好的制品进行处理。.NET 的每个 assembly 都有其 metadata（可称为元数据，metadata 是关于一个 assembly 中各元素的类型信息库，它本身也存放在这个 assembly 中），它对 assembly 以及 assembly 内用到的所有类型进行描述。FxCop 会使用这个 metadata 获知代码内部的运行状况。

CppCheck 是一个 C/C++ 代码缺陷静态检查工具。不同于 C/C++ 编译器及其他分析工具，CppCheck 只检查编译器检查不出来的 Bug，不检查语法错误。所谓静态代码检查就是使用一个工具检查我们写的代码是否安全和健壮，是否有隐藏的问题。CppCheck 检查的信息包括：代码中的错误项，包括内存泄漏等；为了避免产生 Bug 而提供的编程改进意见；编码风格，提示你哪些函数没有使用、哪些为多余代码等；提示跨平台时容易出现的问题等。

2.3.4 静态应用安全测试工具

Checkmarx 提供了一个全面的白盒代码安全审计解决方案，帮助企业在软件开发过程中查找、识别、追踪绝大部分主流编码中的技术漏洞和逻辑漏洞，帮助企业以低成本控制应用程序安全风险。CxSAST 无须搭建软件项目源代码的构建环境即可对代码进行数据流分析。通过与各种 SDLC 组件的紧密集成，CxSAST 可实现分析过程的完全自动化，并为审计员和开发人员提供对结果和补救建议的即时访问。其优点是规则自定义、集成性强，但缺点也非常明显：误报率很高（业界 30% 左右），而且随着代码量的增加，扫描速度逐渐变慢。

Fortify SCA 是一个静态的白盒软件源代码安全测试工具。它通过内置的五大主要分析引擎——数据流、语义、结构、控制流、配置流，对应用软件的源代码进行静态分析，分析过程中利用它特有的软件安全漏洞规则集进行全面匹配、查找，从而将源代码中存在的安全漏洞扫描出来，并给予整理报告。其优点是速度快、精确率高，但 Fortify SCA 的集成性很差，需要做二次开发。

2.3.5 持续集成工具

Jenkins 是最流行的开源的持续集成工具。Jenkins 的功能非常强大，并且有很强大的社区和生态提供成百上千的插件来丰富其功能。Jenkins 通过 master 实现中央控制和触发，利用 slave 在构建机执行操作命令，从而达到主从模式的管理体系。2016 年，Jenkins 颁布了它的全新版本 Jenkins 2。它的亮点是将老版本中流水线插件的功能集成到 Jenkins 里，使其可视化，并且提出了一个新概念“Pipeline as Code”，通过脚本（Groovy）的形式对流水线进行配置。这种方式极大提高了流水线配置的灵活性，并且更受程序员欢迎，对于 DevOps 中“左移”的概念起到了非常好的支持。另外，Jenkins 的商用版 CloudBee 在其基础上进行了扩展，不仅引入了“Operating Center”功能来管理多个 Jenkins master，形成 cluster 管理模式，极大扩展了 Jenkins 的服务能力，另外也提供了流水线“Pipeline as Code”的模板功能，使用更加方便。

TeamCity 是 JetBrain 公司的一款持续集成工具，有免费版（TeamCity Professional）和商用版两个版本。免费版支持 3 个 agent 和 100 个配置项目。对比 Jenkins，TeamCity 没有功能强大的“Pipeline as Code”和丰富的插件生态来扩展功能。但 TeamCity 有更加友好的界面以及内部集成的一些功能（比如 MSTest、Nunit、Nuget），可以更好地支撑 .NET 开发，所以更受 .NET 开发人员青睐。

2.3.6 构建工具

Maven 是最流行的 Java 构建配置和依赖管理工具。它使用了基于 XML 格式的 POM（Project Object Model）文件，在类似模板化的命令下进行构建的配置管理，以及对于构建所需要的第三方依赖的管理。由于 Maven 操作简单、易学习，所以在 Java 开发中非常流行。然而，也由于 POM 文件是基于 XML 格式的，从而也限制了其灵活性。Gradle 和 Maven 一样都是支持 Java 的构建工具，但是 Gradle 不是基于 XML 文件，而是基于 Groovy 的 DSL（Domain Specific Language）进行配置管理。由于它是基于脚本编程而不完全是配置文件，执行速度快并且更加灵活，所以比较受程序员欢迎。

Maven 和 Gradle 虽然流行，却都是用来支持 Java 开发的构建工具。对于 .NET 开发来说，MSBuild（Microsoft Build）却是首选。MSBuild 也是基于 XML 文件的，并且独立于 Microsoft Visual Studio。MSBuild 平台主要涉及执行引擎、构造工程和任务，最核心的就是执行引擎，用来构造工程规范、解释构造工程和执行构造动作。

2.3.7 制品管理工具

目前市场上比较流行的开源制品库主要是 Sonatype Nexus 和 Jfrog Artifactory。Nexus 和 Artifactory 都提供了支持大部分开发语言的构建包（Maven、NuGet 和 NPM 等）和容器镜像的制品管理仓库，从而形成统一的制品源，并且可以与主流持续集成工具（Jenkins 等）实现很好的自动化集成。最后它们可以通过定义不同成熟度存储库，将制品在不同的成熟度存储库间移动，以及通过元数据属性，更好地管理和维护制品的生命周期。

2.3.8 第三方安全扫描工具

市场上几款主流的第三方安全扫描工具包括开源的 Dependency-Check、商用工具 Sonatype IQ Server 和 Jfrog X-ray。Dependency-Check 是 OWASP（Open Web Application Security Project）的一个实用开源程序，用于识别项目依赖项并检查是否存在任何已知的、公开披露的漏洞；目前已支持 Java、.NET、Ruby、Node.js、Python 等语言编写的程序，并为 C/C++ 构建系统（autoconf 和 cmake）提供了有限的支持；另外，作为一款开源工具，在多年来的发展中已经支持与许多主流软件进行集成，比如 Jenkins 等；具备使用方便、落地简单等优势。Dependency-Check 的依赖性检查可用于扫描应用程序（及其依赖库），执行检查时会将 Common Platform Enumeration(CPE) 国家漏洞数据库及 NPM Public Advisories 库下载到本地，再通过核心引擎中的一系列分析器检查项目依赖性，收集有关依赖项的信息，然后根据收集的依赖项信息与本地的 CPE&NPM 库数据进行对比，如果检查发现扫描的组件存在已知的易受攻击的漏洞则标识，最后生成报告进行展示。

2.3.9 自动化测试工具

自动化测试工具分为几大类：单元测试、功能测试和性能测试。单元测试针对不同开发语言，可以使用不同的开源单元测试框架。比如最流行的是支持 Java 的 JUnit、支持 C# 开发的 NUnit、支持 C++ 开发的 CppUnit，以及其他的 xUnit 成员，丰富了单元测试框架对各种不同语言的支持。为了统计单元测试的代码覆盖率，通常需要引用额外工具，比如 Java 常用的覆盖率统计工具是 JaCoCo，C# 常用的覆盖率统计工具是 NCover、DotCover 等。有些开发语言，比如 Go，内置了单元测试统计功能，所以不需要额外工具支持。

功能和接口测试方面有很多测试工具。根据 *Survey on Test Automation Challenges* 的调研结果显示，Selenium 是排名第一的开源 UI 自动化测试工具，被 84% 的测试人员在项目中使用。相比其他测试工具，Selenium 是基于编程和脚本的自动化测试工具，并且支持多种开发语言（比如 Java、Groovy、Python 和 Ruby 等），这使得 Selenium 使用起来更加灵活，被程序员所青睐，所以非常符合 DevOps 左移的理念。

JMeter 是一款开源的用做性能测试的自动化工具。它可以用来测试静态和动态资源的性能，也可以用于模拟大量负载来测试一台服务器、网络或者对象的健壮性或者分析不同负载下的整体性能。同时，JMeter 可以对应用程序进行回归测试，通过测试脚本验证程序是否可以返回期望值。但是 JMeter 无法验证 JS 程序，也无法验证页面 UI，所以须与 Selenium 配合来完成对相关网页应用的测试。

2.3.10 动态安全测试工具

动态安全测试工具通过模拟黑客的攻击行为对站点进行测试，从而检测是否存在安全漏洞。OWASP ZAP 是一款 OWASP 社区提供的开源的网页安全扫描工具。OWASP ZAP 的使用非常简单，只需要将 URL 地址填入，点击按钮就可以发起对输入网站的安全漏洞扫描，并将扫描结果（包括漏洞名称、风险级别等）展示在工具界面。OWASP ZAP 可以与 Jenkins 进行集成以实现自动化动态安全扫描。其他常见的商用 DAST 软件有 IBM AppScan、Webinspect、Burp Suite 和 AWVS。

2.3.11 交互式安全测试工具

交互式安全测试工具通过在测试环境进行插桩或者端口截流的方式，分析应用是否存在安全漏洞。国外比较成熟的工具是 Contrast Security，其社区版（Contrast Security-Community）提供了一款免费的交互式安全测试解决方案。它具备与商业版同样的功能，但被限制了支持的开发语言（只支持 Java 和 .NET Core），并且只允许安装在一台应用上。Contrast Security-Community 可以通过测试环境的插桩，在程序应用时对其控制器、业务逻辑、数据层等的上下文信息进行截取分析，进而得到比 SAST 和 DAST 更加精准的安全漏洞收集和判断。

2.3.12 自动化配置 / 发布工具

自从基础设施即代码（Infrastructure as Code）这个概念出现以来，自动化配置 / 发布工具就得到了大范围的推广和应用。对于传统虚拟机和物理机的配置和部署，比较流行的有 Ansible、Chef、Puppet 和 Salt。

Puppet 是市面上最流行的自动化配置 / 部署工具之一。它通过在目标服务器安装代理，使用简单直观的 CLI 输入命令下载和安装模块。Puppet 得益于一大批基于 Ruby 的模块和配置菜单，通过编写 Ruby 脚本更改配置文件，因此需要一定的编程能力。Chef 和 Puppet 类似，通过在管理的节点上安装代理进行环境配置和部署的实现。

与 Puppet 和 Chef 不同，Ansible 不是通过安装代理的方式对目标服务器进行任务执行的，而是通过 SSH 与目标服务器建立连接来执行所有功能，所以是一种轻量级环境配置工具。Ansible 通过 playbook 进行 YAML 代码编写来实现配置管理，同时通过 inventory 进行集群服务器发布的控制。Salt 和 Ansible 类似，也是基于 CLI 的工具，采用推送的方式实现客户端通信、配置安装和管理。

2.3.13　日志分析工具

目前市场上比较流行的开源日志分析工具是 ELK（Elasticsearch, Logstash, Kibana），另外一款非常流行的商用日志分析工具是 Splunk。

ELK 是三个开源工具的组合，并且也是最流行的开源日志分析工具，用来解决日志收集、搜索、聚合和分析。

1）Elasticsearch 是一套基于 Lucene 的搜索引擎工具，解决系统日志的搜索问题。

2）Logstash 用来做数据源的收集。

3）Kibana 是一套可视化工具，可以将日志分析后的数据进行展示。

Splunk 是一个可扩展且可靠的数据平台，用于调查、监控、分析和处理企业的各类系统数据。如今的 Splunk 已经不仅限于对日志数据进行分析处理，其基于现代数据平台，在云上及线下帮助 IT、安全和开发运维专业人员从任何来源获取任何数据，以便对其数据进行调查、监控、分析和快速采取行动。同时其支持集成 AI 和机器学习，以及具备为任何情况做好准备的云技术支持。

2.3.14　监控工具

Prometheus 是一款 CNCF（Cloud Native Computing Foundation）开源项目和分布式开源监控工具。它主要用于对基础设施的监控，包括服务器、数据库和 VPS 等。Prometheus 通过对配置中定义的某些端点执行 HTTP 调用来检索。其主要功能仍然是时间序列数据库，并对它实现了可视化和数据分析，通过自定义方式进行警告。

另外一款开源的分布式监控工具是 Zabbix，它以图形化方式展示和操作界面，是由 Alexei Vladishev 开发的一种网络监视、管理系统，基于 Server-Client 架构，可用于监视各种网络服务、服务器和网络机器等的状态。入门容易、上手简单、功能强大并且开源免费是用户对 Zabbix 的最直观评价，Zabbix 易于管理和配置，能生成比较漂亮的数据图，其自动发现功能可大大减轻日常管理的工作量，丰富的数据采集方式和 API 接口可以让用户灵活进行数据采集，而分布式系统架构可以支持监控更多的设备。理论上，通过 Zabbix 提供的插件式架构，可以满足企业的任何需求。

Prometheus 和 Zabbix 主要关注服务器硬件指标和系统的运行状态等。而属于开源 APM 系统的 SkyWalking 更重视程序内部执行过程指标和服务之间链路调用情况的监控，从而更有利于深入代码，找到请求响应“慢”的根本问题，与 Prometheus 和 Zabbix 是互补关系。另外，SkyWalking 的设计更加适合微服务、云原生架构和基于容器的应用。

Riemann 提供了一个单一直接的工具来监控分布式应用程序和基础设施。该开源软件使开发人员可定义需要监控的各种类型的事件以及流，可在发生特定类型的事件时生成警报。开发人员还可配置流以发送电子邮件通知或通过 Slack 发送有关事件的警报。其拥有高定制化、事件处理低延迟、持多种语言的客户端、监控数据图形化、告警方式多样化等优点。但同样存在必须时间同步、内存消耗大、不支持集群等不足。

Sensu 是一个全栈监控工具，通过统一的平台，可以监控服务、应用程序、服务器和业务 KPI 报告。它的监控不需要单独的工作流程并且它支持所有流行的操作系统，如 Windows、Linux 等。如果你想以一种简单而有效的方式监控云基础设施，Sensu 是一个不错的选择。它可以与你的组织已经使用的许多现代 DevOps 组件集成，比如 Slack、HipChat 或 IRC，它甚至可以用 PagerDuty 发送移动或寻呼机的警报。

2.3.15 DevSecOps 工具链

技术和工具是实现 DevSecOps 的基础。利用工具的最终目的是通过在 SDLC 各个阶段形成工具链（图 2-9），减少手动操作，实现流程管理和自动化的落地，最终提高交付速度、质量和安全。在推动 DevSecOps 需要考虑的流程、工具和文化中，一般都是工具先行。因为工具的使用不仅效果明显，而且见效快（一般来说，三个月内研发效能就可以有明显的提高）。

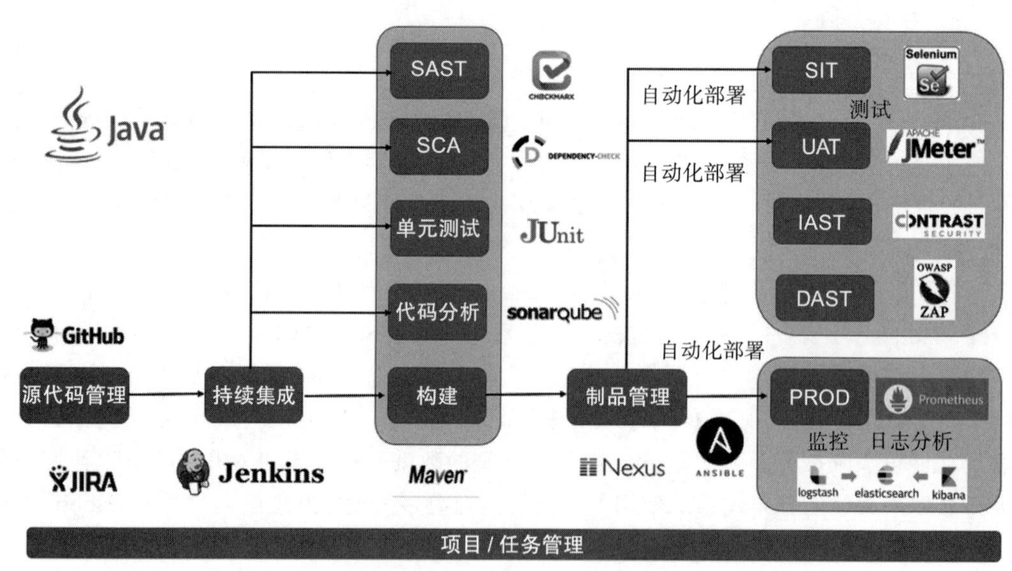

图 2-9 DevSecOps 工具链

通过项目管理工具，使得敏捷中的迭代和看板可以在团队进行落地。电子看板不仅可视化了任务及其阶段和状态，而且可以协助团队进行历史数据的分析，方便团队开展回顾会议进行持续反馈改进。源代码管理工具对作为统一代码源的源代码进行版本管理。持续集成作为 DevSecOps 的基础，其工具作为核心需要与其他工具进行集成，通过自动触发实现持续构建、持续单元测试、持续代码质量和安全测试、持续功能和安全测试、持续发布等，从而实现以自动化为基础的快速反馈。通过左移，SAST、DAST、IAST 和 SCA 工具都被集成到持续集成工具中，在开发和测试阶段进行安全测试，帮助团队提前发现安全漏洞并修复，从而减少了返工成本和提高了交付速度。SCM 和制品库的使用建立了统一的代码源、制品源和配置管理源，方便管理和提高了效率，并且避免了开发中的冲突。单元测试以及自动化功能和性能测试工具帮助团队减少了人工测试，通过更有效的自动化测试减少了人为失误，提高了交付速度。环境配置和部署工具可以快速、大批量地自动生成应用运行需要的环境并将应用进行上线部署。上线后，监控工具实时跟踪应用、基础设施的状态，保证服务的稳定性。当问题出现时，日志分析工具帮助团队发现问题的根源从而进行问题修复。总之，流程通过工具实现落地。DevSecOps 工具不仅通过自动化和更有效的管理模式帮助开发团队实现高质量、更安全的快速交付，而且帮助团队节省了成本。表 2-3 列举了市场上流行的 DevSecOps 开源和商用工具。

表 2-3　DevSecOps 开源和商业工具列表

	开源工具	商用工具
项目和任务管理工具	Trello	Jira
源代码管理工具	GitLab	GitHub、GitLab、Bitbucket
持续集成工具	Jenkins、TeamCity Professional、CircleCI	CloudBee、TeamCity Enterprise、Bamboo
构建工具	Maven、Gradle、MSBuild	
静态代码分析工具	SonarQube、FindBug、FxCop、PMD、Checkstyle、Pylint CppCheck、StyleCop	SonarQube Enterprise、Coverity、Klocwork
单元测试框架	JUnit、NUnit、unittest、CppUnit	
自动化测试工具	Selenium、JMeter、Cucumber、Postman	HP QTP、Quality Center
制品管理工具	Nexus OSS、Artifactory OSS	Nexus Pro、Artifactory Enterprise
自动化配置工具	Ansible、Chef、Puppet	Ansible Tower、Chef Enterprise、Puppet Enterprise
自动化发布工具	Ansible、Chef、Puppet	Nolio、Ansible Tower、Chef Enterprise、Puppet Enterprise
监控工具	Prometheus、SkyWalking、Zabbix、Grafana	Geneos
日志分析工具	ELK	Splunk、ELK Enterprise
配置管理工具	CMDB	
静态安全测试工具	SonarQube、NodeJsScan	CheckMarx、Fortify、IBM AppScan
动态安全测试工具	OWASP ZAP	IBM AppScan、Webinpsect、Burp Suite、AWVS
交互式安全测试工具	Contrast Security-Community	Contrast Security
第三方安全扫描工具	Dependency-Check	Sonatype IQ Server、Jfrog X-ray、Black Duck
威胁建模工具	OWASP Threat Dragon、微软官方的威胁建模工具	IrisRisk

2.4 文化与组织结构

过去几十年，为了提高经济效益，企业开始提倡战略性规划、质量管理和管控、工程化和缩减规模。然而，其中 75% 的企业改革失败或者产生了足以威胁企业生存的严重问题。在这些失败的种种原因中，最常见的就是“忽视企业文化”。企业文化说上去可能难以理解，甚至觉得虚无缥缈，但它往往是支撑甚至决定着企业战略成败的关键因素之一。企业文化看上去很大，却往往是由企业领导和团队文化决定的，所以不要觉得这个概念太大而与你无关。任何一个员工，尤其是领导的意识和行为，都决定了这个企业文化的形成。

2.4.1 DevSecOps 的文化和挑战

在推动 DevSecOps 的过程中，很多人认为实现 DevSecOps 就是使用工具。这是一种非常普遍的误区，尤其在技术公司，很多技术人员都觉得文化类的概念太虚，不务实，不如工具可以直接看到效果。的确，使用工具是短期内可以见效的方式，而且也是实现 DevSecOps 的基础。但是，任何一个企业都不是靠工具支撑业务甚至作为业务本身的。公司的核心价值还是人，而一群人的行为就形成了文化。所以通过 DevSecOps 改变人的思维模式、做事和协作方式，通过员工以及他们的专业知识和经验来实行 DevSecOps 转型，才能使得企业的研发效能可以长远改进。

举个例子，前面讲过的代码质量分析工具（比如 SonarQube），它可以很方便地把开发人员的代码质量分析并可视化出来。但是，因为代码质量作为一种技术负债，并不能对功能和业务交付产生直接的影响，开发人员可能在明知道自己代码质量的前提下，要么意识不到位，不去改进代码质量；要么交付压力大，消除技术负债一直作为低优先级的任务得不到重视，导致虽然通过工具把问题暴露出来了，但问题始终得不到解决。这样的话，即便有了工具，但因为人的意识问题，最终的结果仍然没有价值。

另外，虽然敏捷对于互联网公司的场景和业务模式有着天然的适配性，但是对于传统行业容错性成本很高的特点来说，又显示不出太多的优势。DevSecOps 并不存在适不适合哪个行业或者哪家企业，而是基于行业和企业的特有场景做得好不好的问题。比如推广敏捷开发时，很多企业只是将员工组织起来进行培训，而不是影响支持这些改变的主管以及更高层。尤其在一些传统行业，单靠底层员工自觉遵循敏捷开发和 DevSecOps，是非常困难的。更有效的做法是争取自上而下的驱动，找机会给管理层进行敏捷开发和 DevSecOps 的培训。

通过 DevSecOps 来实现一个高效的开发模式，往往需要改变企业的文化，而这是企业转型中最困难的挑战之一。应对文化这种无形的物质，领导者需要有各种各样的软技能来与人和团队打交道，并且把软技能和工程实践相结合，认识到这两者如何互补。

2.4.2 DevSecOps 的组织结构和角色

随着 DevSecOps 的发展，继 DevOps 之后企业内部也逐渐出现一些新的角色。这些角色可能是当初 DevOps 角色的扩展，相比早期的 DevOps 角色，DevSecOps 角色需要具备更多安全方面的知识和技能。DevSecOps 在企业内部主要会有以下三种角色和对应的职责：

1）DevSecOps 负责人：负责主导和引领 DevSecOps 转型和在企业内的落地。根据对开发团队 DevSecOps 成熟度的了解和安全部门 / 团队提供的服务（工具、培训、咨询等），制定相应的 DevSecOps 发展战略，并跟进实施进度和问题。带领 DevSecOps 工程师和教练在技术和管理上帮助开发团队提高研发效能和安全能力。

2）DevSecOps 工程师：负责 DevOps/DevSecOps 工具的实现和落地。帮助开发团队搭建并维护 DevSecOps 自动化平台，提供 CI/CD 和安全测试服务（SAST、DAST、IAST、SCA）。从技术上帮助开发团队实现更快、更好质量和更安全的交付。

3）DevSecOps 教练：负责向开发团队提供培训，帮助开发团队学会新的 DevOps/DevSecOps 工具，适应新的工作模式，以及掌握相关的技能知识和最佳实践，从而让交付速度更快，交付质量更好和更安全。

企业的 DevSecOps 组织结构（图 2-10）可以是特定的中央 DevSecOps 团队形式，里面包含了上面提到的部分甚至所有角色。这有点类似中央测试团队和运维团队的性质。DevSecOps 团队负责整个部门或者公司的 DevSecOps 战略和标准制定、DevSecOps 工具服务搭建和支持、DevSecOps 咨询和培训服务，以及 DevSecOps 文化建设等。另外一种形式即没有独立的大型 DevSecOps 团队，而是从各个部门或者开发团队里全职或者兼职调派出来组成虚拟 DevSecOps 团队。DevSecOps 负责人通过协作与各个部门 / 团队的 DevSecOps 代表组成虚拟网络，进行公司级别 DevSecOps 战略和计划的传达和执行。

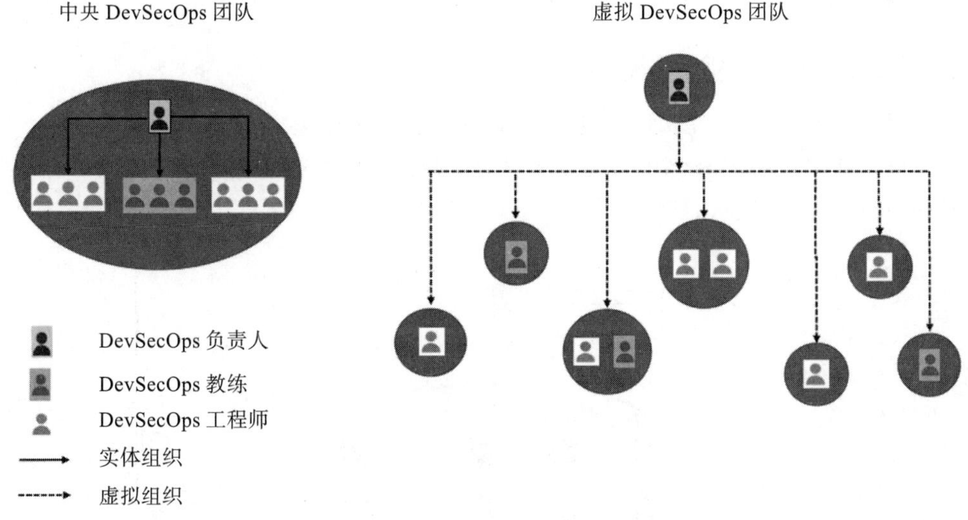

图 2-10　中央和虚拟 DevSecOps 团队

中央 DevSecOps 团队的好处是资源比较集中，使用效率也会比较高，方便提供统一标准和服务。开发团队可以专心写代码，而不需要额外关心 DevSecOps 相关工作。但是中央团队的弊端是一旦服务不到位（比如需求反应慢）、支持力度差，那么中央团队就会变成开发团队的瓶颈。因为 DevSecOps 从某种意义上是去中心化，从而实现测试、运维和安全的左移，所以虚拟 DevSecOps 团队将 DevSecOps 的角色分散到各个团队中，或者在各个团队中培养具备 DevSecOps 角色能力的开发人员，从而实现与开发团队其他角色更好的协作。然而，这种模式的缺点是，由于不是一个真正的团队，虚拟团队从管理模式上还是比较松散的，容易各自为战，因此对于 DevSecOps 负责人来说，如何团结各个团队的 DevSecOps 角色，把公司或者部门级的 DevSecOps 工作做好是一个严峻的挑战。

2.5 DevSecOps 框架与模型的建立

DevSecOps 的推动与实施是一个系统化的工程项目。正如前文所述，其内容包含了文化、流程、组织结构、技术等多方面的协作。DevSecOps 的最终目标是引入一套框架，解决持续快速交付和信息安全之间的矛盾。这也预示着 DevSecOps 的实施除了要有完善的实施方案，还需要一套完整且体系化的框架与模型给予基础支撑。框架本身可以是一种工具，可以帮助人们解决如何去运作一个项目，还可以帮助人们评估一个方法或一个团队在当前阶段的有效性，并分析下一步需要获得哪些能力以促使 DevSecOps 的能力更加成熟。

我们可以从三个维度来考虑 DevSecOps 框架的建立，一是 DevSecOps 的运营模型，二是 DevSecOps 的实现模型，三是 DevSecOps 的成熟度模型。一个框架，三个模型，三个角色，三个阶段，可视为实施 DevSecOps 的最佳实践之一。

2.5.1 DevSecOps 的运营模型

顾名思义，运营模型（图 2-11）就是我们对 DevSecOps 运营过程的计划、组织、实施和控制。可以将 DevSecOps 当中所涉及的参与方归类为三大类角色，即开发团队、信息安全团队和 DevSecOps 负责人。

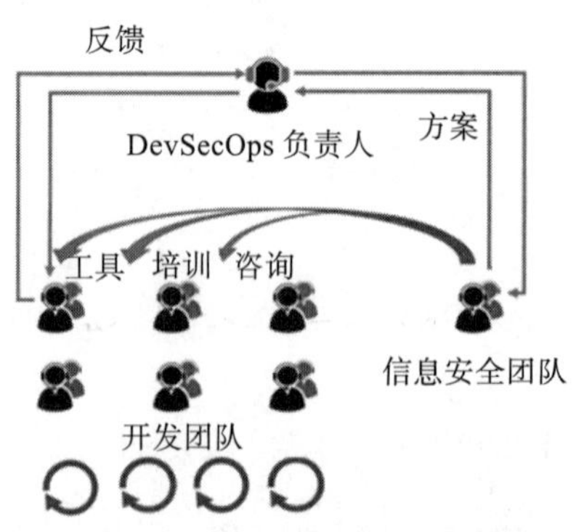

图 2-11　DevSecOps 的运营模型

1. 开发团队

开发团队（Development Team）的职责包括：

1）将 DevSecOps 工具集成到 CI/CD 流水线中，自动生成交付与安全漏洞扫描报表。

2）接受 DevSecOps 培训，从而掌握足够的信息安全知识去修补扫描出来的信息安全漏洞。

3）与 DevDecOps 负责人合作建立 DevSecOps 文化和意识。

4）实现产品的持续快速交付。

2. 信息安全团队

信息安全团队（Cyber Security Team）的职责包括：

1）向开发团队提供 DevSecOps 工具支持。

2）向开发团队提供 DevSecOps 培训的支持。

3）向开发团队提供信息安全咨询。

4）根据 DevSecOps 成熟度模型的评估对产品安全质量把关。

3. DevSecOps 负责人

DevSecOps 负责人（DevSecOps Champion）的职责包括：

1）搭建 DevSecOps 工具平台以帮助团队实现自动化。

2）负责推广 DevSecOps 文化和帮助开发团队建立 DevSecOps 意识。

3）连接开发团队和信息安全团队。

4）将从开发团队收集到的问题反馈给信息安全团队，并将信息安全团队提供的方案传递给开发团队，形成一条健康的回路。

5）解决基础的信息安全问题。

三类角色在工作当中需要互相协作，通过不断地磨合来发现与解决问题，以实现产品持续快速又安全的交付。开发团队是实施 DevSecOps 的责任主体，负责技术的实现与产品的快速安全持续交付。信息安全团队是 DevSecOps 的催化剂，负责提供工具与配套的培训及解决方案，实现对产品安全质量的控制。DevSecOps 负责人是桥梁，负责连接开发团队和信息安全团队，并且作为开发团队的“安全专家”，具备基础的安全问题解决能力。

值得一提的是，DevSecOps 负责人在整个运营模型中处于关键的位置，其发挥的作用不言而喻。往往该角色由开发团队当中某位成员担任，也可由数个开发团队组成的业务线中的某位成员担任。该成员不一定需要是团队中技术水平最好的，但他需要深刻理解 DevSecOps 方法论的奥义，了解文化背景及其所面临的挑战，熟悉流程且需要一定的基础信息安全知识。根据以往的案例经验，信息安全团队可以对被选定的 DevSecOps 负责人开展集中式的专项培训，以帮助其提高对安全工具的熟悉与信息安全基础知识的积累。

2.5.2 DevSecOps 的实现模型

将整个 DevSecOps 的方案实施比喻为建造一幢摩天大楼，运营模型的建立为 DevSecOps 接下来的实施工作起到了基础支撑的作用，那么对 DevSecOps 的整个实施方案的过程进行拆分，分步实现 DevSecOps 中所涉及的各要素的实现模型，则是在此基础上逐步修建 DevSecOps 这个摩天大楼主体的过程。我们可以采取三步走的方法来制定这一实现模型。

1. 第一阶段：引入 DevOps 与应用安全工具

1）搭建 DevOps 工具平台，实现自动化和对整个流程的有效管理。

2）将各类 DevSecOps 工具集成到 CI/CD 流水线中，实现自动化交付与安全漏洞扫描。

3）建立 DevSecOps 度量体系，生成并公开交付状态与信息安全漏洞报表。

4）团队中 DevSecOps 负责人角色设立。

2. 第二阶段：DevOps 与信息安全知识、能力的培训

1）DevOps 工具和应用安全工具的教学。

2）给开发团队进行敏捷培训。

3）在线信息安全培训。

4）团队 DevSecOps 负责人专项能力的提升。

3. 第三阶段：DevSecOps 意识文化和流程的建立

1）建立 DevSecOps 意识和文化。

2）实现基于 DevSecOps 框架的持续快速又安全的交付流程。

3）实现开发团队、DevSecOps 负责人与信息安全团队的协作。

4）将 DevSecOps 负责人培养成“安全专家”。

第一阶段重点在于实现 DevSecOps 技术手段，将各类工具嵌入到 CI/CD 流水线，并实现初步的快速安全交付可视化。第二阶段重点在于人员的能力提升，包括开发人员、DevSecOps 负责人及任何与 DevSecOps 实施相关的人员，帮助他们熟练掌握各类工具，让他们具备初步的信息安全问题解决能力。第三阶段重点在于培养团队的 DevSecOps 文化和意识，打造开发团队内部的 DevSecOps 专家，通过流程的不断优化以实现产品持续快速又安全的交付。

2.5.3 DevSecOps 的成熟度模型

如何评估一个 DevSecOps 团队是否实现了预期的目标，如何帮助成熟度水平不高的 DevSecOps 团队提高他们的成熟度，又如何确保一个 DevSecOps 团队快速交付的产品是安全可靠的呢？相信它们是大家心里共同的疑问，其实，这也是 DevSecOps 成熟度模型建立所要解决的三个核心问题。

说到成熟度，合理的分级是模型的关键，是建立成熟度模型的第一步。建议从以下几个维度来对成熟度的分级进行综合考量：

1）DevOps 工具链平台的建设。

2）DevSecOps 工具的集成与使用情况。

3）团队组织架构情况。

4）团队工作方式（敏捷或者瀑布）。

5）团队成员的知识储备与问题解决能力。

6）开发团队、DevSecOps 负责人与信息安全团队的协作能力。

7）产品交付质量与安全水平。

结合以上维度的分析，设立等级卡点，梳理出合理的成熟度等级。第二步即根据不同的成熟度等级设立对应的产品交付流程。可以遵循成熟度越高的团队相对应的流程可以简化，以帮助 DevSecOps 团队实现快速安全的交付；成熟度越低的团队则所需要其他方面介入的流程会越多，包括质量审核、安全审查等。同时信息安全团队在不同成熟度的 DevSecOps 团队中所投入的工作比例也根据等级做出相应的调整。

但是，一次成熟度评估的通过并不意味着该 DevSecOps 团队在未来的交付工作中能够持续维持该水平。因此，结合不同成熟度的周期性的度量在确保产品的持续快速又安全的交付上能够起到关键作用。

本章不会针对表 2-4 所示内容进行详细展开说明，仅为读者在成熟度模型的建立上给予参考。更多关于成熟度模型的内容与案例，包括不同成熟度等级的团队所对应的交付流程，我们将在第 8 章中详细阐述，并结合度量平台的建立进行深入分析。

表 2-4　DevSecOps 成熟度模型参考

成熟度	评判标准	对应交付流程	评估周期
一级	团队完成大部分 DevOps 和 DevSecOps 工具的部署，并设立 DevSecOps 负责人	该阶段仍需按照传统或现有交付流程	
二级	团队完成大部分 DevOps 工具部署且实现自动化，并将 DevSecOps 工具与 CI/CD 流水线集成和实现自动化，DevSecOps 负责人具备基础信息安全能力	该阶段建议按照传统或现有交付流程，但可鼓励部分试点团队在实现自动化的基础上，尝试引入符合 DevSecOps 标准的快捷审批流程，将安全测试与应用安全审查左移并自动化，根据对应类别的安全分类区别执行不同的安全审批流程	每两周
三级	二级标准 + DevSecOps 负责人具备进阶的信息安全能力，所有团队成员具备基本的信息安全意识。敏捷培训完成，团队会执行迭代和使用看板	建议采用符合 DevSecOps 标准的快捷审批流程，采取自动化的集成发布，将安全测试与应用安全审查左移，根据对应类别的安全分类区别执行不同的安全审批流程，缩短审批时间。帮助团队实现自主快速交付。掌握敏捷开发方式	每月

（续）

成熟度	评判标准	对应交付流程	评估周期
四级	三级标准 + 所有产品质量与安全漏洞问题都能得到及时解决与修复，建立 DevSecOps 度量平台和建设 DevSecOps 文化，加强团队安全意识	三级流程项 + 必须采用符合 DevSecOps 标准的快捷审批流程。定期举办 DevSecOps 活动和分享	每季度
五级	四级标准 + 安全右移至运维侧，能够长期维持该水平。建立完善的安全预警机制。安全进一步左移至需求和架构层面	四级流程 + 长期运维机制 + 需求和架构安全保障流程	每半年

2.6 总结

本章通过业界的 DevSecOps 报告对 DevSecOps 在世界范围的现状做了一定的了解，并且提出了一套摸清企业本身 DevSecOps 现状的调研方法，作为 DevSecOps 改进的第一步以及理解改进的原因和目的（Why to do）。在了解了自身 DevSecOps 现状后，从流程和方法论、工具与自动化，以及文化和组织结构三个层面对 DevSecOps 相关内容做了介绍。相关企业可以基于这三个方面，制定具体的 DevSecOps 转型和改进方案（What to do）。最后，我们提出了三个模型——运营模型、实现模型及成熟度模型，用来描述如何在企业内部实现 DevSecOps（How to do）。基于以上三方面内容，我们建立了一套完整的 DevSecOps 实施体系。在接下来的几章里，我们将详细介绍 DevSecOps 在研发过程中每个阶段的实践和落地。

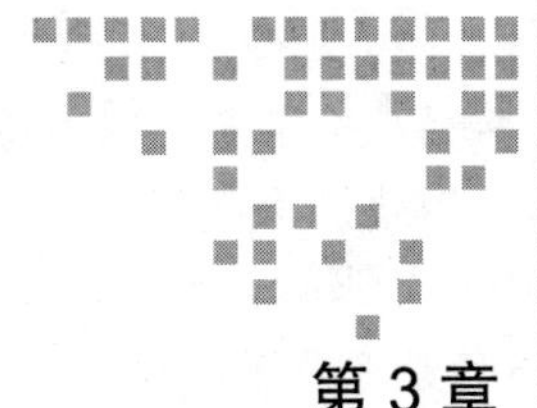

第3章 Chapter 3

DevSecOps 转型——从研发入手

江宇宁和老汪一起研究了 DevSecOps 落地的实现和运营模型，并且对各个研发团队做了非常认真和细致的调研之后，一份详细的 DevSecOps 转型解决方案横空出世了。由于能用于 DevSecOps 转型上的资源非常有限，需要在前期集中力量和资源在最重要的领域进行投入。深思熟虑之后，作为整个软件开发生命周期的重要产出部分，开发阶段最终被江宇宁和老汪选为 DevSecOps 改进的第一步。接下来伴随而来的是大规模新的开发和安全工具的引入、研发规范的制定、流程的自动化、最佳实践的梳理以及相关人员的意识和能力培训。然而，在整个 DevSecOps 转型第一步的目标和方向上。宇宁和老汪陷入了困惑。

"宇宁，咱们先不说 DevSecOps。DevOps 的核心就是快速交付，你看最近几年大家都在谈论互联网公司技术如何先进，交付速度多么快，比如谷歌、亚马逊都是用发布频率来衡量他们的研发效能。所以，我们是不是也要以头部互联网公司为学习对象，然后我们的目标也按照这个思路来？"老汪拿着解决方案边思考边说道。虽然老汪的态度很明确，但话语之间也含有一丝迟疑。

江宇宁没有直接回答老汪的问题，因为提到头部互联网公司，他的老同学周天所在的灰石网络也在进行 DevSecOps 的落地。而正在几天前，他俩还在老地方——猫头鹰咖啡馆讨论过这个话题。此刻，江宇宁的思绪回到了几天前与周天交谈时的场景。

……

"还是你厉害，毕竟是研发效能专家啊！"江宇宁对着周天竖起大拇指称赞道。原来，在交流之后，江宇宁发现周天所在的灰石网络的 DevSecOps 推动进度，尤其是 DevOps 方面，已经走在了德富银行前面。

"刚才你提到短短的半年期间，你们的交付速度提高了几乎一倍，甚至有些团队都可以实现日发布这么频繁了？"江宇宁兴奋地问道。

“的确是的。”周天回应道，“这半年的进步还是蛮大的。”

“来来来，赶紧介绍一下你们是如何实现的！”江宇宁有点急不可耐了。

“其实也是我们找准了方向，或者说也是业务本身的需求。”周天不紧不慢地说，“还有一点，可能互联网行业的工作模式已经是比较敏捷的，或者说是天生适合敏捷，不像你们传统行业，更多场景还是瀑布模式，所以存在所谓的向敏捷模式转型。”

“果然是专家，真是一针见血！”江宇宁又一次竖起了大拇指，“的确，我们的业务性质决定了这种稳扎稳打的传统工作模式，所以从流程和团队协作上也就很难快起来……那你们都做了哪些改进啊？”

“我们和你们一样，一开始在开发阶段进行了定位。首先我们发现大家的工作模式并不统一，而且在使用工具上也是各自一套，有些甚至还在本地进行编译构建，然后直接打包上传，这样岂不是毫无章法可言。”周天愤愤地说道，“所以我们的首要目标就是让所有团队，至少大部分团队使用统一的工具平台，然后遵循统一研发流程和研发规范。”

“所以你们先打造了统一的工具平台？”江宇宁问道。

“是的。我们这边团队重复造轮子的现象非常严重，这不仅造成了资源的浪费，而且还让 DevSecOps 的推广非常迟缓。因此建设统一的工具平台为所有团队提供服务就成了首要任务。然而……”周天画风突转，紧锁眉头。

“然而什么？”江宇宁也突然紧张了起来。

“哈哈，老同学，不要那么紧张。”看着江宇宁的表情，周天忍不住笑了起来，“困难和挑战不一直是我们推动 DevSecOps 的家常便饭吗！”

“哈哈，好啦好啦，别卖关子啦。赶紧说一下你们面临的问题是什么。”江宇宁继续催促着。

“你好像对我们碰到的问题比我们的成就更感兴趣嘛。”周天继续笑道。

“那肯定了，你们踩过的坑我可不想再踩第二遍。毕竟圣斗士是不会被同样的招数打倒第二次的。嘿，哈，快说快说……”江宇宁双手比划了起来，貌似回到了小时候和周天在看完《圣斗士星矢》漫画后，两人学里面的动作互相打斗时的场景。

“好啦好啦，都 30 多岁的人了，你怎么还是这么调皮。”周天被江宇宁搞得哭笑不得，“我们后来发现，建设统一工具平台本身并不难，难在如何让团队放弃自己的一套工具栈，而使用你搭建好的统一工具平台。因为，虽然迁移到统一工具平台上让团队本身减少了购买和支持工具的成本，但他们也同时失去了管理员权限，很多工具层面的配置、插件安装等工作都要经过我的团队才能实现，无形之中增加了一个需要等待的流程和环节。”

“的确，任何事情都有它的双面性。”江宇宁补充道。

“是的，我们当时花了很大的精力去说服各个团队，并且通过开发一些工具和脚本，尽量实现迁移自动化，从而最小化团队迁移的成本。其次，当团队开始使用我们的统一工具平台后，我们尽量提供快速反应机制，并且开放了一些权限给团队，给予他们更多的自主权，争取让他们不会认为我的团队或者这套统一工具平台成为他们整个研发流程的瓶颈。”

“的确，如果服务不够好的话，我宁可退回自己搞一套的思路。”江宇宁表示赞同。

“是的，这是人之常情。所以既然我们要让团队做出改变，首先必须要站在他们的角度去思考问题，尽量减少对他们的影响，并且还得让他们看到改变的好处，他们才会愿意配合你进行下去。”周天表情严肃地总结到。

“接下来呢？”江宇宁继续刨根问底。

“哈哈，别急别急。”周天又一次被江宇宁的紧追不舍逗笑了，“当大家使用上统一工具平台之后，我们就开始做一系列改进，包括给团队建立标准化CI流水线以提高流程自动化程度，进行统一的源代码管理，并且给团队推荐适合他们的分支策略，以及使用统一制品库进行制品的统一管理等。通过工具层面的自动化、标准化和统一化，以及相关最佳实践的推广，使得我们在研发侧的交付速度得到了明显的提高。这也就是你看到的我们今天第一步的一些成果。”

“第一步能把工具统一，实现开发流程的标准化和自动化，这个已经相当不容易了！”江宇宁啧啧称赞道。

“但是……”周天看了看夜空中那个残缺的月亮，“我们也有很多没有做到位的地方。”

“哦？原来你是个完美主义者，我还没发现呢。”江宇宁半开玩笑地说道。

“我不是开玩笑。一开始对于DevSecOps落地的计划，我们是根据业务需求来的。你也知道，互联网发展速度很快，竞争非常激烈。所以业务侧对于产品能否快速投放市场的需求很大。因为早一天投放产品到市场上给客户，相比竞品我们就多了一分竞争力，也许可以更早、更多地占有市场。这也是为什么我们把提高交付速度放在了第一位。很多DevSecOps改进方案也是基于优先改进速度。但是，这样也造成了一些潜在的问题……”

“是不是忽略了质量和安全？”江宇宁补充道。

“哈哈，厉害厉害，果然是安全专家。”周天肯定了江宇宁的猜测，“由于团队对于交付速度的偏重，当我们在推动质量和安全相关的最佳实践时，比如代码质量分析、单元测试、代码评审，还有代码安全扫描和第三方安全扫描方面都碰到了很大的阻力。总之，任何影响了速度的改进工作，都被暂时性地忽略了……”

“其实我可以理解这种业务驱动的方式，毕竟任何工作都是以支持业务为优先考虑的。”

……

江宇宁从回忆中回过神来，他用了两秒在心中确认了一下自己的看法，然后把头转向老汪说道：“你说的没错，速度的确是DevOps追求的核心目标之一，也是各大头部互联网公司研发效能的亮点。但是，我觉得我们在有限的资源条件下做出的第一步改进，其方向应该还是得考虑业务需求，而不是盲目地追求互联网的‘速度’。”

江宇宁的一番话似乎也点醒了老汪：“对啊，你说得太对了。我们是银行，哪方面是改进的重点？追求互联网的交付速度是不是真的有意义？这个得根据业务需求来判断。”

“是的。”江宇宁顿了一下，然后发表了自己的观点，“我觉得，对于咱们银行来说，首要是保障系统的稳定性和安全性，毕竟我们的业务不是IT，不是做产品。交付速度的提高会带给我们一定的竞争力，但也许并不是业务最需要的。而且在我们金融行业，试错的成本很高，有些时候可能根本容不得你试错。所以对于敏捷和DevOps强调的实验性地试错，从错误中学习和改进的方式，我们可能无法像互联网公司那样直接拿来用，而是得结合我们的具体场景进行改良才行。”

“还有，对于业务来说，我们是成本中心，如果通过DevSecOps提高了效能和安全性，从而帮助公司减少了成本或者减少了安全泄露的损失，这个也会是业务欢迎和支持的。”老汪接着进行补充。

“是的是的！汪总说得太对了！还是你看到了我们这行的本质！”江宇宁调皮地说道。

“你这家伙，又开始……”面对江宇宁的调侃，老汪似乎早已习惯了。不过刚才的讨论，的确让气氛变得轻松了很多，因为现在江宇宁和老汪的心中已基本确定了DevSecOps转型的第一步是在研发侧。剩下的，就是将他们的想法与IT部门领导还有业务部门做最终确认了。讨论会议结束后，江宇宁的笔记本上，留下了下面几行字：

“质量和安全优先，速度其次”

“安全编码”

“代码评审和质量分析”

“源代码管理和安全”

“安全能力和意识”

“代码和第三方安全扫描”

……

在DevOps时代，工程师们追求如何更快，并且质量更好地把创意变成可供客户体验使用的产品，这一过程与传统的研发安全管控理念有较大冲突，一不留神就会出现安全问题或安全团队成为持续交付的拦路虎，为了解决这一问题，业界推出了DevOps的升级版——以安全的左移（Shift Security Left）为核心理念的DevSecOps。从实践角度来说，DevSecOps在开发阶段主要包括了安全意识和能力提升、安全编码、静态应用程序安全测试、软件成分分析、源代码和制品库安全管理等方面。

3.1 安全意识和能力提升

研发过程中的安全教育本质上就是两件事：增强安全意识和提升安全能力。没有安全意识就不会觉得安全是重要的，心态上已经有风险。而只有安全意识没有安全能力可能最终效果还是不好，对于一些常见的安全问题如果你不知道或没有了解，即使把代码放到眼前可能还是不知道。安全意识和安全能力在安全教育中缺一不可。

3.1.1 安全意识

系统设计和编码过程中的安全意识主要包括十大设计原则，以 CISSP 相关资料的统计来看，90% 的问题可以借由这些原则来避免。

- 简单易懂。使系统设计保持简单。通常来说，越复杂的设计越容易出错，也越难以审查和评估。
- 最小特权。只授予执行操作所需的最少访问权，并且对于该访问权只允许使用所需的最少时间。
- 故障安全化。系统故障几乎不可避免，应确保在系统发生故障时，能够以安全的方式处理业务逻辑。比如强制报错或自动关闭，这好过于使系统处于非预期状态。
- 保护最薄弱环节。管理学中的“木桶原理”适用于安全风险管理，系统的安全程度取决于最脆弱的环节，因为这部分可能最易受到攻击影响。
- 提供纵深防御。采取多层次的一系列防御措施，以便在一层防御不能发现或阻断风险时，另一层防御将“抓住它”。
- 隔离原则。类似于大型舰船都会在内部分为很多船舱，每个船舱都独立且密封。这样当发生风险或攻击时，一个船舱被破坏不会导致整个舰船沉没，提升了整体的安全性。但需要小心的是，这个措施必须适度，因为分割过多之后整个系统将难以管理。
- 总体调节。需要关注全流程的安全性而不单单是某个点。
- 默认不信任。无论是系统外部还是内部，都有可能存在攻击者，所以良好的系统设计需要默认不信任。
- 保护隐私。一些法律法规明确禁止使用的数据就不要采集，需要保护的客户隐私信息必须经过正确的安全处理，包括脱敏、加密、加密 Hash 等。
- 公开设计。千万不要假设“藏起来的”设计就是安全的。历史上的 DVD 解密算法就是一个极好的例证。真正安全的设计，比如大家经常使用的标准加解密算法，公开了所有的数据原理、算法和代码实现，并且经受了无数人不停的攻击尝试却依然安全。这种才是安全的设计。

3.1.2 安全能力

安全能力的内容主要包括以下几个方向。

1. 常见 Web 安全漏洞原理与防御（也可参考 OWASP[4]）

- SQL 注入漏洞
- XSS 漏洞
- CSRF 漏洞
- 目录穿越 & 任意文件读取

- 命令注入漏洞
- XXE 漏洞
- 上传漏洞
- SSRF 漏洞
- 任意 URL 跳转
- Clickjacking
- 逻辑漏洞

2. 常见 App 安全漏洞原理与防御

（1）Android

- Web 组件远程代码执行漏洞
- AppKey 信息泄露漏洞
- 目录遍历漏洞
- Intent 协议解析越权漏洞
- 应用克隆漏洞
- Fragment 框架层注入漏洞
- Scheme SQL 注入漏洞
- 后门 SDK
- Content Provider 组件本地 SQL 注入漏洞
- Content Provider 组件数据泄露漏洞
- 私有目录写漏洞
- 不安全随机数算法
- Manifest 不安全属性配置
- 强制类型转换本地拒绝服务漏洞
- 弱加解密算法漏洞
- 系统组件本地拒绝服务漏洞
- 密钥硬编码漏洞
- Activity 组件暴露风险
- Service 组件暴露风险
- BroadcastReceiver 组件暴露风险
- ContentProvider 组件暴露风险
- 自定义权限滥用风险
- 私有文件泄露风险
- Intent 组件数据泄露风险
- TCP/UDP 开放端口风险

- ❑ 目标 API 低版本风险

(2) iOS

- ❑ XCodeGhost 后门
- ❑ iBackDoor 后门
- ❑ AFNetworking 中间人漏洞
- ❑ 后门 / 恶意 SDK 包
- ❑ AppKey 信息泄露漏洞
- ❑ 密钥硬编码漏洞
- ❑ 弱加解密算法漏洞
- ❑ URI Scheme 风险
- ❑ 不安全随机数算法

3. 常见二进制安全漏洞原理与防御

- ❑ 栈溢出漏洞
- ❑ 堆溢出漏洞
- ❑ 整数溢出漏洞
- ❑ 双重释放漏洞
- ❑ 释放后重引用漏洞
- ❑ 数组越界访问漏洞
- ❑ 类型混淆漏洞
- ❑ 条件竞争漏洞
- ❑ 格式化字符串漏洞

3.1.3 隐私合规

除了之前安全能力所提到的敏感数据的处理以外，另一个常常被忽视的领域是安全隐私合规类。最近两年国家监管机构也在重点整治移动端 App 隐私合规问题，该问题也需要非常关注，否则可能会导致应用被下架处理。App 常见隐私合规行为如下：

- ❑ 敏感权限声明
- ❑ 使用接听拨打电话行为
- ❑ 使用接收发送短信行为
- ❑ 使用摄像头行为
- ❑ 使用麦克风行为
- ❑ 获取地理位置信息
- ❑ 获取通讯录信息
- ❑ 获取通话记录信息

- ❑ 获取设备信息
- ❑ 获取 UDID 设备标识
- ❑ 获取网络信息
- ❑ HTTP 明文传输
- ❑ 权限缺失可用性问题
- ❑ 获取设备已安装应用信息
- ❑ 使用不正常 / 恶意的 SDK

3.2 安全编码

在开发人员了解了需求和设计，以及拥有一定的安全意识和了解代码规范之后，就要进入编程阶段。编程过程中有两个最主要问题，容易导致安全漏洞和风险的出现。第一个就是有关输入输出参数处理不当导致的漏洞，在大部分场景下该类漏洞占比常常达 90% 以上，另一个是在业务逻辑编码中逻辑实现出问题导致的逻辑漏洞。对于几乎所有企业来说，如何更好地进行安全编码是一个重要的问题。而从实践角度来看，如下几个方面有重大的参考价值。

3.2.1 默认安全

在这里笔者不想争论诸如“世界上最好的编程语言是哪个？”之类的话题。但仅从安全角度来说，某些场景下一些内存操作不安全的编码语言确实往往会产生更多的安全风险和攻击利用，比如从 2020 年开始，微软公司已经在博客中讨论他们使用 Rust 语言重写部分系统组件甚至是内核模块，谷歌公司也在考虑使用一种内存安全语言重写 Chrome 浏览器系统。这些行为可能也是一种体现，Windows 操作系统内核以及 Chrome 软件大部分代码采用 C++ 完成，这种语言本身的内存不安全问题导致的安全漏洞和攻击事件可能会占到整个产品安全风险的 70% 以上，如果换一种编程语言就可以解决已出现的 70% 以上风险，这好像是一件值得考虑并实施的事情。在硬件以及云基础设施大规模发展的今天，一些默认内存安全的语言已经并将继续获得更大的发展，比如后台开发领域的 Java、Go，Web 开发领域的 Python、JS 等。在互联网和金融等领域，笔者很看好 JS 语言和 Go 语言的发展。

3.2.2 安全编码规范

大部分公司都会有一些安全编码规范，但这里容易犯一个错误，即绝大部分的安全编码规范都是由安全人员编写，并且不太会考虑编码语言，这其实是站在安全人员和安全领域的视角下写的。但是很重要的一点是，我们首先要弄清楚安全编码规范到底是给谁看的，它的目标受众显然不是安全人员，而应该是开发人员。一个写后台 C++ 服务的开发人员和一个写前端 JavaScript 代码的开发人员都看同一个安全编码规范，这显然不是一个好的选择。所以，强烈建议由安全人员和开发人员一起编写和完善公司内常用编码语言的安全规范，并且要更多站在开发人员的视角来写，这样更容易理解和执行。下面举个例子来感受一下两者的不同。

- 安全人员视角

XXE 漏洞的防御方法：读取外部传入 XML 文件时，XML 解析器初始化过程中设置关闭 DTD 解析。

- 开发人员视角（比如 Java 的安全编码规范）

XXE 漏洞的防御方法如下：

1）若使用 javax.xml.parsers.DocumentBuilderFactory，则使用如下代码关闭 DTD 解析避免漏洞。

```
DocumentBuilderFactory dbf = DocumentBuilderFactory.newInstance();
try {
    dbf.setFeature("http://apache.org/xml/features/disallow-doctype-decl", true);
    dbf.setFeature("http://xml.org/sax/features/external-general-entities", false);
    dbf.setFeature("http://xml.org/sax/features/external-parameter-entities", false);
    dbf.setFeature("http://apache.org/xml/features/nonvalidating/load-external-dtd",
        false);
    dbf.setXIncludeAware(false);
    dbf.setExpandEntityReferences(false);
    ……
}
```

2）若使用 org.xml.sax.XMLReader，则使用如下代码关闭 DTD 解析避免漏洞。

```
XMLReader reader = XMLReaderFactory.createXMLReader();
reader.setFeature("http://apache.org/xml/features/disallow-doctype-decl", true);
reader.setFeature("http://apache.org/xml/features/nonvalidating/load-external-
    dtd", false);
reader.setFeature("http://xml.org/sax/features/external-general-entities", false);
reader.setFeature("http://xml.org/sax/features/external-parameter-entities", false);
```

3.2.3　安全函数库和安全组件

很多时候，某些场景下很难使用简单的安全编码规范描述来直接指导开发人员正确完成编码。因为对于一些漏洞，除非直接提供过滤函数库甚至是安全的组件，否则非常容易犯错。哪怕是编码老手都容易犯错，比如 SSRF 漏洞的防护函数会被轻松绕过。另外还有很多攻击利用方式（比如 dns rebinding 等），这些并不常为开发人员所了解。此时最好的方式就是直接提供一系列安全函数库（比如公开的 OWASP 的 ESAPI 等）或者是内置了安全特性的组件，比如针对请求资源的业务代码很容易产生 SSRF 问题，可以直接提供一个封装好的请求库，里面默认完成一个安全的请求。

3.2.4　框架安全

再进一步，成熟的研发团队一般都会有自己的开发框架，可以避免每个开发者从头做起，把一些网络请求和复杂过程封装起来，开发者只需要补充业务逻辑代码即可，极大地提升了开发效率。那是不是也可以由安全团队和开发团队一起在使用的框架中内置安全特性？这其实是一个非常好的思路，也是值得投入资源来做的事情。举个例子，比如一些公司使用 PHP 或 Python 来做 Web 网站开发，如果你使用最新的 CodeIgniter 框架或 Django 框架，那么你会发现预防诸如 CSRF 漏洞只需要修改一个配置即可，其中也有一些数据库安全组件内置在框架中，可以直接使用，能够有效地避免低级错误。

考虑到参数的非正确校验处理往往是产生漏洞的大多数原因，因此有必要在框架中集成一个专门的参数校验的机制，类似于 Java Hibernate 中的 Validator 机制等。另外很多互联网公司会使用谷歌的 Protocol Buffer 来标定接口协议，有一个很有创意的方案叫 protoc-gen-validate（https://github.com/envoyproxy/protoc-gen-validate），可以直接通过在 PB 文件字段中使用配置语言来描述字段的合法值，然后自动生成校验代码。也就是无需开发人员手动写代码来校验参数，而是直接自动生成，这个方案的优点在于可以很方便地写工具来度量和检查系统中哪些字段做了安全的校验，哪些字段没有做。官方的一个例子如下，大家可以感受一下有多方便。

```
syntax = "proto3";

package examplepb;

import "validate/validate.proto";

message Person {
  uint64 id    = 1 [(validate.rules).uint64.gt    = 999];

  string email = 2 [(validate.rules).string.email = true];

  string name  = 3 [(validate.rules).string = {
                      pattern:   "^[^[0-9]A-Za-z]+( [^[0-9]A-Za-z]+)*$",
                      max_bytes: 256,
                   }];

  Location home = 4 [(validate.rules).message.required = true];

  message Location {
    double lat = 1 [(validate.rules).double = { gte: -90,  lte: 90 }];
    double lng = 2 [(validate.rules).double = { gte: -180, lte: 180 }];
  }
}
```

通过扩展了 PB 的自定义能力，在定义字段后面通过添加形如“[(validate.rules).uint64.gt = 999];”的描述语言来规定该字段的字面值的合法范围，然后使用插件工具自行生成校验代码。不过需要注意，该项目目前处于 alpha 阶段，它们的 API 及实现随时都有可能被修改。

3.3 源代码管理和安全

开发人员根据上一节的内容安全地产出代码后，下一步是对代码进行管理并保证代码的安全，通过梳理不同场景下处理代码的流程，以及代码的进一步评审和改进，更有效地对代码和研发流程进行优化。

3.3.1 源代码安全管理

源代码管理（也称为版本管理）允许开发人员协作处理代码并跟踪更改。源代码管理系统提供代码开发的运行历史，有助于在合并来自多个源的内容时解决冲突，并在需要时恢复项目之前的版本。另外，借助源代码管理系统，团队的所有成员可以一起协作编码，并通过识别谁做出了更改以及做出了哪些更改来快速解决问题。此外，源代码管理系统可以帮助简化流程，并为所有代码提供集中式源代码，成为唯一的代码源从而方便管理。第 2 章介绍了市场上流行的源代码管理工具 Git，以及相应的产品 GitHub 和 GitLab。

源代码属于公司的敏感数据，因此，对于源代码的安全管控可以防止源代码泄露和被轻易更改，从而保护公司的资产。对于源代码的安全管控更多是对于人员和权限的管控。首先，对源代码的访问控制必须严格遵循最小权限原则，并为不同用户账号、服务账号分配不同的适合工作的最小访问权限。另外，要求连接源代码库时必须校验源代码中用户身份及其口令。在源代码库中要求区别对待不同用户的可访问权、可创建权、可编辑权、可删除权、可销毁权。严格控制用户的读写权限，应以最低权限为原则分配权限；开发人员不再需要对相关信息系统源代码做更新时，须及时删除账号。工作任务变化后要实时回收用户账号、服务账号的相关权限，对源代码库的管理要求建立专人管理制度——专人专管。每个普通用户切实保证自己的用户身份和口令不泄露。用户要经常更换自己在源代码库中账号的口令。同时，对源代码的版本控制必须严格执行，以避免采用未经安全扫描检测版本的源代码被发布。

从完整性来说，源代码的存储须严格控制，仅有被安全部门批准的代码库可以用于代码存储。另外，所有针对源代码的改动都必须有记录，能够清楚体现源代码改动的责任人、时间、位置等关键信息，禁止开发人员使用公用账户对源代码进行改动。同时，源代码库必须保存项目开发生命周期内所包含的所有源代码改动及变更记录。除此之外，应当对软件源代码中的变量、函数、过程、控件、注释和排版等制定统一的规范。源代码的标准化在一定程度上可以提高应用系统的可靠性与安全性。

3.3.2 分支策略

说起版本控制，肯定绕不开分支策略话题。就像学开车必须学会交通规则一样，分支策略是代码版本控制的基础组成部分。为团队定制一套合适的分支管理策略，就好比制定了一套合理的交通规则，可以让团队的代码更加有序地演进，尽可能降低多分支带来的复杂度，并避免由于分支混乱而引发的各种“车祸”。因此，分支策略本质上解决了两个主要问题：冲突和返工。通过避免冲突和减少返工，分支策略提升了软件开发质量和效率，并且节省了成本。

冲突一般指一个需求的开发被其他需求开发活动所干扰。比较典型的提交冲突一般是由于多人同时在同一个应用的同一个分支上开发，这时他们的工作会很容易发生冲突。另一种冲突就是合并的冲突，如主干上的某个变更合并到发布过的一个分支上，由于代码的基线不同，产生冲突，无法合并。分支策略是通过合理变更提交约定和约束策略，来避免或减少上述冲突情况发生。返工是在软件开发中严重影响研发效能并且增加研发成本的因素。对于采用窗口制固定时间进行发布策略的团队来说，很多功能变更被提交到待发布分支上，如果此时测试待发布分支，发现某个功能有严重问题时，需要将该问题相关的变更提交从发布分支上移除，不然会应影响其他功能的发布。这个移除返工的过程包括相关变更提交的识别、回滚、重新构建和测试，最后问题修复后再次提交。

在研发过程中，通常会按照以下基本原则进行分支管理：

1）稳定单主干：一个代码仓库应该保有且仅保有一个主干分支，并且此主干分支应该一直都是非常稳定的，也就是仅仅用来发布新版本，而不用来做开发。

2）最少长期分支：在避免冲突的前提下，尽量减少长期分支的数量。

3）配置保护分支：不允许开发者直接提交 develop 和 master 分支，需要将其配置为保护分支。

4）配置合并条件：通常为需要通过代码评审或者额外加上自动化代码检查。

5）逐步合并提交代码：如 feature->develop->master，避免 feature->develop 和 feature->master 同时存在。

6）发布不可变：发布的版本应该是不可变且可追溯的。

7）自动化事件触发：分支的持续集成过程应该是通过提交事件或制品变更事件自动触发。

常用的分支策略主要分为四大类：主干开发、Git Flow、GitHub Flow 和 GitLab Flow。开发人员可以根据不同的场景，采取对应的不同的分支开发策略。

1. 主干开发

主干开发模式（图 3-1），就是所有开发者都在有且仅有的一个主干分支上进行协作开发的模式。这种模式保有且仅保有一个主干分支进行开发协作。因为没有其他分支，所以在一定程度上避免了合并代码带来的困扰。由于团队共享同一个主干分支进行开发，并且每次代码提交都会触发集成验证，所以要求每次代码的变更在主干上都能快速地验证，以确定是否接受下一次代码变更和提交（每次代码变更都是基于前一个稳定的版本）。为了保证主干开发模式一直处于稳定的可工作状态，这就需要每次的变更要小并且快速完成验证（比如自动化代码评审）。

场景：主干开发模式一般在项目较小或服务拆分较细且功能明确解耦的条件下，会存在 1 ～ 2 人开发一个应用 / 服务的情况。

分支类型：

- master 分支：最新代码，在 master 分支做新功能开发和缺陷修复。
- release 分支：发布最新代码的发布分支。

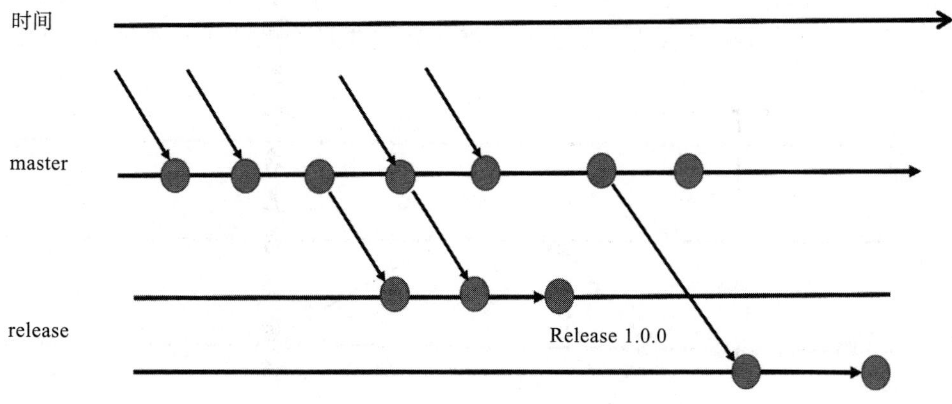

图 3-1　主干开发模式

开发流程：

1）新功能开发时直接在 master 分支上进行，版本通过 tag 标注，比如 1.1.0。

2）开发提测时，拉取 release 分支部署到测试环境 CIT/SIT。CIT 环境用于开发人员的自测（比如冒烟测试或单元测试）。测试中的 bug-fix 修复在 release 分支上进行，与新功能开发区分，然后从 release 分支上拉取代码再一次构建。如果集成测试失败，则必须回滚到上一个版本，除非问题可以及时修复（比如当天）。

3）上线后 hot-fix 修复也在 release 分支上进行，与新功能开发区分。

4）上线后必须完成 release 分支到 master 分支的合并。

由上可以看出，主干开发非常适用于持续集成，可以根据主干基线做到随时发布，从而实现持续交付。要达到这种程度，需要团队的协作和自动化能力非常成熟，可以快速地对主干的变更提交完成编译、测试和验证。同时，因为采取了发布分支的模式，需要梳理清楚产品版本、分支、部署环境等信息和对应关系，避免发布分支混乱。

2. Git Flow

Git Flow（图 3-2）是为了解决多个不同功能之间并行开发所需要的一种工作方式。当开始一个需求开发时，从主干上拉取一个特性分支，所有关于该需求的开发工作都发生在这个特性分支上。当完成该需求开发后，再把特性分支上的代码合并回主分支，并准备发布。除了 master 和 release 分支外，Git Flow 还有以下几种分支：

- feature 分支：开发者进行功能开发的分支。

- develop 分支：主开发分支，对开发功能进行集成的分支。开发负责人从 master 上拉取 develop 分支，正常迭代开发内容在此分支上做提交，然后合并到 master 分支。
- hotfix 分支：对线上缺陷进行修正工作的分支。

每个特性分支都有属于自己的开发分支，当开发者需要在两个需求上进行工作时，需要通过 check out 命令在两个分支之间进行切换，其主要目的是防止开发过程中的相互干扰。

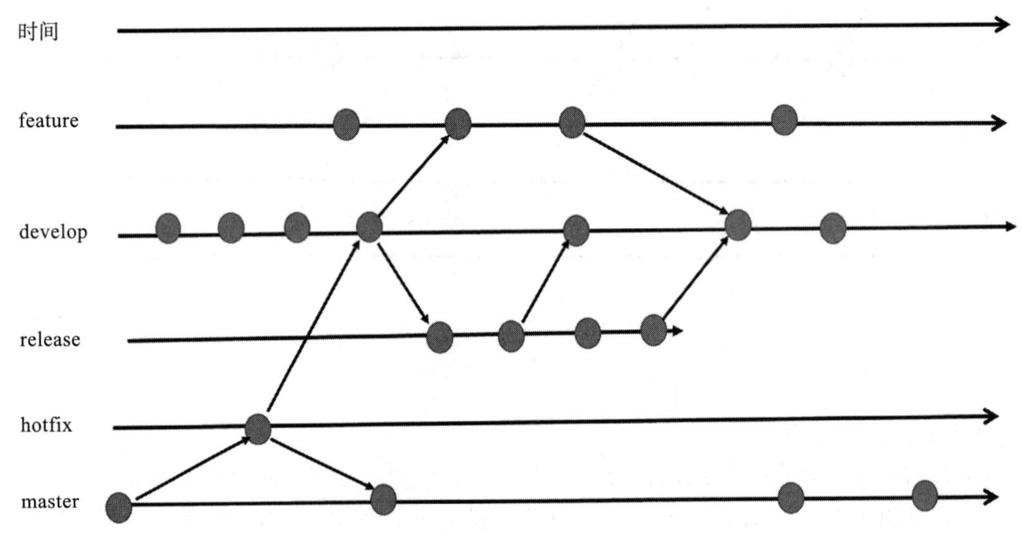

图 3-2 Git Flow

Git Flow 引入了一种 hotfix 分支，专门用于线上缺陷的修复。在 hotfix 分支对问题进行修改及验证完成之后，再集成到 develop 分支，以及同步到 master 分支，并且删除 hotfix 分支。其实可以把 hotfix 理解为一种专门用来修复缺陷的 feature 分支，只是它的变更提交在集成到 develop 分支的同时需要同步到 master 分支上。发布之前如果发现缺陷，则从 release 分支上拉出一个 hotfix 分支。发布之后如果发现缺陷，则基于 master 分支拉出一个 hotfix 分支。

Git Flow 开发流程可以总结如下：

1）新迭代版本开始时，从 master 上拉取 develop 分支并打标签（比如 1.6.0）。开发人员再从 develop 分支上拉取一个 feature 分支在本地完成编码，调试通过后，提交代码到 feature 分支，进入代码评审阶段（比如 code review），通过合并到 develop 分支进行集成验证。集成验证完毕，feature 分支会被删除。

2）触发 CI 流水线，部署最新代码到开发环境，开发人员在开发环境自测（比如单元测试或手动测试）。当完成了问题修复和自测成功后，确定本次提测版本号，从 develop 分支拉出一个 release 分支作为发布分支。

3）确认功能测试环境部署成功，以及冒烟测试通过，开发进行新一轮测试。测试中的 Bug 反馈给开发，开发在对应版本的 release 分支上进行修复并同步给 develop 分支。

4）测试完成并产出测试报告后，项目负责人评审测试报告并同意发生产。项目负责人确认人工卡点通过，正式流水线自动运行生产部署，即生产发布。对于预生产缺陷线上紧急修复问题，直接在对应版本的 release 分支上进行修复。完成后运行正式流水线，部署到测试环境测试，测试通过后进行发布。成功发布后将 release 分支合并到 develop 和 master 分支。

Git Flow 的分支模式提供了相对全面、完备的分支类型，用来覆盖开发过程中的大部分场景。然而，功能强大的代价是分支模式过于复杂。那有没有既包含对于主线的隔离，又稍微轻量简单一点的分支模式可以使用呢？

3. GitHub Flow

GitHub Flow（图 3-3）没有 develop、release 和 hotfix 分支，只有 master 和 feature 分支。由于 GitHub Flow 强调进行小的、持续的和快速的发布，因此它认为在这种场景下，变更和缺陷修复没有大的区别，因此所有的改动都在 feature 分支上进行。

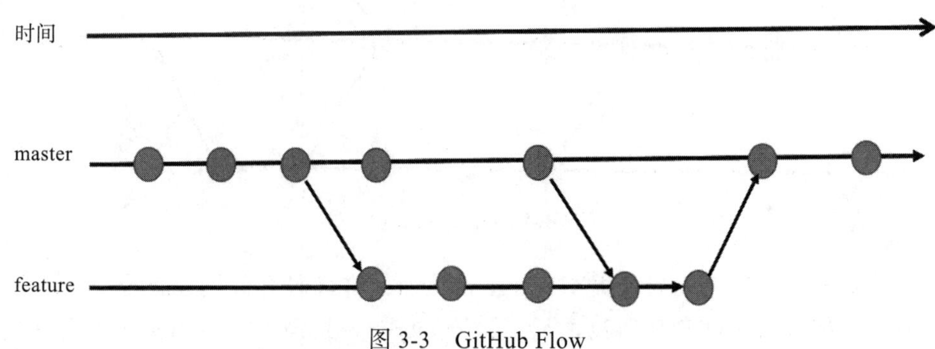

图 3-3　GitHub Flow

GitHub Flow 的使用基本原则和整体流程如下：

1）master 分支上的代码都应该是最新的、稳定的、可部署的版本。

2）当有一个开发需求时，从 master 上拉起一个 feature 开发分支。研发人员持续提交代码变更到所在任务的开发分支上。

3）当任务完成准备合并代码到 master 主干分支时，通过发起 pull request，提交代码评审。

4）通过代码评审，并且 feature 开发分支被部署到测试环境进行验证后，合并到 master 分支。

5）如果评审及验证通过，则代码合并到 master 主干上，立即部署到生产环境。

GitHub Flow 相比 Git Flow 简单了很多，适用于持续交付，可尽快地发现 master 分支的问题，并能通过 rollback 等机制，快速恢复。GitHub Flow 实现了非常频繁、快速、简单的部署，意味着可以最小化未发布的代码量，这也是精益和持续交付所倡导的最佳实践。

4. GitLab Flow

GitLab Flow（图 3-4）在开发侧与 GitHub Flow 区别不大，只是将 pull request 改成了 merge request。最大的区别在于发布侧，即引入了对应生产环境的 production 分支和对应准生产环境的 pre-production 分支。这样的话，master 分支对应的是部署在集成环境上的代码，pre-production 对应的是部署在准生产（预发布）环境的代码，production 对应的是部署在生产环境的代码。

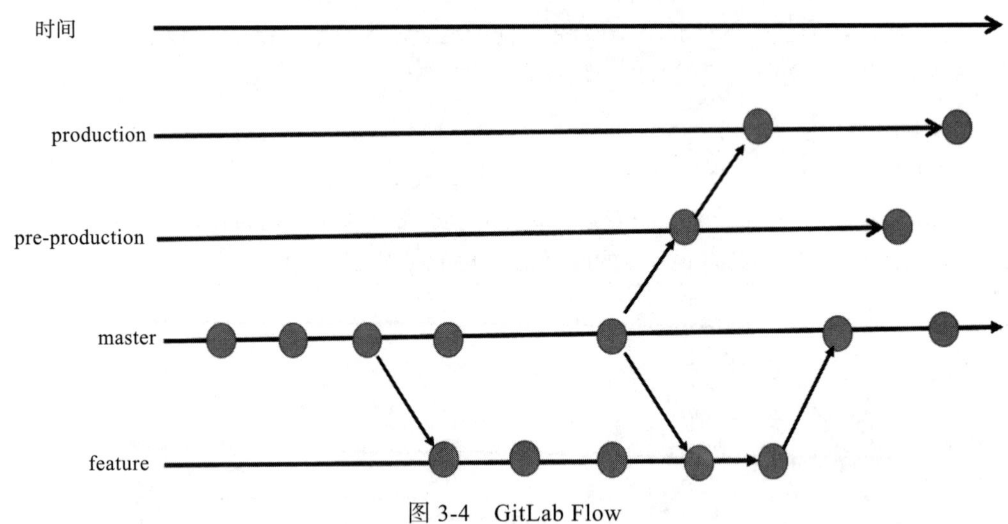

图 3-4 GitLab Flow

当一个需求被开发完成后，提交 merge request，将代码合并到 master，并部署在集成环境测试验证。当测试验证通过之后，提交 merge request，将 master 代码合并到 pre-production 分支，并部署在预发布环境，在预发布环境上进行测试验证。当预发布环境测试验证成功后，再提交 merge request，将 pre-production 分支上的代码合并到 production 分支。除了这种按环境将主干发布向下游合并并按顺序部署发布的过程，GitLab Flow 同样支持不同版本的发布分支，即不同的版本会从 master 上拉出发布分支，不同的发布分支再以 pre-production 分支和 production 分支的方式进行发布。从 GitLab Flow 的工作流程可以看出，GitLab Flow 在发布侧做了更多的工作。同样 GitLab Flow 因为与 GitLab 工具强依赖，所以 GitLab Flow 与 GitLab 中的 issue 系统也有很好的集成，在其推荐的工作模式中每次新建一个新的 feature 分支，都是从一个 issue 发起的，即建立了 issue 与 feature 开发分支之间的映射。

实践中，企业需要根据场景判断哪种分支策略更适合自己，甚至有时需要基于现有分支策略，定制适合场景的特殊分支策略。表 3-1 对比了四种分支模式的优点和缺点。

表 3-1 主干开发、Git Flow、GitHub Flow 和 GitLab Flow 的对比

分支模式	优点	缺点
主干开发	1）分支少，实践简单 2）小步快跑 3）合并冲突少 4）利于持续交付和持续部署的支持 5）支持单个软件单个版本	1）对团队的协作成熟度和纪律性有很高的要求 2）需要有非常好的集成验证基础设施和手段 3）并行开发工作的隔离必须有软件设计和实现的支持
Git Flow	1）支持特性并行开发 2）规则完善，分支职责明确 3）支持复杂大团队协同开发 4）利于传统软件的发布流程 5）支持单个软件同时多个版本	1）分支数过多，规则比较复杂 2）分支生命周期长，合并冲突比较频繁 3）对发布后发布版本的管理需要较多的维护工作
GitHub Flow	1）支持特性并行开发 2）有明确和简单的协作规则 3）利于持续交付和持续部署的支持 4）可与 GitHub 功能很好地集成 5）支持单个应用单个版本	1）对团队的协作成熟度和纪律性有很高的要求 2）没有定义集成和发布分支管理 3）需要非常好的集成测试验证基础设施和手段支持 4）开发分支周期过长，没有合并冲突的潜在问题
GitLab Flow	1）支持特性并行开发 2）有明确的开发分支和发布分支的规则定义 3）可与 GitLab 功能很好地集成 4）master、pre-production、production 滚动验证发布的方式支持持续部署和持续交付 5）支持传统的软件发布方式 6）支持单个复杂软件单个版本及单个软件多个版本两种模式	1）开发分支生命周期过长，有合并冲突的潜在问题 2）发布中分支与环境之间耦合（pre-production 和 production 这样的分支与环境之间的耦合） 3）想同时适用多种发布模式的分支方式，同样引入了更多的复杂性，目的不单一

了解了常见的分支模式后，就可以根据自身业务特点和团队规模来选择适合的实践，总之，没有绝对好的模式，只有最适合的模式。一旦选择了某个分支模式，就要保证切实执行，并定期评审，确保现有分支模式符合当前研发现状需要。关于如何选择合适分支模式，可以大体考量表 3-2 中的几个参数。

表 3-2 主干开发、Git Flow、GitHub Flow 和 GitLab Flow 对应的场景

	主干开发	Git Flow	GitHub Flow	GitLab Flow
团队规模	小规模团队	大规模团队	适中规模团队	适中规模团队
协作程度	强	一般	一般	一般
产品形态	一个简单产品单个发布版本	一个复杂产品多个发布版本	一个简单产品单个发布版本	一个复杂产品单个发布版本
发布方式	主干开发，主干/分支发布。可做到持续部署发布，比如 SaaS 类产品	分支开发，分支发布。适合具有明确的发布窗口和周期性版本发布的产品，对产品质量要求比较高，发布版本有较长的维护周期	分支开发，主干发布。对产品质量要求比较高，并且可持续部署，如基础平台类产品	分支开发，主干/分支发布。适合具有明确的发布窗口和周期性版本发布的产品，比如 App
版本发布周期	发布周期较短	发布周期较长	发布周期较短	发布周期较长

GitHub Flow 和主干开发对持续集成和自动化测试等基础设施有着比较高的要求，所以如果相关基础设施不完善，则不建议使用。如果实际中由于场景特殊，造成了以上四种主流分支策略都无法满足要求，则也可以定义自己的分支模式。

3.3.3 代码评审

虽然代码质量分析工具可以在代码规范、代码重复、复杂度等方面帮助开发人员发现并修正问题，但涉及业务逻辑和可读性等方面的建议，机器还是无法完全取代人的。代码评审（Code Review）是通过团队里的人力资源，人工审核相关代码的可读性和变更的合理性以及效能等；代码评审是 DevOps 开发的一个重要环节，是保障代码质量的重要手段之一。Google 引入 Code Review 的初衷就是为了保证代码具有良好的可读性。有效的代码评审可降低故障率。

代码评审机制是通过在源代码管理工具中设置卡点来实现的。比如发布分支不允许任何人直接拉取变更，而必须通过代码评审才能合并，包括一些合并的卡点条件。合并检查与分支权限协同管控，能为团队提供更加灵活可控的开发工作流。

- 卡点设置。要求合并前需要通过代码评审。可设置人工评审卡点，如评审需要的最少通过人数、库内什么角色能通过等。
- 评审人选择。不同分支可能存在不同的负责人，这些负责人可以被配置为默认的评审人之一，达到创建即指派分支评审人的效果。另外，被修改代码的文件的 owner 也可以作为评审人，因为他们可能是最熟悉这份代码的人。

另外也可以在人工评审前进行 pre-commit 自动化检查，比如进行代码规范、代码质量等自动化形式的检查并设置卡点，从而实现机器和人对代码的双重评审。pre-commit 是指发起 MR（合并请求）时触发代码质量和安全分析，将分析结果返回到代码托管平台，同时设置质量门禁（比如严重代码质量问题和高危安全漏洞等）。如果结果不满足质量红线的要求，则禁止代码合并。这种 MR 阶段的代码分析和质量门禁设置，将常见的 CI 阶段的代码分析和质量门禁设置左移到代码合并阶段，从而保证了开发分支的稳定性和减少了修复成本。

为了保证代码的质量和安全问题不被引入生产环境，需要提前进行检查。越早进行检查，引入的风险越小，成本也越低。因此，在每次代码提交或者合并请求时进行代码检测，从起点发现并扼杀问题，保障后续应用研发流程的稳定性。代码评审相关的最佳实践总结如下。

1. 将提交做小做好

为了让评审者能够清晰地理解代码变更的背景和信息，每次代码提交量尽量小，比如每次提交只修改一个到几个文件，每次只修改几行到几十行。小的提交目的就是将问题解耦——“Do one thing and do it well”。每次提交应该是一个完整的功能，可能是修改某个

Bug 或完成某个小需求的开发，commit message 记录本次 commit 的详细说明，大体分为提交标题、主体 body 和 sign 签名等。

2. 详细充分描述

沟通的基础是基于有效信息量，这就要求评审时列出的问题描述能尽量充分和详尽。否则，很容易造成评审人员的错误理解而需要进一步沟通，从而影响沟通效率。因此，对于代码评审的描述应尽可能包含需求背景、改动点、影响范围和改动理由等。一段清晰的评审描述能让评审人员充分理解需求背景，快速开始评审，降低沟通成本。同样，对于评审人员评审过程中留下的评论、修改建议，以及问题的描述也应当描述充分，方便理解。

3. 少食多餐，小步快跑

在真正的代码评审实践中，经常会碰到需要评审的代码内容较多和改动较大的情况，一次评审规模越大，则越耗时，成本也会越高。正确的方法是将大规模的代码评审过程进行拆解，因此要求每次提交的内容也尽可能的小而独立，最终将代码评审当作一个“日常习惯”而不是一个“盖章动作”。另外，卡着时间、临上线前做代码评审非常不可取，这样留给评审人的时间非常有限，往往达不到预期的效果。推荐做法是当程序员做完一个小的提交后，就开始进行代码评审。

4. 问题追踪和闭环

虽然做代码评审的人员一般都在同一个团队，方便沟通，但事后仍要把评审讨论中出现的问题记录下来，方便对问题进行分析和沉淀，最终形成闭环，从而影响团队以及后续的工作。并且使用工具对这些问题的状态进行跟踪，确保问题最终得以解决。

5. 度量和反馈

通过度量数据分析团队代码质量，以及代码质量改进的情况，基于问题有策略地减少技术负债和提升团队研效能力。

3.4 持续集成

持续集成（Continuous Integration）是一种软件开发实践，其目的就是让产品可以快速迭代，同时还能保持高质量。它的操作措施是开发人员频繁地将他们对源码的变更提交到一个单一的代码库，在集成到主干之前，通过自动化构建和测试等操作验证这些改变是否可以正常工作，只要有一个测试用例失败，就不能集成，从而更早地得到反馈和发现错误。持续集成包括以下几大特点：

- 访问单一源码库，将所有源代码存储在同一地点，使得所有有权限的开发人员可以从这里获取不同版本和最新的源代码。
- 提倡开发人员频繁提交修改过的代码，可以防止集成变得复杂甚至推迟。

- ❑ 支持自动化编译构建，合并代码到主干前进行构建，如果构建失败则暂停提交新代码，直到构建问题被修复，保证构建一直处于成功状态。
- ❑ 测试尽量自动化，包括单元测试、功能测试等。
- ❑ 有针对性地向相关人员发送反馈，比如构建和测试结果、问题以及缺陷。及时的反馈可以让开发人员快速修复失败的构建和测试，并且可以有效抑制缺陷的蔓延和积累，减少成本。

3.4.1 编译构建和开发环境安全

编译是指将源代码转化成目标程序的过程。这个过程一般来说分为五个阶段：词法分析、语法分析、中间代码生成、代码优化和目标代码生成。为了执行编译，往往需要搭建相关编译环境，也称集成开发环境（Integration Development Environment，IDE），包括编译器，还会有其他一些工具被打包在一起，统一发布和安装。除了 IDE，有时还需要安装其他一些程序，比如 Java 编译环境除了需要安装 IDE（比如 Eclipse），还需要安装 Java Develop Kit (JDK) 以及相关环境变量的配置。常见的构建工具也是对应相关的开发语言，比如 Java (Maven、Gradle、Ants)、C# (MSBuild、Nants)、C++(Cmake) 等。

软件开发环境由软件工具和环境集成机制构成，前者用来支持软件开发的相关过程、活动和任务，后者为工具集成和软件的开发、维护及管理提供统一的支持。一个完整的开发环境包括操作系统（Linux、Windows 等）、IDE、构建依赖包，以及相关的环境变量。其最终目的是可以使得源代码在本身正确无误的情况下成功转化 / 打包成应用程序。然而，开发环境中的操作系统、构建依赖包等第三方提供的软件，都有可能主动或者被动地被感染，成为安全隐患的源头。

2015 年著名的 XcodeGhost 安全事件，就是病毒制造者通过感染苹果应用的开发工具 Xcode，让 AppStore 中的（通过被感染的 Xcode 开发过的）正版应用带上了会向指定网站上传用户信息的恶意程序。据估算，受到影响的用户数量可能超过了一亿。另外，2017 年年底，有 145 款谷歌应用程序被恶意的 Microsoft Windows 操作系统上的可执行文件感染。这些安全事件给开发人员敲响了警钟，因为病毒通过感染开发工具和开发环境，使得开发者成为病毒传播链条上的关键一环。开发环境是软件开发生命周期的关键部分，如果疏于安全防护，那么其他环节的安全对策可能只是徒劳的尝试。

3.4.2 持续集成流水线

对比传统的手工生产模式，持续集成是全自动化过程，高效且不容易出错，因此极大地减少了每次迭代的周期，保证整体项目可以按照极小的步伐和极高的频率进行稳步演进。持续集成流水线 (Pipeline) 是通过可视化的方式，将持续集成流程的各个步骤按照一定的接力顺序展示并且执行。“流水线”模式可以清晰地展示持续集成执行的过程和各个阶段的状况。

Jenkins 是目前最流行的持续集成工具。在老版本的 Jenkins（2016 年以前发布的）中，通过安装相关的流水线插件，然后将研发流程的各个步骤以 Job 的形式配置好，再将各个 Job 按照流程顺序在流水线模块中定义为逐一执行，可以将持续集成的整个过程可视化。从流水线中可以很清楚地看到各个阶段的执行顺序、状态、运行时间等。如果某个阶段的运行出现问题，则其状态会被标注出来（比如红色），方便开发人员锁定问题范围并可以根据相关日志进行分析。图 3-5 给出了老版本 Jenkins 流水线的一个例子。开发阶段包括系统构建、单元测试、打包和制品上传等功能；测试阶段包括集成测试和回归测试；发布阶段包括 UAT 和生产环境的发布。

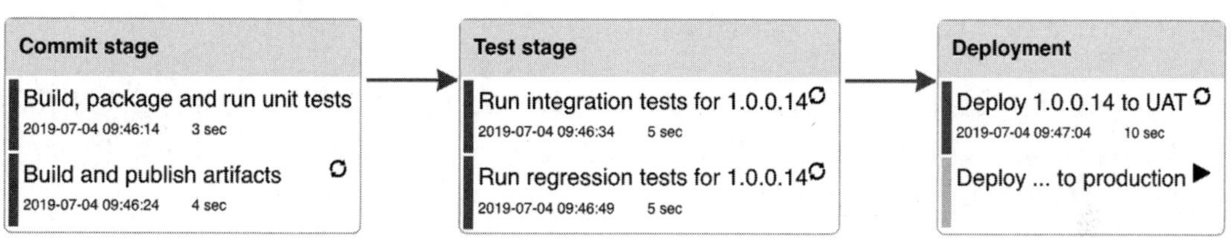

图 3-5 老版本 Jenkins 流水线

2016 年以后发布的 Jenkins 新版本（Jenkins 2）将流水线的功能进行了集成，不仅提供了传统配置模式创建流水线的方式，而且提出了全新的“Pipeline as Code”（流水线即代码）的理念，通过在 JenkinsFile 写脚本的方式创建和编写流水线（图 3-6）。这种写代码的方式更容易被程序员接受，也更适合 DevOps 的模式，即将配置管理工作从运维或者测试阶段左移到开发阶段。另外，Jenkins 企业版提供了流水线模板，使得 Jenkins 流水线的使用更加灵活方便。

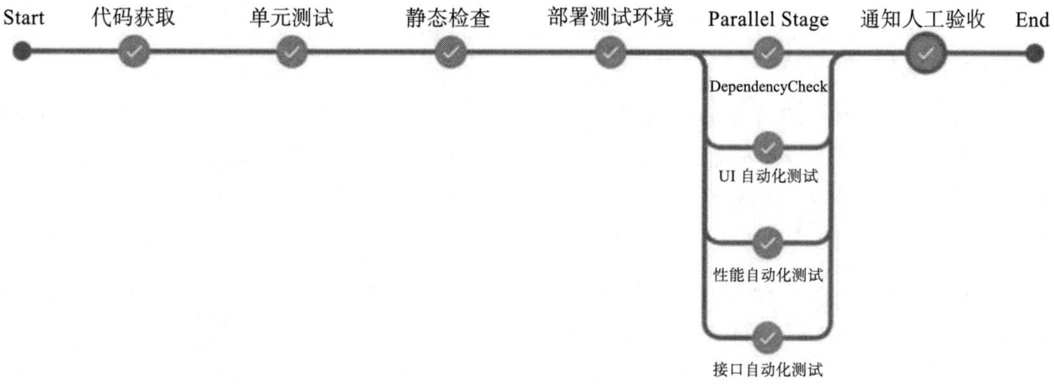

图 3-6 Jenkins 2“Pipeline as Code”流水线

因为 JenkinsFile 本身是一种脚本语言文件，所以可以存储在代码托管工具中进行版本管理。这样做可以将流水线作为代码看待，强制执行良好的规范。关于流水线脚本的命名，最好设置为默认名称 jenkinsfile，并且以“#! groovy”脚本开头，这样方便 IDE、GitHub

等工具将其识别为 Groovy 并启用代码高亮。在设计编写流水线代码时，流水线内的任何非安装操作都应该在某一个 stage 内执行，这样方便按逻辑切割流程，将流水线分成清晰的几个步骤。另外，流水线的实质性操作最好放在外接节点中进行，而非 Jenkins 主机中运行。这样一是避免构建过程中影响到 Jenkins 主机的状态，二是 Jenkins 的分布式构建能力可以充分利用外接节点的资源。例如：

```
stage 'build'
node{
    checkout scm
    sh 'mvn clean install'
//build
stage 'test'
//test
```

Jenkins 流水线提供了一个方法，可以将流水线分成并行的步骤，这种并行分配工作的机制可以让流水线运行更快，并更快地获得开发人员的反馈。同时，在并行步骤中获取并使用节点可以提高并发构建速度。例如：

```
parallel 'integration-tests':{
    node('mvn-3.6.3'){...}
}, 'functional-tests':{
    node('selenuim'){...}
}
```

3.4.3 安全能力在流水线上的融入

在上一小节中我们讨论了作为实现持续交付自动化的技术手段：流水线。DevSecOps 的核心是实现安全“左移”到研发团队，而不是依赖于安全团队。然而，“左移”的过程不能给程序员或者测试人员增加额外的工作，比如需要程序员操作相关安全工具做安全扫描以及制作安全报告之类的工作。这将给程序员增加额外的负担，加大学习成本，甚至可能引起抵触情绪。

所以说，“左移”也并非简单地将安全工具交给开发和测试团队使用。Neil MacDonald 和 Ian Head 在非常有名的一篇文章《DevSecOps：如何平滑地将安全集成进 DevOps》[5] 中提到，“信息安全框架必须整合到 DevOps 的工作流程中，信息安全对于开发和运维工程师来说必须是‘透明且无感知’的，这样才能保证 DevOps 开发和运维的敏捷和效率”。因此，所谓左移，是不能给开发和测试人员造成任何负担的“平滑、透明、无感知”的接入。这就要求 DevSecOps 工具具备集成到流水线并且实现自动化的能力，才能让安全“无感”地融入开发流程。另外，安全工具的自动化也解决了 DevOps 模式下，安全扫描和评审跟不上快速迭代和交付节奏的问题。图 3-7 给出了 DevSecOps 在整个研发生命周期各个阶段的集成。

在开发阶段，安全测试 / 扫描可以通过插件将 DevSecOps 工具和流水线进行集成。相关的代码和第三方安全扫描（SAST&SCA）可以与代码质量分析、单元测试等并行执行，而测试安全扫描（DAST&IAST）也可以在进行功能测试时同步进行。最终的结果在度量平台或者 CI 平台上进行展示。另外，安全漏洞也可以作为质量门禁的参数，根据不同的安全漏洞等级设置相关的阈值。如果扫描出相关安全漏洞（比如高危安全漏洞），则自动让相关构建失败，迫使程序员修复安全漏洞。使用 DevSecOps 安全流水线，可以进行低成本的推广和应用，免去整合安全工具的人力和时间投入，释放项目二次开发维护人力。另外，将安全工具集成到 DevOps 平台和流水线上，可以轻松实现相关安全数据的采集、上传到统一度量平台，形成反馈闭环。在下一小节中，我们将详细介绍 DevSecOps 中的代码质量和安全分析、扫描，以及对第三方开源软件的安全扫描等。

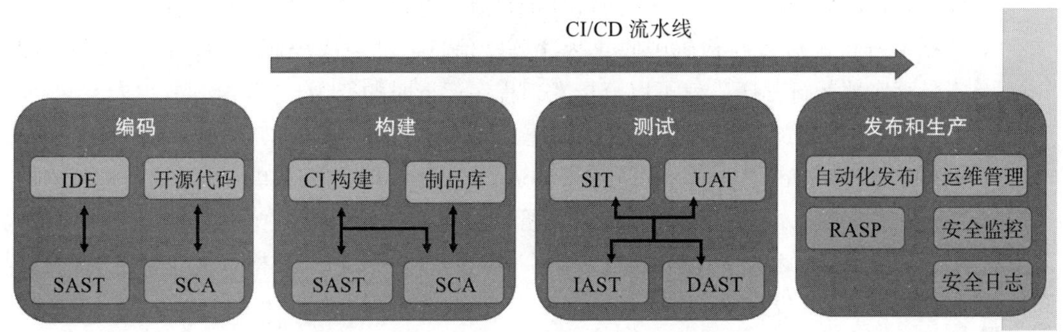

图 3-7　DevSecOps 工具在流水线上的融入

3.5　代码质量和安全分析

代码质量问题在日常开发过程中并不是特别引人注目。然而，每一次迭代都有可能制造一点点代码质量问题，久而久之就逐渐累积起来，形成技术负债，最终影响开发效率。正如海恩法则里所揭露的真相——“任何严重事故都是有征兆的，每个事故征兆的背后还有 300 次左右的事故苗头”。代码质量问题暴露并且被解决得越晚，则解决需要的人力以及时间成本越高。最有效率的做法就是，在新代码正式合并之前，就对代码进行代码质量分析，并且尝试解决，这使得需要花费的成本降到最低，并且杜绝隐患。代码的质量和安全通常是通过工具对源代码进行静态代码质量分析和静态应用安全测试来实现的。

3.5.1　静态代码质量分析

静态代码扫描是指无须运行被测代码，通过词法分析、语法分析、控制流、数据流分析等技术对程序代码进行扫描，从编码规范、潜在缺陷、文档和注释、重复代码、复杂度、测试覆盖率和设计与架构等各个维度找出代码隐藏的错误和缺陷，如参数不匹配、有歧义的嵌套语句、错误的递归、非法计算、可能出现的空指针引用等。统计证明，在整个软件开发生命周期中，30% ~ 70% 的代码逻辑设计和编码缺陷是可以通过静态代码分析来发现和修复的。静态代码分析原理分为两种：分析代码编译后的中间文件和分析源文件。主要分析技术如下。

- ❑ 缺陷模式匹配。事先从代码分析经验中收集足够多的共性缺陷模式，将待分析代码与已有的共性缺陷模式进行匹配，从而完成软件安全分析的工作。优点是简单方便；缺陷是需要内置足够多的缺陷模式，容易产生误报。
- ❑ 类型推断。类型推断技术是指通过对代码中运算对象类型进行推理，从而保证代码中每条语句都针对正确的类型执行。
- ❑ 模型检查。建立于有限状态自动机的概念基础上，将每条语句产生的影响抽象为有限状态自动机的一个状态，再通过分析有限状态机达到分析代码的目的。
- ❑ 数据流分析。从程序代码中收集程序语义信息，抽象成控制流图。通过控制流图，不必真实地运行程序，就可以分析发现程序运行时的行为。

目前市场上最流行的代码质量分析工具是 Coverity、SonarQube，另外 FindBug (Java)、FxCop (.NET)、CppCheck (C++)、Pylint (Python) 等开源工具可以对单一开发语言进行支持。代码质量分析工具可以自动执行静态代码分析，快速定位代码隐藏错误和缺陷，使得代码开发人员更专注于分析和解决代码设计缺陷，并且减少在代码人工检查上花费的时间，提高软件可靠性并节省开发成本。

虽然静态代码扫描的左移可以帮助开发团队提前发现问题，从而降低修复成本，但是静态代码扫描不能发现代码业务逻辑问题（需要人工做代码评审），而且会出现误报，造成额外的成本。另外许多公司在推行静态代码扫描工具时会遇到很大的阻力。一方面由于代码扫描大部分为代码规范类的技术负债，与业务和功能关联性不大，从而使得开发人员没有动力去修复代码质量问题和减少技术负债。另一方面，由于工具的有限性会产生误报，从而需要投入额外的人力去验证扫描结果，进而影响用户体验和对工具的信心。

在实际操作和落地过程中，代码质量分析的最佳实践存在以下几条：

- ❑ 代码质量工具需要集成到 CI 以实现自动化，或者通过插件集成到 IDE 以实现进一步左移的代码质量分析。其项目命名最好符合统一规范，方便收集相关数据和分类。
- ❑ 对于新项目新代码，根据业务设置严格的代码质量门禁，避免累积技术负债，比如严重等级代码质量问题为零。对历史遗留代码，红线可以设置为代码质量现状（技术负债），因此任何对历史遗留代码的改动不能差于代码质量现状。通过工具中的质量门禁实现对代码质量把控的实施落地。
- ❑ 代码合并之前进行结对编程、代码评审或者静态代码扫描，从而实现左移的前置。代码评审可以从核心代码逐渐向业务代码过渡。
- ❑ 对于代码质量扫描和分析工具检查出的问题有几种处理方式：简单明显的问题直接修复（例如指针没释放）；涉及业务逻辑的问题，需要模块负责人梳理清楚问题根源，利用重构的方法解决这些问题；新代码产生的严重和阻断类质量问题必须立即修复处理；老代码本身存在的质量问题和 Bug 等技术负债，可根据项目实际进度情况酌情修复处理。

- 代码质量以及红线结果需要反馈（比如通过邮件或者 dashboard）给相关开发人员和负责人。每个负责人需要每天关注告警修复情况，比如新增的问题需要相关负责人检查并每日清零；每周通过邮件报告整体修复进展，持续推动修复。
- 工具里的编码质量规范可根据团队实际情况调整或定制化。
- 每次分析结果及报告须进行归档存储，方便对历史数据进行分析。
- 在代码质量和安全分析过程中，增量是技术上的实现方案，扫描速度更快，但某些情况下可能会遗漏文件未扫描。如果希望质量门禁拦截新产生的问题，则可以使用与问题相关的红线指标。

3.5.2 静态应用安全测试

据统计，超过 50% 的安全漏洞是由错误的编码产生的。一般情况下，开发人员会更加关注业务功能的实现，而对于安全开发的意识不强并且可能存在安全开发技能不足。因此，想从源头上治理安全漏洞就需要制定针对代码的安全检测机制。静态应用安全测试（Static Application Security Testing，SAST）是一种在开发阶段对源代码进行安全扫描，以发现安全漏洞的测试技术。

SAST 可归类为白盒测试，通常是在编码阶段分析应用程序的源代码或二进制文件的语法、结构、过程和接口等来发现程序代码存在的安全漏洞。这种针对源代码的安全扫描技术变得越来越流行，对软件进行代码安全扫描，一方面可以找出潜在的风险，对软件进行检测，提高代码的安全性，另一方面也可以进一步提高代码的质量。在过去的十多年里，静态应用安全测试一直是应用安全测试工作的核心之一。SAST 不仅可以集成 CI 实现自动化，也可以集成到 IDE 中进一步实现安全左移。SAST 扫描基于一组或多组预定规则，来识别源代码中常见的安全漏洞，比如 SQL 注入、输入验证和堆栈缓冲溢出等。

SAST 的工作原理：

1）首先通过调用语言的编译器或者解释器把开发语言（Java、C# 等源代码）转换成一种中间代码，将其源代码之间的调用关系、执行环境和上下文等分析清楚。

2）语义分析：分析程序中可能有安全问题的函数。

3）数据流分析：跟踪、记录并分析程序中数据传递过程所产生的安全问题。

4）控制流分析：分析程序在特定时间和状态下执行操作过程中引发的安全问题。

5）配置分析：分析项目配置文件中的敏感信息和配置缺失的安全问题。

6）结构分析：分析程序上下文环境、结构中的安全问题。

7）结合第 2 ~ 6 步的结果，匹配所有规则库中的漏洞特征，一旦发现漏洞就抓取出来。

8）最后形成包含详细漏洞信息的漏洞检测报告，包括漏洞的具体代码行数以及漏洞的风险、产生原因和修复的建议。

SAST 的优势是代码具有高度可视性，检测问题类型和对象更丰富。检测问题包括安全漏洞和代码规范等，测试对象除了Web应用程序，还包括App。它不需要用户界面，并且可以通过插件形式与IDE进行集成，实现代码漏洞问题更早、更及时的发现和修复，从而降低返工成本。另外，SAST可以精准定位漏洞的位置，因此可以很快、很方便地帮助开发人员发现安全问题，从而促进了漏洞的高效补救。并且，由于SAST是代码层面的安全扫描，对于每天接触代码的开发人员来说更容易接受。开发人员在IDE中使用SAST工具时，会收到关于其代码的及时反馈，而这些数据和反馈可以强化和教育他们的安全编码实践。图3-8列出了SAST在多个维度的优点和缺点。

SAST虽然已经是发展了很多年的技术了，但其缺点依然非常明显。SAST的劣势主要是误报问题，业界商业级SAST工具误报率普遍在30%以上。误报会降低工具的实用性，因为需要投入人力和时间去验证结果的准确性，从而增加了成本。另外SAST不仅需要区分不同的软件开发语言（Java、.NET、Go、C++、Python等），还需要支持使用的Web程序框架，因此研发难度高。SAST对代码的扫描速度也随着代码量的增加呈指数下降，需要提供大量的硬件资源用以提高其扫描速度，这对于集成到持续集成自动化流水线上的效果不是很友好，而且也增加了成本。并且SAST不能覆盖所有的漏洞。SAST在预生产源代码中很难自动检测出诸如身份验证、访问控制和加密、运行时或者配置之类的问题。最后SAST只是对源代码进行扫描，而不是整个程序，所以SAST不能测试整合问题，系统层面的漏洞不易被发现。因此需要结合其他类型的安全测试工具（比如DAST、IAST等）进行补充。

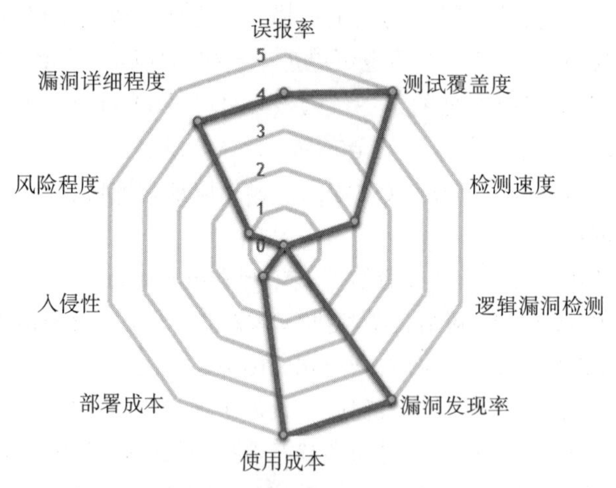

图3-8 SAST十维象限图

传统的SAST因为误报和研发模式的问题，始终得不到大规模的应用。但在DevSecOps时代，结合持续集成实现自动化，一些新型的SAST工具开始通过编译过程来更精准地检测漏洞，降低误报率。另外，根据历史数据，通过人力或者人工智能的方式对规则进行过滤，可减少误报率对成本和交付的影响。并且，在预算允许的条件下，使用和采购多个开源和商用 SAST 工具交叉使用，或者在开发和测试阶段串联 DAST、IAST 和 SCA 工具，都会形成对 SAST 工具的补充和完善。

3.5.3 软件成分分析

开源对于软件开发的发展具有深远的意义，它帮助开发者共享成果，重复使用其他人开发的软件库和组件，从而极大地提高了研发效率，推进了技术的快速发展。同时，更快速的开发意味着开发者也要大量地复用成熟的组件、源码库等开源和第三方商业软件，便捷的同时也引入了风险，导致了持续的安全问题。在程序开发设计阶段，开发者经常忽略了第三方库代码的漏洞审查。如果某个库文件存在漏洞，那么大量使用该库文件的软件程序都将面临安全威胁。这种场景在现实世界中已经有了血淋淋的证明，比如 OpenSSL 中出现的心脏滴血（Heartbleed）漏洞、GNU Bash 出现的破壳（Shellshock）漏洞和 Java 中的反序列化（Seserialization）漏洞，这些都是实际应用程序中存在第三方资源库或应用框架漏洞的经典案例。据不完全统计，有 78% 的企业都在使用开源库和组件，但仅有 13% 的企业把安全作为第一考虑因素。另外，根据调查数据显示，30% 的 Docker 镜像包含已知漏洞；14% 的 NPM package 包含已知漏洞；59% 的 Maven 已知漏洞仍然没有修复。Synopsys 公司发布的《2020 年开源安全和风险分析（OSSRA）报告》[2] 中提到关于代码安全漏洞的数据显示：在 2019 年内，所有审计的代码库中有 75% 代码库包含已知安全漏洞，49% 包含高风险漏洞。报告显示，2020 年有 70% 的代码库进行了开源，同比增长了 10%，这对安全漏洞的增加有一定程度的影响。虽然如今很多企业对开源组件进行应用，但是大部分对开源协议以及引用规范并不是十分清晰，从而会引起各种不必要的争议甚至法律纠纷。因此，在我们使用这些第三方开源库和组件的时候，需要意识到：

- 开源软件往往很少有进行安全性测试的。
- 开源软件的开发人员对安全意识普遍不高。
- 开源软件提供方没有多余的预算进行安全性测试。
- 黑客的主要攻击目标是开源，因为攻击一个，影响范围很大。

基于以上理念，企业管理好第三方组件安全和依赖安全的方法有：

- 建立基于供应链元数据的分析能力，分析某个供应链的依赖关系，以及分解成最小颗粒度的对象，识别对象中具体的内容。
- 建立研发软件供应链跟踪机制和清单，了解自主研发、外包研发和外购产品的软件系统都使用了哪些开源组件。一旦某个开源组件出现漏洞，就可以通过清单列表迅速排查。
- 查找并修复当前已知的漏洞，把依赖的第三方库和组件与漏洞数据库进行对比，就可以发现我们发布的应用中是否包含已知漏洞。
- 建立对开源组件管控的统一规划和管控体系，对版本不合规供应链进行识别，然后提供流程阻断能力，防止携带不合规版本供应链的组件发布到线上。对于安全问题较多，风险较大的第三方软件，应列在开源组件黑名单中禁止使用。

- 定期删除不需要的依赖。
- 持续监听并发现新漏洞。

2019年，Gartner在《应用安全测试（AST）魔力象限》[6]报告中把SCA（Software Composition Analysis）纳入AST技术领域范围，从而形成了包含SAST、DAST、IAST和SCA的应用软件安全测试技术体系；并正式发布了有关软件成分分析（SCA）的技术洞察报告，对软件成分分析技术进行了准确定义。软件成分分析技术主要就是针对开源软件以及第三方商业软件涉及的各种源码、源码库、模块和框架，识别和清点开源软件的组件及其构成和依赖关系，并识别已知的安全漏洞或者潜在的许可授权问题，争取在应用系统上线前发现并且解决这些风险。它有助于确保企业软件供应链仅包含安全的组件，从而支持安全的应用程序开发和组装。

在持续集成阶段的构建完成后，开源代码库已关联完成，因此可以在这个阶段通过任务调度或者持续集成的流水线自动引入SCA及缺陷检测。SCA首先对目标源代码或二进制文件进行解压，并从文件中提取特征，再对特征进行识别和分析，获得各个部分的关系，从而获得应用程序的画像——组件名称+版本号，进而关联出存在的已知漏洞清单。由于SCA过程中不需要运行目标程序，因此具有分析过程对外部依赖少、分析全面、快捷和效率高的优点。

另外，一些针对第三方开源代码组件/库低版本漏洞检测的工具也被集成到IDE安全插件中，编码的时候只要一引入就会有立即的安全提醒，甚至帮你修正引入库的版本以修复漏洞。有一点需要留意，有些编码语言或方式的检测方法会很简单（如Node.js等带有包管理类功能），但有些可能并不容易（如C/C++等）。因此，在设计和开发SCA工具时，需要支持以下需求：

- 支持多语言的深度扫描能力。
- 能进行正向依赖分析从而定位漏洞位置，以及进行反向依赖分析自动化地分析漏洞的影响范围。
- 拥有对开源漏洞数据库、商业漏洞数据库、本地漏洞数据中心和其他漏洞扫描工具的集成能力。通过不同的漏洞数据源丰富SCA工具对第三方安全漏洞的判断能力。
- 具备自定义告警配置、通知和自动化的能力，以提供企业漏洞的快速响应能力，降低企业风险。
- 具备与CI/CD集成自动化的能力，并且将其扫描结果作为交付质量关卡，保证软件交付质量。
- 具备可视化漏洞分析报表和license报表，以可视化漏洞的监管能力和可视化企业使用license的情况，从而为决策提供依据。

Forrester最新SCA报告[7]通过10个维度选出了业界前10名SCA工具。其中排在前五位的SCA工具是WhiteSource、Synopsys、Sonatype、Snyk和Flexera。另外，除了支持源代码 SCA 检查能力，同时也支持软件包开源软件 SCA 检查能力的五款工具是 Synopsys、Sonatype、Veracode、Jfrog 和 GitLab。而这五款工具对 Java、.NET 和 C/C++ 支持较好，而对 Golang、Python 和 JavaScript 等语言的支持能力偏弱。不管是源代码文件的 SCA 检测工具还是二进制文件的 SCA 检测工具，它们都是一种互补的关系，各有各的优缺点，比如二进制文件的 SCA 检测能发现构建过程中工具链引入的安全问题，而源代码的 SCA 则不能。另外，影响 SCA 分析准确性的因素主要分为以下两个方面：

- 一是 SCA 工具支持组件的数量和检测算法。因为 SCA 工具是根据样本组件特征来匹配被测程序中的特征来判断应用程序是否引用该组件的，因此支持组件的数量越多，那么检测率也就越高，支持的组件数量越少，越会导致检测遗漏；另外检测算法和特征设计是否合理也直接影响到分析的准确性和分析效率。
- 二是应用程序引用开源软件的方式。应用程序在引用开源软件时，不同的应用程序即使引用同一个组件也存在引用的功能不同、引用功能的多少不同的情况，这样带来的结果就是在应用程序中包含该组件的特征数量也是大小不同的，引用功能多则包含的特征一般也多，引用功能少则包含的特征也少。而应用程序包含组件特征的多少直接影响到 SCA 工具的检测准确性，组件特征越少，SCA 工具检测越困难，因此即使两个不同应用都引用了相同组件，仍可能一个应用可以检测到，另外一个应用却无法检测出该组件。这种场景在 SCA 工具检测二进制文件时尤其明显。

由于存在上述 SCA 分析准确性问题，因此在某些情况下如果无法检测出组件，也就无法知道应用程序中是否存在该组件的漏洞了。

在这个以效率为王的时代，第三方组件虽然为高速迭代的业务系统开发带来了极大的便利，但是同时也引入了较大的风险。只有做好第三方组件的安全管控，才能避免为业务带来严重的安全性问题。

3.6 制品管理及安全

软件制品是指源代码编译构建后打包生成的可以在服务器上直接运行的二进制文件，不同的开发语言对应着不同格式的二进制文件。制品库就是用来管理制品的平台或者工具，支持常见的制品类型，比如 Docker、Maven、NPM、Nuget 等。作为 CI 和 CD 的桥梁（图 3-9），制品库除了最基本的存储功能外，还可以与源代码协同进行版本控制，以及实现访问控制、安全扫描和依赖分析等重要功能，是企业处理软件开发过程中产生的所有包类型的一种标准化方式。一般来说，制品库可以解决以下问题：

- 第三方依赖包管理混乱，没有准入管控。
- 引入的第三方依赖包可能存在潜在的安全风险问题。
- 由于受到监管约束，直接进入生产环境的持续部署几乎是不可能的任务，被物理隔离的跨网段的包传输和交付往往只能依赖于手工拷贝。

- 由于团队自建的制品库是单点的，缺乏集群管控的统一制品库，因此往往存在重复建设和重复制品 / 镜像和依赖包，从而造成存储资源浪费、维护成本高等问题。

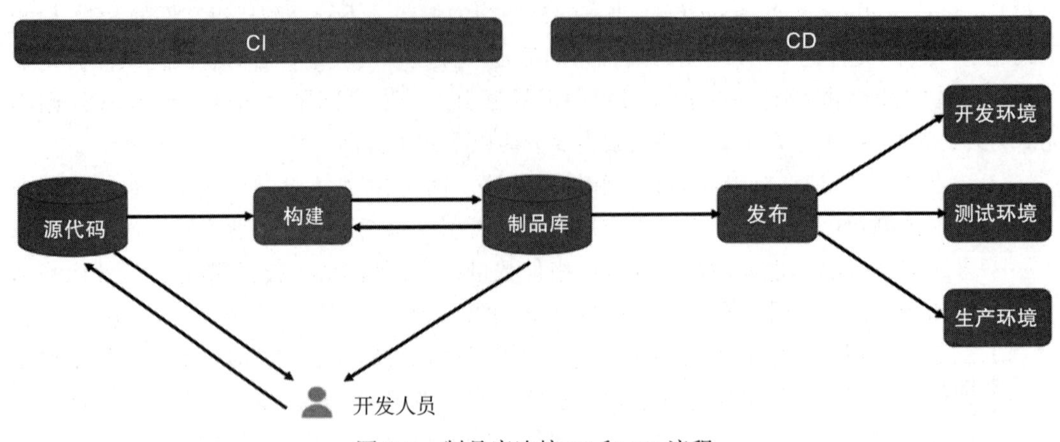

图 3-9　制品库连接 CI 和 CD 流程

据了解，已知 30% 的 Docker 镜像、14% 的 NPM 包和 59% 的 Maven 中央库都包含已知安全漏洞，而且漏洞的平均修复周期约为两年。根据 2018 年 Synk 发布的信息安全状况报告可以看到，从趋势上来看，Maven 中央库新增漏洞在 2018 年增长了 27%，NPM 则增长了 47%。因此，随着系统引入的依赖越来越多，同时引入安全漏洞的风险几率也是呈正比增加的。另外，对于 NPM、Maven 和 Ruby 来说，它们的大部分依赖项都是间接依赖项，而间接依赖项中的漏洞占总体漏洞的 78% 以上，由于间接依赖项里的漏洞隐藏得更深，这就使得通过人工发现依赖漏洞变得更加困难，而且修复时间更长。

在金融等监管和安全要求比较高的行业，在拉取公网上第三方依赖包和镜像时，可以建立安全白名单制度来拉取特殊依赖包。对于其他依赖包 / 镜像的拉取，可通过在 DMZ 区建立 DMZ 代码公网镜像仓库，根据安全漏洞库的规则过滤从公网上拉取的第三方依赖包。最后，只有白名单上的依赖包和安全漏洞扫描过滤后没有安全漏洞的依赖包，才被允许拉取到内网的制品库里。制品管理最佳实践包含以下几项：

- 制品库需要作为单一可信制品源，覆盖整个研发过程。
- 开发和测试环境生成的制品 / 镜像需要进行分类管理（比如 Snapshot 和 Release）。测试环境和生产环境部署的制品 / 镜像应保持一致性。
- 制品 / 镜像的命名应与源代码命名保持一致，符合给定命名规范，方便制品 / 镜像进行版本控制。
- 产品的制品 / 镜像以及第三方依赖包需要进行分类管理，避免制品 / 镜像和第三方依赖包的重复，从而造成存储资源的浪费；或者通过 CheckSum 进行制品去重存储。
- 制品库应根据清理 / 归档策略定期清理过期或者无用的制品 / 镜像和第三方依赖包。
- 对制品库用户按需进行权限访问管理，对个人可以开放可读（下载）权限，但上传

（写）需要使用团队专属发布账号。

- 制品库的安全扫描包括对二进制制品、镜像以及依赖包的安全扫描。制品的安全扫描可以左移到开发阶段（比如持续集成，甚至可以与IDE进行集成），然后通过设置安全准入保证交付过程中的制品安全。
- 需要高可用技术对制品库中的制品/镜像/第三方依赖包进行备份、同步和恢复。
- 为了提高网络传输速度，制品库最好能部署在与构建环境（上传）以及发布环境（下载）物理距离相对较短的地理位置。
- 使用制品库对组件进行版本溯源。通过制品对关键业务信息的溯源，包括但不限于制品关联的需求ID、测试结果和部署信息等。制品库须提供正反向依赖的功能，能够清楚展示应用程序引入的依赖组件清单，同时也能够知道某个依赖组件的使用范围。制品库还可以提供依赖度量，通过统计图表的展现形式统计组件的使用、分布和问题版本统计等。

3.7 总结

本章主要介绍了DevSecOps对于开发阶段进行的安全左移。开发阶段是整个软件开发生命周期中最重要的环节之一，也是软件通过代码被制作的过程。因此，在这一阶段，开发人员需要拥有足够的安全意识和能力，进而在编码过程中，尽量减少软件出现安全风险和漏洞的可能性。另外，通过默认安全、安全框架、安全编码规范、安全函数库和组件等技术手段和规范，辅助开发人员进一步在源头进行安全保障。

另外，持续交付中的技术手段和方法（比如分支策略和代码评审等）也能够帮助开发人员更加有效地保障代码质量以及开发流程质量。持续集成以及自动化流水线使得左移的安全技术和工具可以无感地集成到开发环境，不仅对开发人员没有造成任何额外的负担，而且也没有过多影响整个软件的交付速度。

最后，对左移到开发阶段的安全测试技术、静态应用安全测试（SAST）和软件成分分析（SCA）的工作原理及其优劣点都进行了详细介绍，方便开发人员掌握和使用此类安全技术和工具，使得安全漏洞在更早阶段被发现和修复，从而增强应用的安全性，并且降低因安全问题返工的成本。

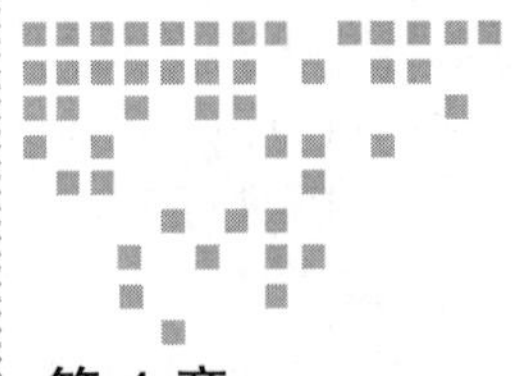

Chapter 4 第4章

持续测试和安全

灰石网络经过几个月在开发侧的DevSecOps改进，整个开发阶段的速度已经提上来了，并且通过统一工具、流水线和研发规范让开发人员的效能得到了提高，可以更加专注于编写和优化代码，加快代码的产出速度。但是，开发阶段的DevSecOps落地进行了一段时间之后，周天发现虽然开发阶段的效能提高了，但整体交付速度上升了一些之后，再很难得到大幅的提升了。换句话说，就是交付速度的改进碰到了瓶颈。

通过对整个研发流程的调研，周天发现，虽然开发阶段的交付速度提高了，但很多开发好的代码却都堆积在测试阶段，得不到有效的测试和反馈。并且，由于开发侧交付速度和交付频率的提高，以及安全左移到测试阶段的摸索，反而让传统测试的体系承受不了，从而使得测试人员往往疲于奔命，却仍然无法完成从开发侧交接过来的工作，最终反而导致开发侧人员闲置的负面效果。在走访了几个测试团队并了解了情况之后，周天肯定了自己的想法，测试部门也需要进行改变，尤其是向适合DevSecOps模式下的持续测试方向的改进。正当周天思考着如何将这一理念传达给测试部门时，测试部门的总监魏瑜却主动找上门来。

“老周老周，快来救我啊！”魏瑜刚进办公室，就直奔周天。

“老魏，咋啦？你别慌。”周天赶紧迎了上去。

“唉，别提了。现在我的部门都快乱套了，只有你能救我啦！”魏瑜半开玩笑地说。

“哈哈，哪有那么严重，你总是这么夸张。”周天忍不住地笑了起来，这让他想起了江宇宁，感觉和魏瑜的风格特别像，简直可以凑一对活宝了。周天环顾了一下四周，大家果然都被魏瑜的“表演”逗笑了，看着他俩一直乐。

周天带着魏瑜找到办公室一处安静的地方，对魏瑜说：“老魏，我们谈正事，认真一点。”

“我一直都是很认真啊。”魏瑜突然把自己变得严肃起来，“我就是来向周总你请教的。”

周天被搞得哭笑不得，也不知道怎么接这个话了。结果还是魏瑜反应快，马上微微一笑，终于用正常的口气说道："好了好了，不和你开玩笑了，我们谈正事。"

化解了尴尬的气氛之后，魏瑜说道："我的人现在天天加班加点地干活，然后还是干不完，尤其是前段时间你和开发部门合作落地 DevSecOps 后，工作堆积就变得愈发严重。而且安全部门的人也找上来说你们 DevSecOps 项目需要在测试阶段加入安全。然后我就去跟总经理申请更多的人力，结果反而被批回来了，说我只知道加人，从来没想过提高效率。"

魏瑜双手抱着头哭诉道："我都要疯了，这么多事需要做，又不给加人，这怎么搞……而且，我也想提高效率啊，但是目前大家都忙不过来，又哪有时间去提高效率呢？"

"的确是的，这个我可以理解。"周天表示同意，"但是，如果不能抽出时间来提高效能，就只能走入这样的恶性循环里，我觉得你应该也明白这个道理。"

"是的，这个我同意。但我们毕竟要以业务为优先，效能改进的事我也想搞，但的确有些力不从心啊。"魏瑜叹了一口气，双手一摊，表示了自己的无助。

"嗯，我最近也在调研和观察你们测试部门的几个组，的确也看出了些问题。"周天从桌子上拿出了一份整理好的报告，"比如你看，这个是开发团队 A 上个月的缺陷情况。20 多个程序员，一个月被测出来 500 多个缺陷……是不是有点多啊。"

"那肯定了，而且他们也耗费了我好几个测试人员去帮他们发现这些缺陷。"魏瑜补充道。

"问题就在这里！"周天把声调提高了一些，"首先，咱们测试这边主要靠人手动去做测试，说白了是靠人力堆上去的。另外，由于开发阶段程序员对于代码质量的忽视，把很多本来可以在开发阶段避免的简单缺陷，遗留到了测试阶段，这也就对测试人员造成了很多的负担。"

周天指着报告里的一处数据说道："你看，我们分析了缺陷的组成和分类，发现有一大半缺陷都是逻辑和函数级别的，比如这个参数变量的类型。这些通过开发阶段的单元测试或者代码评审应该都是可以避免的。"

"的确，这种简单的缺陷不应该是测试人员需要花精力去发现甚至处理的。而且你说得很对，我们测试这边的自动化能力非常差，一是之前说的，大家都很忙，没有时间去写自动化脚本。另一方面，大部分测试人员也不具备编写自动化脚本的能力。"

"嗯，我理解你们的困境。我是这样看待这件事的。"周天把他分析之后的解决方案说了出来，"首先，我们需要进行部分测试的左移。"

"测试左移？"魏瑜摸着头问道。

"是的，测试左移。"周天解释道，"其实也就是我们刚才提到的，把一些简单的测试工作左移，左移给开发人员。比如……"

"比如 TDD 这类的理念。"魏瑜好似突然开了窍一般。

"没错。"周天肯定了魏瑜的猜测，"虽然我们互联网业务变化快，对于单元测试或者代码评审的维护成本和压力都很大。但是至少一些核心的、共享的且业务变化很慢的系统还是可以考虑在开发侧提高单元测试覆盖率的。至少，程序员需要做一些简单的自测，才能允许进入测试阶段。然后，如果测试人员有一半的精力不用耗费在发现简单缺陷这个坑上，他们就可以腾出时间进行一些自动化测试的改进，比如自动化工具的使用和自动化脚本的编写。当你们的自动化程度提上去之后，又可以减少很多手动测试人力，去做更多自动化测试能力的改进或者其他方面的事情。再或者，你可能不需要这么多外包测试人员，从而也帮公司节省了成本。”

“听君一席话，胜读十年书啊！”魏瑜一下子从座位上跳起来，“太好了，这样才是良性循环，而不是简单加人力这样的恶性循环。太好了，太好了！”

看着魏瑜像小孩子一样手舞足蹈，周天又被搞得哭笑不得。“冷静，老魏，冷静。”周天赶紧把魏瑜拉回座位，“这个说起来容易，做起来没那么简单的。”

“没事没事，不管碰到什么困难，我这边都会积极配合你。”魏瑜拍着胸脯说，“只要能提高我们测试这边的效能，让大家不用那么累，甚至可以节省成本或者加入安全元素，我们都是欢迎的！”

看着魏瑜的表态，周天突然感到非常庆幸。因为本来他是准备分析好问题后找魏瑜去寻求合作的，没想到他却自己找上门来，而且没有太费力气就让他想通了，并且主动寻求合作。看起来大家的觉悟还是非常高的。这一点更加加强了周天下一步执行 DevSecOps 落地测试环节的信心。带着这份信心，周天兴奋地拉着魏瑜：“老魏，你现在有没有时间？我们要不现在就找个会议室初步计划一下？”

“好啊，好啊，求之不得呢！”魏瑜的脸上也似乐开了花，“咱们边走边说。”说着他立马站起身来，拉着周天去寻找空闲的会议室了。

“我觉得我们可以兵分三路，一路给你们测试部门培训持续测试的理念和自动化测试的能力，另一路我们也需要和开发部门配合进行测试左移，最后一路我们需要和安全部门一起讨论如何在测试阶段嵌入安全扫描能力……”

“好啊，好啊，你需要我做什么就直接和我说……”

办公室的走廊里，回荡着周天和魏瑜充满激情的讨论声，这似乎也预示着灰石网络 DevSecOps 落地第二阶段的开始。

4.1 持续测试——DevOps时代的高效测试之钥

软件测试一直是保障软件研发过程质量的重要环节，而在传统瀑布研发模式中，测试活动总是处于软件生命周期中相对滞后的环节（图 4-1）。于是，测试对需求定义、设计文档的精确描述的依赖程度很高，而且由于在流程当中后置，很容易因为前面流程的变化而对测试的规划本身产生重大的影响。

“唯一不变的就是变化”。在日新月异的市场环境下，如果想获得竞争优势，那么企业内部必须要有拥抱变化和创新的商业模式。而我们说的敏捷和 DevOps 时代的到来，也是伴随着以业务目标和客户需求为中心的转型而来：企业应该具备缩短产品进入市场的时长（Time-to-Market）的能力，以快速推出最小化可行产品（Minimum Viable Product），并快速响应客户需求反馈进行产品的持续打磨。

而为了应对高频快速交付的场景，在测试领域首先要解决的问题就是提升测试效率。测试本来就处于工作流的相对后置阶段，如果效率问题得不到解决，那么持续交付就无从谈起，只能是空中楼阁而已。

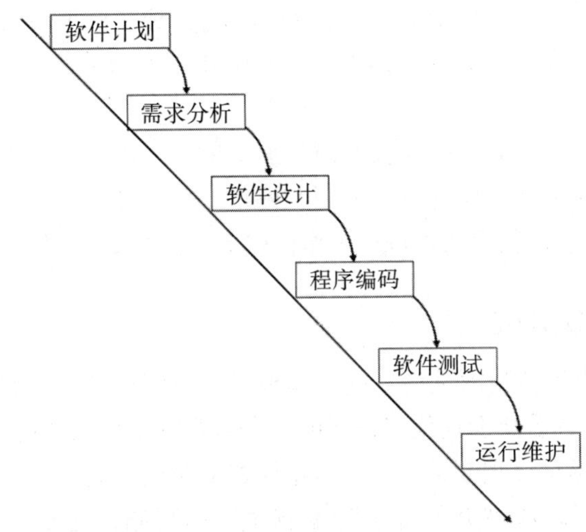

图 4-1　瀑布研发模型的 6 大阶段

4.1.1　测试效率面临着巨大挑战

测试效率问题一直以来都是业内关注的热点，它直接影响了整体软件的交付效率。除了在工具和具体技术应用方面比较受人关注之外，在工程实践上，测试往往缺乏足够深入的总结积累和良好的普及。相比开发和其他环节，测试在管理者眼中总是蒙着一层面纱，对已投入的能否带来预期的效果总是带着说不清道不明的怀疑。

果不其然，2018 年 GitLab 发起的《开发者调查》[8] 结果显示：测试不够高效已经成为导致交付延期的首要原因，测试环节也就成为企业进行快速交付的最大瓶颈。而随着敏捷&DevOps 模式在软件行业的推广落地，频繁的交付更是加重了业界对测试的担忧。

为了应对这样的挑战，持续测试（或者敏捷测试）概念开始被提出，并慢慢成为业界的必然追求。对于团队面临的几个关键疑问，持续测试便能够给出很好的解答：

1）测了什么：在不能实现 100% 回归测试覆盖的前提下，基于业务价值来划分测试子集。

2）测完了没：在持续交付的过程中，按需进行测试并且提供快速反馈。

3）测得快吗：让测试执行得足够快。

4.1.2 什么是持续测试

首先是来自维基百科的定义：持续测试是指在软件交付流水线中执行自动化测试的过程，目的是获得关于预发布软件业务风险的即时反馈。诚然，上述定义充分强调了自动化测试的重要性，这的确是持续测试的基础。但是回到“通过持续测试获得效率提升”这个最终的目标上，仅仅在测试执行方式这个单点的效率提升还不足以体现持续测试所带来的本质上测试理念的转变。相对地，从整体测试效率的角度出发，与 DevOps 对应的另外一个概念“敏捷”所描述的“迭代内测试”(in-sprint testing）和“质量内建”就成为更好的补充，并且形成相互的呼应：持续测试应该作为一项基础和持续的活动，贯穿于整个软件交付周期之中。

在以往需求相对固定、交付周期长的项目形式的研发场景，传统的瀑布模式下划分出孤立的测试阶段、测试人员独立进行全量回归测试，在专业效率上是有价值的。而在当前快速多变的商业环境下，敏捷和 DevOps 工作模式下的持续测试才是合适的“答案”。

4.1.3 如何实现持续测试

持续测试要改变的是传统测试后置的工作模式，让测试活动延伸到软件开发生命周期的每个阶段。下面我们看看典型迭代视角下的每个主要阶段分别如何实现持续测试。

1）需求分析阶段尽早计划测试，并且策略性定义测试子集。

首先，从需求分析阶段就开始提前计划测试、编写测试用例，使之达成适当的需求覆盖率。对此有帮助的实践包括 ATDD（Acceptance Test-Driven Development，验收测试驱动开发）、BDD（Behavior-Driven Development，行为驱动开发）和 TDD（Test-Driven Development，测试驱动开发）。

其次，要有优化测试覆盖范围的意识。测试不应该盲目追求 100% 覆盖，而是基于业务风险和价值的测试策略进行测试（Risk-based Testing)，毕竟“100% 覆盖较高优先级的需求”远比“80% 覆盖了所有需求”有价值。

2）迭代进行当中推动测试左移，实现测试与开发并行工作。

测试执行应该前置到软件开发生命周期的早期，多种工程实践可以帮助团队实现左移：比如重视测试评审，通过单元测试进行基础性保障；基于接口定义的开发和自动化测试，引入代码扫描判断是否满足编码规范和工程标准。这样在迭代周期内，围绕着需求持续进行集成测试用例的编写，为开发提供必要的测试支持，使得测试与开发的工作实现同步。

3）迭代进行当中以便捷的方式提供完整的测试环境和正确的测试数据。

一直以来，接近生产的测试环境打造和脱敏数据的快速准备是团队面临的两大重要挑战。现今随着云原生技术的成熟，尤其是 Docker 技术让按需搭建和销毁环境变为可能。但是测试数据的管理仍然是一个难题，基础数据像账号信息、环境信息这一类容易标准化的数据在业内已经有了比较好的解决方案，这已经是一个重大进步。而业务数据由于场景多变性，一直缺乏足够好的抽象，还处于依赖框架实现流程规范的基础阶段，基于接口定义的开发从而实现 Mock 服务也能够带来过程效率的提升。

4）应用部署之后关注测试右移。

传统瀑布模式把部署作为测试的下一阶段，也就意味着应用发布上线、快速验证功能之后就是测试的结束。而持续测试则不认为发布完成后测试就退出了，它强调的是在版本上线后继续关注生产环境的数据监控和预警，及时发现问题并跟进解决，将影响范围降到最小。并且利用生产上的数据为开发过程带来切实的价值，比如复制生产数据进行脱敏来准备测试数据，对服务访问数据的分析结果也可为开发过程中的测试提供优化的指引，从而调整测试并形成更好的冒烟和回归测试策略等。右移的实践包括数据分析、灰度 / 金丝雀发布、线上实时监控、用户反馈的跟踪处理流程等。

此外，我们在实践持续测试的过程中要关注数据的沉淀，然后基于数据指标不断优化我们的行为，这也是 DevOps 所推崇的持续改进的团队文化。

4.2　测试执行提效之自动化测试

在 DevOps 的高频快速交付场景下，团队容易陷入速度和质量之间“二选一”的困境：为了拥抱需求变更采用较短的交付周期，然而变更频繁导致问题变多，于是往往开发延迟提测，最后留给测试的时间被大大压缩，难以进行充分的测试。同时，从测试人员的日常时间投入来看，如图 4-2 所示，在所有的测试任务中，测试执行投入的时间最长，往往占了总时间的四成。如果需要改进整体测试的话，那么提升测试执行的效率是关键所在。

面对这样的情况，团队该如何提升测试的执行效率呢？自然而然，大家就会想到自动化测试——通过自动化测试替代重复性手工测试，执行更快从而节省测试时间。另外，由于每次自动化执行时间相对固定，而且程序预设的测试行为带来的高一致性，让测试的稳定性和可重复性达到很高的标准，能够很好地实现“快速重现缺陷”的目标。

如果说在测试时间相对充足的传统瀑布模式下，针对回归测试场景而投入的自动化测试所体现的最大价值是节约了人力成本的话，在敏捷和 DevOps 时代，自动化测试的更大价值则在于可以频繁验证并且提供快速反馈。可以说持续测试实践的基础就是自动化测试——只有自动化程度足够高，才能够实现快速高效的质量反馈，从而保证产品始终处于可发布的状态，满足持续交付的高频发版需求。

4.2.1　分层的自动化测试策略

自动化测试确实有很重要的价值，但是不表示我们应该无节制地投入各种类型的自动化测试：自动化测试是为了验证既定逻辑是否符合预期，在需求变更频繁的场景下，自动化代码的维护成本巨大。所以，我们需要合适的策略来指引自动化的实现——金字塔模型。

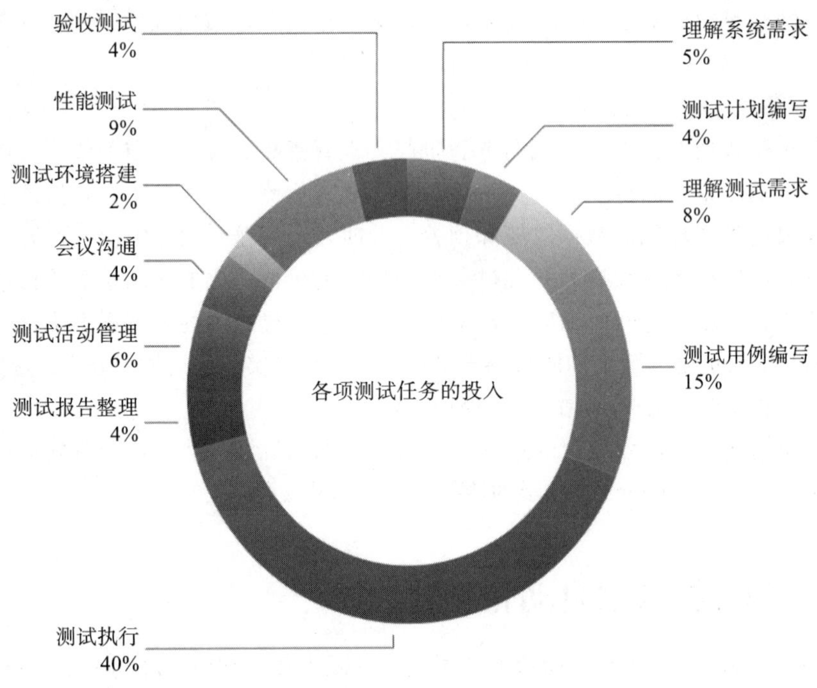

图 4-2 测试人员在各项测试任务的投入占比

自动化测试金字塔（图 4-3）最早由 Mike Cohn 于 2009 年在 *Succeeding with Agile: Software Development using Scrum*[9] 中提出，当时从上到下的三层分别是 UI、Service 和 Unit（如图 4-3 左）。这个上窄下宽的三角形为我们在各层的自动化投入上提供了形象的指引：理想的做法应该是在底层的单元测试（Unit）上投入最多，接口服务测试（Service）次之，UI 测试最少。后来随着敏捷测试实践的落地，业内逐渐形成的认识是从上到下的用户界面测试（UI Test）、接口集成测试（API Test）、单元测试（Unit Test），再加上顶部的探索性测试，进一步丰富了完整的测试金字塔（包括自动化和手工），如 Lisa Cripin 和 Janet Gregory 在 *Agile Testing* 中给出的图 4-3 右边部分。

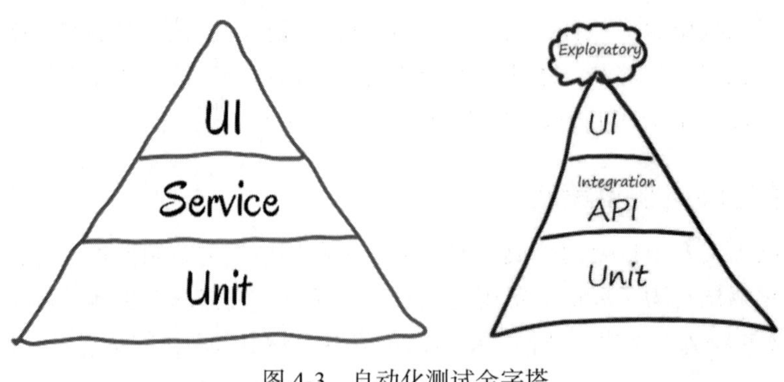

图 4-3 自动化测试金字塔

下层的单元测试 / 接口测试比起上层的 UI 测试有如下优点：由于更接近生产代码，所以更容易编写并定位到代码的缺陷；由于测试对象的粒度更小和依赖更少，所以执行效率更高；由于测试对象更加稳定，所以维护的成本更低。当然越接近上层的测试也因为更加反映业务需求，所以相对下层来说也有其优点，即更容易让人看到测试的价值。

在 DevOps 时代，基于对速度和质量的平衡，因为中间层的接口集成测试既能保持相对低的维护成本，又能反映业务逻辑的价值，所以应该成为我们重点投入的部分，尤其是在自动化各方面还处于初级阶段的时候。总之，测试金字塔发源于敏捷实践，以之作为参考对我们的自动化测试投入进行持续的调整，团队的测试用例和执行状况会逐步形成良好的平衡。基于以上自动化测试金字塔的分层，我们接下来介绍一下自动化测试相关的框架和技术栈。这里的自动化测试指的是一般意义的功能测试。

4.2.2　单元测试

无论是开发语言还是脚本语言，都会有条件分支、循环处理和函数调用等基本的逻辑控制。如果抛开代码需要实现的具体业务逻辑，只看代码结构的话，那么所有的代码都是对数据进行分类处理，每一次条件判定都是一次分类处理，嵌套的条件判断或者循环执行也是在做分类处理。如果有任何一个分类遗漏，都会产生缺陷；如果有任何一个分类错误，也会产生缺陷；如果分类正确也没有遗漏，但是分类的时候处理逻辑错误，则也会产生缺陷。据统计，大约有 80% 的错误是在软件设计阶段引入的，并且错误发现得越晚，修正所需的费用就越高。单元测试是最接近代码底层的验证手段，可以在软件开发的早期以最小的成本保证局部代码的质量。

单元测试是一种白盒测试，是指在软件开发中的最小可测粒度与程序其他部分相隔离的情况下对其进行检查和验证的工作。一般开发人员在完成一小段代码后就能实现一些小的功能模块，这些小的功能模块对应的代码称为软件系统的最小组成单元，而单元测试就是对这些小的组成单元进行测试。这种单元体量小，因此比大块代码更容易设计、执行、记录和分析测试结果。这里的最小可测粒度通常指函数或者类。一个函数或者一个类包含函数名（类名）、参数（属性 / 变量）、函数体（类中的各种方法）、返回结果，以及在函数实现中的各种循环、分支判断、函数调用等。代码中的循环、每个分支判断、每个函数的输入输出都有可能产生缺陷，而单元测试就是对这些函数（类）功能的输入输出、内部条件判断的测试。

单元测试用例是一个“输入数据”和“预计输出”的集合。需要针对确定的输入，根据逻辑功能推算出预期正确的输出，并且以执行被测试代码的方式进行验证。即在明确了代码需要实现的逻辑功能的基础上，验证什么输入应该产生什么输出。简单来说就是对一个函数进行参数调用，看它是不是符合预期的输出。单元测试用例一般伴随着代码一起提交至代码仓库进行保存和修改，并且通常是以自动化的方式执行的，所以在大量回归测试的场景下更能带来高收益。

单元测试主要从接口、独立路径、出错处理、边界条件和局部数据五个方面进行测试。这些是需要在其他模块开发完之前做的测试，因为需要保证每个子模块业务逻辑和功能的正确，才能进行模块整合。如果做单元测试，则这个子模块需要独立，不可以有依赖。单元测试是针对代码单元的独立测试，核心是“独立”，优势来源也是这种独立性，而所面临的不足也正是因为其独立性：既然是“独立”，就难以测试与其他代码和依赖环境的相互关系。单元测试与系统测试是互补而非代替关系。单元测试的优势正是系统测试的不足，单元测试的不足又恰是系统测试的优势。因此，单元测试并不是解决所有问题的万金油，而是与系统测试相辅相成的。

1. 为什么需要单元测试

写代码的目标有两个：一个是实现需求，另一个是提高代码质量和可维护性。代码的可维护性是指增加一个新功能或改变现有功能的成本，成本越低，可维护性越高。单元测试的目的是提高代码质量和可维护性。其好处可以总结为以下几点：

1）更快反馈，更省时间和成本：单元测试能在其自动化的使用过程中尽早发现缺陷，并且容易定位和修复。

2）优化设计和架构：单元测试可以帮助我们反思模块划分的合理性。如果一个单元测试的逻辑非常复杂，或者一个函数复杂到无法写单元测试，那就说明模块的抽象有问题。

3）便于维护：单元测试使得系统具备更好的可维护性和可读性；对于团队的新人来说，阅读系统代码可以从单元测试入手，一点点熟悉系统的逻辑。

2. 单元测试推广的难点及对策

20 年前，单元测试并没有被大范围推广，主要原因是当时缺乏好的工具的支持，需要写大量的测试用例，长度甚至会超过源代码。而且大家对自动化单元测试的重要性、必要性和价值也缺乏足够深入的认识。随着最近 20 年敏捷运动的兴起和最近 10 年 DevOps 理念的推广，以及大量单元测试框架和工具的出现，单元测试在实践中得到了大面积的普及。然而，任何一种新的改革既包含技术的改革，也包含思想意识的改革。虽然支持单元测试的成熟工具及框架极大方便了单元测试的工作，但传统的思想意识往往是新理念和新改革最大的障碍。从人的角度上来看，排斥单元测试的常见“借口”以及对应的“反驳”可以归纳为：

1）功能实现都忙不过来，哪有时间写单元测试：如果只追求上线速度而忽视质量的话，则往往会得不偿失。忽略开发阶段的单元测试，则可能会将大量简单缺陷遗留到测试环境，从而加重测试人员的工作负担。如果由此产生线上缺陷，则会产生不良的业务影响和更大的修复成本。

2）重新编写一遍代码功能，浪费了太多时间，成本很高：事实上单元测试都是异常简单的一些“断言”代码，即判断一个函数或者对象所产生的结果是否满足期望的结果。这种代码看起来很多，但编写成本其实很低。开发软件大部分时间花在了思考而并非敲代码本身上，而单元测试的逻辑是很简单的，不需要太多思考。

3）编译都过了，还需要测什么：代码编译只是验证它的语法，并不能保证它的行为就一定正确。

4）后面有测试人员把关，为什么还需要在开发阶段进行测试：单元测试可以在早期发现并解决问题，整体上可以节省更多时间成本。在《实用软件度量》一书中，它列出了准备测试、执行测试和修改缺陷所花费的时间（以一个功能点为基准），这些数据显示单元测试的成本效率大约是集成测试的两倍、系统测试的三倍。

3. 单元测试设计

代码中的循环、每个分支判断、每个函数的输入输出都有可能产生缺陷，而单元测试就是测试这些函数（类）的输入输出、内部条件的判断。功能测试的用例设计是业务功能逻辑的输入输出，而单元测试中就是函数的输入输出。单元测试的输入包括被测函数的输入参数、需要的全局变量和内部私有变量，以及函数内部调用子函数的数据、其他模块的数据和外部服务的数据等；输出包括被测函数的返回值、输出参数、修改的全局变量和内部变量、增删改的数据库数据、进行的文件更新以及消息队列更新等。了解了单元测试的输入输出，其测试用例的设计就与功能测试的用例设计非常相似。首先需要对上述可能产生的场景进行分类，也就是常用的用例设计方法：等价类划分，然后针对不同分类的用例再进行边界参数用例设计，也就是边界值法。另外，针对代码实现的逻辑，应当根据产品业务逻辑进行预期的输入输出设计。

对于有外部依赖的单元测试，需要用到桩代码和 mock，对被测试函数进行隔离和补齐：

1）桩代码：用来模拟外部依赖真实代码的临时代码，对于依赖的其他部分直接使用固定代码或固定数据返回。

2）mock：也是用来替代真实的代码或者数据。与桩代码不同的是，mock 还可以进行相关的规则制定，还需要关心 mock 函数的调用和返回数据，如 mock 的多次调用是否异常等。mock 用来模拟一些交互，使用一些断言来判断测试是否通过。

4. 单元测试安全

虽然目前有些观点认为，好的安全的代码并不是测出来的。但是单元测试依然是一个非常好并且有益的习惯，它是一个最小单位的业务逻辑正确性检查手段。很多现代编码语言都内置或者有成熟的单元测试机制，以便使用。从安全角度来说，你的每个函数或功能代码块在写完之后本身就会有一个明确的期望：这个逻辑输入是什么，输出预期是什么？除了正确的预期单元测试逻辑以外，还需要额外关注一些非预期的逻辑，最常见的比如一些数值的边界、不同用户标识及权限时的反应、各种常见漏洞的非法参数等。

5. 单元测试最佳实践

单元测试的最佳实践可以总结归纳为以下几点：

1）开发单元测试前，首先需要根据开发语言确定单元测试框架的选型，比如 Java 最常用的框架是 JUnit 和 TestNG。

2）为了统计单元测试的代码覆盖率，通常需要引用额外工具，比如 Java 常用的覆盖率统计工具是 JaCoCo，C# 常用的覆盖率统计工具是 NCover、DotCover 等。有些开发语言，比如 Go，内置了单元测试统计功能，所以不需要额外工具支持。

3）单元测试覆盖率并不是越高越好，要结合业务场景进行判断。并不是所有的代码都要进行单元测试，通常底层模块和核心模块的测试需要采用单元测试。对于变化快的业务代码，大量的单元测试反而会增加其维护成本。

4）核心业务、核心应用和核心模块的新增代码应及时补充单元测试并确保单元测试通过，如果新增代码影响了原有单元测试，则须及时修正。

5）测试粒度需要足够小，有助于快速、精确定位问题。单元测试至多是类级别，不负责跨类或跨系统的交互逻辑。

6）与数据库相关的单元测试可以设定自动回滚机制，不给数据库造成脏数据，或者对单元测试产生的数据有明确前后缀标识。

7）对不可测的代码做必要的重构，使代码变得可测。

4.2.3 接口测试

接口测试是指通过调用接口来达成验证目标的一种测试方式，既包括系统与系统之间的接口，又包括同一系统内部各个子模块之间的接口。接口测试的重点是检查系统 / 模块之间的逻辑依赖关系，以及进行交互的数据传递的准确性。接口测试是黑盒测试的一种，却是最接近白盒测试的黑盒测试，故而在较早发现缺陷和执行效率上也接近于单元测试，所以往往被称为“灰盒测试”。

业内为接口测试打造的框架和工具以及相关的实践总结很多，其火热的原因主要有以下两个方面。

首先，针对接口定义本身进行测试的优先级很高。现今普遍流行基于前后端分离的架构思路进行系统构建，并且随着微服务的流行，后端服务越来越多，接口测试的需求就更显得迫切。

其次，接口测试兼备执行效率和体现业务价值两方面的优点，在这个领域进行资源的投入较为容易被技术团队和业务团队共同接受。而且，由于接口定义的稳定性也较高，其维护成本也是可控的。所以相对单元测试和 UI 测试来说，接口测试的投入产出比可以说是最高的。

于是，接口测试往往是团队开展自动化测试的首选。下面我们来认识一下接口测试主要的技术、框架和工具。

1. 接口测试相关的框架和工具

接口自动化测试执行的频率很高，而且发生变化的主要部分在于接口传递的出参和入参，所以打造一个健壮的接口自动化测试系统一定要实现数据和代码 / 脚本的分离。于是，一般的接口自动化测试体系会包括接口规范定义、对应的数据存储管理、代码 / 脚本的管理、执行调度平台和结构化统计报告这几个部分。

首先要提到的是 Swagger，其作为最常见的接口文档管理平台，由于提出了 OpenAPI 规范（OpenAPI Specification，即 OAS），因而成为接口规范定义领域的基础框架。Swagger 预定义了主流编程语言相关的代码注解，可以在接口实现代码变动之后自动获取接口文档的更新，这个功能对文档的维护来说非常重要。此外，Swagger 功能还覆盖整个 API 生命周期，包括设计、开发、测试和部署，不过最为流行的是其接口规范定义部分，作为开源框架在业内影响深远。

其次是 Postman，它是接口调试和执行领域最流行的工具。其最为大家熟悉的功能便是为 Chrome 提供的 API 调试插件，以此作为 API 开发中的 HTTP 请求调试小工具，同时还能够把调用的接口保存为 Collection，也可以当作轻量级的接口文档。这个功能对开发者的调试十分便利，在 Postman 还是免费的时代可谓风靡一时。

除此之外，业内还广泛流行高效率编写自动化用例方面的产品，如代码级框架 RestAssured、“中代码平台” ReadyAPI、Robot Framework 等，乃至于通过界面拖曳组件生成测试用例的“低代码平台”，如 Apifox、Eolinker 等。

综上所述，典型的接口测试实践会是如此：采用 Swagger 作为接口规范定义管理，采用 Postman 作为开发阶段的调试工具，利用低 / 中 / 高代码方式提供的框架工具进行自动化用例编写，通过数据字典（Excel/DB）方式存放测试数据以便驱动测试脚本，集成到 CI 流水线中进行调度执行，最后基于 xUnit 的方式生成结构化统计报告。

2. 实现自动化用例的方案

是老老实实在框架的基础上写代码，还是通过低代码平台来实现？现今系统接口往往错综复杂，要做好接口测试，既需要对业务层面系统 / 模块之间的逻辑关系有很好的理解，又需要掌握技术层面的网络协议、数据库存取以及常用的测试框架和工具。可以说，接口测试自动化仍然面临着较大挑战，人们当然会寻求高效的方式实施，因而相应地出现了对自动化用例的低代码平台的需求。

事实上，现今业内的低代码平台并不能提升自动化编写的效率，而是通过降低自动化编写的技术门槛，让编码能力较弱的人员也能参与进来，从而较快地从零开始提升自动化覆盖率。一般的低代码平台都是基于接口测试自动化的数据和代码分离的原则设计的：把常用的接口操作方法抽象出来并封装好（在 Robot Framework 中称为关键字），然后通过在界面上拖曳组件组合成一个逻辑流程，再加上数据传递驱动形成一个完整的业务场景。所以，低代码平台给人的体验就是通过表格表单的操作实现自动化用例，感觉上“不需要编程能力”。可实际上，如果使用低代码平台进行稍微复杂的业务测试，就会对数据字典和操作的抽象（关键字）及设计能力要求很高，不然碰到相对底层逻辑的变更，就需要改动太多的用例。从不少团队实践来看，低代码平台在中长期的维护场景下会显得难以为继：缺乏技术抽象思维的、非工程背景的业务（或者业务测试）成员很难持续“重构”现有的用例，而工程师又不愿意接手一系列“表格式”的文档，认为这种方式是低效和脆弱的。

所以，低代码平台一定程度上（部分）解决了团队管理者的“自动化效率焦虑”，但是最终未能实现提升自动化编写效率的目标。我们应该承认自动化测试体系的建设事实上存在“工厂门槛”，也需要“工程门槛”，正确的方向应该是让工程师更加高效（减少重复性工作），而不是“降低门槛”（人人都可以写好自动化测试用例）。

4.2.4 UI 测试

顾名思义，UI 测试就是通过模拟用户在 UI 界面上操作使用产品的方式，来验证产品功能的响应是否符合预期。由于其提供与用户行为一致的操作方式进行功能测试，所以 UI 测试是最能体现测试价值的，从而也就一直备受人们关注。其历史非常久远，从 20 世纪 PC 时代的桌面 UI 测试，到 21 世纪初互联网时代的 Web UI 测试，一直到近 10 年移动互联网时代的移动端 Native App 和小程序的 UI 测试。

UI 测试的方式非常直观，但是 UI 界面作为用户交互的载体，天生具备快速迭代的特征，这意味着自动化测试代码的有效生命周期很短，维护成本极高。所以，相比单元测试和接口测试，脆弱、复杂以及投入产出比低下的 UI 自动化测试不应该成为我们的主要投入领域，基本上只能覆盖关键的且 UI 处于稳定状况的业务。

1. UI 测试相关的框架

UI 自动化测试框架的实现从原理上就是通过界面渲染规则来查找到某个组件。比如 Windows Form 程序中遍历桌面窗口的 UI Tree，根据元素属性或者 Windows Message 来定位目标组件，还有通过 IE COM 和 HTML DOM 对 Web UI 中对象的定位，都是如此。不过出于历史兼容性原因，不管是 Windows Form 还是 Web UI，对界面元素的规范都比较松散，这在一定程度上导致依靠 DOM 方式查找组件存在困难，这也是造成 UI 自动化测试的元素查找逻辑比较复杂的原因。

业内主流的 UI 自动化测试框架有面向桌面程序的 Robot Framework + AutoItLibrary、面向 Web 页面的 Selenium，还有面向移动端程序的 Appium、UIAutomator。

需要注意的是，这里的 UI 测试一般指的是涉及前后端交互的端到端的测试，并非单页面上的操作测试。当今前端应用框架已经很成熟，如 React、Angular、EmberJS 等，完全可以基于框架对 UI 进行细粒度的单元测试。

2. UI 自动化测试用例的录制方式

除了前面通过代码方式实现 UI 自动化测试用例之外，通过录制方式实现自动化在业内也非常流行。究其根本，也正是因为 UI 界面的易变性导致自动化用例维护成本很高，所以人们干脆把它当作“短暂”的回归测试用例——只要录制足够简单快速，大不了过一段时间（下一版本）就废弃重新录制。

现今比较流行的提供录制方式的自动化测试工具包括：面向桌面程序的 QTP、Ranorex，面向 Web 页面的 Selenium IDE、阿里的 UI Recorder，面向移动端程序的星海“鲸鸿”、WeTest 的 UITrace 等。

4.2.5　其他自动化测试

此外，在非功能测试方面，自动化测试常用到的工具包括性能测试的 JMeter、压力测试的 WebLoad、安全测试的 Burp Suite 等。

甚至，业内还出现了关于混沌工程领域的自动化探索性测试。一般测试是通过“实际结果”和“预期结果”的固定逻辑来对比，验证是否成功，而这一类的测试则不一样。其本身没有明确输入步骤和预期结果，而是主动模拟异常 / 极端情况进行输入干预，观察系统是否会有在按部就班的场景下难以预料的突发事件发生。混沌测试的目标是找出整个系统中的脆弱环节，这在当今分布式系统的高可用场景下非常有价值。

4.3　测试执行提效之精准测试

自动化测试带来了测试执行效率的提升，企业对自动化测试的投入也在持续增长，而且随着业内对 DevOps 和自动化的认可，带来的直接结果就是自动化测试的代码越来越多。那么，有了数量快速增加的自动化代码之后，自动化就能达到预期的效果吗？从近几年行业的调查报告来看，其实事实往往不尽如人意——随着自动化覆盖率的提升，要执行的测试集慢慢膨胀为“庞然大物”，回归测试的执行时间变得越来越长，于是只能降低自动化测试的执行频率，导致自动化代码的价值反而受到质疑。

这里存在一个误区，那就是只关注了执行单个用例的效率提升，而忽略了是不是能够通过较少的用例覆盖来提高整体效率。其实，除了提升自动化覆盖率之外，我们还需要改变“每次测试执行覆盖的用例越多越好”的理念：我们不应该因为“不放心”而让测试集变得过分冗余，而是能够基于业务风险进行测试覆盖范围的优化，在有限的范围内实现较高的测试投入产出比，这就是精准测试。

精准测试的关键是建立变更和测试的对应关系，从而更有效地验证变更，减少不必要的全局回归，并使得测试可追溯，让测试报告更令人信服。测试可以与需求变更产生关联，也可以与代码变更产生关联，所以精准测试大致上可以分为两类：基于需求变更的精准测试和基于代码变更的精准测试。

1）基于需求变更的精准测试是让每个需求故事都与测试用例对应起来，这样需求列表关联的测试用例集合就形成了最基本的相对完整的测试子集，每次发布的时候这个最小测试子集执行通过后能够给予团队基本的信心，再搭配冒烟测试就能够把风险控制到较低水平。

2）基于需求变更的精准测试需要对业务有一定的理解，以及人工参与进行需求和测试用例的关联匹配。而基于代码变更的精准测试的核心是依靠自动化测试代码与生产代码的内在调用链来建立关联，可以算得上是无侵入式监控分析系统，自动触发执行并根据采集到的数据进行质量分析和评价，甚至可以加上人工智能技术进行闭环训练和改进模型，基本上不需要人工参与。

4.4 测试流程提效：迭代内测试

一提到测试效率提升，人们就会想到测试执行这一环节的提升，这本身没有问题。只是不要忘了，哪怕执行占比最大也只是测试整体花费的四成，我们需要把其他事务考虑进来，作为一个整体来提升效率。正如 DevOps 的三大基本原则的第一条“流动原则”所指出的：整体的效率优化超过个体 / 局部的优化。DevOps 下的持续测试也是如此，推崇基于共同目标（体现业务价值的需求故事）的、测试和开发以及其他角色进行紧密协作的工作模式——迭代内测试。

4.4.1 持续测试带来流程上的变革要求

持续测试（或者敏捷测试）要求测试作为基础活动贯穿于软件交付的整个过程中。相比在 DevOps 时代陷入困境的传统测试模式，持续测试首要改变的是“测试后置”的状况：强调测试前置，通过尽早定义测试、测试与开发并行、在过程中保持紧密协作，从而实现快速反馈业务风险的目的。持续测试的实践变革是一个关于人、技术和流程的全面工程：既需要提升人员自动化代码能力，也包括技术上的支撑，比如持续集成、持续部署的基础能力，同时对流程的改进也是其中不可或缺的一环。

正如敏捷宣言开篇指出的四个核心价值，团队应该聚焦于为客户带来价值的行为和结果，而不是传统的按部就班完成既定项目的事项和生产过程交付物，这对测试的要求也是一样。

1）个体和互动高于流程和工具。

2）工作的软件高于详尽的文档。

3）客户合作高于合同谈判。

4）响应变化高于遵循计划。

然而，出于对上述宣言中“四个高于”的字面上的理解，大家往往容易产生困惑：协作很重要，那么是不是流程、文档、计划就不再需要了呢？其实不然，毕竟软件的内在复杂度还在，那么为了更好地交付软件而进行的计划和文档说明就仍然有着重要的价值。只不过我们需要改变原来过于臃肿的流程、文档、计划，让其不再成为团队快速响应目标的束缚。所以，“轻流程”“合适粒度”“尽早计划”才是我们应该做出的适当改变。如果说自动化测试和精准测试是在测试执行这个单点上对效率的提升，那么迭代内测试则是在整体流程上对测试效率进行的提升。

4.4.2　如何实践迭代内测试

迭代内测试的核心理念是引导测试前置，在过程中增强测试与其他角色的协作和反馈，从而实现高效的业务价值交付。测试过程一般包括计划、设计用例、执行这几个环节，下面我们从敏捷模式下测试视角的经典工作流出发，探讨如何在一个迭代中实践持续测试（图 4-4）。基于上述场景，我们可以按下面步骤开展测试活动，达成与开发工作同步的目标。

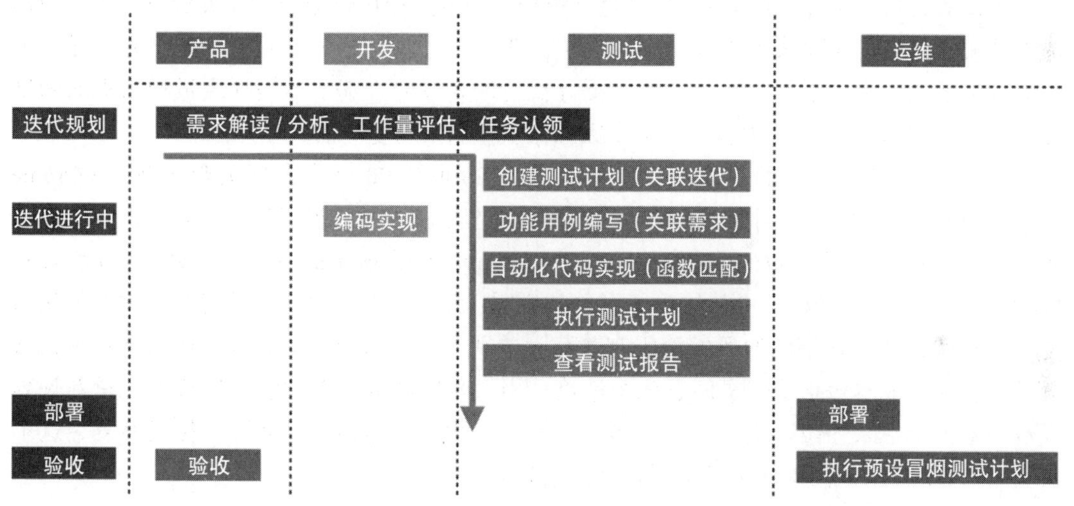

图 4-4　测试视角的迭代活动

首先，尽早规划测试。在迭代规划会上，产品经理就需求故事跟团队一起进行解读、分析和评估工作量。在任务认领的时候，开发和测试人员（或者充当此角色的其他开发人员）结对负责某一个需求故事。当迭代规划完成的时候，其实我们就可以创建迭代对应的测试计划了，该测试计划中应该包括迭代故事列表以及相应的验收标准（Acceptance Criteria，简称 AC）。同时，通过建立需求和用例的关系，对高优先级（业务价值）的需求所需的测试做到一目了然，为基于风险的测试策略打下了基础。

然后，在迭代过程中，我们应该以代表业务价值的需求故事作为一个整体进行交付。也就是说，结对的开发和测试应该以同样优先级处理某一个需求故事，尽可能快地实现故事的端到端交付之后，再处理下一个需求故事。于是，在开发实现编码的同时，测试也应该同步编写该故事的测试用例——多数情况下是对 AC 进行细节性展开和编写补充完整。

当用例编写完毕之后及时进行评审，甚至在接口契约得到保障的情况下实现接口自动化测试的编码。这样，每个故事都是在开发完成后马上测试通过，处于可交付的状态。在这样“小步快走”的模式下，迭代在任何时候结束都可以交付有业务价值的需求故事，而不是一批“半成品”。如此通过开发和测试的紧密协同工作，逐步接近体现业务价值的持续交付。

最后，在迭代完成之后，我们甚至可以执行一遍覆盖了当前迭代的需求故事所对应的测试用例集，依据测试报告反映的整体测试情况进行回顾，快速地反馈给团队，而这些沉淀下来的数据将成为工程实践持续改进的指引。

4.5 持续测试下的“左移”和“右移”

随着敏捷和DevOps在行业中的推进和落地，团队期望更快地交付业务价值，迭代周期越来越短，传统工作模式下为大版本留出1 ~ 2个月时间进行全量回归的测试方式显然不能应对当下的需求。于是，团队迫切需要寻找更加高效的、基于不牺牲质量的前提的测试方法，“测试左移”的概念以及相应的实践探索就重新成为业内的关注热点。

其实，“测试左移”的理念并不新颖，早在20世纪90年代出现极限编程（eXtreme Programming，简称XP）时就被提出：尽早测试反馈也是XP所提倡的基本宗旨之一。而为何要提倡“测试左移”？ Capers Jones在*Applied Software Measurement: Global Analysis of Productivity and Quality*[10]中就给出了形象的说明：Bug一般在写代码的时候产生，但是修复一个Bug的成本在不同的研发阶段有着巨大差别，成本随着研发的时间往后推移呈指数级递增。这个成本包括了修复问题的复杂度、引入新问题的可能性、沟通成本、重新规划成本、返工所带来的团队士气方面的影响。因而，我们要尽早发现问题，尽早修复，这个在敏捷和DevOps的高频交付场景下就显得尤为关键。

4.5.1 测试左移

要达成将测试前置到软件开发生命周期较早阶段的目标，团队可以进行多种工程实践。

1. 迭代规划阶段：制定需求的验收标准（AC），重视测试评审

代表用户价值的需求是团队中协作的基础，首要保证的是大家对需求功能特性要达到的效果的理解是充分的，然后不同角色始终围绕着需求这个锚点开展各自的工作：开发的实现基于需求，测试的编写执行也是基于需求。所以在需求提出的同时我们要关注可测性，团队在迭代规划会上对需求做介绍、澄清、分析的时候，就应该保证大家对AC达成一致的理解。然后在迭代的进行中，对AC逐步细化的测试用例一旦补充完整，就应该第一时间进行评审，让团队获得理解上的更新。ATDD（Acceptance Test-Driven Development）作为一种典型的工程实践，其中的关键就是对质量标准和验收细则做出明确的规定，而且在

代码开发之前整个团队的不同角色就要对测试规划达成共识。甚至，如果我们编写的 AC 能够进一步结构化为 Given-When-Then 的格式，为自动化实现提供标准化的输入，那么 ATDD 就可以迈向 BDD（Behavior-Driven Development）了。另外，由于在短迭代中执行全量回归测试并不现实，所以尽早制定合理的基于业务风险的测试策略也是“左移”的实践。RBT（Risk-Based Testing）结合影响范围和问题发生可能性这两方面制定测试优先级，然后基于优先级来指引测试实现和执行。

2. 开发阶段：通过单元测试进行基础性保障

前面我们提到，单元测试是软件中最小可测试单元（函数）层级的功能验证，相比其他层级的测试（比如集成测试、系统测试），单元测试一般运行时间最短，也是能够最快获得反馈的测试。因为能够最早发现问题，所以单元测试的重要性在工程团队中得到广泛的认可，TDD（Test-Driven Development）实践也应运而生。TDD 实际上是一个循环反馈、小步快走的过程：快速新增一个不能通过的测试→改动代码尽快让测试通过→重构改进代码并消除坏味道。通过测试驱动开发，让代码反复不断经过“不可运行 – 可运行 – 重构”的过程进行优化，从而达到编写简洁、可用且质量得到保障的代码的目的。由此可见，TDD 不仅仅是一个写测试的过程，还是设计代码的过程。

在现实世界中，TDD 实践由于通过代码进行问题分解的团队“肌肉记忆”尚未形成，并且考虑到编写测试代码的成本负担等原因，往往难以推行落地。但是在软件商业价值要高于为提升质量而采用工程实践所付出的成本的情况下，实践 TDD 还是非常有价值的：因为增加的只是代码量而不完全是成比例的工作量，而打造出具有高可读性、高可测性、没有“坏味道”的软件也为维护节省了巨大的成本，并且为日后的重构演进打下坚实的基础。此外，在代码提交时，引入工具进行扫描来判断是否满足编码规范和工程标准，或者有没有安全漏洞，这也是在实践“左移”。

3. 基于接口定义的开发和自动化测试

自动化测试是测试左移实现的一个关键，不管是基于白盒方法实现的单元测试，还是其他黑盒方法验证功能的自动化测试，都能够带来重大价值。结合测试金字塔的理论，我们应该：1）写大量小而快的测试；2）关注端到端的测试，写一定数量的粗粒度测试且避免编写过多的高级测试。于是，由于接口定义在开发设计的早期，尽早介入测试就成为可能。并且由于接口在开发过程中比较稳定，综合考虑维护测试用例的成本，我们应该把提升自动化覆盖率的关注点放到接口测试上（注意：这里的接口测试不仅仅包括单个接口的测试，更是包括通过多接口组合起来反映业务流程场景的测试）。有了较高的自动化覆盖率，那么不管是成为 CI 流水线中的一环并被反复调用执行，还是在本地环境按需执行必要的验证，我们都可以获得远比手工验证要快、要准确的反馈。

总之，“测试左移”是通过一系列实践活动达到测试前置，从而达到“尽早发现问题、尽早解决问题”的目的。“测试左移”是一个系统工程，涉及理念的改变、优秀习惯的养成，还包括技术的引进、流程的优化，同时也需要在团队中形成持续改进的文化。

4.5.2 测试右移

正如持续测试的定义中所描述的，测试应该作为一项基础和持续的活动，贯穿于整个软件交付周期之中。所以，测试不单单需要从研发流程中的某一阶段进行“左移”，同时也需要“右移”，那么在应用发布上线之后，测试仍然继续：关注线上环境的用户行为、性能和可用性。

1. 右移概念的出现

其实，“测试右移”概念的出现是一个自然的过程。一方面，软件上线之前的测试是做不到百分百覆盖的，“测试右移”是充分考虑到 Time-to-Market 和 MTTR（Mean Time to Repair，平均修复时长）的最佳权衡。不管是日渐频繁的发布所带来的时间压缩，还是分布式、微服务技术架构带来的系统复杂性，都让传统意义上的“上线之前测试所有场景”变得不现实，或者说投入产出比极低。而且，在此环境下，用户行为和访问数据量级的差别注定了在一些关键场景下是难以模拟的。因而，在发布之前，基于“测试左移”的实践，做到考虑业务风险的“适当的测试”，加上在发布之后对线上问题的快速发现、快速补救、快速回滚，这样“两手抓”才是 DevOps 时代最为高效的策略。

另一方面，客户体验本身就是一项关键的质量指标，来自线上的客户反馈（直接和间接的）带来了显而易见的价值。毕竟，真实世界的线上数据（脱敏后）更能反映真实场景，从而更好帮助团队为“测试左移”实践制定有效的测试策略。总的来说，“测试右移”让团队的反馈环变得完整：功能特性的需求从用户中来→上线后从用户获得直接反馈→根据用户反馈持续对功能特性进行优化，这正是敏捷和 DevOps 所推崇的持续改进的文化体现。

2. 右移实践简述

“测试右移”的实践一般包括灰度 / 金丝雀的发布策略、日志分析、线上实时监控、用户反馈的跟踪处理流程等。

1）通过灰度 / 金丝雀的发布策略，在一段时长内进行部分真实流量的线上测试，而且一旦暴露问题，就可以按照快速切换的方式进行恢复。

2）提前定义日志的格式、参数和分类，就可以利用像 Splunk、ELK 这样的日志管理工具，对日志数据进行统一管理、收集和分析，再加上 Grafana 这样的可视化工具，形成高效的监控。

3）主动设计线上拨测，设定好告警阈值，模拟真实用户的访问，发起周期性的探测请求，甚至进行安全性攻击测试，从而提前捕捉到服务的问题，反馈给团队进行有针对性的应对。

4）通过 Google Analytics 对用户相关行为进行监控并且做出适当的分析，为产品的体验设计提供非常重要的参考，同时也可以对测试的过程做出调整，设计更贴合用户操作行为的操作步骤进行测试。

以上提到的这些发布策略、日志分析、监控、反馈处理，在传统定义里面都是属于运维和运营领域的活动。于是，“测试右移”的方法论、流程和实践，加上总结出来的团队协作准则，组合起来甚至被业内人士称为“TestOps”——作为 DevOps 的子集而存在。

4.5.3 “左移”“右移”不等于“去测试化”

总的来说，“测试左移”推崇“尽早测试、频繁测试”的原则，让测试更有效率，“测试右移”则是让测试持续在线上环境发生，以应对难以预测的未知情况。不管是“测试左移”还是“测试右移”的实践，最终的目的是帮助客户成功，所以我们需要始终关注用户价值，围绕着用户价值来对理念、技术和流程进行持续改进，这也是 DevOps 的理念核心。

另外，针对业内所谓的“去测试化”风潮，这里做一下探讨。比如互联网科技巨头谷歌经过多年的演进，从 2013 年之后除了少量专业的 QA 角色之外，基本上消除了专门的测试团队。而微软作为 PC 时代的科技标杆公司，曾经拥有极高的测试开发比，而今也不再设有专职的测试岗位了。这些头部公司的举措给行业内带来的直接冲击就是：测试人员开始怀疑自身的价值，甚至于业内开始怀疑持续投入测试的价值。

从表面上看，谷歌和微软确实是大量减少了传统的专职测试岗位，这也是其根据自身情况所采用的合适实践，但不见得适合其他公司：首先是他们的业务特质决定了客户对质量的期望与其他业务领域不一样，其次是内在的工程团队成熟度让开发工程师承担测试的工作变得可行——“左移”得以顺利落地，并且“右移”的实践也充分保障了高频发布的可靠性。

所以，我们应该回到客户对质量的预期上，思考如何推行合适的测试实践，盲目跟风“去测试化”并不可取——毕竟转型和推行新的实践只是手段，而不是目的。

一方面，DevOps 时代的“全功能团队”需要鼓励团队成员持续学习新知识，从而成员之间能够相互更好地理解和协作。那么对于测试成员来说，能够在设计用例、高效执行、自动化测试、报告分析这些传统的测试领域之外，了解开发领域相关的知识，掌握编程、基础设施环境的运维和监控相关的技能也是理所应当的。测试和质量应该是由整个团队负责的，至于某一类的测试工作由团队哪个角色来负责则要考虑到个人的技能和长处。经年累月的专业化技能的锻炼，测试工程师更合适从全局视角来思考质量的改进，而并非编写代码或者管理基础设施资源。

另一方面，“测试左移”和“测试右移”指的是测试活动的左移和右移，不等于测试工程师左移到参与单元测试，甚至于成为开发工程师，或者测试工程师右移到成为一个运维工程师。总的来说，要求测试工程师与开发工程师或者运维工程师具备一样的能力或者做一样的事情都是极其不合理的，更不要说“设计高效的测试用例”这项能力在团队中根本不是人人可为的了。

这与打造“全功能团队”的概念类似：我们期望团队成员持续学习新知识来实现能力

延展，甚至必要时形成一定的后备力量，但是不意味着我们需要每个人的能力域完全一致，都是“全栈”和“端到端”的成员。

4.6 应用安全测试左移

传统应用安全类测试是在产品上线前进行安全扫描和评估时执行的。随着 DevOps 的飞速发展，传统安全测试已经无法满足频繁和快速进行业务交付这种全新开发模式的需求。如同 DevOps 模式下的各种业务测试左移一样，应用安全测试的左移也是 DevSecOps 发展过程中的一部分。而应用安全测试作为一种专项测试，主要包括两种模式：动态应用安全测试（DAST）和交互式应用安全测试（IAST）。

4.6.1 动态应用安全测试

动态应用安全测试（Dynamic Application Security Testing，DAST）是一种黑盒测试技术，是目前应用最广泛、使用最简单的一种 Web 应用安全测试方法。这种技术可以在测试或运行阶段分析应用程序的动态运行状态。它模拟黑客行为对应用程序进行动态攻击，分析应用程序对潜在安全漏洞测试的请求和响应，从而确定该 Web 应用是否容易受攻击。换言之，动态应用安全测试是通过外部进行的安全漏洞扫描技术，主要采用渗透测试来发现应用系统的潜在漏洞和风险。

所谓渗透测试，是以安全为基本原则，从攻击者以及防御者的角度分析目标所存在的安全隐患和风险，以保护系统安全为最终目标。一般的渗透测试流程如下：

1）明确目标：确定渗透测试的范围、规则和需求。

2）信息收集：收集相关的应用信息、系统信息、版本信息、服务信息和防护信息等。

3）漏洞探测：利用上一步列出的各种信息，使用相应的安全工具（比如 IBM AppScan、AWVS 等）进行漏洞扫描。

4）漏洞验证：将上一步发现的可能安全漏洞都验证一遍。结合实际情况，根据公开资源（渗透代码网站或者厂商漏洞警告等），或者搭建模拟环境等方式进行验证。

5）信息分析：根据发现的可能安全漏洞进行分析，为下一步实施渗透测试做准备。

6）获取所需：根据前几步的结果，实施攻击，进而获取内部信息以及对内网等敏感目标进一步渗透，最后清理痕迹（清理相关日志、文件等）。

7）信息整理：整理和收集漏洞信息。

8）形成报告：根据需求，对漏洞成因、验证过程和危害进行分析，并提出解决方案。

1. DAST 的工作原理和优势

动态应用安全测试首先需要给定扫描的系统地址，接着利用爬虫技术获取尽可能全的应用 URL，然后分析和提取外部可能的输入点；其次针对每个 URL 中的输入点替换成不同漏洞类型的 Payload，或者在访问请求中嵌入各种随机数据（模糊测试）进行一些简单的渗透性测试和弱口令测试等，实质上是篡改原始数据报文轮番地毯式向 Web 应用重放 HTTP/HTTPS 报文，最终 DAST 收到 Web 应用的响应报文，对其分析以判断漏洞是否存在。对于一些业务流程比较复杂的系统，主动扫描可能并不适用。比如一个需要登录和填写大量表单的支付系统，这个时候就需要使用被动扫描。当应用系统为面向外部的用户的应用时，必须进行动态应用安全扫描；当应用系统为面向内部用户的应用时，可选择是否进行动态应用安全扫描。DevOps 模式下的 DAST 面向所有开发 / 测试人员，尤其开发 / 测试团队里的“安全专家”，因此具有较高的学习成本。

DAST 的优势是基于攻击者（黑客）视角，以攻击者的方式 / 思维进行渗透测试，采用攻击特征库来进行漏洞发现与验证，所以可发现大多数高风险问题，准确性非常高，因此是业界 Web 安全测试使用非常普遍的一种安全测试方案。并且它无须了解应用程序的内部逻辑结构，独立于应用程序的技术和平台，不区分测试对象的开发语言，因此有较广的测试对象范围。另外，相比 SAST，DAST 的执行速度相对较快，误报率也较低。图 4-5 给出了 DAST 在不同维度的评估，从而很直观地看出其优点和缺点。

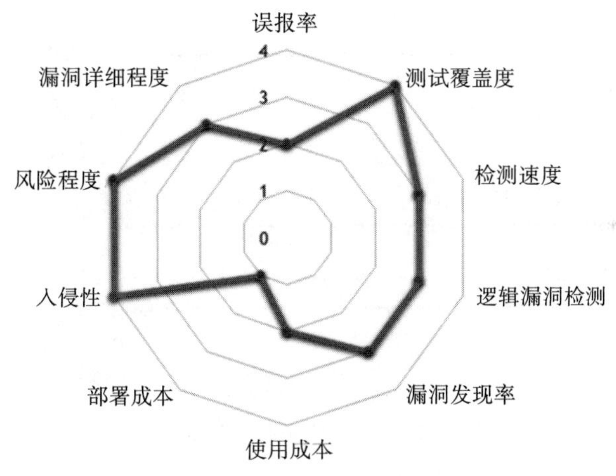

图 4-5 DAST 十维象限图

2. DAST 的常用方式和缺点

然而，DAST 也有很多缺点，比如 DAST 的漏洞发现率非常低。其根本原因是爬虫技术天生的缺陷（图 4-6）。首当其冲的是爬虫无法爬取应用完整 URL 的问题。例如当应用具有 AJAX、Token、验证码、独立 API 等情况，或者在面对密码重置、交易支付等场景应用时，均无法进行有效的覆盖。为了解决 DAST 爬虫技术的缺陷，很多厂家开始对其进行改造，通常将 Web/App 客户端访问应用时的流量进行代理，方法有通过浏览器配置代理、VPN 流量代理等。对于非加密环境还可以通过交换流量镜像、应用访问日志导入、在应用服务器上部署客户端获取流量等几种弥补方案，通过以上补救方案后 DAST 就可以规避一些爬虫技术的缺陷（图 4-7）。

除了爬虫缺陷，DAST 也存在查找输入点和 Payload 替换阶段的缺陷。如今在互联网上的交易类 Web/App 应用为了保证数据的保密性和完整性，必须在传输过程中对数据采用加密、加签的方法，然而这对 DAST 这类安全测试工具几乎是毁灭性打击。根本原因在于 DAST 无法得知其测试应用所采用的加密算法与密钥，不能还原成明文，只看到一堆乱码密文，从而无从获取有效的输入点。此外，即使获取了有效的输入点，篡改原始报文、替换成 Payload 后重放数据报文的过程也会因为加密算法和密钥未知，而不会被应用接受或处理。

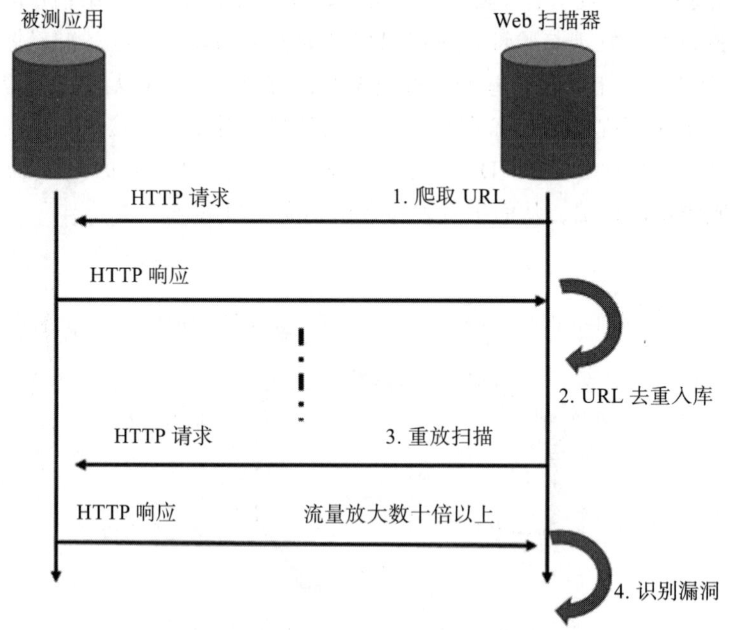

图 4-6　DAST 爬虫扫描器流程图

那么在面对没有采用加密、加签等场景的 Web 应用时，假设 DAST 已经通过了良好的改造，不再利用 DAST 爬虫技术，而是通过代理进行各种流量收集方式来解决获取应用 URL 的问题。接着 DAST 开始篡改原始报文，将输入点的值替换成 Payload，并重放数据报文。然而 DAST 不能提前预知 URL 的输入点存在什么类型的安全漏洞，因此只能将所有不同漏洞类型的 Payload 全数依次替换后重放数据报文，这会让服务器流量被放大数十倍甚至上百倍。虽然通过添加资源可以勉强解决流量问题，但扫描速度会变得很慢。并且因为重放数据导致重复提交数据，从而产生了脏数据、功能异常等问题，最终可能使得自动化功能测试失败。因此可以判断，DAST 代理模式安全测试不太适用于 DevSecOps 测试阶段或一些加密、加签的复杂应用。

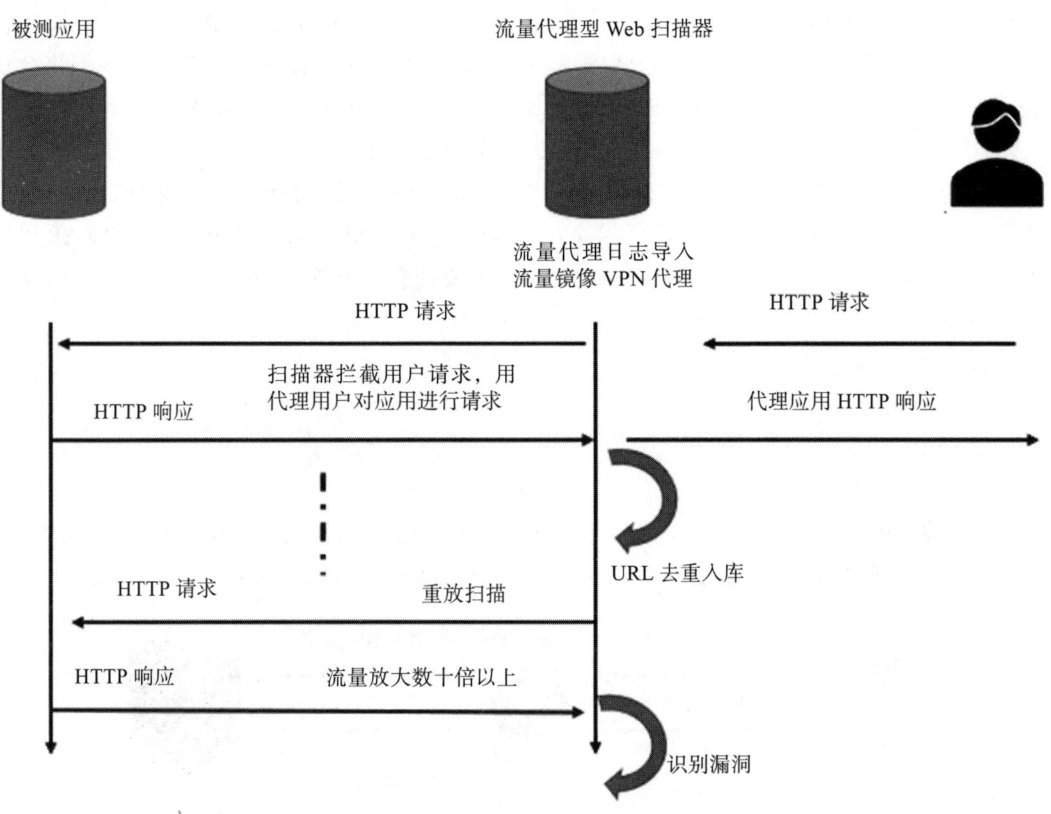

图 4-7　DAST 代理扫描器流程图

另一方面的缺点是，当对被测应用程序发送漏洞攻击包进行安全测试时，这种测试方式可能会对业务和系统的稳定性造成一定的影响，而且安全测试产生的脏数据也会污染业务测试的数据。另外，DAST 的测试对象通常为使用了 HTTP/HTTPS 的 Web 应用程序，却无法测试移动端 iOS/Android 上的 App。最后，DAST 的使用门槛较高，报告通常需要安全专家进行解读，因此对研发人员而言，使用和维护难度较高。

3. DAST 自动化安全测试

虽然 DAST 有诸多的缺点和使用难度，但作为目前主流的应用安全测试技术，DAST 的左移也是 DevSecOps 发展的趋势之一，而安全左移并融入 DevOps 的核心是实现安全测试的自动化，这样便不会破坏 DevOps 的协作性和敏捷性，也不会给开发和测试人员增加负担。而安全左移通常是通过与 CI 进行集成，并且通过流水线实现自动化的。因此，在 DevSecOps 模式下，DAST 和功能测试、性能测试一样，可以左移作为研发过程中自动化测试阶段的一部分。然而，DAST 发现漏洞后会定位漏洞的 URL，却无法定位漏洞的具体代码位置和产生漏洞的原因，所以会需要比较长的时间来进行漏洞的定位和原因分析，并且前面讲到重放数据导致流量被放大，以及脏数据等问题，这都成为 DAST 左移到 DevOps 这种快速迭代的开发环境中使用的挑战。为了解决这些问题，在下一小节中，我们将会讲到一种新的 IAST 技术，以及 DAST 改进版如何与 IAST 技术共同使用的解决方案。

OWASP ZAP 是一款 OWASP 社区提供的开源 DAST 工具，它基于攻击代理的形式来实现渗透测试，类似于 Fiddler 抓包机制，它将自己置于用户浏览器和服务器中间，充当一个中间人的角色，浏览器与服务器的任何交互都将经过 OWASP ZAP，因此 OWASP ZAP 可以通过对其抓包来进行分析和扫描。OWASP ZAP 主要拥有以下重要功能：

- 本地代理
- 主动扫描
- 被动扫描
- Fuzzy
- 暴力破解

另外，OWASP ZAP 可以通过插件和 Jenkins 进行集成，通过 Jenkins 的 CI 触发 OWAPS ZAP 进行自动化渗透测试扫描，并将测试结果返回给 Jenkins 进行评估和展示（图 4-8）。

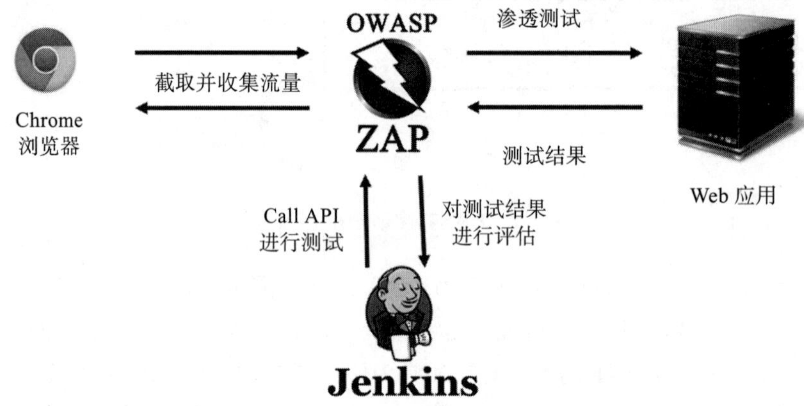

图 4-8　OWASP ZAP 和 Jenkins 集成进行渗透测试

4.6.2　交互式应用安全测试

交互式应用安全测试（Interactive Application Security Testing，IAST）是 2012 年 Gartner 公司提出的一种新的应用程序安全测试方案，曾经被 Gartner 列为网络安全领域的 TOP10 技术之一。IAST 通过代理、VPN 或者在服务端部署 agent 程序，在功能测试时收集、截获、监控 Web 应用程序运行时的函数执行及数据传输等并进行分析，通过与已知安全问题模式匹配，进行实时交互，高效、准确地识别安全缺陷及漏洞，同时可准确确定漏洞所在的代码文件、行数、函数及参数。在实践中，可在运行自动化功能测试的时候使用交互式应用安全扫描，从而实现持续安全扫描（图 4-9）。

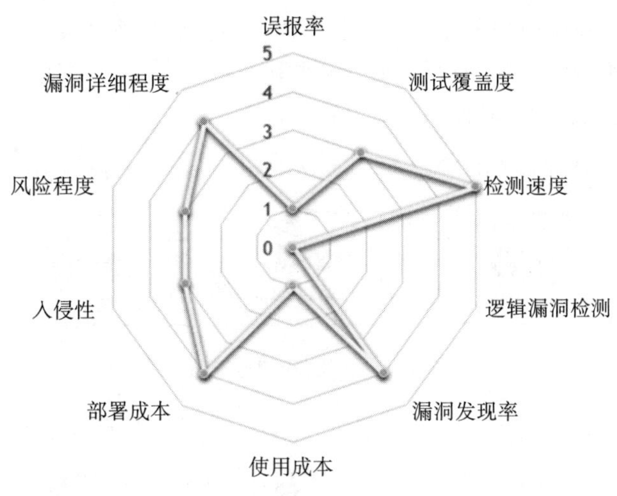

图 4-9　IAST 10 维象限图

IAST 主要有两种测试模式：代理和插桩。

1）代理模式：IAST 通过在 PC 端浏览器或者移动端 App 设置代理，复制功能测试中截获的流量，利用功能测试流量模拟多种漏洞检测方式对被测服务器进行安全测试，根据返回的数据包判断漏洞信息。其工作原理与上一小节讲到的 DAST 截流模式类似。代理模式的优点是不需要在服务器中部署 agent，测试人员只需要配置代理。然而，代理模式的 IAST 会产生一定的脏数据，漏洞的详情无法精准定位到代码层面，因此它适合不接受在服务器中部署 agent 但又想用 IAST 技术的用户。

2）插桩模式：IAST 插桩模式又分为主动式插桩和被动式插桩。

①主动式插桩：被测服务器安装 IAST 的 agent，然后 DAST 扫描器发起漏洞扫描测试。agent 追踪被测试应用程序在扫描期间的反应，将有关信息发送给管理服务器分析和展示安全测试结果（图 4-10）。主动式插桩需要在被测试应用程序中部署 agent，使用时需要外部扫描器去触发这个 agent，通过 agent 的一个组件产生恶意攻击流量，而另一个组件在被测应用程序中监测应用程序的反应，由此来定位漏洞和降低误报。主动式插桩更像是一种改进版的 DAST 技术，通过在源代码中部署传感器来增强定期动态扫描，并且在扫描期间检查 Web 应用程序执行时的源代码，在后端抓取应用程序，提供 100% 爬行覆盖率，查找并测试在黑盒扫描期间未发现的隐藏输入。主动式插桩解决了传统 DAST 漏报和无法精确定位漏洞位置的问题。然而扫描漏洞需要一定的时间，而且扫描会对业务测试产生影响。在双向 HTTPS 加密、CSRF Token 页面、防攻击重放等场景下主动式插桩依然无法进行安全测试。

②被动式插桩：在保证目标程序原有逻辑完整的情况下，在特定的位置插入探针，在应用程序运行时，通过探针获取完整的请求、代码数据流和代码控制流等，基于请求、代码、数据流和控制流等信息综合分析判断漏洞。被动式插桩在程序运行时监视应用并分析

代码，它不会主动对 Web 应用程序执行攻击，而是纯粹被动地分析检测代码，因此不会影响同时运行的其他测试活动，并且只需要业务测试（手动或自动）来触发安全测试，有测试流量过来就可以实时地进行漏洞检测（图 4-11）。

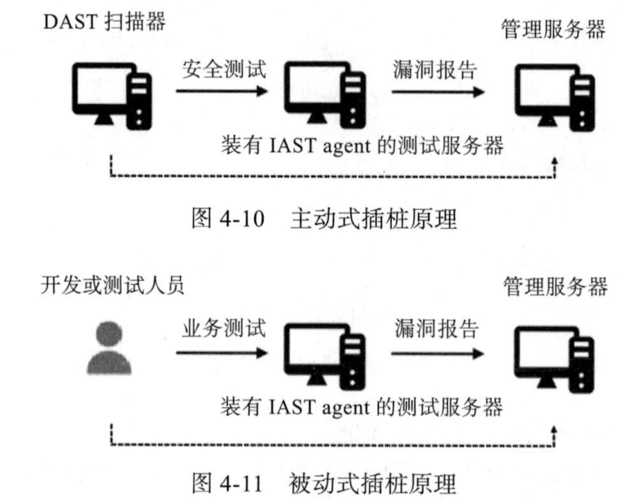

图 4-10　主动式插桩原理

图 4-11　被动式插桩原理

表 4-1 对比了主动式和被动式交互式应用安全测试工具的不同。

表 4-1　IAST 主动式和被动式插桩

交互式应用安全测试	主动式	被动式
误报	基本无	存在
漏报	存在	较少
加密场景	不支持	支持
覆盖场景	常规	更多
脏数据	可能存在	无
开发难度	中	高
分布式	支持	支持

IAST 插桩模式基于请求、代码、数据流、控制流的综合分析来判断漏洞，漏洞测试准确性高，误报率极低。IAST 插桩模式可获取更多的应用程序信息，还可以得到完整的请求和响应信息、完整的数据流和堆栈信息，便于定位、修复和验证安全漏洞，支持测试 AJAX 页面、CSRF Token 页面、验证码页面、API 孤链、POST 表单请求等环境。另外，IAST 插桩模式在完成应用程序功能测试的同时既可以实时完成安全测试，又不会受软件复杂度的影响，不但可以检测出应用程序本身的安全漏洞并且定位到代码行，还可以检测程序中依赖的第三方软件的版本和包含的公共漏洞。相当于是 DAST 和 SAST 结合的一种相互关联运行时安全检测技术，并且结合了 SAST 和 DAST 的优势。整个过程无须安全专家介入，

即插即用，无需配置或调参，因此无需额外安全测试时间投入，不会对现有开发流程造成任何影响，并且可以与 CI/CD 流水线集成实现自动化扫描，符合 DevOps 模式下软件产品快速交付的要求。

IAST 插桩模式的核心技术在于需要针对不同的编码语言，制定不同的插桩方案。大部分的商业 IAST 软件可能会采用针对语言或者其运行时环境的 hook 插桩来监控一些容易产生漏洞的操作触发点，比如 SQL 执行、命令执行、文件操作、网络访问等。一个国内关注度比较高的开源 IAST 实现可以参考百度的 OpenRASP 系统，其中有 IAST 的功能实现。此外也有一些公司结合自身实际研发的框架和流程，直接在源码层面做插桩，这样可以支持更多、更广泛的语言。但不管采用哪种方式都需要注意的一点是，IAST 方案已经深深地嵌入到程序运行过程中，其部署成本、稳定性以及额外的时耗影响都必须能够经受住考验。此外，通常情况下业务逻辑漏洞因为不是通用性漏洞，所以很难在普适性的 IAST 方案中具备检测能力，需要结合实际的业务代码和逻辑情况进行额外的处理。

表 4-2 给出了 SAST、DAST 和 IAST 在多个参数上的对比。企业进行自研和采购 DevSecOps 工具时，应该根据实际情况和需求，在不同的软件研发阶段，选取适合的 DevSecOps 工具或者它们的组合。

表 4-2　SAST、DAST 和 IAST 的对比

对比项	SAST	DAST	IAST
测试对象	源代码	运行时的应用程序	运行时的应用程序
测试准备	简单	复杂	复杂
测试方法	白盒	黑盒	灰盒
部署成本	低	低	高
误报率	高	低	极低
使用成本	高，人工排除误报	较低，基本无须人工验证	低，基本没有误报
漏洞检出率	高	中	较高
侵入性	低	高	低
脏数据	较少	非常多	几乎没有
集成阶段	研发阶段	测试 / 线上运营阶段	测试阶段
测试覆盖率	高	低	高
检查速度	随代码量呈指数增长	随测试用例数量稳定增加	实时检测
逻辑漏洞检测	不支持	部分支持	部分支持
影响漏洞检出率因素	与规则有关，企业可定制规则	与测试 Payload 覆盖度有关	与检测方式有关，企业可定制测量方式
第三方组件漏洞检测	不支持	支持	支持
支持语言	区分语言	不区分语言	区分语言

（续）

对比项	SAST	DAST	IAST
支持框架	区分框架	不区分框架	区分框架
风险程度	低	较高	低
漏洞详情	较高，数据流＋代码行数	中，请求	高，请求＋数据流＋代码行数
CI/CD 集成	支持	不支持	支持

比如在开发阶段，SAST 工具主要是针对源码安全扫描的技术，SAST 工具的缺点主要是误报，通过数据流调用分析、变量关联分析、机器学习等众多手段可以极大地降低误报率，减少相关结果验证成本，改善用户体验，使得开发人员更容易接受 SAST 技术。

在测试阶段，IAST 技术支持代理、VPN、流量信使、流量镜像、爬虫、导入日志、插桩共 7 种流量收集模式，真正结合了 DAST、SAST、IAST 三种技术的优势；漏洞检测率极高，误报率几乎为零，并且可以将漏洞精准定位到代码片段，修复漏洞更容易。另外采用被动插桩技术，无须重放请求，不会形成脏数据和增加流量，可覆盖加密、防重放、签名等任意场景。

在测试或者应用上线运营阶段，采用 DAST 技术，从攻击者视角对企业进行资产探测，全面发现企业的资产暴露面和应用程序的漏洞，并且部署模式紧跟业务的使用模式，支持在互联网环境、企业 IDC、私有云、公有云、混合云等多种场景下部署使用。

4.7 DevSecOps 影响着测试的方方面面

在 DevSecOps 时代，我们亟须提升测试的效率和融入安全性，所以才有了持续测试的理念以及相关的工程实践的落地努力。而为了实现提升效率的目标，团队在流程和实践上做出了持续不断的改进，同时还需要团队成员对现代测试理念有全新的理解以及相应技能的提升，乃至在组织架构和团队文化等方面都带来了深远的影响。我们可以从 DevSecOps 的三个基本原则（流动原则、反馈原则、持续改进原则）出发，看清楚 DevSecOps 给测试领域带来的方方面面的变化。

4.7.1 测试分类

日常总会接触到白盒测试、黑盒测试、冒烟测试、回归测试、接口测试、自动化测试这样的词汇，而把不同维度的测试类型进行“混搭”描述的情况也十分常见。那么我们对各种测试类型概念的理解是否清晰、是否正确呢？这里对测试类型按照常见的维度和视角做一些梳理，并对错误说法进行“纠正”，同时探讨一下 DevSecOps 时代对测试分类的影响。

1. 按照软件质量特性进行划分

首先，从度量软件质量的几大特性出发，可以分为功能性（Functionality）、可靠性（Reliability）、可用性（Usability）、有效性（Efficiency）、可维护性（Maintainability）、可移植性（Portability）等，而我们单次测试的目标总会集中于被测试对象的某个特性范围。因此考虑到可以通过测试进行特性的客观验证，包括的主要类型有：功能测试、可靠性测试、可用性测试、性能测试、安全测试、兼容性测试。而又因为其中最基础而且投入占比最大的是功能性测试，故而又归为两大类，即功能测试和非功能测试。功能测试一般包括接口测试、UI 测试，非功能测试一般有性能测试、安全测试、兼容性测试等。而大多数非功能测试并非一般团队所频繁采用和掌握的，需要较为专业的领域知识和专门的团队负责，所以又称为“专项测试”。

2. 按照测试技术是否借助于代码实现细节进行划分

黑盒不需要了解程序内部的代码及实现，而是从用户角度出发，通过用户能够感知到的功能操作进行验证；白盒测试则需要针对程序内部的实现逻辑进行验证，又称为逻辑驱动测试或者结构测试。黑盒测试一般更容易反映用户的价值，但是测试效率不如白盒测试，而且一般在研发流程中处于后置的阶段，需要等到软件实现之后；而白盒测试则因为在代码实现的过程中就可以执行，故能够更快反馈问题，但是难以直观反映用户价值，盲目追求覆盖率会容易陷于价值不明显的投入误区。

除此之外，当我们结合黑盒测试和白盒测试，基于程序运行时的外部表现同时又结合程序内部逻辑结构来设计测试用例时，这样的方法又被称为灰盒测试（仍然属于黑盒测试）。集成类型的接口测试就是一个很好的例子，通过编写代码、调用函数或者封装好的接口来模拟程序的执行路径，但无须关心程序内部的实现细节。

3. 按照测试执行方式进行划分

顾名思义，手工测试是指通过人工的方式参与输入和用例执行，而自动化测试则是在预设条件下运行程序并评估运行结果。毫无疑问，自动化测试比手工测试的效率更高、执行更加稳定，对于需要重复执行的测试来说，自动化能够带来很高的 ROI。然而，这并不意味着手工测试是没有价值的或者需要被自动化测试所替代。

首先，手工测试和自动化测试都是测试手段，都是为了实现设计良好的测试用例要达到的目的。而在设计测试用例的时候往往是从用户手工操作的角度来进行描述的，手工测试一般都能够实现，而有不少情况是自动化测试不能很好实现的。

其次，自动化实现往往需要比单次手工执行更长的时间，在 DevOps 较短的交付周期内，我们在需求测试的首次执行上往往还是先采用手工执行的方式。是否采用自动化测试的方式，取决于首次执行的效率是否达到要求。

总的来说，在现实中我们往往需要合理搭配手工测试和自动化测试，使之相辅相成。而在自动化测试上进行多大的投入，则需要综合考虑效率和成本的因素。

4. 按照不同开发交付的阶段进行划分

基于快速应用开发（Rapid Application Development，RAD）模式的V型开发模式（图4-12）很好地表达了这种划分方式。在DevOps的频繁交付场景下，由于测试左移实践，后置的测试也呈现粒度变小并逐步前置的趋势，比如集成测试和系统测试之间的分界就变得比较模糊了。

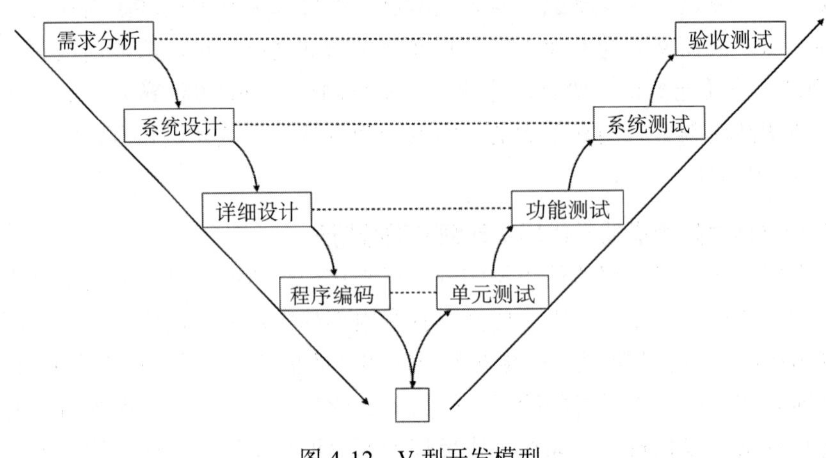

图4-12 V型开发模型

5. 按照不同测试策略进行划分

冒烟测试是针对程序的主干功能进行的测试覆盖，希望较短时间内验证系统是否运行正常。而回归测试则是基于之前一段时间执行过的用例进行重新测试，看重的是测试覆盖的全面性。回归测试一般是最大的测试集合，较长的耗时注定了难以频繁地被执行。回归测试从验证的目的来看还可以分为用例回归和缺陷回归：用例回归是指无偏差地重复执行相同的测试集来验证是否会发现新问题，而缺陷回归是围绕着缺陷来执行相关的测试用例，验证当前版本是否修复了之前版本中出现过的缺陷。

总的来说，上述都是基于传统软件工程视角的测试分类，也是约定俗成的通用定义。但是随着软件工程的发展，我们对测试分类的理解也要与时俱进。而今DevOps时代强调：关注整体效率高于局部效率、持续不断的反馈、持续改进的文化。业内相关的实践纷纷前置不同类型的测试，努力提升执行效率。总体上，测试类型原先的定义边界开始变得越来越模糊，而更加关注测试的效率和快速反馈。于是才有了谷歌重新划分测试为小型、中型和大型的做法，分别对应着开发阶段的早期到后期执行的测试。

4.7.2 质量度量

彼得·德鲁克说过："你如果无法度量它，就无法管理它。"对软件质量进行度量是检验软件最终可靠性的主要方法，而度量产生的一系列指标数据也为研发的决策管理和过程改进提供了重要指引。质量度量是测试的重要目标，需要贯穿于软件交付的全过程。质量包括交付之后的外部质量和交付之前的、面向研发过程的内部质量。外部质量一般从软件质量的主要特性出发，衡量其功能性、可靠性、可用性、有效性、可维护性、可移植性等，而且为用户所能感知；而内部质量则围绕着软件开发的过程产出物进行量化评估，从而预判最终是否能够交付预期的质量目标。

而在 DevOps 时代，出于拥抱需求变更和高频交付的目的，质量度量指标的重心发生了转移——团队更关注客户体验和产品的业务可持续，期望尽早度量外部质量，还有就是追求测试效能提升。

首先，拥抱需求变更催生了用户快速反馈机制，客户体验指标在产品改进方面的指引作用得到重视。客户体验是一项很重要的质量指标，只是传统交付的周期很长，等到获取完客户反馈的时候往往产品的设计和实现已经成型，难以成为研发过程中有价值的输入。在 DevOps 时代的频繁交付和客户协作场景下，高频率的“交付 – 反馈 – 改进”闭环让线上用户的真实体验打分变得可行，其中“测试右移”的实践就包括建立快速反馈流程。客户体验打分指标主要包括：对特定功能的客户满意度指标 CSAT（Customer Satisfaction）、对产品整体的忠诚度指标 NPS（Net Promoter Score），以及评价使用某服务来解决问题的困难程度指标 CES（Customer Effort Score）。

其次，交付周期变短让尽早度量外部质量变为可能，团队期望通过持续度量来预判质量情况。度量外部质量的前提是存在已交付的产品，在传统交付模式下，产品需要等待长周期之后才会交付运行，也就只能在交付最后阶段才进行外部质量的验收度量（往往通过引入第三方服务完成）。而今，在快速交付了可工作的软件之后，我们就可以开始并持续地度量外部质量的指标，如线上的缺陷密度、缺陷收敛趋势等。于是，在原来软件长期处于半成品状态、难以直接度量外部质量的情况下，需要严重依赖的流程管控类型的指标就需要重新调整了，甚至存在“瘦身”的必要。比如作为长期规划度量的指标，如用例数量、测试通过率、测试工时等；还比如衡量研发过程中交付质量的指标，如研发过程的缺陷数量以及重新激活率等。而对于在研发过程中被感知并最终影响外部质量的指标，如需求覆盖率、缺陷修复时长等，这些仍然是重要的，不过需要反映出业务风险而不是一概而论。可以说，在 DevSecOps 时代下，我们需要打破外部质量和内部质量的人为划分，围绕着外部质量的相关指标进行协作性的持续改进。

最后，DevSecOps 追求效能提升，主要度量的就是流动效率，而在质量度量方面相对应的指标就是自动化覆盖率。由于在典型的测试任务中，测试执行在总时间中占比最大，所以通过自动化来提升测试执行的效率也就是提升整体测试效率的首要实践。自动化覆盖率是衡量团队工程化程度高低的重要指标，不过不建议盲目追求数字上的提升，而是要先保证新功能的高覆盖率，同时加强对测试代码的审核以确保实现过程“不含水分”，如此实现逐步提升。度量产生的指标只是辅助手段，更重要的还是对数据本身的客观看待以及对改进的持续思考。

另外需要注意的是，我们度量质量是为了提早发现并预防缺陷，而不是把缺陷数量当作考核的指标。可取的做法是在日常工作中对导致缺陷的根本原因进行分析，通过缺陷数量收敛趋势来预判质量情况，来帮助团队进行质量内建从而预防缺陷的发生。

总的来说，软件的质量度量是一个系统工程，需要考虑指标是“无害的”“整体的”和“能够持续演进的”，而且在客观的指标之外，还可以结合考虑主观的使用上的体验，做到高效地度量。

4.7.3 组织架构

正如康威定律所指出：一个企业设计出来的系统结构，最终会是其内部沟通结构的外在映射。这揭示了组织架构和系统设计之间的关系。简单地说，就是你想打造什么样的软件系统，那么就应该先为团队搭建好适配的组织架构。既然 DevSecOps 期望达到的目标是快速、持续和安全地交付业务价值，那么相对应的组织内部应该是以业务单元为基础的“高内聚”“松耦合”的团队，也就是“全功能团队”：一个精悍的小团队，但是具备实现产品交付所需的全部技能。如此才能减少团队之间的依赖等待，实现快速迭代。

这样的“全功能团队”从能力上也就包含了测试相关的技能，往往具备这些技能的成员就是测试工程师的角色。这意味着，传统意义上作为“人力资源池”而独立存在测试团队的组织架构就不再适用了。取而代之的就是跨团队存在的虚拟组织：要么集中式解决工作中遇到的测试挑战，要么以提升团队成员的测试技能为目的而推动的组织层面的事务举措。一个典型的例子就是 Spotify 的分会（Chapter）和协会（Guild）。

当然，也并非所有独立的测试团队都不再需要。现实当中除了提供软件测试服务这类特殊的公司之外，还是有不少企业会建立关注质量的 QA 团队，专注于规范制定、流程改进，或者负责某些专项测试。甚至还有公司从测试的视角建立质量效能团队，打造质量工程平台，驱动质量内建，从而提升整体研发的质量和效率。

1. 测试经理去哪儿了

在打造“全功能团队”的过程中，有一个问题经常被人提起：那就是在 DevSecOps 和敏捷模式下，传统瀑布模式中的测试经理角色不再被提起，那么随着 DevSecOps 落地推进，行业内的测试经理是不是都得“下岗”了呢?

首先，我们需要区别看待角色和职责。团队的工作模式发生变化，敏捷和 DevSecOps 中确实没有定义测试经理这一角色，因为团队之中不再需要按职能进行人员管理。持续测试的工作模式不再追求编写长篇大论的测试策略、繁重的测试计划文档，同时尽量避免长时间的测试分类会议，也不需要时刻盯着测试人员要求递交测试进度报告。但是，测试管理的职责仍然存在，包括测试用例的设计、测试执行、自动化以及问题总结和归因等，只不过这些职责大部分转交给产品负责人和团队中的其他人。所以，测试管理的职责与测试经理的角色不再是传统意义上的一对一匹配关系。

其次，我们需要从整体的角度来看团队需要什么样的角色。从组织的角度来看，敏捷和 DevSecOps 团队需要的不是管理，而是教导。团队服务型的领导们更多是通过打造一个持续学习、持续改进的团队氛围，激发成员为团队提供支持和服务，从而形成一个自组织的团队。领导为团队提供的支持和服务包括规范标准制定、知识分享平台、效率工具开发、人才招聘、人员技能培训和职业发展指导等。这些活动在大型组织里面仍然是必不可少的。

总之，对于原来的测试经理来说，工作模式的转换从短期来看确实带来了冲击，甚至从长期来看传统测试经理的人数也会减少。这是更好迎接 DevSecOps 转型必须要面对的，甚至我们还是引导变革的推动者，也就是说一定程度上我们在革自己的命。但是这同时也给了我们机会，通过持续测试取得成功，我们的视野不再局限于传统的测试环节，学到了大量的新知识，这也是我们自身的成长。甚至，发生在测试经理身上的华丽角色转身也比比皆是，比如从测试视角对业务进行全局性思考而转型为产品经理，还有规划沟通协调能力强的转变为项目经理，日常积累下来的全局效能和质量改进经验更有利于转型为 DevSecOps 效能专家等。

2. 测试组织架构的演进

其实，如果我们从过往测试团队的组织架构演进历程来看，就能够理解 DevSecOps 时代发生的测试组织架构的变化是自然而然的。

在团队初创期，业务也还处于探索阶段，团队规模在 10 人以内。这时的质量活动可能仅仅局限于一些基础的测试管理和缺陷管理，不定期做一些回归测试。在这个阶段主要是建立一个测试的基本流程和机制，主要的测试工作很可能由一两个测试人员带领开发人员来完成。

如果团队规模持续增长，同时对质量的预期提升，就需要有专职的测试角色，形成测试团队。测试人员通过与其他角色进行协同，保障需求的充分覆盖，并且建立严格的质量保障流程，也会在上线之前做充分的回归测试。因为有专门的角色和职责，自然会追求效率提升，自动化测试出现在日程上，甚至开始接入持续集成作为交付流程的一环。在十年之前，这个以职能为中心、看重测试环节的 ROI 模式基本上算是行业追求的最优态。

然后就是 DevSecOps 时代需要响应业务的频繁变更而实现快速、持续和安全的交付，需要实践持续测试。这个时代的关注点从效率（efficiency）转为效益（effectiveness)，看重全局业务价值的交付胜过单个环节的优化。这就是“全功能团队”的诞生背景，也希望测试工程师能够不断拓宽自身的视野和延展自己的技能，同时赋能团队的其他成员，使之更好地完成测试工作。

4.7.4 团队文化

DevSecOps 致力打造的“全功能团队”是由不同角色组成的，基于共同的目标和相互信任，进行紧密的协作。“全功能团队”有两个主要的文化特征。

首先，是相互信任和责任共担的文化。一个优秀团队的基础就是信任，有别于以往团队被定义为由承担某些职责的不同角色组成，不同角色为设定好的某些事务专职负责，“全功能团队”推崇由全部成员为团队的整体表现共同担责。具体践行包括从需求故事评估和吞吐量统计以团队为单位，到代码为团队共有，然后到质量由全员负责。这样的团队文化让成员置身于一种安全的环境中，知道有整个团队在身后支持，面临挑战的时候充满信心和信任感，从而产生对团队不断强大的期待；并且激励自身更加努力，让团队因而更好。但是，责任共担并不意味着容许“滥竽充数”，这样的团队往往内部会形成坦诚的氛围，在紧密协作中自然会识别出不合适团队的人并排除在外。所以这样的团队一般会保证信息共享透明化、相信团队成员会为共同参与并设定好的目标而努力，甚至还有尝试取消对个人绩效评估的实践。

其次，是持续学习和改进的文化。这一点正是 DevSecOps 三大基本原则中的“持续改进原则”指出的。我们先看看“全功能团队”的主要特征：“双披萨”团队规模、具备实现产品交付所需的全部技能。最好的情况当然是每个团队成员的技能和经验都足以应对任何挑战和难题，但这个是理想状况，现实当中大多数团队并不能达到如此。所以，这里的“全功能”指的是团队中存在负责不同职能的成员，平常还是各自分工负责需求的不同环节，但是在必要的时候能支援其他环节，比如测试工程师参与开发、搭建运维工具等。也正因为团队成员都明白彼此之间需要相互支持和补足，所以大家都在持续地学习团队所需的新知识和新技能，成为“T 型人才”。在测试上也是如此，测试工程师既要横向了解开发、运维和安全的知识，也需要在专门的测试领域有足够的纵深理解。

在“全功能团队”中，传统的管理者角色转变为服务型领导者，在确定共同目标的前提下，团队成员充分发挥自主性和积极性，共担风险和责任。这样的团队慢慢呈现出自组织的特征，不断释放团队的创新能力，更能适应多变的外部环境。

4.8 总结

本章主要介绍了 DevSecOps 模式下的持续测试，以及在执行和流程层面高效实现持续测试的关键：自动化测试、精准测试和迭代内测试等。另外，对持续测试的另一个重要理念——测试左移和测试右移进行了探讨。对于 DevSecOps 下的安全测试左移，本章着重介绍了动态应用安全测试（DAST）和交互式应用安全测试（IAST）的原理、工作方式和优缺点，以方便相关的开发和测试人员在 DevSecOps 模式下更容易理解和使用左移过来的应用安全工具。最后，就 DevSecOps 模式下对于测试各个方面的影响进行了探讨，包括测试分类本身、团队组织结构和文化建设。

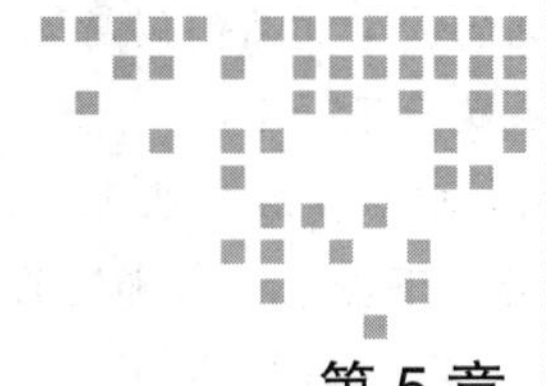

第 5 章 Chapter 5

业务与安全需求管理

"老刘，你确定这是王总与市政府协商的最终结果吗？我认为咱们还应该与市政府张秘书那边再开一次电话会议确认下，同时再协商一下实施方案。"

周三一早的例会上，周天似乎正在与刘超争吵着什么。

"老周，前天王总在会议上已经传达得非常清楚了，咱们当前的首要任务是完成针对江南通一期项目中的功能覆盖面，基于咱们社交平台的用户量优势，再逐步在后期进行推广。"

"但我始终觉得按照政府那边最初的指导方针，产品的用户覆盖面才是我们首先需要考虑的。"周天有点着急。

"按照王总传达的任务要求，我们前天即刻召开了项目会议，并已经根据任务需求对各功能点、技术指标等进行了讨论。各研发小组昨天也已经开始了对各自负责功能块的前期开发准备。大家也同意对用户群体的适配工作可以放在后期进行，但首先要保证功能的完善。"刘超继续说道。

原来，灰石网络在之前承接了江南市市政便民平台江南通的建设任务。依托灰石网络作为国内首屈一指的社交平台规模优势，以及强大的技术团队，江南市政府希望能够与其合作完成国内首个集成式民生服务综合平台的建设。这也被江南市视为"数字政府"改革建设的重要任务，市民通过社交平台进行"实人＋实名"身份认证核验，即可在江南通一站式办理绝大多数的民生服务事项。刘超作为灰石网络元老级的资深研发专家当然义不容辞地成为了该项目的实施负责人，周天作为高级研发效能专家则在项目中担任顾问及DevSecOps负责人。正巧前段时间周天因其他紧急任务在外地出差，所以缺席了前几次与政府项目方的沟通会议。

"我依旧对于这一任务当中的需求描述与优先级持保留意见。"周天说道，"既然政府在前期已明确了指导方针，至少当前文件中仍然是这么写的，我们就应该将需求搞清楚再来实施项目。老刘啊，毕竟咱们俩肩上扛着这么重要的担子，可是要负责任啊。”

老刘似乎也犹豫了一下。

“其实我也会担心以后发生无底洞的需求变更和功能修改，这样会造成过高的研发成本。那我们安排一下与张秘书那边再开个沟通会吧。老周，看来这次也需要你帮忙一起把把关了。”

又是一个阳光明媚的周末，猫头鹰咖啡馆，这是周天与江宁宁这两位发小常聚的老地方。

“听说江南通的项目你们接下来了？”还没等周天开口，江宁宁先问了起来。

“呵呵，每次你的消息都挺灵通嘛！老实交代下哪儿听说的。”周天半开玩笑地说道。

宁宁笑了笑：“这还需要去哪儿问，这么大的政府项目，又是民生重点工程，业界早就传开啦。”

“可不是呢，你老友我现在可是压力山大咯。”周天苦笑了一下。

“有压力才有动力嘛！怎么，遇到问题了？”宁宁问道。

“是呢，前段时间我出差，刚好错过了几次和政府那边的项目沟通会，这不，关于平台一期建设的方向咱们这边的理解与他们的需求传达有出入。由于是重点项目，研发团队也是加班加点赶出了几个方案，但重点都放在了平台功能的覆盖面上。”周天说道。

“难道不是政府的需求吗？”宁宁问。

“我出差回来后对这几个方案也是有疑惑的，对于需求的理解，我早前阅读了指导文件，始终认为江南通的一期建设重点是在于拓展与适配不同群体用户，以提高用户体验，与公安身份认证系统结合，打通市民用户快速认证的渠道，覆盖尽可能多的市民群体。至于功能方面，一期先关注在几个重点政务功能上就好。”周天说道。

“那你们研发那边之前做的方案不就要有大改动了？”宁宁又问。

“可不是嘛，昨天我和项目负责人老刘与市政府那边又开了个沟通会，总算把需求明确下来了。完善产品的用户覆盖面是第一优先级，第二优先级才是进行新功能的增加。”周天答道。

“还好你们错误纠正得及时，万一后面开发了一半才发现需求出问题了那就头大了。”宁宁也感叹了。

“是啊，其实需求的管理也是DevSecOps当中相当重要的一个环节。虽然咱们通过不断的努力，在研发与测试环节实现了高效又安全的持续交付。但不加合理的管理和安全控制的需求变更往往会给项目带来更高的成本和无法预料的风险！”周天说道。

“我也十分认同这点！”宁宁点头，接着说，“其实最近几个月我们德富这边也在尝试建立一套关于需求安全的评审机制。”

“你们这动作倒是挺快嘛。说来参考下？”周天有点小兴奋。

“那当然！知无不言！”宁宁倒是挺爽快的。

“随着市场环境的日趋激烈，无论是互联网产品的多样化，还是传统业务的新变革，需求产生的频率越来越高。随着咱们 DevSecOps 的推进工作，我们也应去打破对传统需求安全分析的固有思维模式，如何实现降低需求安全风险的同时，又尽可能地减少对项目整体交付速度的影响呢？这是我们建立这套评审机制的出发点。”宇宁继续说。

周天想了一下，接着说道：“但往往需求的类别多种多样，复杂度也因项目而异，挺难用一个统一的标准对它们进行安全性评估审查。”

“没错！所以这就是为什么在我们建立的需求安全评审机制中，将流程分成了两大块。首先是对需求的分类，我们要搞清楚每一个需求所要涉及的产品或功能类型，该需求是涉及开发全新的功能？还是仅对原有功能进行升级改造？还是说是针对一些合规性要求做的改动？这些需要首先定义清楚。”宇宁解释道。

周天似乎悟到点门道：“我懂了，那接下来第二步就是根据这些不同类型的需求进行不同层次的安全评审是吧？”

“是的，比如说如果需求涉及开发全新的功能，那么很明显我们对该需求的安全评审就要考虑多维度的因素。若需求只是一些功能升级，原有功能整体基本没有变化，那么只需考虑与变更相关的内容就好了。再如果这次需求又额外涉及了某些合规性要求，那么专门针对这些合规与监管的细节就需要更加注意了。”宇宁接着说。

“这样就可以简化一些不必要的审查步骤，仅关注在需求涉及的范围内就好了！既保证了需求的安全，又尽可能地减少了对交付效率的影响。确实是一个好方法！”显然，这套方法也正解决了周天在江南通项目中所遇到的不少困惑。

“我们根据这套评审机制，还制作了对应的快速检查表。”说到这儿，宇宁也兴奋了。

“方便参考下吗？”周天带着期待地问道。

宇宁笑了笑：“那就看今天这餐下午茶老兄的诚意如何了。”

“哈哈，没问题。对哦，咱们一上来聊了这么久，啥都还没点呢！”周天会心一笑，自觉地把菜单递给了江宇宁。

5.1　业务功能需求管理

在周天和江宇宁的故事中，凸显出了需求管理对于 DevSecOps 推动和落地的重要性。在项目实际推进过程中，不加合理管理和安全控制的需求变更往往给项目带来过高的成本和无法预料的风险。因此对于软件开发工程来说，一套合适的需求管理流程和规范是不可或缺的。需求管理是每个项目经理或者产品经理日常工作中最重要的一部分。同时，需求又是产品开发的源头，管理好需求对于整个软件开发过程至关重要。需求管理中常见问题可以归纳为以下几点：

1）无效需求提得太多，严重影响需求的交付效率。

2）业务人员或者需求收集人员对于需求的描述不是很明确，有时可能只是一个标题。

3）业务人员有时对自己提出的功能需求也不是很明确，在功能需求收集人员没有过滤或者没有指引业务人员明确自己想要什么的情况下，这些也会变成不明确的功能需求甚至不应该被传达的需求。

4）项目/产品经理有时会根据主观的判断制定计划，而没有同开发测试团队一起评审。

5）需要制定需求优先级的角色不明确。

6）经常会有临时或者紧急需求加入，与已安排的任务形成冲突，有时甚至打乱了整个计划。

7）业务人员或者需求收集人员对需求的预估人工有误，造成了错误的排期。

8）需求的拆分存在问题，比如拆分过大造成开发周期过长，不够敏捷。

9）需求中存在安全隐患和风险，但缺乏相关安全分析和管控，完全依赖上线前的安全评估和安全扫描。

需求管理的最终目标是产品、开发、测试、运维和安全对需求理解达成一致，大需求已拆分，验收标准已明确定义，同时与关联方确认相关计划，并识别大的技术风险和定义应对方案。针对以上几种常见的需求管理问题，在以下几个小节中，我们将详细介绍需求管理中的各个环节，以及如何解决以上问题的方法和实践。需求管理大体可分为业务功能需求管理和安全需求管理两大类。

5.1.1 需求的收集与筛选

需求的收集和筛选组成了需求预处理的两个阶段。

1. 收集需求

需求是需要周期性收集的，但存在一种情况就是业务方不怎么主动提需求。这个时候就需要主动与业务方接触，了解并参与到业务方的规划中，从而对整个大产品有更高的认知，并且挖掘出更多潜在的需求。另外，收集需求时需要识别和分类需求，比如是业务需求还是技术需求、优化建议还是问题缺陷，以便后续的需求筛选工作。

2. 需求筛选

项目在一开始时的一个普遍问题是，各种各样的需求可能特别多。为了提高研发效率，产品经理/负责人需要注意的是，并不是所有来自业务或者用户的需求都是需要进行规划和处理的。相当一部分变更是因为需求设计不够健壮或者对需求的理解不到位，在后续的阶段发现后，进而才开始修改或新增需求。这种不加控制的需求变更往往给项目带来沉重的负担和无法预料的风险，并且由于不断返工增加了项目的成本。

所以在收集业务需求的过程中，需要对需求进行初步的梳理，分析这些需求的原因，剔除一些无效的需求，在源头堵住这些不必要的需求而只将有效需求记录到需求池中。在过滤需求时，需要向需求方不断询问并了解背后真正的需求，然后看是否现有方案已经解决或者存在线下更优途径的解决方案，如果可以就不需要放到需求池中。一般来说需求筛选可以分为两个阶段。第一阶段是分析需求是否满足一些基本因素，比如：

1）需求的用户是谁？

2）需求的使用场景是什么？

3）需求解决的问题是什么？

如果需求满足以上基本要求，就可以进入第二阶段进行深度排查。当然，第二阶段的筛选依据更多是提供参考，而不像第一阶段的依据是必须要满足的。以下列举了一些常见的需要考虑的方面：

1）是否符合产品定位？

2）目标用户群体大不大？

3）是不是必须要解决的，没有了这个需求会不会对用户造成很大的负面影响？

4）是否可以对业务或者用户产生正面影响，比如提高用户体验、方便用户操作等？

5）需求是否具有延伸性，比如这个需求的背后是否可以带来更大的时长、长期还是短期才能变现等？

6）技术是否支持该需求实现？

这里举个例子帮助大家理解如何进行需求筛选。

示例：某技术交流和知识社交平台，某个用户要求在评论页面给每个评论者旁边都添加一个关注功能。

筛选分析：可以从用户使用场景切入。浏览评论之后可以迅速关注评论用户，这是该用户的使用场景。对于技术交流和知识社交平台的主要用户来说，他们希望能从专业人士分享的专业知识、经验和判断等有价值的内容中来满足自身需求，并且通过关注专业人士来持续满足需求，而这些有价值性的内容来源往往是用户发表的文章和回答，因此在文章界面和回答界面关注功能才有价值。而在评论页面中，用户之间只是简单交流和讨论，并不会产生太多有价值的内容，因此也不太能促使用户关注评论区用户。总的来说，目标用户关注用户场景更多是在获取价值的内容之后迅速关注用户，因此关注评论区用户的行为不符合目标用户的使用场景，因此也不符合目标用户需求，应该排除掉。

5.1.2 需求的分析

需求在被收集和筛选之后，就进入了下一个阶段——需求分析。需求分析是一个非常重要的阶段，产品 / 项目经理需要邀请相关的开发、测试和运维人员一起参与讨论，充分澄清需求，明确其验收标准，保障产品、开发、测试和运维对于需求的理解是一致的，过滤无效需求后，将剩下需求记录到需求池中。第一步，是对需求进行分类并且分级，以便后续对需求进行进一步分析。需求可以按照来源进行分类：

1）立项审批通过的新功能。

2）已有缺陷的需求。

3）日常运营的需求、重构 / 架构变更。

4）已有功能变更。

需求的分级是指对需求进行优先级划分。在实际工作中，很多人是根据自己的感觉和经验进行排期，这个方法虽然方便快速，但有些时候并不客观科学。在互联网行业比较流行的需求分级方法有比较简单的四象限法则和稍微复杂些的 KANO 模型。

1. 四象限法则

四象限法则（图 5-1）也叫矩阵分析法，是把一个二维的横竖坐标分为四个象限，横坐标是紧迫程度，纵坐标是重要程度。这样我们就可以得到四个象限的属性，分别是：重要且紧急，重要但不紧急，不重要但紧急，不重要也不紧急。

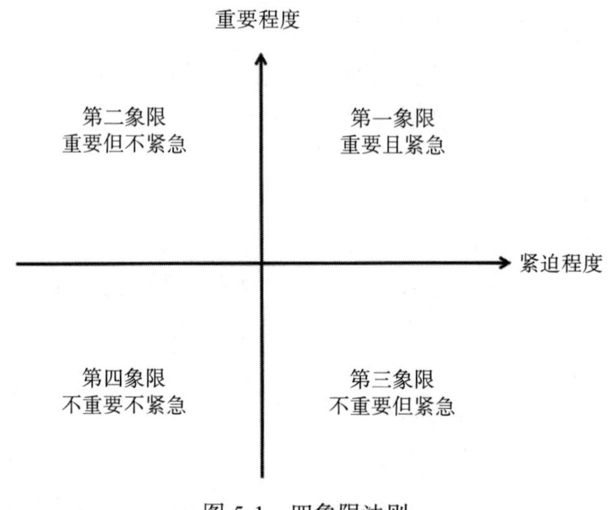

图 5-1 四象限法则

1）第一象限是重要且紧急的需求。该类需求要立即做。产品经理需要控制该类需求的数量，以自身认为的重要紧急程度衡量需求为主，以需求方的要求为辅。

2）第二象限是重要但不紧急的需求。该类需求要有计划地做。对于这类需求，需要反复认真评估，拿出尽可能完善的产品方案，并实现高效率的落地。

3）第三象限是不重要但紧急的需求。该类需求要尽可能少做。在日常工作中经常遇到这类需求，对于该类需求产品经理不能因为需求提出方着急而自乱阵脚，应该尽量做好需求评估工作，识别出需求真伪，并且对于真正的需求提出完善的产品方案，这样可以避免资源的浪费。

4）第四象限是不重要不紧急的需求。该类需求尽量别做。产品经理需要把有限的资源投入到最重要的需求中，遇到不重要不紧急的需求应该尽量不做，并与需求提出方沟通解释清楚此类需求的价值。

产品经理可以把所有的需求根据四象限法则进行重要程度与紧迫程度的分析梳理，然后把这些需求一一放进相应的象限当中，最后再按照四象限法则的“第一象限 > 第二象限 > 第三象限 > 第四象限”的顺序来完成需求分级。四象限法则主要是基于需求本身的性质进行排列组合，另外一种基于用户感官的分级方法是 KANO 模型。

2. KANO 模型

在 KANO 模型（图 5-2）中，需求被分类为：

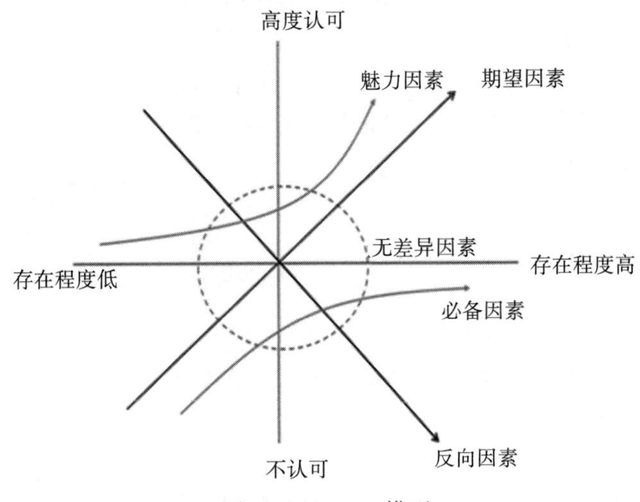

图 5-2　KANO 模型

1）必备因素：用户认为理所应当，必须要有的需求。当不提供这个需求时，用户满意度会大幅降低，产品会导致客户投诉。但优化此需求，用户满意度不会得到显著提升。比如 DevOps 产品中的持续集成（CI）功能，它是 DevOps 的基础，因此也是 DevOps 产品必须具备的功能。

2）期望因素：客户非常敏感的需求。当提供此需求时，用户满意度会提升；当不提供此需求时，用户满意度会降低。它是处于成长期的需求，是客户、竞品包括我们自身都关注的需求，也是体现产品竞争能力的需求。比如基于客户需求，帮助客户从传统开发模式向基于云原生的 DevOps 进行转型。

3）魅力因素：用户意想不到的需求（潜在需求），有利于提高用户重视程度。若不提供此需求，用户满意度不会降低；若提供此需求，用户满意度会有很大的提升。比如对于安全性要求很高的金融客户来说，在 DevOps 产品中加入额外的应用安全功能，会让用户眼前一亮。

4）无差异因素：用户根本不在意的需求，无论提供与否，对用户体验毫无影响。所以这种需求可有可无。

5）反向因素：用户根本没有此需求，提供后用户满意度反而会下降。

在需求处理过程中，要尽量避免无差异需求和反向型需求，至少做好必备型需求和期望型需求，如果可以的话再努力挖掘兴奋（魅力）型需求。

在对需求进行分析后，我们对于需求的分类和分级有了大体的了解。在对需求的优先级进行定义和排序之后，下一步就是对需求进行排期。

5.1.3 需求排期

产品 / 项目经理在准备好按统一优先级排序的需求列表后，需要根据团队的现状确定一个排期的周期，比如每周、双周、每月。研发排期主要是对待开发队列进行有规律的填充，确定下一次的发布计划，让挑选出的需求有节奏地进入开发阶段。在需求排期过程中，产品 / 项目经理需要与研发团队同步本次排期的业务目标和需要解决的问题。为了防止产品 / 项目经理提供的需求都是同一优先级，造成无法区分需求的重要程度，可以设置辅助 / 二级优先级，从而更加细分优先级的等级。

研发排期的过程一般包含以下内容。

1）回顾上一次排期需求的完成情况。

- 根据上一次排期需求的完成情况进行分析。
- 分析上一次需求排期不合理和遗留的需求，有可能对未完成的需求的优先级进行调整，并重新分配需求。

2）进行本次需求排期。

3）梳理和准备下一次排期需求。产品 / 项目经理选择并确定下一次待排期的需求，并给出优先级。同步研发团队，为需求设计、UED 设计和依赖准备预留时间。

在完成对需求的排期后，以下内容可以作为输出流转到下一个阶段：

1）本次迭代排好期的需求列表。

2）明确各需求的负责人、计划提测日期和计划发布日期。

3）明确最近一次发布计划，包含发布时间和发布范围。

4）为下一次排期准备的需求列表。

研发排期是管理价值流动很重要的阶段，是研发团队需求输入活动，也体现了业务方和开发团队的共同承诺。做好研发排期活动，建立研发排期的节奏，为整个业务团队带来了确定性和可预测性，让业务方和开发团队可以更好地协调。

5.1.4 需求描述和文档

如图 5-3 所示几幅图是互联网上非常流行的用来描述需求在传递中的各个环节信息逐渐丢失和失真的过程，从左到右的描述分别是：

1）客户真正需要的产品。

2）客户解释的需求。

3）项目负责人理解的客户需求。

4）系统分析师设计的产品。

5）开发人员开发的产品。

图 5-3　需求信息的丢失和失真

从图 5-3 中可以很清晰地看出，需求信息在传递过程中存在丢失，需求理解也存在失真，最终导致不同角色对需求的理解不同。而这种现象经常会造成交付的内容并非业务所需，需要返工，从而造成人力资源的浪费和工期的拖延，最终增加了开发成本。为了提高整个开发过程的研发效能，用来解决需求传递过程中的问题和更加精准地传递客户需求的方法是值得研究的。首先，对于需求的内容，要求尽量详尽，方便开发测试人员更容易真正了解需求。比如，要求量化 80% 以上的功能点描述，或者对需求内容制定模板，要求业务 / 产品经理按照模板要求填写相关内容，尽可能提供详细信息。比如以下模板：

需求类型： 变更 / 缺陷 /****

需求主题： 简要概述需求要完成的工作

需求描述：

- ❑ 子任务需求：作为 ***，我需要 *** 功能，带来 *** 价值
- ❑ 故事 / 任务需求：
  - 需求背景
  - 需求目标和价值
  - 需求功能点列表（功能说明）
  - 用户与系统的交互过程（用户角色、业务流程）
  - 业务规划
  - 验收标准
  - 非功能性需求（安全和性能等）
  - 依赖功能

如有需求设计或者原型图，则可将其作为附件上传或粘贴文档链接。当然以上内容不需要全部填写，而是根据业务情况进行填写，但模板至少给出了一个指导性建议。另外，需求内容的描述或者文档的受众不只是业务方，还有交互、UI、开发、测试和项目经理，所以在写需求描述时尽量考虑相关人员对需求的诉求。

5.1.5 需求拆分

将大块的业务功能需求拆分成多个小的业务功能需求，再对这些小需求进行评估和优先级排序，然后分批进行迭代交付，可以让团队尽早得到可运行的系统，并让业务人员能够更早地看到业务的进展和反馈，提前发现需求理解不一致等问题而尽早纠正和修复，从而加快交付速度和减少成本，并且可以灵活应对临时/紧急需求变更，响应市场的快速变化。大部分情况下，产品/项目经理更多是依赖自身的经验对需求进行拆分。然而，除了经验之外，也有一些可以借鉴和参考的方法论，比如 INVEST 原则。

INVEST 原则可用于检验故事是否拆分得当，它有 6 条原则：

1）Independent（独立）：一个独立故事应该是独立低耦合的。通常可以通过组合用户故事或者分割用户故事来减少依赖性。

2）Negotiable（便于沟通）：一个用户故事是便于沟通的。一个故事的卡片是包含故事详情的简短描述，这些详情是通过讨论阶段来完成的。

3）Valuable（有价值）：每个故事必须对客户具有价值。

4）Estimable（可估算）：开发者需要估计一个用户故事的工作量，以便确定优先级并对故事进行规划。让开发者难以估算的问题来自对于领域知识的缺乏（这种情况需要更多的沟通），或者故事太大了（这时需要把故事进行切分）。

5）Small（规模小）：用户故事必须足够小，尽可能在一个迭代内完成（建议少于三个工作日），且每个用户故事的时间工作量差异不宜过大。

6）Testable（可验证）：用户故事必须是可以被验证的。

在现实工作中，可能存在一些非常复杂的用户需求，拆分时很难同时满足以上这 6 个原则，但至少需要满足独立、可估算、规模小和可验证等原则。

一般来说，需求工作量大于 2 周以上的需求是需要被拆分的，以方便开发和分配工作。建议最多拆分两层，即父需求/任务和子需求/任务。对于需求的拆分等级分层，敏捷里有相关的建议——epic（史诗）、story（故事）、task（任务）和 subtask（子任务）。

1）史诗：建议为项目级管理的需求。

2）故事和任务：建议为迭代内可实现的需求。

3）子任务：建议为每个故事/任务拆分后 1 ~ 3 天内可实现的需求。

5.1.6 需求评审

在需求创建完成后，产品经理确定是否发起评审，以及评审的方式。需求评审大体可以分为两种方式：

1）线上评审：适用于小需求，项目组成员在线上对需求提出评论，产品经理根据评论做修改后确认需求。

2）线下评审：适用于复杂度高、难度系数大和涉及多模块协作等的需求，产品经理或者技术经理组织产品、设计、开发和测试人员参加线下评审会议。

5.1.7　需求状态管理

需求状态是研发项目的需求流动时项目进度的最直观表现。可以根据需求的完成情况，判断整个项目的进展。项目组应在项目成立之初就定义需求状态的流转规则。需求工作状态流转准则大体可分为分析、开发、测试、发布几个大的阶段，每个阶段可划分为不同的状态，项目管理员可根据项目的具体情况进行适配。在整个工作流中，已选择、待开发和待测试为三个重点关注状态，因为在整个流程里面，这些多为无用或者低效率的状态，所以运营团队需要定期组织检查每个状态的完成情况。表 5-1 详细列出了需求在整个软件开发生命周期不同阶段的状态、负责角色，以及准入规则。当然，在真正的开发过程中不一定需要以下所有的状态，而是需要根据场景制定最适合自己的需求状态管理，并且进行合理管控。

表 5-1　需求状态列表

状态	状态简介	角色	准入规则
待处理	初始状态	产品经理	
已选择	确定本次迭代需要完成的需求	产品经理	已确认需要完成的需求
分析中	分析产品可行性方案，做详细设计、需求评审和排期，组织迭代计划会议	产品经理	1）需求的价值和目标清晰，包括需求背景、需求描述 2）已通过技术可行性分析 3）已确认迭代计划
待开发	已确定开发时间，待开发	产品经理	1）产品（运营）、设计、开发、测试和安全共同澄清需求，明确交互过程和验收标准 2）涉及设计工作的，已输出设计稿等信息 3）涉及多个开发人员的需求，指定研发阶段需求负责人
开发中	开发按需求文档中描述的功能，完成所负责的，配合其他任务责任人完成联调工作	开发	开发按开发计划进行开发、构建、自测、单元测试、代码质量分析和代码安全分析
待测试	等待测试	开发	1）需求的子任务都已完成，多人开发任务需要完成任务联调 2）开发已完成自测（开发须完成冒烟自测；涉及接口的项目，单接口要保证调通） 3）开发完成单元测试 4）开发完成代码质量分析 5）开发完成代码安全分析

（续）

状态	状态简介	角色	准入规则
测试中	包括功能测试、集成测试、性能测试、兼容性测试和安全测试等	测试	1）部署测试环境成功 2）根据测试结果提交缺陷并分类，组织开发人员进行缺陷修复 3）测试用例执行 100% 通过 4）动态 / 交互式安全扫描通过，没有高危漏洞遗留
待验收	等待 UAT 环境以及业务方上线前验收	测试	1）需求下的测试用例已全部执行 2）致命、严重级错误修复率达到 100% 3）安全团队进行动态代码扫描，确保没有高危漏洞遗留 4）需求下所有遗留及不解决的问题都通过产品经理确认
验收中	UAT 环境验收	测试	UAT 环境已就绪，待验收工作项已发布到 UAT 环境中
待发布	等待发布	运维	1）版本规划工作项已经完成了开发、验证和验收并具备随时发布能力 2）产品经理或其他业务方已完成需求验收 3）无致命、严重级缺陷和安全漏洞
已发布	工作项已部署到生产环境	产品经理	已将符合业务策略工作项对应的功能开放给最终用户
已完成	工作项已部署到生产环境并交付给最终用户	产品经理	已验收的全部工作项均已部署在生产环境
已取消	需求因某种原因不再进行开发	产品（运营）经理	记录需求取消原因

5.1.8 需求管理工具

需求源头的管理对团队来说至关重要，需求的可视化和结构化是构建有价值需求的第一步，为及时同步需求的进展、暴露问题和风险建立基础，同时也为研发效能反馈提供基础数据。

现在市场上有一些可以辅助业务 / 产品 / 项目经理的项目需求管理工具，比较流行的工具有 JIRA、Teambition、TAPD 和禅道等。这些项目需求管理工具里都有支持敏捷开发的功能。

5.1.9 临时 / 紧急需求

如何根据已知固定的需求制定一份缜密的项目计划可能并不是项目中最难的事情，要应对计划之外的需求，才是最令大家头痛的地方。面对这种临时 / 紧急需求时，一般来说需要快速做出决策和判断。

1）分析临时 / 紧急需求的属性。

2）判断临时 / 紧急需求的优先级，是否需要安排在本次迭代。如果需要，则进入下一步。

3）分析目前的人力资源分配和临时 / 紧急需求工作量，判断是否可以按时交付。如果基于现有人力资源不能按时交付，则进入下一步。

4）判断是否需要额外人手或者额外时间（加班）。如果没有额外人手或者已达加班极限，则进入下一步。

5）判断是否可以砍掉其他需求或者项目延期。

当然，谁都不希望临时 / 紧急需求打乱现有计划甚至导致项目延期。为了减少对研发团队以及研发计划的影响，同时也能对业务的紧急需求做出快速响应，一般来说有几种方法：

1）研发团队可以对此类需求进行数量上的限制，比如一个迭代周期中最多只能插入两个临时 / 紧急需求，同时需要置换掉已排期的优先级最低的需求。

2）对于临时 / 紧急需求频繁发生的场景，可以尝试设施缓冲带，预留一定比例的资源，专门应对此类需求的发生。

3）尝试敏捷开发，根据实际场景尽可能缩短迭代周期。由于迭代周期缩短，面对突如其来的需求，可以灵活改变现有计划或者安排在下一个迭代，既不影响临时 / 紧急需求交付，也不影响目前迭代的计划。

另外，在分析业务需求的时候，也应当主动分析安全需求，给用户故事建立安全验收标准。比如，在创建用户故事的时候，多问几个与安全相关的问题：

1）这个业务需求面临着哪些威胁？

2）与这个业务需求相关联的安全需求是什么？

3）有没有什么东西是应该被保护起来的？

4）应该提前做些什么以应对可能的黑客攻击？

然后，团队共同给这个用户故事设定安全相关的验收标准。下面我们将详细描述需求阶段需要关注的安全问题，以及如何做好安全需求的评审。

5.2　安全需求管理

正如前文所述，在软件开发的生命周期中，需求分析是最开始的工作，同时也是最重要的工作之一。而在项目中，如若需求本身存在缺陷或安全隐患的话，往往随着时间推移会给项目带来灭顶灾难。曾有三方机构做过数据统计，大多数失败的项目都是由于需求分析工作不到位或需求本身存在缺陷所致，这些血的教训告诉我们不重视需求分析过程的项目团队往往会自食其果。因此如何从多维度考虑，保证需求符合信息安全的机密性、完整性、可用性以及内容的合规性也成为决定软件开发成败的关键因素之一。要实现这一目标，降低需求可能产生的安全风险，多维度的需求安全评审是一个行之有效的方法。

随着市场环境的日趋激烈，无论是互联网产品的多样化，还是传统业务的新变革，需求产生的频率越来越高。伴随着 DevSecOps 的推进工作，我们也应打破对传统需求安全分析的固有思维模式，如何实现降低需求安全风险的同时，又尽可能地减少对项目整体交付速度的影响呢？

显而易见，在完善需求管理的基础上，应对需求按照目标类别进行安全分类，然后在不同分类的基础上进行安全评审的分级。不同级别的需求按照检查项执行不同的安全评审流程，如涉及安全控制设计的需求，则执行与安全相关的针对性评审；仅涉及内容的需求，可简化评审或免于一般评审。将各类需求区别对待的同时又实施针对性管控，才能够有效减少因需求评审对项目整体交付的影响。整个流程如图 5-4 所示。

图 5-4　需求的安全管理流程

5.2.1　需求的安全分类

根据软件开发变更的类型，我们可以将需求大致分为以下几类。

1. 涉及安全控制设计的需求

考虑到保护信息安全资产的机密性、完整性及可用性，当需求涉及以下安全控制设计范围时（包括但不限于），应将该需求归类为涉及安全控制设计的需求：

1）涉及身份认证、安全认证，及证书相关的需求。

2）涉及访问控制与鉴权相关的需求。

3）涉及机密数据保护机制、算法及相关的需求。

4）涉及应用、系统数据传输、存储安全协议、算法及相关的需求。

5）涉及系统关键配置、参数的需求。

6）涉及日志管理、操作记录的需求。

7）其他与信息安全相关的需求。

2. 涉及新增功能模块的需求

考虑到保护信息安全资产的机密性、完整性及可用性，当需求涉及以下（包括但不限于）应用、系统、业务全新功能或模块的发布时，应将该需求归类为涉及新增功能模块的需求：

1）完全新开发与设计的应用或系统。

2）完全新开发与设计的独立功能或模块。

3）新业务逻辑的设计。

4）全新引入的第三方应用或系统。

5）全新开发的接口。

6）其他涉及新增功能或模块的需求。

3. 涉及现有功能模块变更的需求

考虑到保护信息安全资产的机密性、完整性及可用性，当需求涉及以下（包括但不限于）针对应用、系统已有功能或模块进行更改的发布，且不涉及安全控制上的变更时，则应将该需求归类为涉及现有功能模块变更的需求：

1）Bug 的修复。

2）现有功能或模块的功能性修复，以提升用户体验等。

3）现有功能或模块中业务逻辑的重用。

4）各类针对现有接口的重用。

4. 涉及架构设计与变更的需求

考虑到保护信息安全资产的机密性、完整性及可用性，当需求涉及以下（包括但不限于）全新或部分新增应用及系统的软件、网络等架构逻辑时，应将该需求归类为涉及架构设计与变更的需求：

1）涉及技术方案、标准与选型的设计。

2）系统结构与逻辑的设计。

3）数据类型、存储与管理的设计。

4）网络结构、层级的设计。

5）其他各类涉及架构层面的设计与改动。

5. 涉及基础设施的需求

考虑到保护信息安全资产的机密性、完整性及可用性，当需求涉及以下（包括但不限于）基础环境、硬件、网络、云基础服务和基础软件等基础设施增减与变更时，应将该需求归类为涉及基础设施的需求：

1）包括机房供配电系统、机房 UPS 系统等在内的基础环境设施。

2）物理服务器、存储、网关等硬件基础设施。

3）云上服务器、存储、网关等云平台基础服务设施。

4）支持信息系统运行的系统软件，包括操作系统、数据库系统、中间件等。

6. 涉及合规性要求的需求

当需求涉及当地法律法规、监管要求的设计与变更时，应将该类需求归类为涉及合规性要求的需求。

7. 仅涉及内容的需求

当需求未涉及需求分类中 1 ～ 6 项各类，且仅针对现有应用、系统已有功能或模块内的发布内容进行变更时，应将该需求归类为仅涉及内容的需求。

5.2.2 需求的安全评审

当需求完成分类之后，再在不同分类的基础上进行对应安全评审的分级。进行针对性评审，与需求无关的控制项可以简化或免除，以实现高效的需求安全评审。

本小节将采用需求安全评估检查清单的形式，逐一给大家罗列对应分类需求的建议安全评审检查项，用于辅助项目团队及信息安全人员进行应用系统需求方面的控制项检查。若当前控制情况回答“是”，则可视为符合规范；当回答为“否”时，可视为不符合规范，当控制项问题不适用该需求时，可回答“不适用”。特殊情况可酌情考虑。

1. 当需求涉及安全控制设计时（见表 5-2）

表 5-2 安全控制设计检查清单

控制项类	编号	控制项清单	当前控制情况（是 / 否 / 不适用）
身份认证与密钥管理	1	需求是否考虑了用于密码、密钥管理的软、硬件应符合公司信息安全或监管要求规范？	
	2	需求是否考虑了符合公司信息安全规范的身份认证方式？	
	3	需求是否考虑了对密码、密钥本身的复杂性要求？	
	4	需求是否考虑了符合公司信息安全规范的密码管理方式（包含密码、密钥的产生、存储、传输、分配、变更、重置策略等）？	
	5	需求是否考虑了各种潜在的针对身份认证及密码、密钥的攻击方式及对应策略？	
	6	需求是否考虑了用户身份信息的年度审计要求？	
	7	需求是否考虑了系统及应用间的访问验证方法？	
	8	如采用证书等数字认证方式，需求是否考虑了证书签发机构的权威及合法性？	
访问授权	9	需求是否考虑了对用户身份、角色等信息的统一管理？	
	10	需求是否考虑了用户访问授权策略应符合公司信息安全或监管要求规范？	
	11	需求是否考虑了符合公司信息安全规范的授权及访问方式？	
	12	需求是否考虑了特权用户、账号的管理规范？	
	13	需求是否考虑了授权和访问管理系统本身的安全？	
	14	需求是否考虑了信息安全最小权限原则？	
	15	需求是否考虑了针对授权行为的审计？	

（续）

控制项类	编号	控制项清单	当前控制情况（是/否/不适用）
加密与数据保护	16	需求是否考虑了数据分级保护机制？	
	17	需求是否考虑了数据分级保护机制在不同场景中应用的合理性？	
	18	需求是否考虑了敏感数据在传输过程中的加密保护？	
	19	需求是否考虑了敏感数据在存储过程中的加密保护？	
	20	需求是否考虑了密钥本身的安全保护（包含强度、位数、复杂性、运算模式等）？	
	21	需求中所涉及的加解密、签名、哈希算法等是否符合公司或监管要求？	
	22	需求是否充分考虑了加解密、签名、哈希算法等在不同应用场景中的强制性与必要性？	
	23	需求是否考虑了数据在生产与测试环境中的通用与隔离保护机制？	
	24	需求是否考虑了在不同应用场景中数据脱敏的强制性与必要性？	
	25	需求是否考虑了内外部数据的交互安全及审批流程？	
输入输出	26	需求是否合理考虑了用户输入数据的内容规则及合法性？	
	27	需求是否合理考虑了系统中各参数及指令的规则及合法性？	
	28	需求是否考虑了潜在的文件、数据上传下载的安全及规范？	
异常处理与审计	29	需求是否考虑了日志信息所需包含的关键信息种类、格式等？	
	30	需求是否考虑了信息安全事件管理系统的规划及介入？	
	31	需求是否考虑了日志信息本身的安全保护策略？	
	32	需求是否考虑了日志信息内容的脱敏机制？	
	33	需求是否考虑了合理的异常报错机制？	
	34	需求是否考虑了异常报错信息的脱敏机制？	
系统配置	35	需求是否考虑了配置生效可能对应用系统造成的安全影响？	
	36	需求是否考虑了各种后期安全维护及更新的可能性？	
	37	需求是否考虑了各类系统配置文件的安全策略（防篡改、授权访问等）？	

2. 当需求涉及新增功能模块、现有功能模块变更时（见表 5-3）

表 5-3 新增功能 / 现有功能模块变更检查清单

控制项类	编号	控制项清单	当前控制情况（是 / 否 / 不适用）
功能模块涉及的身份认证与密钥管理	1	需求是否考虑了符合公司信息安全规范的身份认证方式？	
	2	需求是否考虑了对密码、密钥本身的复杂性要求？	
	3	需求是否考虑了符合公司信息安全规范的密码管理方式（包含密码、密钥的产生、存储、传输、分配、变更、重置策略等）？	
	4	需求是否考虑了用户身份信息的年度审计要求？	
	5	需求是否考虑了系统及应用间的访问验证方法？	
	6	如采用证书等数字认证方式，需求是否考虑了证书签发机构的权威及合法性？	
功能模块涉及的访问授权	7	需求是否考虑了对用户身份、角色等信息的统一管理？	
	8	需求是否考虑了用户访问授权策略符合公司信息安全或监管要求规范？	
	9	需求是否考虑了符合公司信息安全规范的授权及访问方式？	
	10	需求是否考虑了特权用户、账号的管理规范？	
	11	需求是否考虑了信息安全最小权限原则？	
	12	需求是否考虑了针对授权行为的审计？	
功能模块涉及的加密与数据保护	13	需求是否考虑了数据分级保护机制？	
	14	需求是否考虑了敏感数据在传输过程中的加密保护？	
	15	需求是否考虑了敏感数据在存储过程中的加密保护？	
	16	需求是否考虑了密钥本身的安全保护（包含强度、位数、复杂性、运算模式等）？	
	17	需求中所涉及的加解密、签名、哈希算法等是否符合公司或监管要求？	
	18	需求是否考虑了数据在生产与测试环境中的通用与隔离保护机制？	
	19	需求是否考虑了内外部数据的交互安全及审批流程？	
功能模块涉及的输入输出	20	需求是否合理考虑了用户输入数据的内容规则及合法性？	
	21	需求是否合理考虑了系统中各参数及指令的规则及合法性？	
	22	需求是否考虑了潜在的文件、数据上传下载的安全及规范？	
功能模块涉及的异常处理与审计	23	需求是否考虑了日志信息所需包含的关键信息种类、格式等？	
	24	需求是否考虑了日志信息本身的安全保护策略？	
	25	需求是否考虑了日志信息内容的脱敏机制？	
	26	需求是否考虑了合理的异常报错机制？	
	27	需求是否考虑了异常报错信息的脱敏机制？	

（续）

控制项类	编号	控制项清单	当前控制情况（是 / 否 / 不适用）
功能模块涉及的变更管理	28	需求是否考虑了系统的各类变更应符合审批规范？	
功能模块涉及的系统配置	29	需求是否考虑了配置生效可能对应用系统造成的安全影响？	
	30	需求是否考虑了各种后期安全维护及更新的可能性？	

3. 当需求涉及架构设计与变更时（见表 5-4）

表 5-4　架构设计与变更检查清单

控制项类	编号	控制项清单	当前控制情况（是 / 否 / 不适用）
功能性需求	1	当需求涉及功能模块本身时，是否充分考虑了各功能类的安全需求？	
	2	需求所采用的架构设计本身是否完全符合公司规范或监管要求？	
	3	需求是否充分考虑了各功能模块的可用性？	
	4	需求是否考虑了系统的容灾备份策略？	
	5	需求是否采用了恰当的数据管理策略以保证数据的可用性？	
	6	需求是否充分考虑了数据的备份恢复策略？	
	7	系统是否采用了适当的监控与预警机制？	
	8	需求是否充分考虑了架构设计中所采用的协议、算法等完全符合公司规范或监管要求？	
非功能性需求	9	需求是否考虑了数据分级保护机制？	
	10	需求是否考虑了敏感数据在传输过程中的加密保护？	
	11	需求是否考虑了系统运行时可能影响可用性的因素？	
	12	需求是否考虑了各类安全设计的可维护性？	
	13	需求是否考虑了各类功能的安全测试性？	
	14	需求是否考虑了业务环境因素（时间、预算、业务规划等）可能对安全产生的影响？	
	15	需求是否考虑了使用环境因素（时区、地域、政策等）可能对安全产生的影响？	
	16	需求是否考虑了构建环境因素（团队技术、开发管理、代码管理等）可能对安全产生的影响？	
	17	需求是否考虑了技术环境因素（技术平台、编程语言、中间件等）可能对安全产生的影响？	

4. 当需求涉及基础设施时（见表 5-5）

表 5-5 基础设施需求变更检查清单

控制项类	编号	控制项清单	当前控制情况（是 / 否 / 不适用）
网络安全	1	需求是否考虑了对网络层面安全区域的划分和隔离？	
	2	需求是否考虑安全区域内部节点的安全等级及相互间的信任关系？	
	3	需求是否考虑到内部服务之间的加密通信？	
	4	需求是否考虑了各网络服务中的 Internet 通信安全？	
	5	需求是否考虑了各类潜在网络攻击的应对策略，如 DDoS 攻击等？	
	6	需求是否考虑到了网络性能与可拓展性？	
平台安全	7	需求是否考虑了适当的用户认证策略？	
	8	需求是否考虑了适当的运维安全策略？	
	9	需求是否考虑了平台服务本身的安全开发？	
	10	需求是否考虑了潜在内部风险的控制？	
	11	需求是否考虑了入侵检测机制？	
	12	需求中的平台管理逻辑是否遵循信息安全的机密性、完整性、可用性原则？	
	13	需求是否考虑了内部服务的访问控制管理？	
	14	需求是否考虑到了内部服务中的服务标识、完整性和隔离？	
	15	需求是否考虑到了平台自身服务发布的安全？	
数据安全	16	需求是否采取了恰当的数据访问管理策略？	
	17	需求是否考虑到数据存储的安全？	
	18	需求是否考虑了数据传输的安全？	
	19	需求是否评估了数据采用了适当的动态、静态加密机制？	
	20	需求是否考虑了适当的数据备份与恢复机制？	
	21	需求是否采用了合理的数据删除、变更管理策略？	
	22	需求是否考虑了数据的各类可用性要求？	

5. 涉及合规性要求的需求

当需求涉及当地法律法规、监管要求的设计与变更时，建议在进行需求管理的同时，与相关合规管理团队共同梳理该需求可能涉及的监管要求，包括但不限于：当地法律法规和监管文件、国家标准、行业协议、国际协议等。再根据梳理结果罗列清单，逐一进行检查。检查清单可参考表 5-6 所示格式。

表 5-6　合规性需求检查表

编号	涉及监管要求类别	名称	适用地区	评估依据	当前控制情况（是 / 否 / 不适用）
1	中华人民共和国国家标准	《信息安全技术　关键信息基础设施网络安全保护基本要求》	中国大陆	4.5.1 运营者应根据监测预警策略制定监测预警制度，明确监测内容和流程，采取有效技术措施，实施持续性监测，对关键信息基础设施的网络安全风险进行感知、监测。	
2	金融监管要求 / 金融行业推荐性标准	《多方安全计算金融应用技术规范》	中国大陆	6.2 算法输入 算法输入为金融应用提供算法逻辑和输入方式。并对算法逻辑进行管理，具体要求如下： a）算法逻辑类型： 1）应支持常见的查询操作，如 Select、Sort、Join 等。 2）应支持常见的统计分析算法，如均值、方差、中位数等。 3）应支持常用的机器学习算法，如线性回归、逻辑回归、神经网络、K-Means、PCA、决策树、XGBoost 等。	

6. 当需求仅涉及内容变更

当需求仅对现有应用、系统已有功能或模块内的发布内容进行变更时，可以在确保发布内容不涉及敏感数据且合规的前提下，免于进一步的需求安全审查。

5.3　总结

本章从软件开发的最源头——“需求”出发，对 DevSecOps 相关的业务功能需求管理和安全需求管理进行了介绍。通过对业务功能需求管理中的各个方面以及相关最佳实践的介绍，强调了在需求侧如何进行更高效的管理，进而实现更加快速、高质量的交付。随着安全左移，相关安全评审也被加入到需求管理的流程中。为了配合 DevSecOps 快速交付的目的，需求的安全评审也针对不同类型和量级的变更，提出了不同的评审策略，最终使得安全不仅可以在软件开发的源头得到保障，并且不会影响整个产品交付的速度。

Chapter 6 第6章

进一步左移——设计与架构

研发与测试阶段改进计划的落地实施，意味着德富银行和灰石网络的DevSecOps推进工作已步入正轨。通过自动化以及安全在研发测试端的融入，产品发布与上线的效率、质量和安全性都有所提高，但是整体交付速度还是被某些瓶颈所限制，同时仍有不少质量和安全问题被暴露出来，而无法实现质的飞跃。那么问题又出在了哪里呢？带着疑问，企业的研发与安全部门联合展开了进一步的探讨。

年中的到来对德富银行往往意味着许多项目实施已经进入了攻关阶段。为了不影响下半年的业务交付目标，每年的6～8月各项目团队都在追赶进度。随着DevSecOps中研发与测试阶段的工具落地，试点团队的项目上线效率有了不小的提高。但仍有不少团队反馈，有部分安全漏洞的修复成本较高，甚至需要推翻原有的功能性设计来做二次开发，一旦遇到这类问题，反而使修复成本更高。各DevSecOps试点团队也十分担心这类问题会影响他们的项目进度，已经有几个项目经理对江宇宁提出了各自的疑虑。

江宇宁心里清楚，项目的安全与快捷本身就处于相互对立的位置，DevSecOps的实施本质上也是帮助项目团队寻找其中的平衡点，不能为了快速交付而忽视安全问题，又不能因为随着交付能力提升有更多安全问题被暴露而导致项目进度受影响。怎么解决这一问题？宇宁的心中似乎早已经有了答案。

"老汪，你觉得现在咱们的试点团队中，哪个项目暴露出来的安全问题比较棘手？"

"当然是企业银行这块了，今年他们正在做系统升级转型，许多功能模块都在基于微服务架构进行升级，不少新问题被发现，听说老李那边正头大呢！"汪泉说道。

老汪提到的老李，全名李世成，是企业银行项目团队的负责人，平时他为人颇为风趣，但最近大家见他有些焦虑，按他的话说，他现在扛着团队的DevSecOps转型和业务系统转型两面大旗，不管怎样都得化焦虑为动力了。

“咱们上次讨论的关于设计与架构左移的方案看来可以从老李这边入手了，趁着他们团队正在转型新架构，加上他们在研发与测试方面的转型工作开展得挺顺利，或许咱们的方案可以帮他解决问题。”江宇宁说道。

老汪点了点头，表示赞同。

周三，信息安全团队与企业银行团队的项目例会。“老李，咱们别的就不说了，直奔主题吧！说说你们团队现在的困难。”江宇宁开门见山。

“这不，咱们业务系统升级转型，不少后台功能转微服务架构，但在设计思路上由于前期考虑不够周全，服务拆分后仍采用了单体系统下的传统认证授权模式。加上之前咱们的架构师预估不足，业务需求激增使得微服务的功能模块数量也比之前翻了数倍，导致系统性能受到影响。”老李说道。

“也就是说由于在设计阶段的考虑不足，导致系统的可用性受影响了。”老汪分析道。

“还有呢！”老李又接着说。

“嗯？”宇宁表示疑问。

“由于系统中不少业务数据属于敏感数据，所以在服务间传输是需要进行加密处理的。之前为了方便密钥管理，大量使用了公钥算法，各子服务存储中心服务的公钥，将数据使用公钥加密后再通过链路传输给中心服务器，中心服务器获取密文后再使用私钥进行解密获得明文数据。”老李接着说。

“这思路没错，哪里又遇到问题呢？”宇宁问。

“还是由于之前的预判失误，没想到业务增长导致需要进行加密传输的数据量激增，后果可想而知了吧！”老李苦笑了一下。

“由于公钥加密算法的开销较大，一般仅用于小规模或关键数据运算，但像你们这么大规模的数据运算，势必直接导致你们中心服务器的运算开销增大，性能再次受到影响。”宇宁说。

“你们之前没有考虑到该类型敏感数据属于业务数据，数据量会随着业务增长而增长吗？”老汪接着问。

“所以我们也承认这确实是设计缺陷，为了方便密钥管理而忽视了数据量带来的计算开销影响，导致使用了不合适的算法。”老李回答道。

“其实对于这类业务数据，我们一般会建议项目团队使用对称加密算法，然后将密钥管理及运算的工作交由运营中心的硬件安全模块HSM来进行。”宇宁接着说。

老李叹了口气：“可不是么，这就是雪上加霜啊！”

老汪边听边思索着说：“按照以前传统SDL的流程，你们做完系统设计后会交由咱们信息安全部门进行审查，进行安全风险评估，帮你们找到潜在的系统威胁及风险。但由于咱们两边各司其职，并没有很好地协作，咱们安全团队也不熟悉你们的业务场景，所以在威胁及风险的判断上有许多方面考虑不周全。”

“这次服务性能下降的问题，在信息安全范畴里显然属于系统的可用性受到了影响，应该在评估当中有所预判，但很明显由于你们那边的设计缺陷，再加上我们这边不熟悉你们的业务场景导致了该问题的发生，而后期修复起来成本也很大。”宇宁接着分析。

“是这个道理。”老李点了点头。

“其实针对设计与架构安全审查的左移计划咱们信息安全部门这边也已经制定好了。在整个DevSecOps的实施过程中，我们首先帮助项目团队实现了研发测试的安全左移，但这是不够的。如果说安全测试针对的是如何发掘产品中的安全漏洞，而安全编码针对的是减少漏洞的产生，那么应用设计与架构的安全审查则是尽量避免任何潜在威胁的产生。就比如你们项目这次遇到的两个问题，我们应该尽量在更早的阶段发现与避免它们。”宇宁补充道。

老汪将电脑中的一份计划方案投屏到会议室屏幕上：“老李你看，我们初步计划是这样的。”

李世成扶了扶眼镜，目光也聚焦到了屏幕上。

“首先，我们建议在项目的设计阶段，信息安全团队成员与项目团队紧密协作，尤其在功能、架构、解决方案的设计过程中，信息安全团队成员应尽早熟悉业务场景，为项目团队提供咨询服务。”老汪解释道。

“第二步，则是引入一套适应DevSecOps持续、快速和安全交付目标的安全风险评估体系，针对项目的类型、特点，再结合我行的各类标准进行分类，对项目进行有针对性的安全审查。”

此时的老李有些疑惑：“我该怎么理解有针对性的安全审查呢？”

宇宁笑了笑，说道：“对于涉及全新产品项目、重大安全控制功能改动等的项目，必须要进行完整的风险评估。对于轻量化的项目变更，则可以考虑采用检查清单的形式进行快速检查。对于明显不涉及任何功能及数据变动的项目，甚至可以考虑免于一定程度上的安全审查，以此类推。”

“前两步的目标是让安全工作进行更彻底的左移，在项目设计阶段就让安全咨询、审查介入，从根源上避免企业银行项目这次遇到的这类问题产生，从而从真正意义上帮助各项目团队实现持续、快速和安全的交付。”老汪接着补充。

老李赞同地点了点头，问道：“还有第三步？”

江宇宁和汪泉会心一笑。

“当然有第三步，不过这个阶段实施起来需要些时间。”宇宁说道。

“第三步则是我们要尽可能地在前两步的基础上，将安全风险评估里面的威胁建模工作进行自动化推进。我们会根据我行的业务特点及安全属性，尝试建立一套自动化威胁建模平台，配合持续更新的威胁库，这样当项目团队在进行功能、架构、解决方案的设计过程时就在该系统上进行画图、录入，随之，系统就可以基于以上内容自动地判断出初步的威胁与风险，再交由信息安全团队成员与项目团队一起进行分析。”老汪继续和大家讲解。

“听起来确实挺强大的，但这个自动化威胁建模平台的建设有难度吧？而且随着时间的推进，各种威胁与风险的产生也可能会发生变化，这些问题咱们怎么解决呢？”老李有些疑问。

“我来回答吧。”宇宁说，“首先，市面上有许多开源与商业版威胁建模工具，我们可以基于它们进行开发，再结合我行的业务特点进行功能定制。其次，我们需要一直维护这套平台的威胁数据库，从多渠道及时将最新的安全威胁及控制要求、架构特性收录进来。就好比这次企业银行转型微服务架构，那么其中许多安全需求的特点与传统单体架构势必是不同的，那么我们就需要针对微服务架构进行分析，将其对应的威胁及控制要求进行更新收录。”

说到这里，一幅宏伟的蓝图似乎正在大家的脑海中浮现，这一整套安全风险评估体系与平台建设，也正揭开着 DevSecOps 进一步左移工作的序幕。

6.1　为什么需要微服务架构

随着 DevOps 在各个行业和企业内的推广，各团队开始慢慢地接受 DevOps，并向 DevOps 进行转变。DevOps 流水线为研发团队带来了相应的工具链，但是软件应用的开发并不仅仅是采用工具链就可以解决所有的问题。软件的运行除了应用本身还需要硬件基础设施（如服务器、网络、存储、带宽等），而应用本身的开发又涉及软件架构以及软件的开发模式，软件的正常运行包含图 6-1 所示的三个方面。

DevOps 是通过文化的转变和大量工具链的支持，让应用可以实现持续发布，以适应当前的 VUCA 时代，但是光有工具链还不行。试想一下，如果应用本身架构很臃肿，关系错综复杂，每次改动都涉及整个应用的变更，这样的应用如何能够快起来？所以 DevOps 转型同样离不开微服务架构的融合及使用。DevOps、微服务、容器也被称为当前云原生时代的“三驾马车”，三者相辅相成。

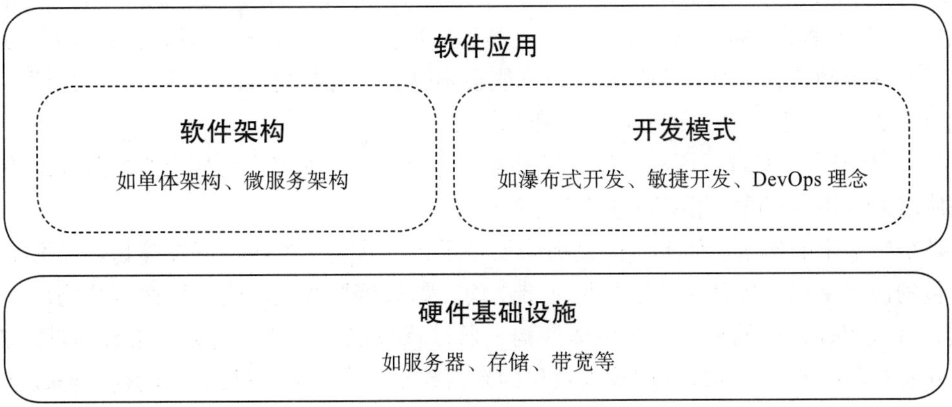

图 6-1　应用运行的三个方面

6.1.1 单体架构的局限性

提到软件架构就不得不说单体架构（Monolithic Architecture），单体架构（见图6-2）是一种将所有功能打包在一个容器中运行的设计风格，是最早且广泛使用的一种软件架构风格，其最明显的特征是实例中集成了一个系统的所有功能，通过负载均衡软件/设备实现多实例调用。

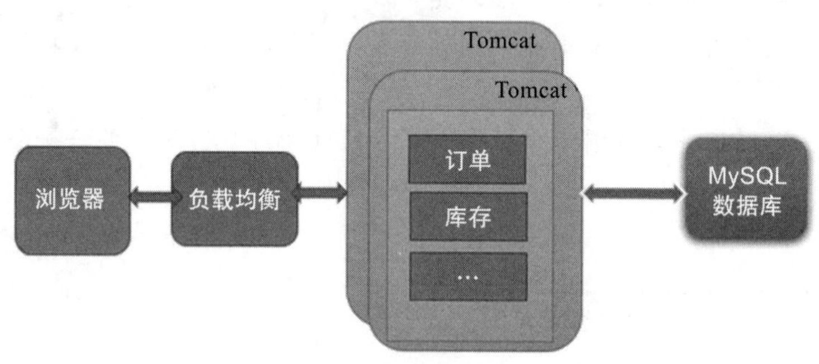

图6-2　单体架构

在互联网发展早期，单体架构非常流行，单体架构以其开发、调试、部署、运维简单的特性在一些特定场景下有着无可比拟的优势，时至今日单体架构依然有其应用场景。随着互联网的不断发展，业务场景的不断变化，其复杂度、响应速度要求非常之高，如此再来看单体架构就会发现其存在如下问题：

1）扩展性差：系统越到后期扩展性越差，一个功能点的变更往往很难评估其影响的模块，进而无法有效地组织测试，测试与发布都会需要整体部署，非常耗时。

2）技术升级困难：牵一发而动全身，无法模块化地实现技术框架的升级。在项目生命周期内也需要对框架进行升级，更有甚者会重新选择基础框架，比如从早期的Struts到Struts2再到Spring MVC、Spring Boot，每一次变更都会伤筋动骨，但我们又不得不那样做。

3）开发效率低：每个成员都需要有完整的环境依赖，开发环境的搭建成本高，协同开发时版本冲突频繁，一个有问题的提交可能会影响其他所有同事的开发调试。达到一定代码量后编译、启动慢，一次调试启动可能都要几十分钟。

4）不利于安全管理：所有开发人员都拥有全量代码，在安全管控上存在很大风险，尤其是使用大量外包人员或新招大量开发人员的团队。

举个生活中的例子：如果出门逛街需要带手机、钱包、电脑、证件等物件，那么在不用背包的前提下很难优雅地把这些物件带出门，如果带个背包出门，那么这些物件就都可以放在背包里面，这就是早期的单体架构。通过背包把物件都装进去，很容易进行管理，但是随着时间的推移，如果我们放入背包的东西越来越多，那么里面最终就会越来越混乱，这时候如果要从背包里面找到一件东西就很麻烦，你需要不断地在包里翻找，甚至需要把包里面的东西全部倒出来，然后才能找到，这就是后期单体架构的局限性。

6.1.2　微服务架构的优势

微服务架构是一种架构模式，它提倡将单一应用程序划分成一组小的服务，服务之间互相协调、互相配合，为用户提供最终价值。每个服务运行在其独立的进程中，服务间采用轻量级的通信机制互相沟通（通常是基于 HTTP 的 RESTful API）。每个服务都围绕着具体业务进行构建，并且能够被独立地部署到生产环境、类生产环境等中。另外，应尽量避免统一的、集中式的服务管理机制，对具体的一个服务而言，应根据业务上下文，选择合适的语言、工具对其进行构建（见图 6-3）。

相对于单体架构，微服务架构是一种非常好的解决方式，微服务架构的好处在于：

- 通过拆分使大型系统易于理解和开发。
- 每个服务都相对较小、易于维护。
- 服务可以独立部署、独立扩展。
- 更好的容错性，可以快速接纳新的技术。
- 可以实现团队的自治，需要什么样的架构就打造什么样的团队。

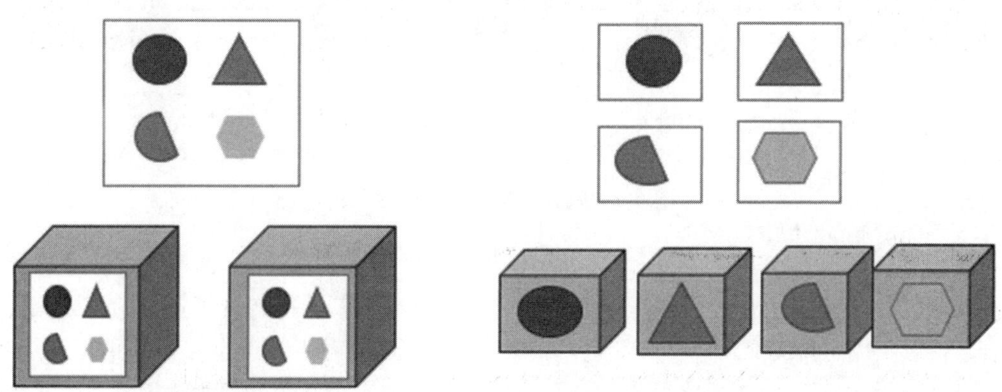

a）单体架构把所有功能都打包在同一个进程中，每次扩缩容都是一个整体同时进行

b）微服务架构把不同的功能放到不同的服务中，可以单独进行扩缩容

图 6-3　单体架构与微服务架构对比

6.1.3　微服务与 DevOps 的关系

微服务架构的实现关键在于“微”，换一句话来说也就是“拆”，是把一个大型的应用拆成很多个独立的服务，这本身也是分治思想的一种体现。服务拆分不可避免地会引入一些复杂度，比如原本只有一个应用现在变成了几十个、上百个，这些拆分后的服务照样需要开发、测试、部署、运维，这么多服务的开发、测试、部署、运维工作不可能都人工完成，必然会使用到很多工具，如自动化测试工具、集成工具、代码托管工具、部署工具等，而这些工具链正是 DevOps 所提倡的思想体现——持续集成、持续部署。通过 DevOps 文化

和工具链可以帮助微服务应用真正实现快速、频繁、可靠的软件交付，同时减少问题和故障（见图 6-4）。

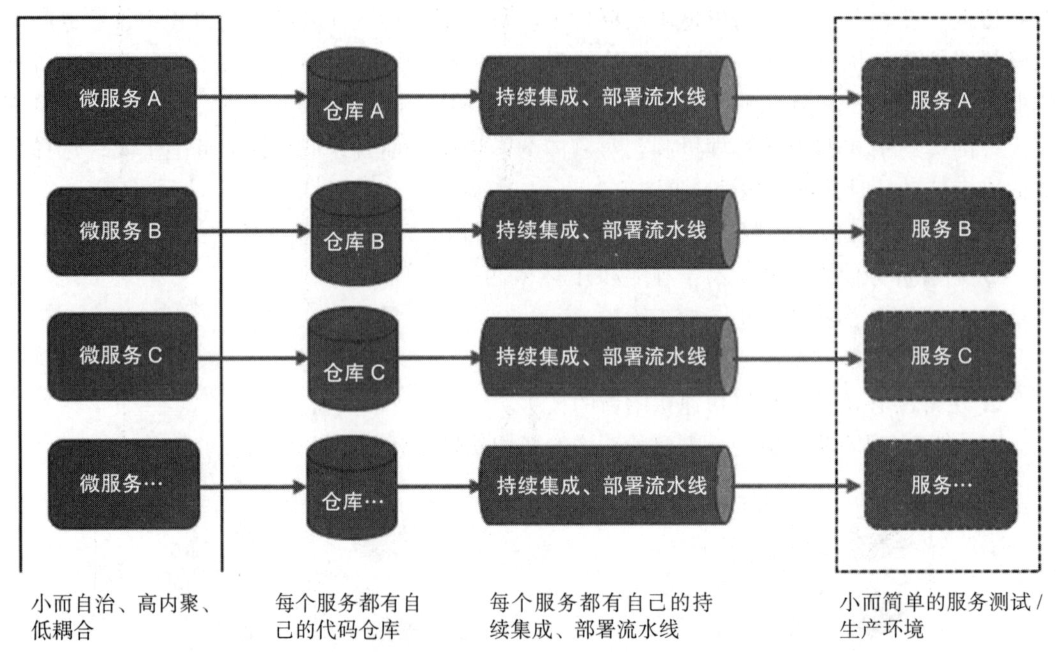

图 6-4　微服务和 DevOps 的关系

微服务的落地离不开 DevOps，二者相辅相成。微服务、DevOps 的融合解决了单体架构的局限性，让传统瀑布转向敏捷开发，同时结合自动化工具链实现了业务的高内聚、低耦合、持续集成、持续交付、持续部署。微服务与 DevOps 需要融合的几个原因如下：

- 微服务拆分：由于要将原先的一个应用拆分成数十个甚至数百个，因此对于每个拆分后的微服务进行编译、打包、部署必将是原来工作量的数倍。
- 微服务协作、测试：由于涉及多个微服务之间的协作，因此对微服务功能进行单元测试、回归测试、性能测试必将变得更加复杂。如果不采用自动化工具，那么工作量之大、复杂度之高，难以估量。
- 基础设施、异构语言：由于可能会涉及异构语言，采用不同的框架，因此微服务部署所依赖的基础环境必将异常复杂烦琐。
- 团队协助、项目管理：由于会涉及多个团队协作开发，因此微服务需求的管理、项目的管控将异常艰巨。
- 需求变更频繁：由于频繁地进行应用的更新，因此代码编译、版本控制、代码质量将无法保障。

鉴于以上种种问题，微服务的实施必须要具备需求管理、代码版本管理、质量管理、构建管理、测试管理、部署管理、环境管理等工具链，除此之外，还需要开发部门与运维部门的协作，因此，DevOps 是微服务实施的充分必要条件。

6.1.4　微服务化的实施路线

微服务化的过程从大的维度来看可以分为微服务拆分、微服务开发和微服务组合三个阶段（见图 6-5）。

图 6-5　实现微服务架构的关键步骤

- **微服务拆分：**微服务拆分指的是根据业务场景进行业务梳理，基于业务情况分析哪些场景有强关联关系、哪些是弱关系，然后将这些关系作为微服务边界的指引，最后综合考虑其他要求（如团队能力水平、各业务场景的演进速度、开发语言等），形成微服务的拆分结果，这个过程就是根据业务进行微服务拆分的过程。
- **微服务开发：**基于业务拆分的结果进行各个微服务的开发（比如电商场景下的订单、库存、积分、转账等），服务开发阶段主要是从技术的角度解决各个微服务开发的业务逻辑实现，此阶段会涉及各种开发语言、开发框架、开发模式等技术问题，因为服务比较多，所以需要有一种能快速进行各个微服务开发的框架，这就延伸出了类似 Spring Boot 这样的微服务框架。
- **微服务组合：**当完成服务开发阶段的开发后，会生成各个服务的应用程序包，最终这些应用程序包的能力需要组合起来统一对外提供服务，在这一阶段需要解决各个服务组合的问题（比如服务注册、服务访问、服务路由等）。

在进行微服务化改造的过程中企业其实就是在解决这三个方面的问题，然后一步步落地。接下来将从微服务拆分、微服务开发、微服务组合这三个方面来看具体如何落地实现。

6.2　微服务拆分与设计

微服务化过程的第一阶段就是进行微服务拆分，那么为什么需要拆呢？若一个系统复杂到一定程度，维护一个系统的人数多到一定程度，则解决问题的难度和沟通成本将大大提高，因而需要将它拆成很多个工程，拆成很多个团队，分而治之，同时这也是人类处理问题的本质方式：将一个大的复杂问题变成很多个小问题来解决。

6.2.1　微服务拆分原则

微服务的整体拆分可以根据领域驱动设计（DDD）的方式进行，服务的拆分原则包含以下几个方面：

- 按业务进行拆分：根据关联业务拆分而不是根据模块拆分的原则，根据关联业务进行拆分可以避免服务之间的耦合，并且更容易扩展，如果依然存在耦合的业务，那么可以把耦合的业务抽出来做成单独的服务。
- 单一职责：紧密关联的事物应该放在一起，每个服务只是针对一个单一职责的业务能力的封装，专注做好一件事情（每次只有一个更改它的理由），微服务应保证单一职责。
- 演进式拆分：微服务拆分很难做到一次到位，业务的变化会导致微服务的拆分变化，重要的是在拆分的过程中保持演进式设计，同时在服务开发过程中要充分考虑后续变化的可能性，建立代码模型与领域模型的一致性关联。

6.2.2 微服务设计原则

为了保证微服务的优势得以充分发挥并尽可能规避治理和运维等方面的复杂度，需要遵照相应的原则和方法进行单一职责划定并合理拆分。微服务设计原则包含以下几个方面：

- 前后端分离：简单来讲就是前端和后端的代码分离，也就是技术上做分离，同时部署的时候也进行分离，不同于以往单体架构前后端代码部署在一起，从而进一步进行更彻底的分离。
- 无状态服务：并不是说在微服务架构里就不允许存在状态，表达的真实意思是要把有状态的业务服务改变为无状态的计算类服务，那么状态数据也就相应地迁移到对应的“有状态数据服务”中。
- RESTful 通信风格：推荐采用 RESTful 通信风格，因为它有很多好处，比如无状态协议 HTTP，具备先天优势，扩展能力很强；JSON 报文序列化，轻量简单，学习成本低；语言无关，各大热门语言都提供成熟的 RESTful API 框架，相对其他的一些 RPC 框架生态更完善。

6.2.3 微服务拆分方法

领域驱动设计是一种系统设计方法，最初由 Erik Evans 在其 2005 年出版的《领域驱动设计：解决软件核心复杂性》一书中引入。该方法包括三个关键要素：

- 专注于核心域和领域逻辑。
- 在领域模型上构建设计。
- 推动技术团队和业务合作伙伴之间的迭代协作，以不断改进系统。

过去系统分析和系统设计都是分离的，这样割裂的结果导致需求分析的结果无法直接进行设计编程，而进行编程运行的代码扭曲需求，导致客户运行软件后才发现很多功能不是自己想要的，而且软件不能快速跟随需求变化。DDD 中提出了领域模型概念，统一了分析和设计编程，使得软件能够更灵活、快速地跟随需求变化。DDD 是一种架构设计方法，微服务是一种架构风格，两者从本质上都是为了追求快速响应力而从业务视角去分离应用系统建设复杂度的手段。两者都强调从业务出发，其核心要点是强调根据业务发展，合理划分领域边界，持续调整现有架构，优化现有代码，以保持架构和代码的生命力，也就是我们常说的演进式架构。

DDD 提供了帮助设计微服务的一套框架。DDD 有两个不同的阶段，即战略阶段和战术阶段。战略设计主要从业务视角出发，建立业务领域模型，划分领域边界，建立通用语言的限界上下文，限界上下文可以作为微服务设计的参考边界。战术设计则从技术视角出发，侧重于领域模型的技术实现，完成软件开发和落地，包括聚合根、实体、值对象、领域服务、应用服务和资源库等设计和实现。

DDD 战略设计会建立领域模型，领域模型可以用于指导微服务的设计和拆分。事件风暴是建立领域模型的主要方法，它是一个从发散到收敛的过程，可以快速分析和分解复杂的业务领域，完成领域建模。事件风暴采用工作坊的方式，将项目团队和领域专家聚集在一起，通过可视化、高互动的方式一步一步将领域模型设计出来。事件风暴的主要步骤如下：

- 识别领域事件：领域事件是业务上真实发生的事情，如果没有这些事情的发生，那么整个业务逻辑和系统实现就不能成立。我们可以通过领域事件对过去发生的事情进行溯源，因为过去所发生的对业务有意义的信息都会通过某种形式保存下来，领域事件以“XXX 已 YYY”的形式进行命名。
- 识别决策命令：它是领域事件的触发动作，代表业务流程上的重要业务决策，针对每一个领域事件，寻找产生该事件的业务视角上直接相关的动作，并将其识别为决策命令；决策命令一般包含三个方面——角色、外部系统、定时任务。
- 识别领域名词：领域名词是在业务上下文中存在的领域概念，通常是决策命令和领域事件中都出现的名词。
- 识别限界上下文：限界上下文是业务上下文的边界。在该边界内，当我们交流某个业务概念时，不会产生理解和认知上的歧义，限界上下文是统一语言的重要保证。根据业务概念的相关性，对领域名词进行归类，相关度高的放在一起，每个外部系统单独放置。

在划分好限界上下文后，还需要根据非功能性需求对限界上下文进行调整，确保最终的微服务划分结果能在投入和收益之间达到平衡。

然而，DDD 的使用也有三个误区。很多人在接触微服务后，但凡是系统，一概都想设计成微服务架构。其实对于有些业务场景，单体架构的开发成本会更低，开发效率更高，采用单体架构也不失为好的选择。同样，虽然 DDD 很好，但有些传统设计方法在进行微服务设计时依然有其用武之地。

1）所有的领域都用 DDD：DDD 从战略设计到战术设计，是一个相对复杂的过程。在资源有限的情况下，应聚焦核心域，建议先从富领域模型的核心域开始，而不必在全业务域推开。

2）全部采用 DDD 战术设计方法：在遵守领域边界和微服务分层等大原则下，进行战术层面设计时，我们应该选择最适合的方法，而不只是 DDD 设计方法，还应该包括传统的设计方法。这里要以快速、高效解决实际问题为最佳，不要为做 DDD 而做 DDD。

3）重战术设计而轻战略设计：DDD 是一种从领域建模到微服务落地的全方位的解决方案。战略设计时构建的领域模型是微服务设计和开发的输入，领域模型边界划分得清不清晰，领域对象定义得明不明确，会决定微服务的设计和开发质量，因此我们不仅要重视战术设计，更要重视战略设计。

6.3 微服务开发与组合：微服务开发框架

回顾微服务的实施过程会涉及两个重要的方面："分""合"。"分"指的是服务的拆分，"合"指的是拆分后的服务在完成开发后的组合。一个大的单体架构拆分成数十个甚至数百个微服务后，如何快速地对这些服务进行开发、开发完成后如何快速进行组合成为微服务架构实现的关键问题。

6.3.1 Spring Cloud 微服务架构

Spring Cloud 就是为了解决微服务架构"分"与"合"的问题而出现的，首先 Spring Cloud 是基于 Spring Boot 的一整套实现微服务的框架，它提供了微服务开发所需的配置管理、服务注册、服务发现、熔断器、服务路由等整套微服务解决方案的能力。基于 Spring Boot 可以让拆分后的服务进行快速的开发，然后基于 Spring Cloud 提供的其他各个组件的支撑可以实现各个微服务的快速组合。Spring Cloud 与 Spring Boot 的区别见表 6-1。

表 6-1　Spring Cloud 与 Spring Boot 的区别

Spring Boot	Spring Cloud
Spring 的一套快速配置脚手架，可以用于快速开发微服务应用	一个基于 Spring Boot 实现的分布式微服务开发框架
专注于快速、方便地集成单个个体服务	关注全局微服务治理的架构
使用了"默认大于配置"的理念，很多集成方案已经选择好了，尽量不配置	很大一部分基于 Spring Boot 来实现
可以离开 Spring Cloud 独立开发应用	离不开 Spring Boot，属于依赖关系

Spring Cloud 本身包含了很多组件，每个组件都解决了微服务架构中的一部分问题，覆盖了微服务所需的各个方面（见图 6-6）。

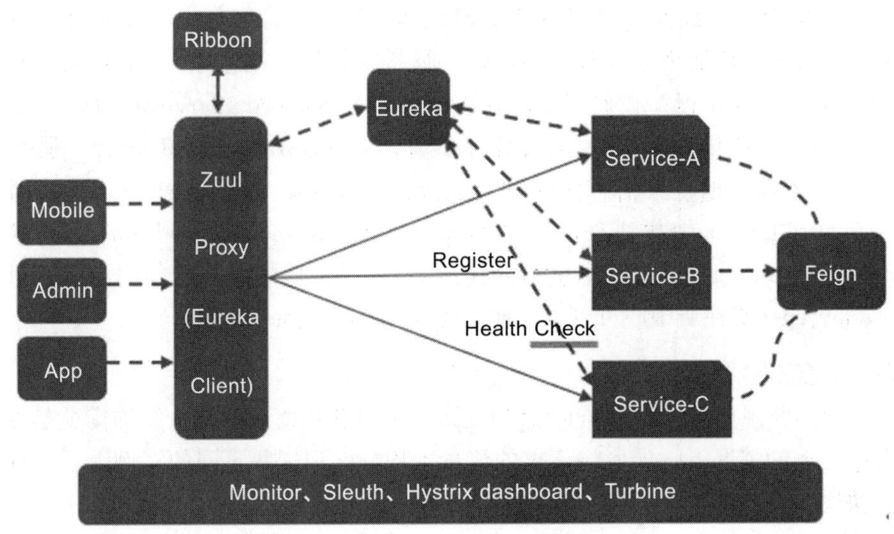

图 6-6　Spring Cloud 的基础组件架构

1. 注册中心

注册中心（Eureka）是所有微服务架构中的核心基础。为什么需要注册中心呢？以往单体架构是通过指定 IP 进行访问，但是在分布式微服务架构中 IP 是变化的，比如，基于云基础设施实现弹性伸缩，弹性伸缩过程中服务器的数量是动态增减的，其 IP 也是在动态变化的；微服务架构中实现更新或者故障自愈，会用新实例替换原有的实例或者故障实例。在这些过程中 IP 都是动态变化的，所以在微服务架构中需要通过一种与 IP 不直接绑定的访问方式。这种方式就是注册中心，在微服务架构下，基于注册中心，服务与服务之间的访问是通过服务名称进行的。

举个例子，当今社会每个人都有手机，每个人的手机号码都是唯一的。我们不可能记住每一个人的手机号码，这时就需要有一个地方来统一保存手机号码，在我们需要的时候可以进行搜索，这个地方就是通讯录。通讯录里面保存了联系人的名称、手机号码，我们需要打电话给别人时只需要知道联系人的名称即可。

注册中心就类似这样一个通讯录，服务运行以后会自动把服务的名词、IP 信息注册到注册中心，同时客户端会缓存这些服务目录，访问的时候先在服务通讯录里面查找。服务注册成功后还需要感知服务的状态，比如注册成功了，运行一段时间后宕机或者网络不通了，这时候需要感知服务的状态。如何解决实时状态同步的问题就涉及健康检查（Health Check）机制，健康检查也被称为“心跳”，类似人的心跳，服务每隔一段时间就会与注册中心同步自己的状态，注册中心收到服务心跳返回信息表示服务运行正常，如果超时或者无响应，注册中心会认为服务发生了问题，这时会把服务实例从注册中心去掉，这样可以避免流量进入异常的服务实例。

微服务架构中服务的调用过程可能会很复杂，但是不管多复杂，我们都可以抽象为最基层的 3 个方面：注册中心、服务提供者、服务消费者，通过这三个方面可以组成最简单的微服务架构调用过程。类似图 6-6 中 Eureka 和 Service-A、Service-B 的关系，Eureka 是服务注册中心，假设 Service-A 是服务提供者，Service-B 是服务消费者，那么在运行起来后各个服务都会把自身信息注册到 Eureka，当 Service-B 要访问 Service-A 时，它只需要根据名称在 Eureka 中找到 Service-A 的信息，然后就可以获取到它的 IP 并进行访问了。Eureka 作为 Spring Cloud 最早提供的注册中心，2.X 后的版本已经闭源了，目前还有 Consul、Zookeeper 等注册中心可以无缝地集成到 Spring Cloud 体系。

2. 客户端负载均衡

提到客户端负载均衡（Ribbon），必须先讲一下负载均衡。所谓负载均衡就是在同一个服务有多个实例的情况下，如何将请求的流量平均分配到这些不同的实例上。负载均衡分为硬件类和软件类，硬件类如 F5，软件类如 Nginx，如图 6-7 所示。

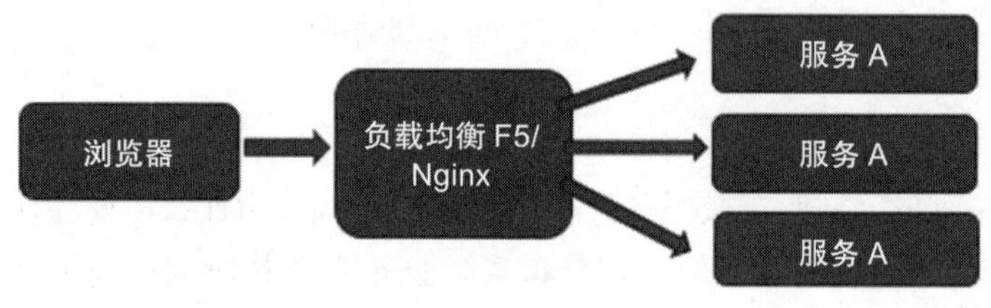

图 6-7　负载均衡

客户端负载均衡与负载均衡做的事情是一样的，本质上也是复杂度均衡，主要是实现方式不一样，最大的不同点在于上面所提到的负载均衡所处的位置。在客户端负载均衡中，所有客户端节点都维护着自己要访问的服务端清单，而这些服务端清单来自服务注册中心，当要访问某个服务的时候是由客户端本身来判断的。

举个例子，一般上下班高峰的时候地铁人比较多，这个时候必须会排队进站，当一个人准备进站的时候肯定要选择一条队伍进行排队，这个选择的过程是由人自身判断决定的，而不是由地铁站工作人员来分配，这个就是客户端负载均衡，人通过眼睛来分析哪条队伍人少，然后决定排哪条队。服务在使用客户端负载均衡的时候，客户端节点同样维护了要访问的服务列表，然后通过一系列算法来判断进入哪一个服务实例进行访问。

3. 声明式服务调用

Feign 是声明式服务调用组件，它让微服务之间的调用变得更简单。使用的时候只需要新建对应的接口，然后加上 FeignClient 注解就可以完成一个远程调用的定义，后续具体调用的时候只需要调用这个接口对应的方法就可以了。Feign 集成了 Ribbon，可在使用 Feign 时提供负载均衡的 HTTP 客户端。

4. 微服务网关

微服务网关（Zuul、Gateway）是微服务对外发布的出口，同时也是外部流量的入口。通过网关可以统一外部的入口、屏蔽后台的细节，同时也可以在网关中做统一的处理（如鉴权、限流等）。网关就类似一栋大厦一楼的大堂，所有进出大厦的人必须从大堂经过。Zuul是Spring Cloud提供的最高的网关组件，其本质就是一个Web Servlet应用，提供动态路由、监控、弹性和安全等边缘服务的框架。Spring Cloud Gateway也是网关组件，是后来出现的网关组件，目标是替换Zuul，旨在为微服务架构提供一种简单而有效的统一API路由管理方式，它不仅提供统一的路由方式，并且基于Filter链的方式提供了网关的基本功能，如安全、监控/埋点和限流等。

5. 熔断器

熔断器（Hystrix）即容错管理工具，旨在通过熔断机制控制服务和第三方库的节点，从而对延迟和故障提供更强大的容错能力。它类似于保险丝的功能，当线路的负载过高时保险丝会自动熔断从而保护线路，避免因线路过载导致线路烧毁、起火等事故。

6. 配置中心

配置中心（Cofnig）即配置管理工具包，让你可以把配置放到远程服务器中，集中化管理集群配置，目前支持本地存储、Git以及Subversion。微服务架构下服务数量众多，当配置发生变更的时候不可能全部都重新打包、编译、部署（因为这个工作量非常大，并且影响运行环境），所以需要有一个统一的地方进行配置管理，在配置中心可以对微服务架构内的所有服务进行配置的动态下发，同时也可以跟其他消息组件进行配合实现配置的实时下发，而不需要重启服务器。

7. 微服务追踪

微服务架构下服务数量多，服务的调用关系非常复杂，一次业务请求可能涉及几个或者几十个服务之间的组合调用，不同的服务由不同的团队进行开发，若出现问题很难进行排查。Sleuth就是一个工具，它在整个分布式系统中跟踪一个用户请求的过程（包括数据采集、数据传输、数据存储、数据分析和数据可视化），捕获这些跟踪数据，就能构建微服务的整个调用链的视图，它是调试和监控微服务的关键工具。

除了以上所说的组件外，Spring Cloud还提供了很多其他组件，这里就不一一介绍了，感兴趣的可以查阅Spring Cloud官方网站。

6.3.2 Service Mesh微服务架构

微服务本身是一种理念，任何语言都可以实现微服务，前面介绍了Spring Cloud微服务架构，但是它存在一个问题，那就是只能使用Java语言，而在企业进行微服务架构改造的时候很可能存在异构语言、老系统的情况，如果全部都改造成Java的Spring Cloud方式，则成本比较高、周期比较长，部分老系统甚至没有改造的价值，但是又不能不用，面对这种场景，Service Mesh 微服务架构应运而生。

Service Mesh（服务网格）是一个基础设施层，用来描述组成这些应用程序的微服务网络以及它们之间的交互。随着服务网格的规模和复杂性的不断增长，它将会变得越来越难以理解和管理。它的需求包括服务发现、负载均衡、故障恢复、度量和监控等。服务网格通常还有更复杂的运维需求，比如 A/B 测试、金丝雀发布、速率限制、访问控制和端到端认证。在实际应用中，服务网格通常是由一系列轻量级的网络代理组成的，它们与应用程序部署在一起，但对应用程序透明。Service Mesh 的概念非常火热，也有人把 Service Mesh 称为下一代微服务框架。

如图 6-8 所示，黑色块代表应用、灰色块代表 Service Mesh 中的网络代理。Service Mesh 架构中每个主机上同时运行了业务逻辑代码和代理，服务之间通过网络代理发现和调用目标服务形成一种网络状依赖关系。抽离后从视觉上看就会出现一种网络状架构，服务网格由此得名。从图 6-8 中可以发现两个关键点：

1）每一个黑色块都会跟着一个灰色块，实际就是每个应用都会有一个对应的代理。

2）黑色块跟黑色块之间不是直接连接的，只有灰色块之间才能互通，表示应用与应用之间不能直接通信，它们之间的通信必须要经过灰色块网络代理才能实现。

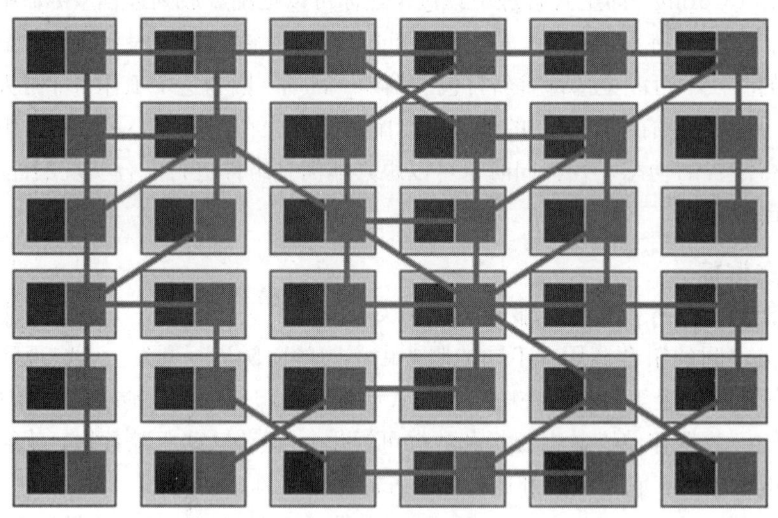

图 6-8　服务网格

Service Mesh 中轻量级网络代理的模式也称为 Sidecar（边车）模式。什么叫“边车”，在早期有一种摩托车，驾驶位置旁边挂着一个拖斗可以坐人，对比微服务旁边挂一个代理进程，业务代码进程相当于主驾驶，共享一个代理相当于边车，所以形象地称为边车模式。通过边车模式可以将应用功能从应用本身剥离，作为单独的进程存在，真正实现无侵入式设计，避免为满足第三方需求而向应用添加额外的配置和代码。

1. Service Mesh 架构

Service Mesh 架构分为两层（图 6-9）：

- 数据平面（Data Plane）：独立部署的智能代理组件，接管及控制微服务进程间业务数据流量。
- 控制平面（Control Plane）：集中配置服务依赖调用关系以及进行路由流量调拨。

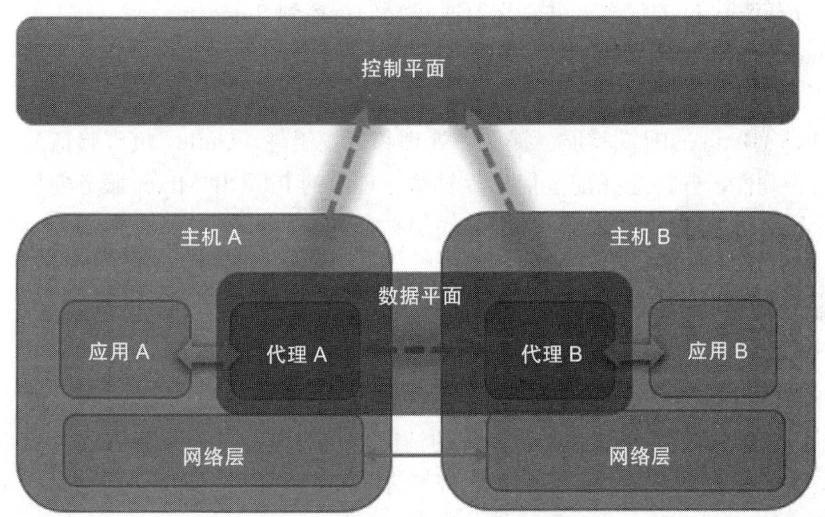

图 6-9　Service Mesh 架构

Service Mesh 的代表产品主要有 Linkerd、Envoy、Istio 和 Conduit。Buoyant 公司给出了 Service Mesh 的定义，并发布了第一个产品化的 Service Mesh——Linkerd。2016 年 1 月 15 日发布 0.0.7 版本，2017 年 4 月发布 1.0 版本并加入了 CNCF，现在已经到了 1.4.3 版本。2016 年 9 月 Lyft 发布了 Service Mesh 产品 Envoy。

2017 年 5 月，Google 和 IBM 等公司联合开发了 Istio。其中，Istio 将 Lyft 开发的 Envoy 作为其数据平面部分。三大巨头合作后，Istio 相比 Linkerd 新增了服务控制相关的控制平面，功能强大，因而发展十分迅速。

2017 年 12 月，Buoyant 提出了最新产品 Conduit，对标 Istio。但目前看来，还是 Istio 发展得更好。Istio 服务网格从逻辑上同样分为数据平面和控制平面。

- 数据平面：由一组智能代理（Envoy）组成，被部署为 Sidecar。这些代理负责协调和控制微服务之间的所有网络通信。它们还收集和报告所有网格流量的遥测数据。
- 控制平面：管理并配置代理来进行流量路由。

2. Istio 核心组件

1）Envoy：Istio 使用 Envoy 代理的扩展版本。Envoy 是用 C++ 开发的高性能代理，用于协调服务网格中所有服务的入站和出站流量。Envoy 代理是唯一与数据平面流量交互的

Istio 组件。Envoy 代理被部署为服务的 Sidecar，在逻辑上为服务增加了 Envoy 的许多内置特性：动态服务发现、负载均衡、TLS 终端、HTTP/2 与 gRPC 代理、熔断器、健康检查、基于百分比流量分割的分阶段发布、故障注入、丰富的指标等。

2）Pilot：Pilot 为 Envoy 提供服务发现、用于智能路由的流量管理功能（如 A/B 测试、金丝雀发布等）以及弹性功能（超时、重试、熔断器等）。它将控制流量行为的高级路由规则转换为特定于 Envoy 的配置，并在运行时将它们传播到 Sidecar。

3）Citadel：Citadel 通过内置的身份和证书管理支持强大的服务到服务以及最终用户的身份验证，你可以使用 Citadel 来升级服务网格中的未加密流量。

4）Galley：Istio 的配置验证、提取、处理和分发组件。Galley 负责验证配置信息的格式和内容的正确性，并将这些配置信息提供给管理面的 Pilot 和 Mixer 服务使用，这样其他管理面组件只须与 Galley 打交道，从而与底层平台解耦。

6.4 微服务改造：单体系统重构

微服务改造过程其实就是将原有的单体架构改造成微服务架构的过程，微服务改造是一个漫长的过程，需要充分考虑遗留系统的情况，在改造的过程中原有的遗留系统跟改造后的微服务系统需要共存很长一段时间，基于不同的规模所需要的改造时间从几个月到一两年甚至数年的时间不等。

6.4.1 改造策略

目前微服务改造的常见策略可以分为两种。

1. 绞杀者策略

绞杀者策略是一种逐步剥离业务能力，用微服务逐步替代原有单体系统的策略。它对单体系统进行领域建模，根据领域边界，在单体系统之外将新功能和部分业务能力独立出来，建设独立的微服务。新微服务与单体系统保持松耦合关系。

随着时间的推移，大部分单体系统的功能将被独立为微服务，这样就慢慢绞杀掉了原来的单体系统。绞杀者策略类似建筑拆迁，完成部分新建筑物后拆除部分旧建筑物。

2. 修缮者策略

修缮者策略是一种维持原有系统整体能力不变，逐步优化系统整体能力的策略。它是在现有系统的基础上，剥离影响整体业务的部分功能，独立为微服务，比如高性能要求的功能、代码质量不高或者版本发布频率不一致的功能等。

通过这些功能的剥离，我们就可以兼顾整体和局部，解决系统整体不协调的问题。修缮者策略类似古建筑修复，将存在问题的部分功能重建或者修复后，重新加入原有的建筑中，保持建筑原貌和功能不变。一般人从外表感觉不到这个变化，但是建筑物质量却得到了很大的提升。

6.4.2　微服务改造的关键要素

微服务改造过程有两个关键点：微服务设计规划和遗留系统迁移规划。

1. 微服务设计规划

微服务设计规划过程又分业务拆分和技术实现；业务拆分主要是指针对原有的业务系统进行业务层的梳理，基于业务层面来看哪些功能应该放到同一个服务，哪些必须分开，从而实现庞大的单体系统的拆分，最终保证微服务与微服务之间的高内聚、低耦合。目前常见的实现方式如基于事件风暴的方式进行业务流程梳理。技术实现是指基于业务梳理的微服务拆分结果进行微服务开发，其中就包含用何种开发语言、框架、中间件和开发模式等。

2. 遗留系统迁移规划

遗留系统迁移规划主要是指将企业遗留系统平稳地向微服务过渡，其关键点是实现将核心业务、高并发业务、低容错业务从遗留系统无缝地迁移到微服务架构，此部分内容一般都会先选取试点项目，基于试点项目进行实践，从而总结出一套适用于企业自身的最佳流程或者实践，然后再大规模地在组织内推广，从而真正实现遗留系统的微服务化改造。

6.4.3　微服务改造的实施步骤

如何进行微服务改造，微服务改造具体步骤是怎么样的？每个企业的业务场景、各种环境因素各不一样，改造的步骤也各不一样，常见的改造过程中会包含以下几个过程：

1）选取业务领域：选取部分业务场景作为改造试点，从而总结成功的流程和最佳实践，至于业务场景的选择说法各异，有的推荐从边缘业务开始，这样的风险较低，但是也有可能看不到明显效果从而导致整体改造过程停滞不前，而有的推荐从核心业务开始，这样效果最明显但是风险相对较高，各有优缺点，考虑改造决心和当前系统“痛”的程度，也可以参照“绞杀”“修缮”等模式进行业务领域选择。

2）建立统一目标、愿景：基于整体目标，针对业务领域建立统一目标、愿景，让大家都能清晰知道，所有人朝着同一个目标行进。

3）遗留系统分析（业务拆分）：在微服务规划阶段前，团队需要了解业务知识。在改造遗留系统前，团队首先要学习遗留系统知识，为迁移做准备。针对业务领域进行整体的业务流程梳理，结合业内领域驱动设计方式，以事件风暴的方式进行，常见的步骤如下：识别事件，识别命令，寻找聚合，划分子域和界限上下文，微服务划分。

4）制定迁移策略和路径：综合管理、业务、技术等因素，为遗留系统微服务架构升级制定迁移策略和实施路径。

5）技术选型和基础设施建设：基于总体目标架构，根据系统分析结果、迁移策略和路径以及遗留系统现状，选择微服务基础设施和技术组件，如 Spring Cloud、Service Mesh、Docker、K8s 等。

6）团队规划、赋能：进行微服务开发团队规划，结合康威定律，根据服务、架构的方式组建相应的团队，各微服务开发团队是自组织、自管理的团队。同时针对团队成员进行新的技术架构、框架、开发方式方法赋能，确保后续步骤的顺利进行。

7）迭代交付：微服务开发过程通常结合敏捷开发、DevOps 等前沿理念进行，通过敏捷开发、DevOps 工具链加速整个微服务的开发过程，保证开发质量。

8）总结项目经验，沉淀最佳流程和实践：基于项目实施过程总结沉淀出适合企业自身的最佳改造流程、规范、最佳实践等，这一阶段是不断循环完善的过程。

9）组织内推广微服务改造方式方法。

6.5 安全设计与架构安全

如果说安全测试针对的是如何发掘产品中的安全漏洞，而安全编码针对于减少漏洞的产生，那么应用设计与架构的安全审查则是尽量避免任何潜在威胁的产生。同样是安全防御，前两者关注于代码层面的查缺补漏，后者则关注于产品整体的风险与威胁管控。

值得注意的是，往往许多安全漏洞并非直接产生于开发编码阶段，在产品方案与架构设计之初，或许一些潜在的安全风险就已经存在，但并未被发现和引起重视。我们都知道，在软件开发的生命周期中，任何风险与漏洞越早被发现，其修复成本也越低，对产品的整体影响较小。反之，风险与漏洞暴露得越晚，其修复成本越高，修复难度相对于早期来说呈指数级增长，牵一发而动全身。因此，我们需要在 DevSecOps 的实施过程中引入一整套的安全风险评估体系，让安全工作进行更彻底的左移，在项目设计阶段就让安全审查介入，从真正意义上帮助各项目团队实现持续、快速、安全的交付。

6.5.1 安全风险评估体系的建立

安全风险评估的左移，不应该单单只是将其传统的工作内容左移，而是需要建立一套适应 DevSecOps 持续、快速、安全交付目标的体系，从而打破传统信息安全在 DevSecOps 中的瓶颈状态。因此，针对不同的项目、不同的业务影响范围乃至系统所涉及的数据的敏感度不同，我们都应该对其安全审查的方式进行区分。

建立体系的第一步就是要定义各种项目的分类，以确定安全审查的方式。对于涉及全新产品项目、重大安全控制功能改动等的项目，必须要进行完整的风险评估。对于轻量化的项目变更，则可以考虑采用检查清单的形式进行快速检查。对于明显不涉及任何功能及数据变动的项目，甚至可以考虑免于一定程度上的安全审查，以此类推。图 6-10 为可参考的安全风险评估体系，从图中可见审查方式的确定是后续工作开展的关键环节。

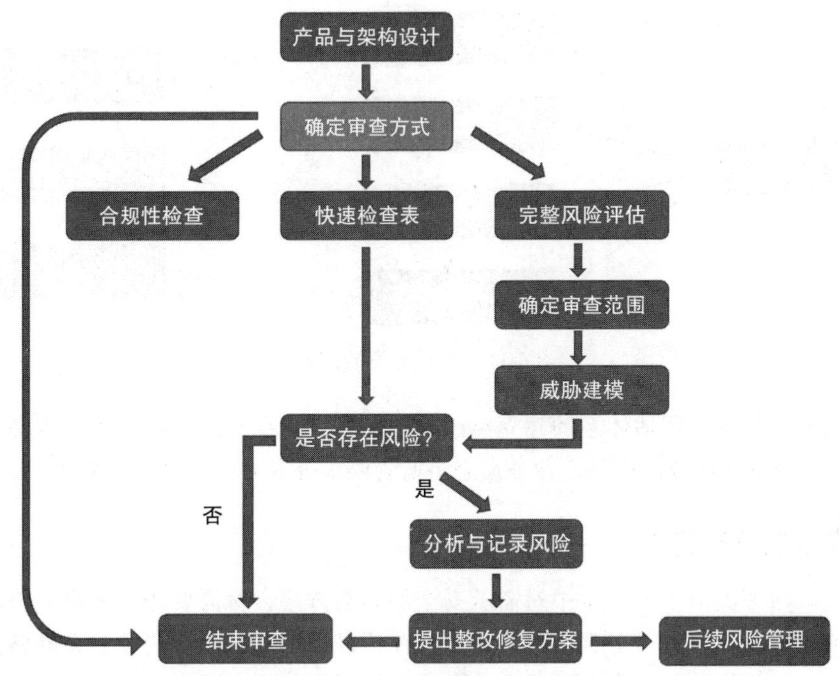

图 6-10　安全风险评估体系的建立

在这里值得一提的是，对于不同类型的企业，其定义业务、软件、系统的安全等级方式不同，如金融机构，可能会根据不同的业务类型及其可能影响的范围，为企业内每个系统都标定不同的高、中、低安全等级。不同安全等级的业务、系统、产品安全审查本身就会区别对待。又例如某些互联网企业，其产品线较为集中或同类，因此不再对各产品进行安全等级的标定，所有产品的安全审查级别一视同仁。

所以，安全风险评估体系的建立必须与企业自身情况结合。第一种方式是体系的建立可以在考虑现有业务、系统、产品标定安全等级的基础上结合项目分类，第二种则是以仅针对项目分类的方式进行。无论采用以上哪种方式，都是为了建立一套适应 DevSecOps 持续、快速、安全交付目标的体系。以下列出这两种方式的举例。

方式一举例：用结合安全等级与项目分类的体系确定审查方式（表 6-2）。

表 6-2　安全等级与项目分类的体系

系统、软件或产品	项目分类 1	项目分类 2	项目分类 3	项目分类 4
高安全等级	完整审查	完整审查	快速检查	快速检查
中安全等级	完整审查	快速检查	快速检查	无需审查
低安全等级	快速检查	快速检查	无需审查	无需审查

方式二举例：仅针对项目分类的体系确定审查方式（图 6-11）。

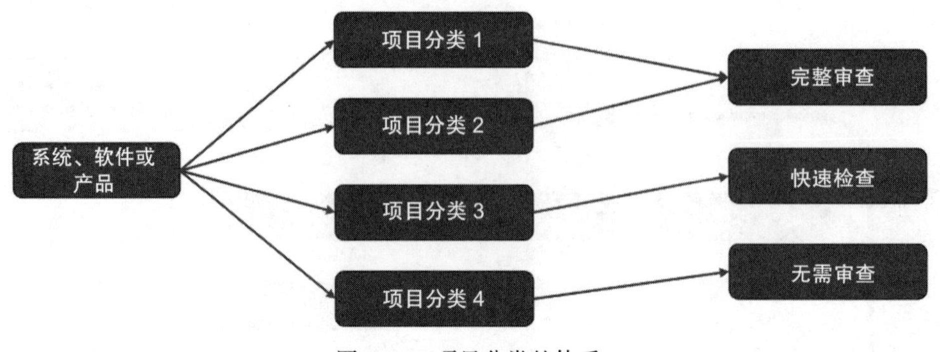

图 6-11 项目分类的体系

本书仅对安全风险评估体系的建立给出建议及举例，在实际操作中企业务必结合自身情况，充分考虑其所涉及的产品、业务形态、监管要求等多方面因素进行细化。

6.5.2 项目的分类定义

我们可以参考类似于上一章中对需求安全的归类方法，对需要进行安全风险评估的系统、软件或产品的项目进行分类，其评估内容在项目架构的基础上包含方案的整体设计与运行逻辑。以此类推，我们大致可将产品项目分为以下几类，再在此分类基础上细分安全风险评估的模式。

1. 全新设计的产品项目

当项目的实施目标为生产研发全新或基于现有技术进行研发的新产品时，可归类于全新设计的产品项目。其可能涉及采用新的原理、新的结构、新的技术等方式来实施项目，包括但不限于：

- 全新的业务系统。
- 新的软件及工具。
- 基于现有技术的二次开发，如基于供应商产品的二次开发。
- 首次在生产环境中进行部署的业务系统、软件和工具等。

2. 涉及敏感核心系统的项目

当该项目的实施涉及的系统、应用等已被定义为涉及企业敏感信息、核心业务、重点监管内容时，可归类为涉及敏感核心系统的项目，包括但不限于：

- 核心业务系统、软件。
- 涉密业务系统、软件。
- 受到破坏后，会对企业或社会造成严重利益损害的系统、软件。
- 受监管机构约束的系统、软件等。

3. 涉及安全控制功能改动的项目

考虑到保护信息安全资产的机密性、完整性及可用性，当项目实施涉及以下安全控制设计范围时（包括但不限于），应将其归类为涉及安全控制功能改动的项目：

- 涉及身份认证、安全认证及证书的。
- 涉及访问控制与鉴权的。
- 涉及机密数据保护机制、算法的。
- 涉及应用、系统数据传输、存储安全协议、算法的。
- 涉及系统关键配置、参数的。
- 涉及日志管理、操作记录的。
- 其他与信息安全相关的项目。

4. 涉及新增功能模块的项目

考虑到保护信息安全资产的机密性、完整性及可用性，当项目实施涉及以下（包括但不限于）软件、系统、业务全新功能或模块的发布时，应将其归类为涉及新增功能模块的项目：

- 完全新开发与设计的独立功能或模块。
- 新业务逻辑的设计。
- 新引入的第三方应用或系统。
- 全新开发的接口。
- 其他涉及新增功能或模块的项目。

5. 涉及现有功能模块变更的项目

考虑到保护信息安全资产的机密性、完整性及可用性，当项目实施涉及以下（包括但不限于）软件、系统针对已有功能或模块进行更改的发布，且不涉及安全控制上的变更时，应将其归类为涉及现有功能模块变更的项目：

- Bug 的修复。
- 现有功能或模块的功能性修复，以提升用户体验等。
- 现有功能或模块中业务逻辑的重用。
- 各类针对现有接口的重用。

6. 涉及合规性要求的项目

当该项目的实施内容涉及当地法律法规、监管要求的设计与变更时，应将其归类为涉及合规性要求的项目。

7. 仅涉及内容变更的项目

当项目实施未涉及分类中 1 ～ 6 项各类，且仅针对现有软件、系统已有功能或模块内的发布内容进行变更时，应将该项目归类为仅涉及内容变更的项目。当我们对项目的分类有了清晰定义之后，接下来则是需要确定审查的方式。在这里我们继续以上文中的方式一为例，创建一个结合安全等级与项目分类的体系来确定审查方式，同样以表格形式来表现（图 6-12）。

系统、软件或产品	全新设计的产品项目	涉及敏感核心系统的项目	涉及安全控制功能改动项目	涉及新增功能模块的项目	涉及现有功能模块变更的项目	涉及合规性要求的项目	仅涉及内容变更的项目
高安全等级	完整审查	完整审查	完整审查	完整审查	快速检查	合规性检查	无需审查
中安全等级	完整审查	完整审查	完整审查	快速检查	快速检查	合规性检查	无需审查
低安全等级	完整审查	快速检查	快速检查	无需审查	无需审查	合规性检查	无需审查

图 6-12　结合安全等级与项目分类的审查方式对应表案例

可以看到，当我们明确安全风险评估工作中的第一步——安全审查的方式后，相对于传统安全风险评估工作，可以极大地简化流程，并有针对性地开展审查，从而避免以往重复审查、过度审查的现象。

6.6　快速检查表的使用

本小节将以快速检查表（清单）的形式，逐一给大家罗列对应安全风险控制项，以帮助项目团队及信息安全人员更彻底地理解如何使用快速检查表。

当在上一步确定审查方式为快速检查时（见图 6-10），可采用表 6-3 所示内容，要求项目团队根据表中涉及的控制项问题进行作答。若当前控制情况回答“是”，则可视为符合规范，当回答为“否”时，可视为不符合规范，当控制项问题不适用该项目时，可回答“不适用”，并进行说明。由于不同企业间不同项目涉及的内容不同，可能包含业务系统、核心系统、工具、软件、发布产品等，为便于在表格中描述，表中皆以“项目系统”一词来代表以上内容。表格中所涉及的风险控制项应该是对该项目系统的整体情况进行评估，而非仅是对此次变更内容进行评估。

注意，表 6-3 仅为参考，在实际操作中企业务必结合自身情况，充分考虑其所涉及的产品、业务形态、监管要求等多方面因素进行调整。

表 6-3　快速检查表

评估类别	问题清单	当前控制情况（是 / 否 / 不适用）	补充信息
身份认证与密钥管理	项目系统是否考虑了符合企业信息安全规范的身份认证方式？		
	项目系统是否考虑了符合企业信息安全规范的加密或认证方式？		
	项目系统是否考虑了符合企业信息安全规范的密码管理方式？		例如，密码的存储、变更等

（续）

评估类别	问题清单	当前控制情况（是 / 否 / 不适用）	补充信息
身份认证与密钥管理	项目系统是否强制使用符合企业及监管机构规范的密码策略？		例如，密码长度、复杂度等
	项目系统是否考虑了各种潜在的针对身份认证及密码、密钥的攻击方式及对应策略？		例如，人机识别、多次输错禁止等策略
	项目系统是否考虑了用户身份信息的年度审计要求？		每年定期审核该账号的拥有者是否依旧需要维持同等的权限
	项目系统是否考虑了系统及应用间的身份访问验证方法？		
	如采用证书等数字认证方式，项目系统是否考虑了证书签发机构的权威及合法性？		
	如采用证书等数字认证方式，项目系统是否考虑了证书的生命周期管理？		
	项目系统是否采用了符合企业或监管机构规范的身份管理方式？		例如，账号创建、修改等操作的管理规范
访问授权	项目系统是否考虑了符合企业信息安全规范的授权及访问方式？		
	项目系统是否考虑了信息安全最小权限原则？		根据主体所需权力的最小化分配
	项目系统是否考虑了信息安全最小泄露原则？		权限行使过程中使其获得的信息最少
	项目系统是否采用了符合企业信息安全规范的访问控制模型？		
会话管理	该项目系统是否采用了合理的会话管理机制，以确保用户超时自动登出，并在一段配置的不活动时间内终止会话？		
	该项目系统是否设计了使用安全随机数生成的 session/access token，并进行安全的存储与传输？		
加密与数据保护	项目系统是否考虑了所涉及的机密数据在传输过程中的加密保护？		
	项目系统是否考虑了所涉及的机密数据在存储过程中的加密保护？		
	项目系统是否考虑了密钥、密码、证书本身的安全保护？		
	项目系统中所涉及的密钥、密码的生成、变更、销毁等机制是否符合企业及监管机构要求？		
	项目系统中所涉及的加解密、签名、哈希算法等是否符合企业及监管机构要求？		

（续）

评估类别	问题清单	当前控制情况（是 / 否 / 不适用）	补充信息
加密与数据保护	项目系统在研发过程中是否采用了合理的机制以避免密钥、密码被写入程序、配置文件等环境中？		
	如业务所需，所有与外部或第三方进行交互的敏感数据是否都进行了加密处理？		
	项目系统是否考虑了数据在生产与测试环境中的通用性保护？		例如，哪些数据不允许在测试环境中使用
	项目系统是否考虑了内外部数据的交互安全及审批流程？		
输入输出	项目系统是否合理考虑了输入数据的内容规则及合法性校验？		例如，用户输入数据等
	项目系统是否合理考虑了系统中各参数及指令的规则及合法性？		
	项目系统是否考虑了潜在的文件、数据上传下载的安全及规范？		
异常处理，日志与审计	项目系统是否考虑了日志信息所需包含的关键信息种类、格式等？		
	项目系统是否考虑了信息安全事件管理系统的规划及介入？		
	项目系统是否部署了相应的监控机制？		例如，系统错误监控、安全事件监控、报警等
	项目系统是否考虑了合理的异常报错机制？		例如，明确定义异常事件、减少误报等
	系统日志是否存在机制避免写入敏感数据？		
	项目系统是否具备对应的策略以保护日志信息的安全？		例如，日志信息备份、防篡改等
变更管理	项目系统是否考虑了系统的各类变更符合企业或监管机构的审批规范？		
系统配置	项目系统是否考虑了各种后期安全维护及更新的可能性？		
	项目系统是否考虑了各类系统配置文件的安全策略？		

随着时代发展，IT 项目对本地硬件环境要求也越来越高——越来越多的用户、越来越高的稳定性、越来越强劲的计算能力等。当然除了硬件环境外，还需要一支专业运维团队来配置、运行、维护这套环境，不管是资源投入还是时间投入，对企业来说都是一笔不小的开销。因此，云技术的使用在企业各业务系统、工具、软件、产品研发中也越来越普遍。

针对上云的项目系统，除了以上表格中安全风险控制项，还应该参考表 6-4 所示涉及云技术管控的检查表（清单）进行快速检查。

表 6-4 云技术管控检查表

编号	问题清单	当前控制情况（是 / 否 / 不适用）	补充信息
1	参照企业与监管机构的信息安全管理规范，该安全等级的项目系统是否允许上云？		
2	参照企业与监管机构的信息安全管理规范，该项目系统中所涉及的敏感数据是否允许上云？		
3	在涉及敏感数据的项目系统因业务或监管需求上云的过程中，敏感数据是否受到了保护？		
4	项目系统在云上是否采用了符合规范的 IAM 策略？		
5	云上的系统间访问是否也遵循最小权限原则？		例如，用户账号、特权账号等管理策略
6	项目系统在云上的防火墙或安全组是否遵循最小权限原则进行配置？		例如，开放仅需要的端口
7	项目系统在云上所使用的基础设施服务、组件是否被企业与监管机构所批准？		
8	云上的数据管理是否遵循与线下系统同标准的管理策略？		例如，在云平台上配置与企业数据管理标准相同的管理策略
9	项目系统在云上是否同步部署了对应的监控和报警策略？		
10	在项目系统所处的网络环境中，VPC 管理策略是否完善？		例如，是否存在多个项目共用 VPC 的情况
11	是否会对各类云上的日志进行定期维护分析？		

6.7 完整风险评估——威胁建模

一个完整的风险评估工作，应当以威胁建模为核心，结合风险分析与管理，以实现项目系统安全风险管理的整个闭环（见图 6-10）。

根据《信息安全技术 信息安全风险评估规范》中的定义[13]，威胁建模（Threat Modeling）是一个不断循环的动态模型，主要运用在安全需求和安全设计上。同时威胁建模是一项工程技术，可以使用它来帮助确定会对企业的应用程序造成影响的威胁、攻击、漏洞和对策。企业可以使用威胁建模来形成应用程序的设计、实现企业的安全目标以及降低风险。

威胁建模可以在软件设计和在线运行两个阶段进行。按照“需求－设计－开发－测试－部署－运行－结束”的软件开发生命周期，威胁建模在新系统 / 新功能开发的设计阶段增加安全需求说明，通过威胁建模满足软件安全设计工作。如果系统已经上线运行，则可以通过威胁建模发现新的风险。

关于威胁建模的一些术语与定义：

- 资产（Asset）：有价值的资源，如数据库或文件系统上的数据，或者一些系统资源。
- 威胁（Threat）：任何潜在有可能损害或危及资产的恶意的或其他事件。
- 漏洞（Vulnerability）：漏洞是在硬件、软件、协议的具体实现或系统安全策略上存在的缺陷，从而可以使攻击者能够在未授权的情况下访问或破坏系统。
- 攻击（Attack）：由某人或某些事物采取的针对资产的损害行为，这可能是有人根据威胁实施损害，或利用漏洞采取的一些行为。
- 对策（Countermeasure）：解决威胁并降低风险的保障措施。

值得注意的是，威胁建模不应该是一个一次性过程，它应该是一个迭代过程，从项目系统设计的早期阶段开始，一直持续到项目系统的整个生命周期。主要有两个原因，首先，多数情况下不可能通过一次威胁建模就识别所有可能的威胁。其次，由于应用程序很少是静态的，需要进行业务、功能的增减和调整以适应不断变化的业务需求。因此随着项目系统的发展，在其生命周期中不断重复地进行威胁建模，显得尤为必要。威胁建模工作大致可以参照图 6-13 所示的流程 [14]。

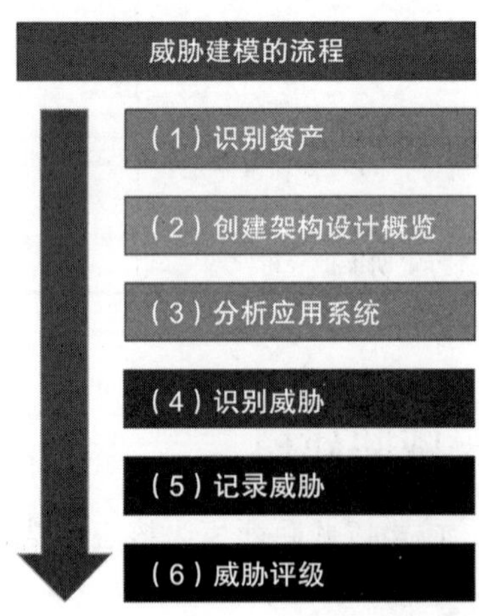

图 6-13　威胁建模的流程示意

6.7.1　识别资产

确定哪些是包含敏感或隐私信息的关键资产、信息、文件、子系统、组件、功能模块等。这可能包括一些机密数据，比如数据库中存在的客户信息或订单数据等，也可视为资产。

6.7.2 创建架构设计概览

创建架构设计概览的核心是建立规范标准的项目系统架构设计图，其目标是记录项目系统的功能、体系结构和物理部署配置，以及构成其解决方案所采用的技术方法等。让我们用以下一个简单的移动应用系统为例展开说明（图 6-14）。

在系统架构设计图中，我们需要根据步骤一中所识别定义的资产进行详细标识。首先绘制一个粗略的图，其中包含项目系统及其子系统的组成和结构，以及它的部署特点。然后，通过添加相关信任边界、身份验证与授权机制等详细信息来丰富架构图。

同时，我们应尽可能地详细标注图中资产的类型、功能模块、技术栈等信息，确定用于该项目系统中实现解决方案的不同技术。这些都有助于我们在威胁建模后续过程中识别某些技术的特定威胁。

一般来说，我们建议图中尽量包含（但不限于）以下信息：

- 资产 / 组件与其类别。
- 业务逻辑与上下游关系。
- 传输协议。
- 技术栈，如系统类型、框架、中间件等。
- 数据。
- 网络类型。
- 信任边界。

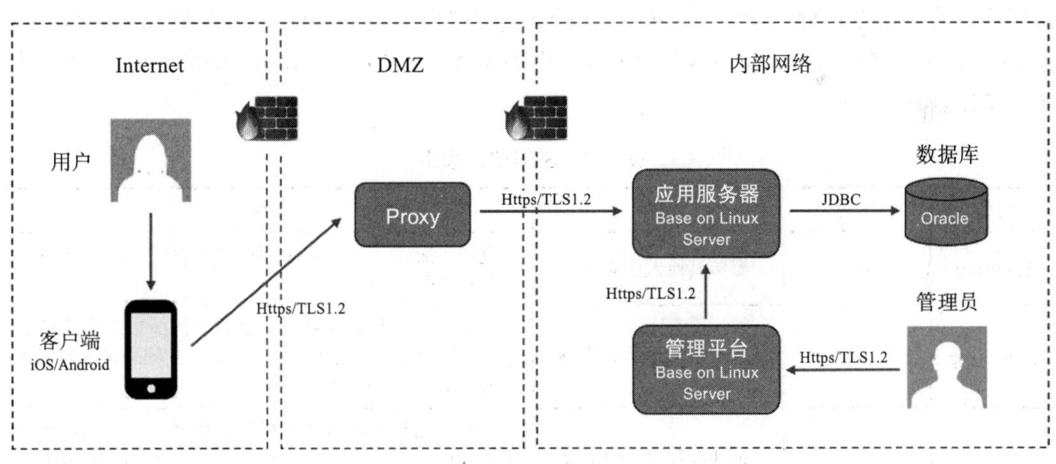

图 6-14　A 移动应用系统架构设计图

6.7.3 分析应用系统

在此环节中，我们需要分析该项目系统中不同资产及整体解决方案中所涉及的安全属性，再基于类似 6.6 节的快速检查表中评估类别的分类，按照以下方法（表 6-5）对应用系统进行分解，再针对具体内容进行分析。

表 6-5 应用系统分析

<table>
<tr><th colspan="3">应用系统分析</th></tr>
<tr><th colspan="2">安全管控 / 评估类别分析</th><th>解决方案分析</th></tr>
<tr><td>身份认证</td><td>密钥管理</td><td>信任边界</td></tr>
<tr><td>访问授权</td><td>数据保护</td><td>数据流动</td></tr>
<tr><td>会话管理</td><td>日志与审计</td><td rowspan="2">进入与退出点
（业务逻辑起始与终点）</td></tr>
<tr><td>加密与解密</td><td>系统配置</td></tr>
<tr><td>输入输出</td><td>异常处理</td><td>特权级代码等</td></tr>
</table>

还是以 A 移动应用系统为例，在应用系统分析过程中，我们需要清楚该系统具体涉及哪些安全管控项目？哪些又不在该系统设计范围内？再具体到每个管控项，如身份认证，我们需要详细分析该系统有哪些用户，是否有外部用户，他们如何进行身份认证，内外部用户身份认证方式是否不同，外部用户是否采用了多因素身份认证，身份认证是否开启了强密码策略？以此类推，整个项目系统的安全设计相关状况将浮出水面。

6.7.4 识别威胁

微软提出使用 STRIDE 模型来进行威胁建模中识别威胁的实践。STRIDE 分别是五种类型威胁的首字母：Spoofing（欺骗）、Tampering（篡改）、Repudiation（抵赖）、Information Disclosure（信息泄露）、Denial of Service（拒绝服务）和 Elevation of Privilege（提权），具体定义如表 6-6 所示。

表 6-6 STRIDE 模型

威胁	中文	定义	举例
Spoofing	欺骗	模仿其他人或实体	例如非法访问，如使用其他用户的身份验证信息（用户名和密码）进行认证
Tampering	篡改	恶意修改数据或代码	包括未经授权的对持久性数据（例如数据库中的数据）所做的更改，以及在两台计算机之间通过互联网等开放网络更改传输中的数据
Repudiation	抵赖	否认曾经进行某行为，没有方法可证明其行为	用户在系统中执行非法操作，该系统不能追踪被禁止的操作。不可否认是指系统有抵制否认威胁的能力。例如，用户使用了转账业务，但是随后不承认转账过，系统需要证明用户的行为
Information Disclosure	信息泄露	信息被披露给那些无权知道的人或实体	企业机密信息被披露，或发生用户账号密码泄露等事件
Denial of Service	拒绝服务	无法提供有效的用户服务	拒绝服务（DoS）攻击会拒绝有效用户的服务，例如使 Web 服务器暂时不可用

（续）

威胁	中文	定义	举例
Elevation of Privilege	提权	获得非正常授权的权限	在这种类型的威胁中，非特权用户获得特权访问权限，从而有足够的权限来破坏整个系统。提权威胁包括攻击者已经有效地渗透所有系统防御措施，成为可信系统本身的一部分

这六种威胁与系统安全属性是密切相关的，理解威胁也就是理解应用系统的安全目标，威胁对应影响的安全属性及其说明如表 6-7 所示。

表 6-7 威胁对应影响的安全属性

威胁	受影响的安全属性	说明
欺骗	身份验证（Authentication）	鉴别用户身份是否合法和正确
篡改	完整性（Integrity）	数据与系统资源只限适当的人员以适当的方式进行更改
抵赖	不可否认性（Non-Reputation）	操作行为与发生时间不可否认
信息泄露	机密性（Confidentiality）	资源只限具有权限的人员访问
拒绝服务	可用性（Availability）	系统与资源在需要的时候一切就绪，可以被正常执行操作与访问
提权	授权（Authorization）	明确允许或拒绝用户访问资源

所有威胁会基于以上六大类型，在此基础上，我们也可以根据项目系统架构设计图中的资产类型或集合进行威胁分析。首先我们可以制定对应不同资产类型或集合的威胁清单，比如网络威胁、主机威胁、不同应用服务威胁等。接下来，将各种威胁添加到对应的威胁清单之中。如对于威胁并没有采取任何控制措施，或当前控制不足以避免威胁，风险较高，可视为该威胁有效。反之，若该威胁在项目系统的相应资产类型或集合上已实施了相应的安全控制措施，风险非常低，则可视为威胁已被避免（缓解）。

让我们继续以 A 移动应用系统为例。Oracle 数据库可视为资产之一，对于该类资产，我们先分析出对应的潜在威胁：

- 威胁 1：敏感数据在应用服务器传输到 Oracle 数据库的过程中被泄露。
- 威胁 2：数字证书过期导致应用服务器与 Oracle 数据库之间的传输链路不被信任。
- 威胁 3：攻击者可以通过非法途径获取该数据库的特权访问账号进行访问，导致敏感信息泄露。
- 威胁 4：攻击者利用服务器或数据库软件相关的漏洞获得权限访问敏感信息，并可以进行篡改。
- 威胁 5：数据库中受监管的数据可能被人违规访问。
- 威胁 6：攻击者通过成功入侵应用服务器，并以此为跳板对数据库进行非法访问。
- 威胁 7：攻击者成功入侵数据库但未被系统发现。

- 威胁 8：数据库账号密码在应用服务器与 Oracle 数据库之间的传输链路上被嗅探获取。
- 威胁 9：数据库的账号密码面临被暴力破解的风险。
- 威胁 10：来自前端成功的 SQL 注入攻击可能会导致数据库中的数据被破坏、泄露。
- 威胁 11：Oracle 数据库中的数据可能损坏或丢失。
- 威胁 12：如果备份数据被入侵，则可能导致数据泄露。
- 威胁 13：当 Oracle 数据库所处的服务器被攻击者入侵，数据库中的数据可能会被泄露。

至此，对于 Oracle 数据库我们有了初步的威胁分析，预设了其可能面临的各种威胁。接下来，我们就要对各威胁分析其安全控制措施（表 6-8），并检查 A 移动应用系统是否已实施了对应的措施。如果对该威胁没有采取相应的安全控制措施（缓解措施），则视为存在缺陷。

表 6-8 威胁及其安全控制措施

编号	威胁	涉及威胁类型	安全控制措施（缓解措施）	是否实施
1	敏感数据在应用服务器传输到 Oracle 数据库的过程中被泄露	信息泄露	措施 1：使用加密传输链路，比如 TLS1.2 措施 2：使用符合企业及监管要求的加密算法对敏感数据在数据层预先进行加密	
2	数字证书过期导致应用服务器与 Oracle 数据库之间的传输链路不被信任	欺骗	系统具备完善的数字证书管理机制	
3	攻击者可以通过非法途径获取该数据库的特权访问账号进行访问，导致敏感信息泄露	欺骗，信息泄露	在访问敏感数据前，必须进行身份认证，并且系统具备完善的特权账号管理机制	
4	攻击者利用服务器或数据库软件相关的漏洞获得权限访问敏感信息，并可以进行篡改	信息泄露，篡改	措施 1：为服务器及软件系统指定完善的更新与补丁策略 措施 2：限制网络访问，仅有少数需要访问数据库的系统或用户才能进行访问，最大程度减少数据库暴露风险	
5	数据库中受监管的数据可能被人违规访问	提权，信息泄露	措施 1：数据库账号严格遵循最小权限原则 措施 2：对受监管的敏感数据进行加密处理	
6	攻击者通过成功入侵应用服务器，并以此为跳板对数据库进行非法访问	信息泄露，欺骗	对数据库的访问严格遵循最小权限原则，例如系统访问数据库仅可通过特权服务账号访问，并且系统具备完善的特权账号管理机制	

（续）

编号	威胁	涉及威胁类型	安全控制措施（缓解措施）	是否实施
7	攻击者成功入侵数据库但未被系统发现	信息泄露，欺骗	措施 1：对数据库中所有的用户或操作行为都进行记录 措施 2：使用有效的监控工具	
8	数据库账号密码在应用服务器与 Oracle 数据库之间的传输链路上被嗅探获取	信息泄露	使用加密传输链路，比如 TLS1.2	
9	数据库的账号密码面临被暴力破解的风险	欺骗	措施 1：启用强密码策略 措施 2：指定数据库访问限制策略，例如账号多次认证失败自动锁定等 措施 3：限制网络访问，仅有少数需要访问数据库的系统或用户才能进行访问，最大程度减少数据库暴露风险	
10	来自前端成功的 SQL 注入攻击可能会导致数据库中的数据被破坏、泄露	信息泄露，篡改	预设好各种命令格式，仅在预设清单中的命令格式被允许执行	
11	Oracle 数据库中的数据可能损坏或丢失	信息泄露，拒绝服务	制定完善的数据自动备份与恢复策略	
12	如果备份数据被入侵，则可能导致数据泄露	信息泄露	任何情况下对存储的数据都进行加密处理	
13	当 Oracle 数据库所处的服务器被攻击者入侵，数据库中的数据可能会被泄露	信息泄露	措施 1：为服务器及软件系统指定完善的更新与补丁策略 措施 2：任何情况下对存储的数据都进行加密处理	

至此，我们已经实现了对威胁的全面分析，并清楚检查了各安全控制措施（缓解措施）。如果相应措施部署到位，则该缺陷对应威胁风险非常低，或者说已将该威胁控制在了可接受范围。如果相应措施并未部署到位，则该缺陷对应威胁风险非常高，需要进一步进行记录与评级，并应采取相应的安全控制措施。

注意，以上针对各威胁分析其安全控制措施仅为举例，在实际操作中企业务必结合自身情况，充分考虑其所涉及的产品、业务形态、监管要求等多方面因素进行调整。

6.7.5　记录威胁

记录威胁，更准确地说是将上述步骤在项目系统中所识别到的威胁以固定模板形式进行描述的文档化过程。记录一个威胁，我们需要包含威胁名称、威胁类型、威胁所对应的资产、威胁描述、影响、威胁评级、安全控制措施（缓解措施）。

- 威胁名称：各威胁的名称（如 6.7.4 节中所示）。
- 威胁类型：STRIDE 模型中所定义的威胁类型（如 6.7.4 节中所示）。
- 威胁所对应的资产：在项目系统中，被识别到存在该威胁的资产包括信息、文件、子系统、应用组件、功能模块等。
- 威胁描述：详细描述这是一个怎样的威胁，比如如何产生、被攻击者如何利用、发生的可能性等。
- 影响：即该威胁如果被利用会造成怎样的后果，对业务及用户有怎样的影响。
- 威胁评级：该威胁所对应的评级（分数），在当前环节中我们须将这一栏留空，在下一环节威胁评级中进行填写。
- 安全控制措施（缓解措施）：即项目系统使用什么样的控制措施可以降低、缓解甚至避免该威胁的发生。应进行详细描述，能够给予项目团队详细的整改建议。

让我们继续以 A 移动应用系统为例。假设我们识别到资产 Oracle 数据库存在威胁 1（如 6.7.4 节中所示），参照以上模板，我们可以按照表 6-9 这样来记录该威胁。

表 6-9 威胁记录

威胁名称	敏感数据在应用服务器传输到 Oracle 数据库的过程中被泄露
威胁描述	在 A 移动应用系统中，Oracle 数据库在内网环境中为应用服务器提供数据存储功能，存储数据包含多类用户敏感数据，例如用户真实姓名、联系电话、证件信息等。所有敏感数据并未采取基于数据层的加密保护，同时数据传输链路也为明文传输。因此，敏感数据在应用服务器传输到 Oracle 数据库的过程中存在被外部或内部攻击者嗅探的可能性，会导致敏感数据被泄露
威胁类型	信息泄露
资产	Oracle 数据库、各类用户敏感数据
影响	用户敏感数据泄露会对 A 移动应用系统及企业造成重大影响，包括业务损失、客户数据被外部利用，同时会使企业的业务形象及信誉受损。如果数据涉及监管范围，则甚至会给企业带来各类法律风险
威胁评级	（暂时留空）
安全控制措施	措施 1：使用加密传输链路，比如 TLS1.2 措施 2：使用符合企业及监管要求的加密算法，对敏感数据在数据层就预先进行加密

6.7.6 威胁评级

经过上述步骤，我们已经识别出了大多数的威胁并详细记录了它们的信息，同时也初步分析出了缓解它们的措施。在本环节，我们需要结合各种威胁发生的可能性，逐个对威胁项进行打分评级。根据威胁的级别排列，我们先解决最大风险的威胁，然后再解决其他威胁。

而且结合企业的实际情况，从多方面来看，解决所有已确定的威胁几乎是不可行的。因为有些威胁尽管看起来造成的后果会很严重，但其发生的几率非常小，又或者某一些威胁即使它们发生了，所造成的损害也很小。因此我们也需要根据威胁的评级结果来判断哪一些威胁可以被忽略。

在微软威胁建模的最佳实践中，有两种方式可以用来对威胁进行评级。

1. 基于公式计算的威胁评级

风险等级分值 = 威胁发生的概率 × 威胁的破坏潜力

从这个公式我们可以看出，特定威胁构成的风险等级分值（Risk Value）等于威胁发生的概率（Probability）乘以威胁的破坏潜力（Damage Potential），由此来评估发生攻击事件对系统造成的后果。

我们可以使用 1 ~ 10 的分值来量化威胁发生的概率，比如 1 代表该威胁发生的概率非常低，10 则代表该威胁很有可能发生。同样，可以使用 1 ~ 10 的分值来量化威胁的破坏潜力，1 代表破坏潜力非常小，10 则代表破坏潜力非常大。用此方法，将项目系统中识别到的各个威胁代入公式进行计算，可以帮助企业确定各威胁的风险等级。风险等级分值最低为 1，最高则为 100。

让我们继续使用上一环节中 A 移动应用系统的例子，对于我们识别到资产 Oracle 数据库存在的威胁 1——敏感数据在应用服务器传输到 Oracle 数据库的过程中被泄露，来进行风险等级的计算。根据威胁描述及 A 移动应用系统的实际情况，Oracle 数据库处于内网环境，且在整体身份认证、授权、账号与配置管理等方面都采取了完善的安全控制措施，因此我们考虑敏感数据在应用服务器传输到 Oracle 数据库的过程中被泄露的可能性较低，评定威胁发生的概率分值为 2。从威胁一旦发生造成的影响来看，用户敏感数据泄露会对 A 移动应用系统及企业造成重大影响，包括业务损失、客户数据被外部利用，同时会使企业的业务形象及信誉受损。如果数据涉及监管范围，则甚至会给企业带来各类法律风险，评定威胁的破坏潜力分值为 9。代入公式计算：

风险等级分值 = 2×9 = 18

因此，A 移动应用系统的威胁 1 的风险等级分值为 19。

接下来，我们需要将风险等级的分值进行归纳，以区分高风险、中风险和低风险来得出威胁等级。当然，企业可以结合自身的情况来划分威胁等级，比如增设极高风险、极低风险等。在本例中，我们设定高风险、中风险和低风险的威胁等级对应的分值范围，如表 6-10 所示。

表 6-10　威胁等级和对应分值

威胁等级	风险等级分值范围
高风险	75 ~ 100
中风险	30 ~ 75
低风险	1 ~ 30

得出威胁等级后，我们应当将其补充在上一环节中编写的威胁记录中。企业可以根据威胁的等级进行综合考虑，对威胁的处理优先级进行排序。在本例中，A 移动应用系统的威胁 1 的风险等级分值为 19，因此其威胁等级为低风险（表 6-11）。

表 6-11 基于公式计算的威胁评级示例

威胁名称	敏感数据在应用服务器传输到 Oracle 数据库的过程中被泄露
威胁描述	在 A 移动应用系统中，Oracle 数据库在内网环境中为应用服务器提供数据存储功能，存储数据包含多类用户敏感数据，例如用户真实姓名、联系电话、证件信息等。所有敏感数据并未采取基于数据层的加密保护，同时数据传输链路也为明文传输。因此，敏感数据在应用服务器传输到 Oracle 数据库的过程中存在被外部或内部攻击者嗅探的可能性，会导致敏感数据被泄露
威胁类型	信息泄露
资产	Oracle 数据库、各类用户敏感数据
影响	用户敏感数据泄露会对 A 移动应用系统及企业造成重大影响，包括业务损失、客户数据被外部利用，同时会使企业的业务形象及信誉受损。如果数据涉及监管范围，则甚至会给企业带来各类法律风险
威胁评级	低风险
安全控制措施	措施 1：使用加密传输链路，比如 TLS1.2 措施 2：使用符合企业及监管要求的加密算法，对敏感数据在数据层就预先进行加密

2. 基于 DREAD 模型的威胁评级

尽管基于公式计算的威胁评级可以为我们带来快速的评级方式，但对于许多情况来说，该方式的评级精确度不足，并没有从多维度去考虑威胁发生的各种影响因素。因此，微软建立了一套 DREAD 模型用来帮助企业进行更全面的威胁评级计算。

使用基于 DREAD 模型的威胁评级，我们需要考虑以下几个维度的问题：

- 破坏潜力（Damage potential）：如果该缺陷或漏洞被利用，则会造成多大的损害？
- 再现性（Reproducibility）：攻击者有多大的可能性进行再次攻击？或者说，重复产生攻击的难度有多大？
- 可利用性（Exploitability）：发起攻击的难度有多大？
- 受影响的用户（Affected users）：有多少用户会受到此项攻击影响？
- 可发现性（Discoverability）：该缺陷或漏洞容易被发现吗？

我们可以根据以上五个维度的问题来对威胁进行评级。当然，对于每一个维度，企业也可以根据自身情况去增加问题。比如可发现性这一维度，由于企业受到监管，可能面临诸多法律风险，则增设以下问题：该缺陷或漏洞容易被发现吗？如果被发现，则会面临严重的法律风险吗？该缺陷或漏洞是否被监管机构禁止出现？

将每个维度再划分为高、中和低三个等级，分别对应分值 3 分、2 分和 1 分，每个威胁可对应每个维度中的一个等级，如表 6-12 所示。

表 6-12　威胁及对应分数

	高（3分）	中（2分）	低（1分）
破坏潜力	攻击者可以完全破坏安全系统，获取完全认证权限，执行管理员操作，可以进行非法上传等行为	敏感信息被泄露	一般信息被泄露
再现性	攻击者可以随意再次攻击	攻击者可以重复攻击，但有时间或其他限制因素	攻击者很难重复攻击过程
可利用性	初学攻击者短期能掌握攻击方法	熟练的攻击者才能完成这次攻击	该缺陷或漏洞利用条件非常苛刻
受影响的用户	所有用户，默认配置，关键用户	部分用户，非默认配置	极少数用户，匿名用户
可发现性	缺陷或漏洞很明显，攻击条件很容易获得	该缺陷或漏洞存在于项目系统内部或限定区域，仅部分人能看到，需要深入挖掘	发现缺陷或漏洞极其困难

将 DREAD 模型中威胁所对应五个维度的高中低等级的分值相加，可以看出，最终的分值会在 5 ~ 15 之间。将分值 12 ~ 15 定义为高风险，8 ~ 11 定义为中风险，5 ~ 7 定义为低风险。

使用此方法，将项目系统中识别到的各个威胁按照 DREAD 五个维度结合表格进行分析，可以帮助企业确定各威胁的风险等级。让我们继续使用上一环节中 A 移动应用系统的例子，对我们识别到资产 Oracle 数据库存在的威胁 1 进行风险等级的计算（见表 6-13）。

表 6-13　Oracle 数据库 DREAD 威胁分析和评级

威胁	D	R	E	A	D	总分	评级
敏感数据在应用服务器传输到 Oracle 数据库的过程中被泄露	2	2	1	3	2	10	中风险

由此可见，相较于基于公式计算的威胁评级，DREAD 模型从不同维度出发来分析和评定威胁，其得出的结果也可能不尽相同。得出威胁等级后，我们应当将其补充在上一环节中编写的威胁记录中。企业可以根据威胁的等级进行综合考虑，对威胁的处理优先级进行排序。在本例中，A 移动应用系统的威胁 1 的威胁等级为中风险（见表 6-14）。

表 6-14　基于 DREAD 模型的威胁评级示例

威胁名称	敏感数据在应用服务器传输到 Oracle 数据库的过程中被泄露
威胁描述	在 A 移动应用系统中，Oracle 数据库在内网环境中为应用服务器提供数据存储功能，存储数据包含多类用户敏感数据，例如用户真实姓名、联系电话、证件信息等。所有敏感数据并未采取基于数据层的加密保护，同时数据传输链路也为明文传输。因此，敏感数据在应用服务器传输到 Oracle 数据库的过程中存在被外部或内部攻击者嗅探的可能性，会导致敏感数据被泄露

（续）

威胁类型	信息泄露
资产	Oracle 数据库、各类用户敏感数据
影响	用户敏感数据泄露会对 A 移动应用系统及企业造成重大影响，包括业务损失、客户数据被外部利用，同时会使企业的业务形象及信誉受损。如果数据涉及监管范围，则甚至会给企业带来各类法律风险
威胁评级	中风险
安全控制措施	措施 1：使用加密传输链路，比如 TLS1.2 措施 2：使用符合企业及监管要求的加密算法对敏感数据在数据层就预先进行加密

6.7.7 威胁建模的工具与自动化

开源、商业工具可以辅助我们快速、美观、系统地构建威胁模型，输出威胁文档。当前市面上有许多基于各种威胁建模方式与框架的工具，用以帮助企业或组织机构实现符合各自情况的威胁建模。

1. 威胁建模工具

在本书中，我们推荐了基于微软 STRIDE 及 DREAD 模型的威胁建模，并进行了详细讲解与举例，因此本小节将重点罗列与 STRIDE 模型相关的几个工具以供参考。

（1）OWASP Threat Dragon

OWASP Threat Dragon[15] 是一个以创建威胁建模流程图表的方式（图 6-15）作为安全开发生命周期一部分的威胁建模工具，其设计遵循威胁建模宣言的价值观和原则，是一个跨平台的开源工具，可以帮助企业简化风险评估流程。

免费和开源的 Threat Dragon 工具包括系统图表和规则引擎，可自动确定和排列安全威胁，建议缓解措施并实施对策。新推出的桌面版本基于 Electron，提供 Windows、MacOS 桌面安装程序以及 Linux 的 RPM 和 Debian 软件包，模型文件存储在本地文件系统上。Threat Dragon 还有一个 Web 版本程序，其模型文件存储在 GitHub 中，未来还计划支持其他存储方式。OWASP 表示，它目前正在维护一个与主代码分支同步的工作原型。

OWASP 的创始人迈克·古德温（Mike Goodwin）强调：“ Threat Dragon 的目标用户还包括软件开发团队，包括开发人员、测试人员、用户体验专家和操作人员。Threat Dragon 的用户体验强调简洁而不失吸引力。展望未来，我们的目标是使其易于集成到正常的开发生命周期中，尽管目前尚不十分完善。”

（2）微软威胁建模工具

微软威胁建模工具 [16]（图 6-16）是 Microsoft 安全开发生命周期（SDL）的核心要素。当潜在安全问题处于无须花费过多成本即可相对容易解决的阶段时，软件架构师可以使用威胁建模工具提前识别这些问题。因此，它能大幅减少开发总成本。此外，我们设计该工具时考虑到了非安全专家的体验，为他们提供有关创建和分析威胁模型的清晰指导，让所有开发人员都可以更轻松地进行威胁建模。

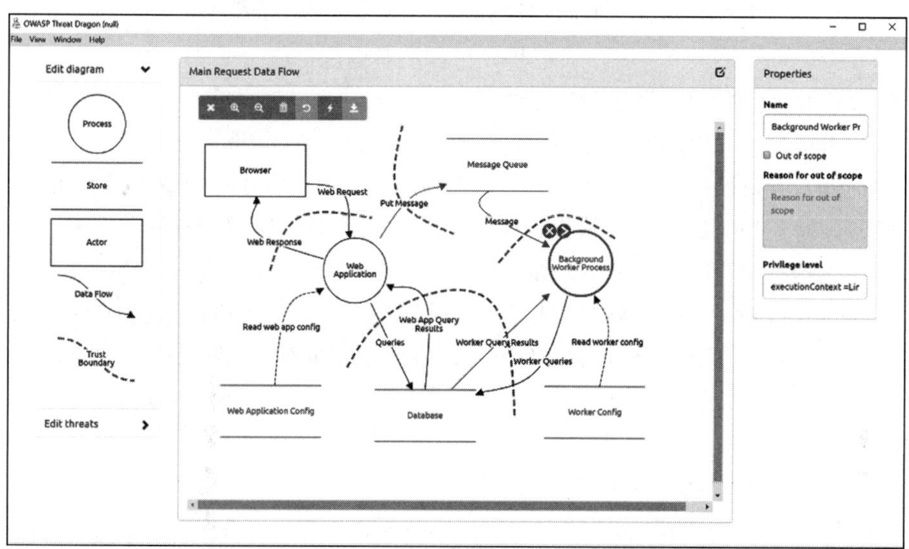

图 6-15　OWASP Threat Dragon 的图表界面

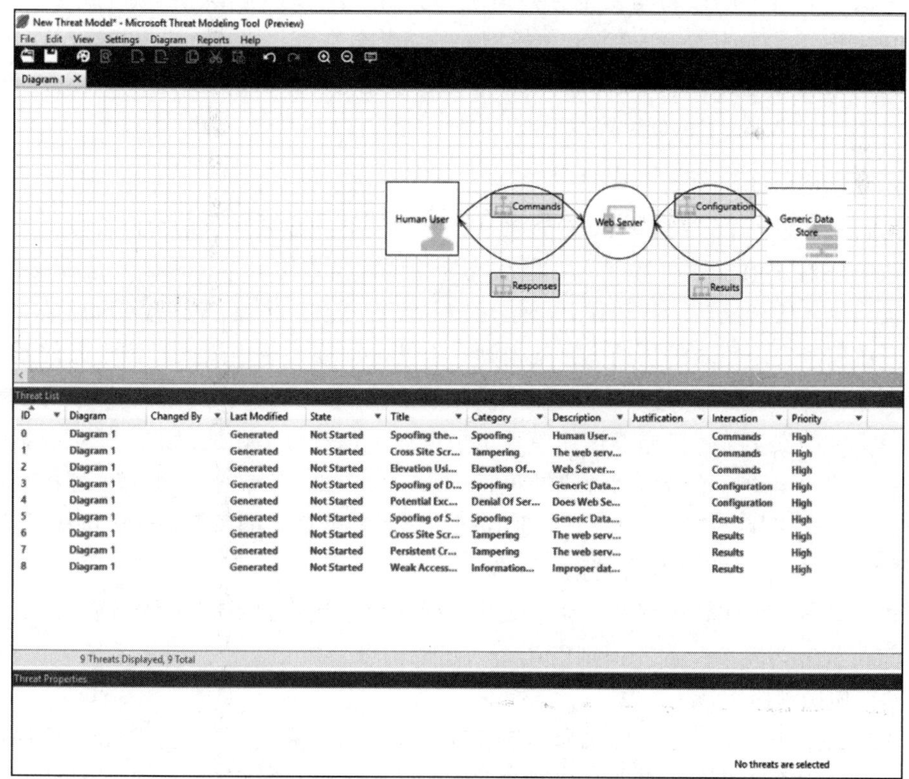

图 6-16　微软威胁建模工具的图表界面

其主要功能与特点包括：

- 自动化：提供有关绘制模型的指导和反馈。
- STRIDE per Element：引导式威胁分析和缓解措施。
- 报表：验证阶段的安全活动与测试。
- 威胁可视化：使用户能够更好地直观了解威胁。
- 专为开发人员设计，以软件为中心：许多威胁建模的方法是以资产或攻击者为中心，微软威胁建模工具则是以软件为中心。其解决方案构建在所有软件开发人员和架构师都很熟悉的活动基础之上，如为软件体系结构绘图。
- 注重设计分析：术语“威胁建模”可以指需求，也可以指设计分析技术。有时，它指的是两者的复杂混合形式。Microsoft SDL 的威胁建模方法是一种有重点的设计分析技术。

（3）IrisRisk

IrisRisk[17] 是一个业界信赖的自动化威胁建模平台，其设计的初衷包括增强安全与开发团队的协作能力，加快上市时间，并帮助项目团队真正地将安全左移。

IrisRisk 的建模流程通过定义项目系统、应用程序的架构设计图来自动生成威胁模型，并提供针对资产的威胁与安全管控措施的分析。同时，工具提供动态的实时建模特性，用户可以实时看到应用程序的威胁模型上的威胁分数，并快速生成报告。IrisRisk 同时具备与其他第三方工具、平台的协同工作能力，包括 Jira Cloud and Server、ServiceNow、Microsoft TFS 和 Azure DevOps 等。

2. 威胁建模自动化

让我们来设想一个采用 DevSecOps 模式的项目团队，在项目早期设计阶段，架构师与项目团队已经对该项目的产品有了一套系统化的设计与解决方案，遵循安全左移的原则，项目团队与信息安全团队同步协作开展了对产品设计与解决方案的安全风险评估和威胁建模工作。在信息安全团队的协助下，架构师在企业的建模系统中输入了该产品的系统架构设计图，包含用户、数据、接口、功能模块、系统参数、配置文件、业务关系等一系列组件及已经实施的安全管控措施。该建模系统根据以上信息自动化地识别出了对应不同对象的所有潜在威胁风险，给予威胁评级并进行记录，生成报告。同时，建模系统也会罗列出不同威胁的安全控制措施，告诉项目团队如何将该威胁所产生的风险降低到可接受范围内。信息安全团队成员与项目团队保持沟通协作。

当然，这是一个比较理想的自动化威胁建模流程。让我们回忆一下，前文提到威胁建模的工作流程分为六个步骤：识别资产，创建架构设计概览，分析应用系统，识别威胁，记录威胁，威胁评级。

在该场景中步骤 1 ~ 2 由架构师与信息安全团队协作完成，步骤 3 ~ 6 由建模系统自动完成，信息安全团队与项目团队仅对步骤 3 ~ 6 中的结果进行校验，保持协作沟通。也就是说，通过自动化的威胁建模系统建设，可以最大程度减少人的介入环节，提高建模效率，从而更有效地帮助项目团队实现安全职能的左移，在设计阶段发现、避免潜在威胁与风险，实现安全、快速的持续交付。那么问题来了，既然这是一个理想的场景，我们可以实现它吗？答案是肯定的。

一套自动化的威胁建模系统可以基于某一现有威胁建模工具，结合安全体系、技术及管理来实现。其中，最主要有以下四个难点需要解决。

（1）威胁库的建立

在诸多现有的威胁建模工具中已经具备了最原始的威胁库，一般都包含和定义了当前应用程序中常见的各类威胁及对应安全控制措施。例如 OWASP Top10 的漏洞威胁、常见的攻击方式等。但要实现较全面的自动化威胁识别，工具原始的威胁库数据是远远不够的。企业需要根据自身情况，结合应用场景、业务场景、网络态势、产品形态、法律法规等多方面因素来完善威胁库，维持威胁库中的威胁条目及其对应安全控制措施的动态更新。

让我们来看两个简单例子。

- 例 1：由于企业计划未来项目将大量采用微服务架构，因此针对微服务的各种潜在威胁需要被考虑，企业需要在威胁库中添加完善所有与微服务架构特性相关的威胁信息，并预设安全管控措施。
- 例 2：由于业务系统会面向欧洲市场及客户，所以系统在个人数据管理方面需要满足 GDPR 的监管要求，因此企业需要在威胁库中添加完善所有与 GDPR 要求相关的潜在违规威胁，并预设安全管控措施。

（2）系统架构设计图中各组件属性的准确性

要实现准确的自动化威胁识别，首先录入信息的准确性是一定要保证的。在识别资产与创建架构设计概览环节，信息安全团队成员务必要与架构师、项目团队保持协作，确保在建模系统中录入的资产、信息、数据、逻辑准确。

例如在项目系统中使用了 DB2 数据库，那么该数据库的上下游关系如何，配置参数如何，怎样进行身份认证与授权，具体采用哪些协议？这些都需要在架构设计环节中清晰定义出来。

（3）安全管控措施的验证

当我们确保了建模系统可以准确识别出不同资产、组件相应的威胁之后，如何判断该威胁是否有效，威胁所带来的潜在风险是否已被控制在可接受范围，或该威胁在某业务场景下是否适用？这些都需要我们通过验证各安全控制措施在项目系统中是否已部署到位来进行判断。

信息安全团队成员需要协助项目团队成员准确理解各安全控制措施的定义，确保在建模系统中更新录入的各安全控制措施的准确性。

（4）威胁评级的计算

威胁的评级关系到整个威胁建模及风险评估工作的最终结果。威胁评级需要由建模系统根据前面环节的分析结果进行自动计算得出。因此，对于计算方式的选择及阈值的设定就显得尤为重要。

企业要结合实际情况来选择适合自己的计算模型：选择公式计算还是 DREAD 模型？分值多少以上应归纳为高风险？是否应该增设极高风险等级？这些都是需要考虑的。

例如，金融企业在计算威胁评级时，高风险的阈值可以低于一般企业，以扩大高风险的包含范围，甚至可以增设极高风险等级。

以上是实现自动化威胁建模系统的几个难点，需要重点攻克。可以说，目前市场已有部分威胁建模工具可以解决大部分的问题，但毕竟威胁建模是一个动态的持续过程，且需要考虑多种外在因素。因此，要想实现符合企业自己情况的自动化威胁建模，就需要从安全体系、技术、管理等多维度下手，优化解决以上问题。

6.8 合规性检查

在介绍完快速检查表和完整风险评估后，最后一种审查方式为合规性检查。

经过数十年的发展，当前全球现行法律法规及行业标准中与网络和信息安全有关的已有上百部，它们涉及网络运营安全、信息系统安全、数据安全、网络安全产品、保密及密码管理、计算机病毒与恶意程序防护，以及通信、金融、能源、电子政府等特定领域的安全和各类网络安全犯罪制裁等多个领域，在文件形式上，有法律、司法解释及相关文件、行政法规、法规性文件、部门规章、行业标准文件等。针对不同国家及区域，各类法规又有不同的细则。它们都由对应的执法及监管机构负责监督与执行。因此，对于一家企业来说，其产品或业务的合规性直接影响着它面向未来市场的生命力与可持续发展性。

一般来说在每个国家或地区，多数安全领域的监管要求主要集中在个人信息保护、网络安全保护、数据安全管理三个方向，再配合各自行业的监管要求，形成对不同行业完整的监管体系。例如金融行业在中国，其需要参考的监管要求包括《个人信息保护法》《密码法》《网络安全法》《保密法》《中国人民银行法》《商业银行法》《票据法》《担保法》《保险法》《证券法》《信托法》《证券投资基金法》《银行业监督管理法》，以及各类法规如《储蓄管理条例》《企业债券管理条例》《外汇管理条例》《非法金融机构和非法金融业务活动取缔办法》《金融违法行为处罚办法》等，还包括对应的国家与行业标准。由此可见，对于企业的业务与产品的合规性检查是一个相对复杂且持续的过程。

对于合规性检查，按照传统方法我们可以参照第 5 章中涉及合规性要求的需求分析方法来进行，针对本次要检查的项目的业务或产品形态，首先罗列出其所涉及的监管要求清单，再针对每一项监管要求检查其设计是否符合规范、是否有违法违规的风险，如表 6-15 所示。

表 6-15　监管要求清单

编号	涉及监管要求类别	名称	适用地区	评估依据	当前项目控制情况
1	中华人民共和国国家标准	《信息安全技术关键信息基础设施网络安全保护基本要求》	中国大陆	4.5.1 运营者应根据监测预警策略制定监测预警制度，明确监测内容和流程，采取有效技术措施，实施持续性监测，对关键信息基础设施的网络安全风险进行感知、监测。	
2	金融监管要求 / 金融行业推荐性标准	《多方安全计算金融应用技术规范》	中国大陆	6.2 算法输入 算法输入为金融应用提供算法逻辑和输入方式。并对算法逻辑进行管理，具体要求如下： a) 算法逻辑类型： 1）应支持常见的查询操作，如 Select、Sort、Join 等。 2）应支持常见的统计分析算法，如均值、方差、中位数等。 3）应支持常用的机器学习算法，如线性回归、逻辑回归、神经网络、K-Means、PCA、决策树、XGBoost 等。	
3	法律 / 金融监管要求	《中华人民共和国证券法》	中国大陆	第四十五条　通过计算机程序自动生成或者下达交易指令进行程序化交易的，应当符合国务院证券监督管理机构的规定，并向证券交易所报告，不得影响证券交易所系统安全或者正常交易秩序。	

以上是较为传统的检查方法，但需要适应 DevSecOps 的快速持续安全交付的特性。我们可以将合规性检查与安全风险评估体系进行结合，在威胁建模的威胁库的建立过程中，建立一套符合企业所处行业、地域的常见的各类合规风险及其对应控制措施，并进行持续性的维护。让我们再看看以下例子。

由于业务系统会面向欧洲市场及客户，所以系统在个人数据管理方面需要满足 GDPR 的监管要求，因此企业需要在威胁库中添加和完善所有与 GDPR 要求相关的潜在违规威胁，并预设安全管控措施。

让我们继续以 A 移动应用系统为案例，当该系统面向欧洲市场时，将该合规风险导入表 6-16 中。

表 6-16　涉及欧洲市场的合规风险和相关安全管控措施

编号	威胁	涉及威胁类型	安全控制措施（缓解措施）	是否实施
1	客户信息（PII Data）存在被泄露的风险	合规风险 GDPR	措施 1：数据在存储、传输过程中保持加密 措施 2：严格执行访问控制，仅有被授权的实体允许访问该数据	
2	客户信息（PII Data）存在被丢失的风险	合规风险 GDPR	措施：制定完善的数据备份策略，当数据出现损坏、丢失等情况时，可确保客户信息能在符合法规要求的时间进行恢复	
3	系统存在在客户不知情的情况下收集个人信息的风险	合规风险 GDPR	措施：在系统注册页面、功能模块使用过程中，提示并告知客户系统所需要采集的个人信息，并确保客户拥有拒绝个人信息被收集的权力	

以此类推，然后在每次威胁建模工作开展的同时，在架构设计图中导入对应的合规性要求组件、模块，使得合规性检查成为自动化威胁建模流程中的一部分，做到合规检查与威胁同步分析、同步识别、同步记录、同步评级。

6.9 总结

随着业务对快速交付需求的逐渐提高，传统的单一架构产生了种种局限，进而引发了新一代架构设计理念——微服务架构的发展。本章首先介绍了微服务架构相比单一架构的优势，以及微服务如何与 DevOps 相辅相成从而共同实现快速交付。接着从微服务的设计上提出了相关的拆分原则、设计原则、拆分方法等理论。然后，本章讨论了目前最流行的两种微服务框架：Spring Cloud 和 Service Mesh。针对历史遗留的单一架构系统的微服务改造（单一架构重构），本章也提出了相关改造策略、改造关键要素以及实施步骤。

但是，对于应用系统来说，无论是基于单体架构还是微服务架构，都需要经过架构安全的评审（安全风险评估），以确保在项目的设计阶段就尽可能地避免风险及问题的产生，实现真正意义上的安全左移。同时，安全风险评估的左移也不应该单单只是将其传统的工作内容左移，而是建立一套适应 DevSecOps 持续快速安全交付目标的体系，从而打破传统信息安全在 DevSecOps 中的瓶颈状态。在本章，我们也对该体系进行了详细说明，以帮助读者理解与实践。

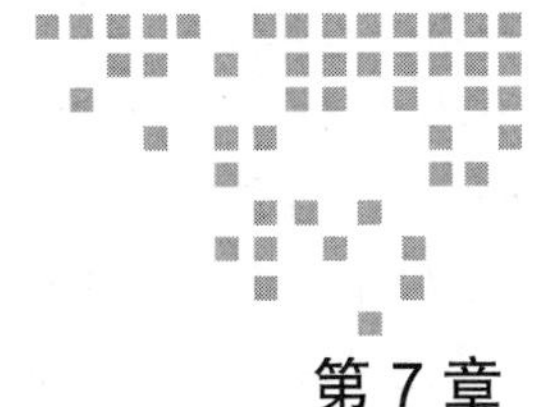

第 7 章 Chapter 7

DevSecOps 运维和线上运营

灰石网络的游戏巨作《边境》自去年上线以来，一下子点燃了沉寂了近一年的游戏市场。这是一款集第一人称射击、即时战术、RPG 为一体的综合型网络游戏。游戏以一场虚拟的未来战争的故事为主线，讲述了因邻国被极端组织占了，而导致 A 国被卷入一场多国混战的局势之中。游戏玩家作为 A 国的一名士兵，从入伍到新兵集训，再到经历真实的战争，一场场激烈的战斗、一个个艰难的任务，让玩家所扮演的人物经战火的洗礼最终成为一名合格的战士。玩家在游戏中可选择自己的兵种、职业发展路线、特长，学习各类装备操作，还可以在线组局进行即时战术射击比赛或联机完成各类战斗任务。游戏自上线以来，活跃玩家数量在短短的半年内就已经接近 1 亿，可谓是灰石网络的又一成功作品。

周六的傍晚，灰石网络业务运行控制大厅，周天紧盯着屏幕上各类跳动的数字，他似乎已经察觉到了有一些异样。

这是灰石网络的态势感知大屏，它是基于多年技术积累所打造的一个基于环境的、动态、整体地洞悉安全风险的安全运维平台，以安全大数据为基础，从全局视角提升对安全威胁的发现识别、理解分析、响应处置能力，最终为公司的决策与行动提供依据。《边境》于周六凌晨发布了重大更新，其中增加了许多新的作战装备和任务，不少玩家也都趁着周末时间抢先体验。

因此，今天《边境》运维团队也背负着不小的压力。作为灰石网络高级研发效能与 DevSecOps 专家，同时兼任公司态势感知平台的负责人，周天自然也绷紧着神经。要知道，灰石网络每天都承受来自全球各种各样的网络攻击，尤其在今天这样一个重要的日子，确保业务运行稳定，是整个运维和安全团队的首要任务。

20 点 01 分 03 秒，大屏弹出了一条预警。预警信息显示《边境》的一台前置服务器出现流量异常，但尚未对业务运行造成影响。

“要注意观察系统对流量的分析结果。”周天对小李说。

“好的，等系统自动分析完我会将结果汇总发送出来。”小李回答。

小李是今晚运行中心值班人员之一，为了保障业务系统在今天这个重要的日子里一切稳定，运行中心采取了四班轮岗的形式，确保24小时运行无缝衔接。同时，所有在岗值班人员在信息安全应急响应预案中都被编入了应急响应日常运行组。他们平常除了要完成本职的运维工作，还要承担起企业应急响应机制所赋予的职责，包括应急监控系统的运作与维护、备份中心的日常管理、备份系统的运行与维护、维护和管理应急响应计划文档等。一旦有任何异常突发事件或事故发生，他们就要与企业应急响应预案内的组织协作共同处理与化解危机。

20秒后，系统分析结果显示，进入该服务器的流量有超过80%都是异常流量，包含大量无效的请求，而且请求来源非常分散。看来这又是一次DDoS，同时，态势感知平台已自动告知流量清洗系统介入，对分析出的异常流量开始清洗。

“小事一桩，咱们这每天都被攻击，次数一多，大家似乎也都习惯了。这说明咱们的新游戏不是一般受欢迎嘛，这么多人注意我们。”小李笑着说道，此刻大屏显示随着流量清洗开始，前置机的访问已趋向正常。

“咱们还是别掉以轻心，注意盯着系统的最新实时报告。”周天补充道。

也许周天一开始的直觉是对的，而此刻，一场更大的阴谋正在背后酝酿着。

20点06分15秒，态势感知大屏再次发出预警，又有多台前置服务器出现异常流量，自动清洗已介入，企业的DDoS防护系统已全面启动。在场的所有值班人员心里都咯噔了一下，紧盯着屏幕。

10Gbps、20Gbps、40Gbps、100Gbps…… 攻击的流量正在呈指数级增长，与《边境》相关业务的几乎所有前置机都受到了攻击，部分通信工具服务器也受到影响。

大家都知道，游戏业务是一个对系统与网络服务可用性要求极高的业务，任何的网络延时、掉线的出现都会对用户体验造成极大影响。

攻击流量仍在增加，个别用户已经出现了游戏访问延迟。

“这不是一般的攻击。”周天做出了判断，他也意识到了事态的严重性，“启动应急响应预案吧。”他紧接着补充道。

灰石网络的应急响应预案是指在分析网络与信息系统突发事件后果和应急能力的基础上，针对可能发生的重大网络与信息系统突发事件，预先制定的行动计划或应急对策。对于类似此次的突发的大规模DDoS攻击事件，灰石网络在预案中也早有对策。

应急响应实施组的成员正在一一上线，他们是由《边境》业务线上各Pod团队中的技术骨干及安全团队的技术人员组成。周天作为公司的DevSecOps专家、态势感知平台的负责人，与闻讯后的灰石网络的主要技术负责人、技术总监、业务线负责人紧急商讨对策，他们同时也是应急响应预案中的领导组。

很快，领导组也下达了指令——尽快实施遏制行动，启动所有云上的DDoS高防服务，加大流量清洗力度。

运行大厅瞬间进入了紧张的作战气氛中，仿佛《边境》中的战火已经燃烧到了这里。

20 点 39 分 30 秒，态势感知平台报告《边境》的玩家线上论坛出现大量违规信息，包括垃圾信息、政治信息的帖子不断地冲击着玩家论坛。

由各业务线负责人、安全负责人、项目管理人员等组成的应急响应专家组一边进行攻击源分析，一边建议实施组调高玩家论坛内容安全服务的阈值，应用安全防火墙 WAF，同时启用最高级别的防御规则。

此刻的周天心里清楚，面对大规模的 DDoS 攻击，目前业界也没有完美的根除方法，只能拼命接招，拼命清洗，提高防御水平，关闭一切非核心的服务及端口，封禁已知攻击源 IP，坚持到最后的一方就是胜利者。

小李根据平台反馈，告知周天目前大流量的攻击仍在继续，但凭借灰石网络强大的防护能力与应急响应水平，目前绝大多数线上玩家的操作暂时没有受到影响。

20 点 43 分 06 秒，玩家论坛那边随着响应措施的生效，情况已经有所好转。但由于之前被攻击者写入大量的包括政治内容在内的垃圾信息，领导组还是下达了暂停论坛访问的决定，待论坛内容过滤清洗完毕后再择机开放。这样做一是避免玩家被垃圾信息干扰，二是尽可能避免一些监管上的潜在风险。

今夜注定是个不眠之夜，攻击持续了近 6 个小时后在第二日的凌晨逐渐消退。

事后分析统计，这是灰石网络自成立以来遭受到的最大规模的一次网络攻击事件，得益于灰石态势感知平台的出色发挥，及应急响应预案的正确落实，才使得游戏《边境》的业务可用性得到保障。甚至在事后，多数玩家都没有感知到这场无声战争的存在。这表明了灰石网络无论从监控安全，还是安全事件应急响应层面，都可以成功应对外界的安全挑战。

最让周天欣慰的是，自实施 DevSecOps 转型以来，不仅仅实现了安全左移对于团队在运维运营阶段的能力的提升，他们还将以 Pod 为单位的 DevSecOps 团队与应急响应机制相结合，让不同成员在预案中承担起了不同的角色，并且在之前的红蓝对抗中也得到了一定的锻炼和经验。另外，在配置和环境管理、日志和数据管理以及权限管理等方面都做到了相应的安全治理和管控，实现了安全对运维各个环节的全面覆盖。

无论如何，这次围绕着《边境》所展开的战斗，是灰石网络自 DevSecOps 转型以来打赢的第一场大仗。

7.1 配置和环境管理

在 DevSecOps 的推进过程中，系统的运维角色已经交到产品开发小组（Pod）中。在日常工作中，Pod 成员已经承担起系统运作所需要的环境配置和管理任务。在一些成熟或者先进的开发团队中，在引入 Pipeline（管道）以后，服务器或者中间件的配置已经采取自动化集成。再进化一步，到当下非常火的云原生环境下，系统的配置基本上不需要再由专门的运维角色进行，而是直接由开发人员执行。同时也产生了一些新的概念和流程，如基础设施即代码（Infrastructure As Code）。

7.1.1 基础设施即代码

随着市场上产品和服务竞争的加剧，现代软件开发对基础设施的管理提出了更高的要求：更快的响应速度。持续交付要求产品团队对部署和运维要有更高的自主性，技术的快速进步和演化也使得基础设施的配置方式不得不频繁改进。这种快速的变化过程要求基础设施既要灵活，也要安全和稳定。然而，在应对新的挑战时，传统基础设施运维虽然有一定的自动化能力，但不能做到无人值守。由于环境释放和重建的成本过高，因此倾向于维持现有环境而不释放，这导致资源利用率低下。另外，产品团队获取资源的方式往往是被动的申请制，中间存在若干审批环节，以及需要运维团队执行，响应缓慢。最后，基础设施的管理和业务产品团队相对脱节，很难根据业务需求实时动态地增加资源，需要额外的文档来描述所需环境，响应不及时。

基础设施即代码就是针对这些问题而产生的一种全新理念。Kief 在《基础设施即代码》一书中给出了定义："基础设施即代码是一种使用新的技术来构建和管理动态基础设施的方式。它把基础设施、工具和服务以及对基础设施的管理本身作为一个软件系统，采纳软件工程实践以结构化的安全的方式来管理对系统的变更。"与传统研发模式不同，产品团队不仅仅需要管理项目和本身代码，也需要管理定义环境的脚本语言。在基础设施即代码中，定义环境的脚本可以由基础设施自动化工具执行，动态创建、销毁和更新产品运行环境。基础设施即代码可以产出高成熟度的持续交付实践，其目标是实现环境创建的标准化、自动化和可视化：

- ❑ 标准化：用代码的方式标准化开发、测试和生产环境的定义和创建。
- ❑ 自动化：通过自动化工具实现环境的创建、更新和销毁。
- ❑ 可视化：通过监控可视化环境信息（状态、变更历史等）。

在实践中，基础设施即代码需要将所有的配置信息都定义在可执行的配置文件里，如 Ansible playbook、Chef recipe 和 Shell 脚本等。另外，在编写环境配置的代码时，也要编写相应的对创建的环境的测试，确保环境配置的正确及安全性，并且将测试代码和源代码统一进行版本管理。这样所有的配置和变更都可以被审查并记录，并且方便重构来发现问题。并且，结合敏捷和 DevOps 模式，基础设施即代码也应该采取小步变更而不是批量变更。基础设施的更新越大，越有可能存在问题并更难检测错误，尤其是一些相互影响的情况。小而频繁的变更更加易于发现问题，并且更容易回滚。这种基于代码的动态基础设施技术使得服务器的配置更加灵活，并且使用配置代码可以让变更更安全，在升级应用和系统软件时承担更小的风险，问题也可以被更容易、更快地进行定位和修复，最差的情况也就是回滚到上一次配置。最后，基础设施即代码还可以用来管理和部署大批量的服务器，从而提高部署效率，减少部署成本。

7.1.2　配置的安全管理原则

在 DevSecOps 实践中，许多情况下安全的配置也遵从同样的模式。系统运行的安全配置也交到了 Pod 团队角色中，使用代码来实现基础设置的配置变更和运行。例如，服务器的 SSL 配置、数据库的连接配置等工作。开发团队将会有更多的权限对系统运行环境进行配置和修改，以达到快速开发的目的。

不仅配置的任务交到了开发团队中，安全地配置和管理系统环境的重任也交到了 Pod 的每一位成员身上。面对大量重复的配置工作，采取统一的配置管理就显得非常必要，如统一的系统镜像、统一的中间件配置方案。建立安全基线，对系统运行环境进行定期的审查，这样就可以避免出现错误配置或者人为错误导致安全事故。

各个团队在不同业务场景下所面临的实际情况很可能千差万别，我们无法在配置的安全管理上做到面面俱到，但无论你的团队采用何种方式，在具体的实施过程中都可以参考以下原则，以确保配置信息的安全性。

- 配置隔离：在应用系统中，尽量做到将配置文件、配置信息同源代码、应用、数据等进行隔离存储。
- 访问控制：限制配置文件的访问权限，可以采用基于角色的访问控制（RBAC）对配置文件的用户访问、系统访问进行严格区分授权。在条件允许的情况下启用特权账号访问机制。
- 数据脱敏：原则上，配置文件是不允许包含应用系统或业务上的敏感数据的，团队务必确保仅有被允许的数据才被写入配置文件，对于可能包含敏感数据的业务系统，其配置文件要进行脱敏检查。
- 敏感配置信息加密存储：对于一些必须包含敏感数据的配置信息，必须加密后再存储，仅在使用前再进行临时解密，以进一步防止信息泄露。
- 安全传输：各业务系统所处的网络环境可能千差万别，但原则上对于配置信息在网络间的传输建议做到通道的安全加密，如采用 HTTPS 协议等。就算在企业内部的网络环境，许多环节也无法实现 100% 的可信。根据纵深防御原则，内网环节的安全传输加密也是确保配置安全管理的必要手段之一。
- 日志记录：所有对配置信息进行的操作都必须被记录，包括任何形式的系统操作和用户操作，以便事后追查或者合规审查。
- 差异化配置：不同的环境（例如生产环境、测试环境和开发环境等）使用不同的配置信息，如不同的访问账号，以避免将生产数据应用到测试开发环境导致安全风险。
- 实现安全基线检查：定期的安全基线检查是确保配置安全管理的第二道防线，可借助安全基线检查工具，定时对应用系统的当前所有配置信息进行扫描检查，这可以帮助发现前期在配置管理操作中所出现的纰漏或错误。

7.1.3 安全的计算环境

安全的计算环境是一切业务系统安全的基础，其主要包括运行系统的安全、身份与访问控制、安全审计、入侵防范、恶意代码防范、可信验证、数据完整性、数据保密性、数据备份恢复、剩余信息保护及个人信息保护等。这些都在新版的《网络安全等级保护条例》中有明确的规定。由此可见确保安全的计算环境不单单只是某项或某几项工作的实施，而是一个基于其他安全技术开展的系统化安全保障工作，本质上也是一个跨安全领域的运维工作。

运行系统的安全从本质上来说是关注计算硬件与软件资源的计算机程序的管理，它可由运行系统自身安全配置、相关安全组件以及第三方安全设备实现。运行系统的安全需要与访问控制、安全审计、入侵防范等机制协作，以实现安全加固，为业务系统进行资源分配。

身份认证与访问控制是信息安全领域的重要基础之一。信息系统中要想实现安全目标，达到一定防护水平，必须具备有效的鉴别与访问控制机制。设想一下如果业务系统在身份认证与访问控制环节出现纰漏，入侵者可以随意篡改、窃取系统中的数据，那么无论该业务系统在其他安全环节做得多么出色，其始终都是不安全的。具体关于身份认证与访问控制的内容，可参阅 7.6 节。

安全审计是通过测试业务系统对一套确定的标准的符合程度来评估其安全性的系统方法。安全审计在计算环境安全中强调了其覆盖应包括每个用户及实体，对重要的用户行为和重要安全事件进行审计。同时，审计记录应包括事件的日期和时间、用户、事件类型、事件是否成功及其他与审计相关的信息等。安全审计的具体建议可参考“等保 2.0”中的要求规范。

入侵防范和恶意代码防范本质上都是对潜在威胁的防御性管控，遵循最小权限、职责分离、纵深防御等原则是防范入侵和恶意代码的基础。入侵检测系统、入侵防护系统及态势感知技术的使用可以在很大程度上降低各类入侵及恶意代码产生的风险。但两者的防范往往不应只依靠技术手段，人的因素往往是防御性管控措施里面的薄弱点，对人员的安全意识培训和加强也应是重点要开展的工作。

可信验证强调基于可信根对计算设备的系统引导程序、系统程序、重要配置参数和应用程序等进行可信验证，并在应用程序的关键执行环节进行动态可信验证，在检测到其可信性受到破坏后进行报警，并将验证结果形成审计记录送至安全管理中心。

数据完整性、数据保密性、数据备份恢复、剩余信息保护及个人信息保护则强调数据的安全与治理，主要是通过数据加密、数字签名、访问控制、备份等技术实现覆盖全生命周期的数据安全策略，是对计算环境安全的重要保障。同时，数据安全本身也涵盖了大量的合规性问题，具体的实施细节请参阅 7.7 节。

7.2　发布部署策略

产品在完成所有的测试任务后，并且生产环境也配置完成，就可以进入发布阶段了。一般在 DevOps 成熟度高的团队，这项工作也是在 Pod 团队里完成。这里的 Pod 成员身兼数职，如系统管理员、发布人员等。这样就自然催生出自动化发布的概念和流程。

第 2 章简单介绍了一些自动化发布工具。除了工具以外，在发布流程中，尤其是第一次发布，都需要制定相应的发布计划（比如发布步骤、发布环境构建、配置参数管理、负责人、日志的存档和发布策略等等），以保证发布过程中的可靠性和可重复性。在项目执行过程中，需要对这个发布计划进行维护，不断重新审视。在发布计划制定好并且通过测试评审后，运维人员会根据发布计划确定发布时间窗口，通过发布工具 / 平台在规定时间内执行部署动作。然而，在生产环境的发布远比测试环境复杂，并且失败的后果要比测试环境严重得多。为了最小化发布失败造成的损失，可以选择不同的发布策略。回滚是最简单的一种发布风险控制方式。当新版本出现问题时，通过回滚机制将其替换为可运行的旧版本。这种方案可能会造成应用的暂时不可用，而且对于回滚回旧版本的流程是无法全面测试的，因为是在生产环境，并且数据库的变更可能会引发比较大的风险，造成数据丢失。最后，回滚可能造成新版本中的问题无法重现，因此很难追踪问题的根源。另外，除了回滚，还可以使用前滚，通过快速修复新版本中的问题，使得新版本可以马上再次进行发布。由于修复新版本和重新测试需要时间，这段时间应用又是停止服务，因此前滚的前提是基于非常快速的持续交付 / 发布流水线，使得交付速度可以足够快地应付再一次的变更，从而快速消除错误和风险。前滚的好处是不需要额外的流程，与正常进行的开发流程相似。实际中，根据业务和应用对于挂机的容忍程度，如果问题可以在短时间内定位并解决（比如一小时或者最多半天内），则前滚的方式会更适用；如果业务和应用对于稳定性要求很高，则回滚模式会更适合。

虽然回滚模式可以保证一定的稳定性，但它避免不了一定时间的应用服务停止。但有些场景下的业务可能不允许出现任何停机，这个时候，零停机的发布策略则显得更加重要。零停机策略是一种或者多种可以根据业务需要选择低风险的发布策略，从而保证流程风险可控，比如蓝绿发布、灰度发布（金丝雀发布）和滚动发布等。

1. 蓝绿发布（图 7-1）

蓝绿发布指同时运行两个版本的应用，在部署的同时不停掉老版本，而是直接部署一套新版本。等新版本运行起来后，再将流量切换到新版本上。这样发布的优点是在新版本发布过程中，不会有应用程序中断服务的风险。此外，可以在新环境中全面测试应用程序的性能和功能，即使出现问题，只需要通过路由器将流量切换回老版本即可。但是蓝绿部署要求在升级过程中同时运行两套程序，对硬件资源的要求是日常的两倍，使用公有云可以解决这个问题。另外，预生产环境也可以作为蓝绿部署额外的资源，但预生产环境需要与生产环境保持一致，测试数据也需要改成实际的生产数据，以及调用生产环境的第三方系统，而不是模拟系统。预生产环境和生产环境的版本需要实现自动化切换，以免人为失误。最后，数据库在两个环境中的同步也存在问题。因此可以在某段时间将数据库设置成只读，禁止对数据进行修改。所以，如果无法建立安全处理数据库的方法，则蓝绿发布的可行性就不是特别高。

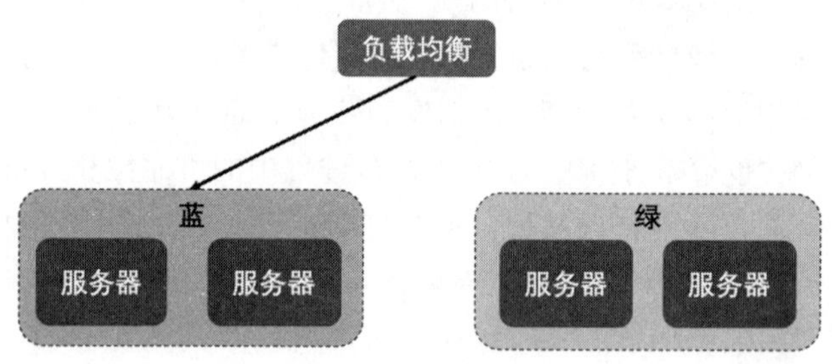

图 7-1 蓝绿发布

2. 灰度 / 金丝雀发布（图 7-2）

灰度 / 金丝雀发布是另一种发布策略，可以有效降低产品发布的相关风险。首先将新版本部署到一台或几台小范围服务器上，这些服务器可以设置为先不响应客户的请求。在较低的负载下运行它们，如果测试通过，则将新版本发布到其他所有服务器上。这种发布策略的好处是零停机发布（没有任何应用程序中断的情况下进行新版本发布），可以在生产环境中以最小的代价进行测试，并且设立一种早期预警系统。如果新版本在第一批小规模范围内运行不佳，则可以立即停止，通过自动化回滚到旧版本也很方便。但其缺点是数据库和第三方系统必须同时支持两个版本，这增加了复杂性，并且容易造成很多问题。比如，两个版本中的错误都必须修复，而且需要建立两套流水线。因此，这种状态应该最多只持续几个小时。

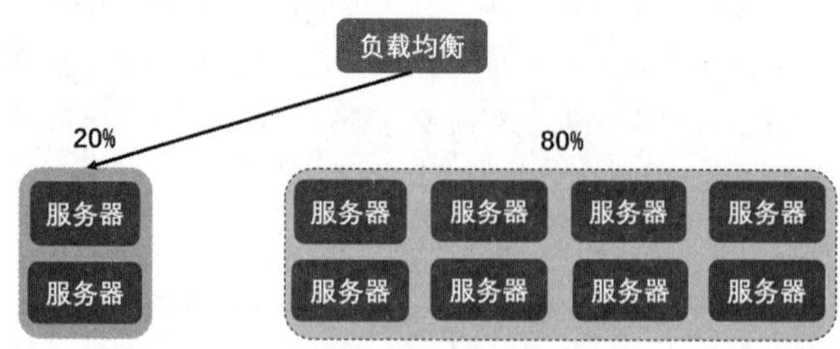

图 7-2 灰度（金丝雀）发布

3. 滚动发布（图 7-3）

滚动发布能够解决蓝绿部署时对资源要求倍增的问题。所谓滚动升级，就是在升级过程中先启动一台新版本，再停止一台老版本，然后再开新版本和关老版本，直到升级完成。

但是这样会有一个问题，在开始滚动升级后，流量会直接流向已经启动起来的新版本，但这个时候的新版本不一定可用，比如需要进一步测试才能确认。那么在滚动升级过程中，整个系统就处于非常不稳定的状态。如果发现了问题，则也比较难确定是新版本还是老版本造成的问题。为了解决这个问题，滚动发布需要实现流量控制的能力。

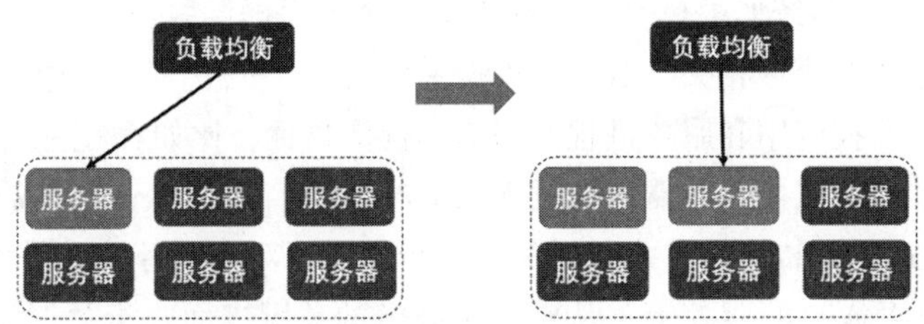

图 7-3 滚动发布

4. 持续部署

持续部署是将每次代码的变更直接快速地发布到生产环境。这种方法彻底抛弃了传统的发布模式（需要做变更管理和审核），而是将变更更小、更快地发布到生产环境。变更的规模越小，产生的风险也就越小。就算出现问题，基于持续部署的快速反应能力，也可以马上进行修复。然而，持续部署需要依赖强大的自动化能力、优化的架构设计、高质量的发布，以及基于对人的充分信任。因为持续部署可以让开发的代码直接进入生产环境，而不会被任何合规和审核所限制。这意味着开发人员必须对自己的交付质量和安全负责，需要具备极高的职业素养和责任感。在现实工作中，持续部署的应用场景很少，可能也仅限于一些非核心功能的小的变更。而涉及核心功能变更或者大的变更的发布，往往还是有计划地进行常规模式的发布，以确保将风险降至最低。

正是由于多任务、多线程，Pod 成员难免在系统发布的时候出错，如错误配置环境变量而导致安全风险暴露，或者安全事故的发生，这些例子在我们的日常生活中经常发生。例如某系统数据部署在云上，原本设计是不能被公网访问的，但是由于错误的配置，打开了 VPC 的公网访问权限而导致数据丢失。这些例子多不胜数，为了避免错误的发生或者溯源，在发布部署时，我们必须进行严格的基线检查，设置必要的权限控制，避免 Pod 团队接触到敏感的账户和权限，并实行严格的日志审计，做到能追查每一个用户的行为日志。

7.3 持续监控和安全

监控是 DevSecOps 体系中的重要组成部分，是收集、分析和使用数据跟踪应用和基础架构以指导业务决策的过程。持续监控继承了 DevOps 的理念，在传统监控的基础上又向前迈进了一步。持续监控不仅支持 DevOps 快速交付下的业务、应用和基础设施监控，而且监控开发过程和环境，从而可以更快、更早地得到反馈，发出预警甚至预判，提前发现或者预防问题。出色的监控是高绩效的支撑，其技术实践有助于实现持续交付，从而给团队提供快速反馈，最终使得在软件开发生命周期的早期阶段快速发现并解决问题。

7.3.1 业务和应用层级的持续监控

从业务层级来看，传统监控体系一般在以下三个层面提供服务：

- 业务监控：监控业务相关参数，比如交易状态等。
- 应用监控：监控应用和服务进程的状态、性能指标，比如吞吐量、反应时长等。
- 基础设施监控：监控服务器和数据库的 CPU、内存、硬盘、网络流量等。

在 DevOps 模式下，监控的方式和对象进一步扩展至对微服务及云平台的监控，比如对于容器的监控、对于 API 的监控等。从整个价值链的关键方面收集数据，并且利用收集到的数据做出业务决策。另外，找到合适的媒介来显示监控信息也很重要，需要为信息的不同用途选择不同的表达方式。对于开发运营团队关注的指标，定期生成的业务报告是非常重要的，并且务必确保数据可用、共享且有助于指导决策。

另外，不同团队对于不同的业务和应用会有不同的监控诉求。为了统一标准和更加有效地利用资源，统一监控平台的建设就变得必不可少。另外，监控平台可以结合第 8 章中讲到的度量平台一起建设，甚至可以统一成为一套平台。第 2 章对几种流行监控工具做了简单的介绍，每种监控工具有着各自的特点。对于监控平台的建设，可以考虑多种监控工具的组合。另外，一个统一的监控平台一般包含七大项：监控源、数据收集、数据存储、数据分析、数据展示、提醒和预警，以及 CMDB（基础设施资产管理）。

- 监控源就是监控的对象，也就是前面提到的业务层、应用层和基础设施层。
- 数据收集首先需要确定需要监控的指标，然后通过各种渠道（比如数据库、流水线和本地存储等）自动收集与指标相关的数据。
- 收集到的数据需要存储到统一的数据库或者文件系统中，方便对原始数据进行分析以及统一展示。
- 收集起来的往往只有原始数据，可能无法向相关人员提供有足够价值的信息量。因此需要对原始数据进行分析和处理，最终得出所需要指标对应的数据，帮助相关人员分析问题和做出判断。
- 数据展示是相关人员获取被监控系统状态的实现形式，用来可视化收集以及分析之后的数据的结果，帮助相关人员进行分析和判断。
- 监控系统中的提醒机制更多是在问题发生并被监控捕捉到之后，才通知相关人员进行处理。然而，在提醒发出之时已经造成了一定损失。所以，对于监控系统中可以量化的指标，通常可以设置相关的阈值（警戒线）。当监控到的数据达到或者超过给定阈值时，则发出对应的预警给相关人员进行处理。另外，可以根据警告级别（比如警告、严重警告等）分别采取对应的收敛策略，突出重要告警。
- CMDB 在统一监控平台中发挥着非常重要的作用。监控的对象虽然很多，但它们之间可能会有着一定的关系。通过 CMDB 可以帮助我们梳理监控对象（比如系统上下游相关的服务器）之间的关系。当一个应用发生了问题，则可以迅速得知相关的哪些应用或者资产会被影响，从而采取相应的策略进行应对。

7.3.2 安全监控

安全监控一般是指对应用系统的运行状况和系统中用户的行为进行监视、控制和记录。通过系统安全监控，安全管理人员可以有效地监视、控制和评估信息系统的安全运行状况，并为进一步提高系统安全性提供参考和依据。参照网络上常见的分类方法，安全监控在多数情况下可以分为网络安全监控和主机安全监控两大类[19]。

网络安全监控应实现以下几种功能：

- 全面的网络安全控制：除了简单的访问控制异常事件，建议可引进入侵检测等功能。
- 细粒度的控制：在以数据包头为依据的基础上，对应用层协议和数据包内容进行过滤，及时发现异常数据。
- 网络的可用性实时监测：通过网络不同线路的访问速度、响应时间等情况，从而判断是否能达到最优、最安全的网络质量。
- 网络的敏感信息监测。
- 网络中的信息防篡改监测服务。
- 网络审计：对所有网络活动进行跟踪，对应用层协议（如 HTTP、FTP、SMTP、POP3 和 TELNET 等）会话过程进行实时与历史的重现。
- 其他：包括日志、报警、报告和拦截等功能。

主机安全监控应实现以下几种功能：

- 访问控制：加强用户访问系统资源及服务时的安全控制，防止非法用户的入侵及合法用户的非法访问。
- 系统监控：实时监控系统的运行状态，包括运行进程、系统设备、系统资源和网络服务等，判断在线用户的行为，禁止其非法操作。
- 系统审计：对用户的行为及系统事件进行记录审计。
- 系统漏洞检查：检测主机系统的安全漏洞，防止因主机设置不当带来的安全隐患。
- 接口层监控：主要对接口请求进行合理性校验、权限校验和参数校验，以确保请求是合法的、非恶意的。

在企业条件允许或监管要求的情况，企业的安全监控体系可引进入侵检测系统。入侵检测系统（Intrusion-Detection System，IDS）是一种网络安全设备或应用软件，可以监控网络传输或者系统，检查是否有可疑活动或者违反企业的政策，侦测到时将发出警报或者采取主动反应措施。它与其他网络安全设备的不同之处在于，IDS 是一种积极主动的安全防护技术，将传统安全监控的被动行为转化为主动行为。

7.3.3 统一监控平台的建立

在了解企业自身业务层级关系与安全特性的基础上，统一监控平台的建设对于企业在 DevSecOps 的实践中实现持续的业务和安全监控是具有积极意义的。平台的监控范围及功能必须涵盖业务、应用、网络、主机、基础设施等上文中已提及的模块，并在此基础上实现大中台级的功能与监控数据协作，做到同步检测、同步分析、数据联动和实时告警。

另外，独立分割的安全防护体系已经很难应对如此复杂的安全环境，态势感知可以作为统一监控平台的重点技术引进方向。态势感知是一种基于环境的、动态、整体地洞悉安全风险的能力，是以安全大数据为基础，从全局视角提升对安全威胁的发现识别、理解分析、响应处置能力的一种方式，最终是为了决策与行动，是安全能力的落地。其所采集的安全要素是获取与安全紧密关联的海量基础数据，包括流量数据、各类日志、漏洞、木马和病毒样本等，这也使得安全与监控工作更加智能与高效。

对于运维人员来说，借助统一监控平台及安全态势感知技术，不仅可以掌握应用系统本身的状态，还可以及时了解网络状态、受攻击情况、攻击来源以及哪些服务易受到攻击等情况。企业也可以清楚地掌握所在网络的安全状态和趋势，做好相应的防范准备，减少甚至避免网络中病毒和恶意攻击带来的损失。

全国信息安全标准化技术委员会信息安全评估标准工作组在 2020 年已推出《网络安全态势感知技术标准化白皮书》[20]，更多的技术标准与细则可参考该白皮书内容。

7.4 日志分析

每位 IT 工程师，无论是从事开发、运维还是安全工作，都不可避免地要与 IT 日志打交道。IT 日志，无论是系统日志、网络日志还是应用日志，都是 IT 系统最重要的数据之一。一般来说，日志分析在企业内部是一项很基础的核心技术，其日志服务几乎无处不在，并且被主要用在大数据分析、安全审计、问题诊断、运维管理、运营分析和业务监控等场景下，不光用在业务、研发和运维团队，也用在安全团队上。然而不同的团队使用日志也有不同的目的：

- 业务：业务团队对于日志分析的需求，主要集中在风险控制、运营推广、用户画像和网站画像等方面。
- 研发：主要是为了定位问题、分析问题和辅助团队解决问题。
- 安全：安全团队做日志分析是为了发现未知安全事件，以及对已知的安全事件进行溯源分析。另外，还有满足国家层面的监管合规和审计的要求。

日志可在以下事件发生时进行记录：程序流程、远程调用、系统初始化、核心业务操作、可预期的异常和预测外的错误等。一份好的日志，往往包括日志事件、日志级别、业务标识、日志内容、线程名称、记录器名称、异常堆栈和产生行数等信息。另外，也可以对日志在一开始进行明确的编码，特定记录或者标注开发过程中的某些信息，方便跟踪日志消息的来源和各个阶段的状态和数据。然而，日志实现，尤其是在规模复杂场景下实现时，也会面临很多挑战。

7.4.1 日志管理的挑战

实现日志管理和分析的挑战来自很多方面，大体可以分为以下四个维度：

- ❑ 日志接入性能要求很高。日志分散在不同服务器上，采集方式多样，实时采集多个服务器上的新增日志需要日志平台具备高并发、低延时的数据接入能力。批量导入则需要可靠的大规模数据接入能力。
- ❑ 日志解析编程烦琐。硬件设备、操作系统和应用软件都会产生日志，但是没有统一的书写格式，因此需要编写专门的解析工具，把不同格式的日志转化成结构化数据。但这个过程不仅烦琐，还要兼顾性能、扩展性、稳定性和故障恢复。
- ❑ 日志分析场景复杂。为了充分发掘日志内容的业务价值，需要结合业务场景做全面分析，比如在运维分析中监控异常指标、定位系统问题、分析调用链；在运营分析中根据用户行为生成用户画像，预测经营指标；在安全审计中检测异常情况，追溯异常情况源头。
- ❑ 历史数据存储成本高。随着存储时间延长，历史数据的访问频率会越来越低，但是仍然有分析和审计的需求。一般情况下用大数据集群存储历史数据，当数据节点存储到达上限，就需要增加节点以增加容量，然而这样会大幅降低资源利用率。

因此，在考虑设计日志体系甚至是建设统一日志平台时，就需要考虑这些挑战，根据需求、场景和预算，综合考虑日志平台的建设。

7.4.2 日志平台建设

建设统一日志分析平台在不同企业中各不相同，主要是因为企业之间业务形态、自身技术实力以及工作模式等不同。但是，核心的架构还是如图 7-4 所示。平台搭建可以使用不同的工具，也可以自研实现。第 2 章简单介绍了市面上常用的日志分析工具 ELK 和 Splunk，本书对工具和选型本身不做详细的展开，大家可以参考相关的文章和书籍。基于此架构建设日志平台时，每个模块需要做到如下需求：

- ❑ 日志规范化：日志需要在公司内部形成规范化，包括日志的级别、类别和格式等。这样方便日志平台进行标准化处理，从而减少平台需要转化各种日志的复杂性。
- ❑ 日志采集：日志平台需要提供多种数据源的数据收集能力，比如客户端、网页、协议和 SDK/API 等。
- ❑ 日志存储：日志需要集中存储，并且方便搜索以便于分析和统计，并且日志的存储空间需要弹性可伸缩。
- ❑ 日志分析：根据需求和场景来定义分析的方式，可以是简单的统计值的计算，也可以是复杂的数据挖掘的算法；可以从单一场景到多场景，也可以从经验之谈到数据分析技巧。归根到底，就是根据需求，对元数据进行相关的计算，得到处理后的相关结果。

- ❑ 日志告警：日志需要配合告警功能，根据业务场景需求，结合日志分析和统计图表，设定警戒线，超过警戒值或者捕捉到异常时，日志平台会向相关人员发出告警信息，并且提供统一的查询入口以帮助团队搜索日志中的错误信息，从而进行问题的定位和修复。
- ❑ 日志可视化：日志及其结果需要被可视化（比如统计图表等）展示和查看，方便分析、追踪和做出判断。

<table>
<tr><td>输出层</td><td>日志展示</td><td>监控报警</td><td>查询接口</td><td>SDK</td><td rowspan="6">数据安全</td></tr>
<tr><td>存储层</td><td colspan="2">源日志存储日志备份</td><td colspan="2">处理日志存储提供调用</td></tr>
<tr><td>处理层</td><td>实时计算</td><td>流式计算</td><td>离线计算</td><td>其他计算方式</td></tr>
<tr><td rowspan="2">采集层</td><td colspan="4">消息队列</td></tr>
<tr><td colspan="4">采集客户端</td></tr>
<tr><td>日志源</td><td>系统日志</td><td>服务日志</td><td>业务日志</td><td>其他日志</td></tr>
</table>

图 7-4　统一日志平台架构设计

在 DevSecOps 实施过程中，需要面对的安全日志也越来越多，如流量数据（HTTP 等）、操作系统日志、资产与漏洞信息等，各种告警数据分散且没有打通，有限的运营人员和海量日志告警是突出的矛盾，而安全效能越高就需要更多的数据。如何从海量日志和告警数据中高效发现极少量的真实事件线索，这也是对团队的极大考验。在实际的安全运营中，常常需要高效的安全业务运营工作平台，来实现网络安全、数据安全和业务安全等多领域的闭环运营和审计。依托于日志平台的赋能，安全日志分析就会在传统的人手操作中解放出来，完成更多高附加值的工作。

近年来，日志分析又有了进一步的发展。人工智能的进步也应用到日志分析上，诞生了智能运维（AIOps）技术，机器学习、人工智能的算法被应用到日志分析上，从而使得运维更加智能和高效。比如，常见的异常检测都是靠运维工程师基于自己的经验做出判断和分析，然而，故障的发生都是有先兆的（比如延时逐渐增大、响应逐渐变慢等），智能运维可能基于先兆做出预判模型，通过历史数据训练模型，增加预判的精准度。另外，对于如何智能地定位问题，比如做指标异常检测，可以针对不同场景引入不同的算法，比如 CVAE 算法、iForest 算法、KDE 算法和 GRBT 算法等，通过机器学习训练可以精准定位问题的模型。同样的模型应用在安全日志分析上，同样事半功倍。

7.4.3　日志的安全

正如前文所述，无论是系统日志、网络日志还是应用日志，都是 IT 系统最重要的数据之一。在 DevSecOps 的项目实施中，日志分析也可视为安全体系中的最后一道防线，使得日志数据成为事件追查及安全审计的重要依据。一旦发生日志数据丢失、被入侵篡改等情形，势必对整个安全体系造成严重后果。因此确保日志信息本身的安全，也应是 DevSecOps 实施过程中的重要工作之一。参照行业的经验[21]，日志的安全管理工作可围绕以下几点开展。

1. 将日志从原本的设备和系统中剥离出来

入侵者总是针对特定的系统和设备，并将它们的相关操作日志移除，以掩盖自己的行踪。如果通过工具将日志从设备和系统中导出，并存储在一个分开、安全的位置，就能够确保好人依然能够看到坏人的所作所为。

目前，这一做法也已在诸多应用场景中被采用。如在架构层面，把日志的存储从创建它们的系统和设备中移除。可以用 SIEM 工具或者一个简单的日志集合工具，将整个企业中的日志采集并存放在一个或多个能够被重点保护的位置。这样，即使应用系统本身遭受入侵、部分本地数据被篡改，日志信息的完整性也仍然能得到保障。

2. 在不同位置记录日志

正如第一点中所提及，将日志信息从原本的业务系统中进行剥离能发挥重要保护作用，但从安全角度来看依旧是不足的。企业应该在成本和算力的限制下，尽可能有“更多冗余的日志点”，包括应用、应用服务器、网站服务器、负载均衡器，以及如防火墙、交换机、路由器和终端之类的网络设备。在网络的不同位置进行不同类别的日志记录非常关键，也避免了日志集中存储点被入侵、损坏所带来的潜在风险，起到双保险的作用。

3. 确保日志当中不包含敏感数据

对许多企业来说，尤其是金融行业，其应用系统所面对的业务场景注定了各类敏感数据会存在于系统之中，它们可能包括非公开信息、用户数据、个人隐私等。日志系统在收集数据时大多会关注系统本身及异常行为和事件，但应重点对可能包含敏感数据的功能、模块进行数据脱敏，防止敏感数据被写入日志。这样一是可以避免万一日志系统被入侵，敏感数据不被泄露，二是避免潜在的监管风险。

4. 对日志系统采用入侵检测及监控技术

入侵检测往往基于日志技术，但对日志本身的入侵检测也是不可忽视的环节。应在监控系统中对日志信息及其操作行为进行重点配置管理，收集包括各个层面针对日志数据活动的状态和行为，通过模式匹配、统计分析和完整性分析等技术手段进行分析，并提供实时告警。

5. 遵循职责分离及最小权限原则

顾名思义，对于能够访问与操作日志的企业人员、项目组成员，要做到职责权限明确，仅有被允许且需要访问特定日志的人员才应该具备对应权限，甚至对于不同类型日志数据，具备访问权限的人员也应当权限分离。同时，最小权限原则需要充分考虑主体的角色定义和岗位职责，结合业务场景分析主体在系统内的访问内容、方式、权限级别、时间限制等约束条件，并根据安全策略释放最契合业务需求又不多余的权限。

7.5 事件响应与业务的连续性

确保业务的连续性是事件响应的首要目标。事件的发生往往是事先无法预料的，无论是台风、地震那样的自然灾害，还是建筑火灾或因黑客入侵而导致的系统中断那样的人为事件，对缺乏业务连续性保障的企业来说可能都是致命的。事件的发生多归类于生产事件、安全事件两大类。前者多是由于业务系统本身技术等内外部因素导致的事故，后者则多是信息安全事件引起的事故，我们统称信息系统事件[22]。信息系统事件的防范和处置也应当是贯穿于 DevSecOps 项目的整个生命周期的。其中，事先对事件的响应，事后及时确保业务的连续性，是国家提倡的信息安全保障体系中的重要环节，也是重要的工作内容。

信息安全事件往往对于企业乃至国家层面都具有重大影响，甚至信息安全事件本身也包含了大部分系统安全事件。因此，本节将重点以信息安全事件为例在应急响应、业务持续性等方面进行阐述，信息系统事件的处置与响应依旧可以参考本节内容，并在相对应环节进行补充。

7.5.1 信息安全应急响应机制

由于自然或人为以及软、硬件本身缺陷或故障，对信息系统造成危害，或者在信息系统内发生对社会造成负面影响的事件，都可视为信息安全事故。对信息安全事故进行有效管理和响应是企业安全战略的一部分。应急响应是企业为了应对突发 / 重大生产事件、信息安全事件的发生所做的准备，以及在事件发生后所采取的措施。

要做到事件的快速响应，首先，我们应当对事件进行分类及分级。企业针对不同类型、不同级别的事件，可采用适当的不同的处置方式，以帮助企业在事前准备、事中应对和事后处理的各项相关工作中更具针对性和有效性，以实现应急响应机制的最优化。

关于具体的分类分级，方法有很多种，我们推荐参考中华人民共和国国家标准化指导性技术文件《信息安全技术 信息安全事件分类分级指南》(GB/Z 20986—2007) [23] 中的具体定义。一般来说，信息安全事件可分为以下 7 个基本类别，每个类别下有若干子类。

1. 有害程序事件

有害程序事件是指蓄意制造、传播有害程序，或是因受到有害程序的影响而导致的信息安全事件。有害程序是指插入到信息系统中的一段程序，有害程序危害系统中数据、应用程序或操作系统的保密性、完整性或可用性，或影响信息系统的正常运行。有害程序事件包括计算机病毒事件、蠕虫事件、特洛伊木马事件、僵尸网络事件、混合攻击程序事件、网页内嵌恶意代码事件和其他有害程序事件等 7 个子类。

2. 网络攻击事件

网络攻击事件是指通过网络或其他技术手段，利用信息系统的配置缺陷、协议缺陷、程序缺陷或使用暴力攻击对信息系统实施攻击，并造成信息系统异常或对信息系统当前运行造成潜在危害的信息安全事件。网络攻击事件包括拒绝服务攻击事件、后门攻击事件、漏洞攻击事件、网络扫描窃听事件、网络钓鱼事件、干扰事件和其他网络攻击事件等 7 个子类。

3. 信息破坏事件

信息破坏事件是指通过网络或其他技术手段，造成信息系统中的信息被篡改、假冒、泄露、窃取等而导致的信息安全事件。信息破坏事件包括信息篡改事件、信息假冒事件、信息泄露事件、信息窃取事件、信息丢失事件和其他信息破坏事件等 6 个子类。

4. 信息内容安全事件

信息内容安全事件是指利用信息网络发布、传播危害国家安全、社会稳定和公共利益的内容的安全事件。

5. 设备设施故障

设备设施故障是指由于信息系统自身故障或外围保障设施故障而导致的信息安全事件，以及人为地使用非技术手段有意或无意地造成信息系统破坏而导致的信息安全事件。设备设施故障包括软硬件自身故障、外围保障设施故障、人为破坏事故和其他设备设施故障等 4 个子类。

6. 灾害性事件

灾害性事件是指由于不可抗力对信息系统造成物理破坏而导致的信息安全事件。灾害性事件包括水灾、台风、地震、雷击、坍塌、火灾、恐怖袭击、战争等导致的信息安全事件。

7. 其他信息安全事件

其他事件类别是指不能归为以上 6 个基本分类的信息安全事件。

定义完安全事件的类型后，对于安全事件等级的定义，根据信息系统的重要程度、系统损失和社会影响，按照事件的严重等级，可划分为 4 级：

- 特别重大事件（Ⅰ级）。特别重大事件是指能够导致特别严重影响或破坏的信息安全事件，包括以下情况：
  a）会使特别重要的信息系统遭受特别严重的系统损失。
  b）产生特别重大的社会影响。
- 重大事件（Ⅱ级）。重大事件是指能够导致严重影响或破坏的信息安全事件，包括以下情况：

a）会使特别重要的信息系统遭受严重的系统损失，或使重要信息系统遭受特别严重的系统损失。

b）产生重大的社会影响。

- 较大事件（Ⅲ级）。较大事件是指能够导致较严重影响或破坏的信息安全事件，包括以下情况：

a）会使特别重要信息系统遭受较大的系统损失，或使重要信息系统遭受严重的系统损失，或使一般信息信息系统遭受特别严重的系统损失。

b）产生较大的社会影响。

- 一般事件（Ⅳ级）。一般事件是指不满足以上条件的信息安全事件，包括以下情况：

a）会使特别重要信息系统遭受较小的系统损失，或使重要信息系统遭受较大的系统损失，或使一般信息系统遭受严重或严重以下级别的系统损失。

b）产生一般的社会影响。

应急响应组织是企业内部专门处理包括安全事件在内的各类事件的组织，其需要依据企业对事件的分级分类，采用适当的不同处置方式，更加具备针对性和有效性地实现应急响应。例如在我们国家，组织机构的应急响应组织架构通常由以下几个职能小组构成：

- 应急响应领导组。领导和决策信息安全应急响应的重大事宜。
- 应急响应技术保障组。

a）制定信息安全事件技术对应表。

b）制定具体的角色和职责分工。

c）制定应急响应协同调度方案。

- 应急响应专家组。

a）对重大信息安全事件进行评估，提出启动应急响应的建议。

b）研究分析信息安全事件的相关情况及发展趋势，为应急响应提供咨询或提出建议。

- 应急响应实施组。

a）分析应急响应需求，如风险评估、业务影响分析等。

b）确定应急响应策略。

c）实现应急响应策略。

d）编制应急响应计划文档。

e）组织应急响应计划的测试、培训和演练。

- 应急响应日常运行组。

a）协助灾难恢复系统的实施。

b）备份中心的日常管理。

c）备份系统的运行与维护。

d）应急监控系统的运作与维护。

e）落实基础物资的保障工作。

f）维护和管理应急响应计划文档等。

在一个实施 DevSecOps 转型的企业内部，应急响应领导组可由企业负责人、业务线/产品负责人组成。应急响应技术保障组可由各项目组的项目负责人、项目经理、Scrum Master 和业务分析师等具备项目管理职责的人员组成。应急响应专家组建议由业务线/产品负责人及信息安全团队成员共同组成。应急响应实施组与应急响应日常运行组可在各项目团队中指定技术人员承担职责。

值得注意的是，任何应急响应机制都应该根据企业实际情况制定应急响应预案。在分析网络与信息系统突发事件后果和应急能力的基础上，针对可能发生的重大网络与信息系统突发事件，预先制定行动计划或应急对策。应急响应预案的制定没有永恒不变的模板，但大致内容可参考《中华人民共和国国家网络安全事件应急预案》，其内容可以包括总则、角色及职责、预防和预警机制、应急响应流程、应急响应保障措施和附件等。

以上我们讨论了信息安全应急响应机制与体系中所应当具备的各个环节，当它们都已经完善后，我们该用怎样的方法来实施并对事件进行管理呢？应急响应的方法和过程并不是唯一的，依据不同国情、不同的企业属性、不同的业务属性，应急响应的方法都有各自的侧重点。我们在此例举一种较为广泛接受的应急响应方法以供参考。

其大致来说，可以分为准备、检测、遏制、根除、恢复和跟踪总结 6 个阶段。

第一阶段：准备——制定预案，严阵以待。

第二阶段：检测——实时对系统情况进行综合判断。

第三阶段：遏制——采取措施，防止事态的扩大。

第四阶段：根除——实施具体技术方案以彻底地补救、解决问题。

第五阶段：恢复——恢复业务系统常态。

第六阶段：跟踪总结——对事件进行总结分析，预判是否还会有第二次事件。

关于具体内容，我们可以参考表 7-1。

表 7-1 应急响应机制的实施方法

	目标	实施内容
准备	确定重要资产和风险，实施针对风险的防护措施，编制和管理应急响应计划	组织和准备相关资源，包括人力资源、技术资源、社会资源、财力资源等
检测	检测并确认事件的发生，确定事件性质和影响	进行监测、报告及信息收集，确定事件类别和级别。指定事件处理人，进行初步响应。评估事件的影响范围及进行信息通告
遏制	限制事件影响的范围、损失	启动应急响应计划，确定适当的响应方式。实施遏制行动，要求用户按应急行为规范要求配合遏制工作
根除	避免问题再次发生的长期补救措施	详细分析，确定原因，实施根除措施，消除原因

（续）

	目标	实施内容
恢复	恢复业务系统至正常状态	根据破坏程度决定是在原系统还是备份系统中恢复，按恢复优先顺序恢复系统和业务运行
跟踪总结	回顾并汇总所发生事件的相关信息	关注系统恢复以后的安全状况，记录跟踪结果。评估损失、响应措施效果。分析和总结经验、教训。重新评估和修改安全策略、措施和应急响应计划。编制并提交应急响应报告

7.5.2 业务的连续性

业务连续性（Business Continuity，BC）是组织对事故和业务中断的规划和响应，使业务可能在预先定义的级别上持续运行的组织策略和战术上的能力。业务连续性计划（Business Continuity Planning，BCP）则是一套基于业务运行规律的管理要求和规章流程，能够使一个组织在突发事件面前迅速做出反应，以确保关键业务功能可以持续，而不造成业务中断或业务流程本质的改变。

在整个 DevSecOps 实施过程中，业务的连续性管理主要体现在三个方面，一是在项目架构设计的初期需要充分考虑业务的连续性，其重点关注在系统架构、功能设计、基础设施上如何避免业务中断的产生，及如何在事件或事故发生时确保业务不会中断。二是在测试阶段，通过一系列测试手段，模拟业务功能故障、安全事件的发生，验证业务系统在受到不同严重程度影响的情况下其业务的连续性如何。三是在运维阶段，通过建立完善的业务连续性计划，并不断演练和不断优化，从而在最大程度上减少业务中断发生的可能性，即使发生也可最大程度降低其潜在影响。业务连续性计划应成为组织管理文化的一部分，在企业业务模式或业务过程变化情况下应重新设计，所以它是一个动态的过程。

一般来说，业务连续性计划（BCP）主要包含以下内容。

1. 组织管理

要实现业务的连续性，首先要理解业务组织，充分了解组织的体系结构及其组成部分，清晰每个业务流程及相互依赖关系。其次，在业务连续性计划完备的情况下建立 BCP 团队，明确负责人 、团队成员。三是评估 BCP 的资源，采购和部署冗余设备、功能模块等，同时进行 BCP 测试、培训和维护过程中的人力资源。四是合规性要求，确保整个 BCP 过程及影响在法律法规合规性、合同的合规性上同时满足监管要求。

2. 业务影响分析

前文已经提到，业务连续性是组织对事故和业务中断的规划和响应。那么，对于企业中不同类型的业务，需要评估其可能面临的潜在破坏和损失。可以通过业务影响分析确定企业持续运营的关键资产，以及对这些资产的威胁，同时评估每种威胁实际出现的可能性以及对业务可能造成的影响。业务影响分析可以被理解为一种对潜在风险的量化过程。

首先需要确定业务优先级，评估如果业务中断，随着时间推移与事态发展其对企业所造成的影响，确定每项业务最大允许的中断时间。同时还应该明确一旦有事件发生，甚至业务中断，每项业务恢复关键功能所需要的时间，即要求一个业务功能必须能在最大容忍的影响及中断时间内恢复。

其次，我们还需要进行充分的风险分析，其中包括风险要素识别、可能性分析、影响分析等。企业应当充分了解自身的各项资源及业务所面临的威胁及其脆弱性，以及当威胁转为事件甚至导致业务中断所可能造成的影响、后果。

最后，我们要进行资产的优先级划分。其划分的依据主要是各种不同风险所对应的业务连续性资源的优先级，一般来说包括人力资源、工作设施、支持技术与设备、外部服务等。

3. BCP 的制定及批准实施

业务连续性计划（BCP）的前两项内容主要是明确 BCP 过程中如何工作并确定需要防止出现的事件及业务中断，同时对资产的优先级进行排序。它们主要关注业务连续性策略的开发与实现，以达到降低事件发生及业务中断的可能性、缩短影响期限、限制事件发生对企业关键业务产生的影响。BCP 的制定则须根据前述内容，确定 BCP 会处理哪些风险，以及制定各类风险的处置方式。一般来说，有 4 种处置方式，分别是风险降低、风险转移、风险规避及风险接受。

紧接着，文档化是 BCP 过程中的关键步骤。首先，文档中应明确 BCP 团队及企业管理层提出的 BCP 实施目标，为实际制定过程提供方向指引。二是要有职责声明，明确每个参与到 BCP 当中的人员所应承担的责任及义务，以便在突发事件中能够明确自己的工作流程。三是进行优先级声明，了解哪些是关键业务，哪些是次要业务，不同业务、系统、部门为企业提供不同的功能或职能，必须首先明确哪些需要优先恢复、哪些恢复对前置业务又有依赖关系等。四是需要维护文档中风险评估的内容，由于风险的变化是持续的，因此风险评估的内容维护也必须是一个动态的过程。五是在文档化过程中要明确 BCP 策略，包括可接受的风险和不可接受的风险，以及所对应的原因等。六是应当概述企业的关键业务记录，这个包括关键业务记录将要存放的位置和这些记录建立及备份的过程，以及需要恢复关键业务的流程等。七是要在文档中概述应急响应的指导原则，包括企业和个人对于紧急事件发生立即响应的职责，为首先发现紧急事件的员工提供响应步骤。最后则是要将测试与演习的过程进行文档化，让企业当中所有参与者都接受培训，从而在实际事件发生时能够履行他们的职责。

当所有与 BCP 相关的流程、资料都完成文档化后，需要由企业管理层进行审核及批准实施。

4. BCP 的评估及维护

业务和风险的动态性决定了业务连续性要求也会随时改变。BCP 文档和计划本身必须是企业当前正在实行的文档，因此，针对业务及其面临风险的变化，我们需要对BCP进行定期讨论、复审、测试结果，必要时进行版本更新。

7.6 身份认证和访问控制

身份认证与访问控制是信息安全领域的重要基础之一。信息系统要想实现安全目标，达到一定防护水平，必须具备有效的鉴别与访问控制机制。如果身份认证没有控制好，就会存在较多的安全隐患，就意味着一旦身份被仿冒，所有的一切都会对仿冒者不再设防。

在DevSecOps实践里，从不同的案例中我们都不难发现，身份认证和访问控制都是一个绕不过的环节。在项目前期，关注的重点在于身份认证与访问控制机制的设计与开发。在运维阶段，则更关注于身份认证与访问控制的有效落实，以及集中在统一平台上的管理和分配。

本节将重点讲述当前几种常见的身份认证与访问控制方式、统一身份认证与访问管理，以及分析它们在各业务场景中所面对的问题。

7.6.1 身份认证与访问控制的方式及对应问题

1. 常见的身份认证方式与对应问题

针对实体的身份认证一般依据以下几种基本方式或多方式的组合来进行认证。实体所知、实体所有及实体特征是身份认证的三种基本方式，但它们都存在各自的脆弱性。多因素认证可视为前三种方式的组合加强，解决了前者的部分脆弱性问题。基于Kerberos体系的认证与基于PKI/CA体系的认证可视为强化认证方式，在增强了系统的整体安全性的同时也提高了使用效率。

（1）实体所知

即实体所知道的，比如口令、密码、PIN码等。通常来说，将一个秘密信息发送到系统中，该秘密信息仅为用户和系统已知，应用系统据此进行用户身份的鉴别。

在运维阶段，确保实体所知的口令、密码等不被泄露并被安全保管，是面临的主要挑战。

（2）实体所有

即实体所拥有的物品，如密钥、认证卡、身份证、令牌等，借助这些物品使得应用系统可以对用户身份进行鉴别。多数情况下用户持有这些物品，通过一定的外围设备及技术来完成身份鉴别。

（3）实体特征

即实体所拥有的可被记录和比较的生理或行为方面的特征，这些特征能被应用系统观察与记录，通过与应用系统中存储的特征进行比较和鉴别。

在运维阶段，我们需要确保实体特征信息在应用系统中不被泄露，不被篡改。部分攻击者会尝试篡改并伪造系统中存储的实体特征信息，以达到欺骗系统、突破身份认证防线的目的。

（4）多因素认证

即使用多种认证鉴别机制检查用户身份的真实性。一般来说，使用两种认证方式的组合较为常见，通常也称双因素认证。例如，在登录某业务系统时，需要同时提供用户名密码（实体所知）和令牌（实体所有）才能完成身份认证并进入业务系统。在某些特殊应用场景中，三因素身份认证也有被采用。使用多因素认证能有效地提高安全性，降低身份滥用的风险。

（5）基于 Kerberos 体系的认证

单点登录（认证）是 Kerberos 体系的典型应用方式之一。单点登录英文全称为 Single Sign On，简称就是 SSO。它的解释是：在多个应用系统中，只需要登录一次，而不需要其他身份认证过程，就可以访问其他相互信任的应用系统或资源。单点登录方式把原来分散的用户身份认证信息集中管理起来，可有效减轻运维当中管理人员的维护工作，降低了出现错误的可能性，同时也提高了用户的使用效率，增强了系统的整体安全性。另外，它也在一定程度上避免应用系统本地保存密码及在会话中传输密码的问题。

Kerberos 是目前使用广泛的单点登录协议之一，其利用集中式认证取代分散认证，减轻服务器负担。它使用的对称密码算法可实现通过可信第三方的认证服务。

Kerberos 的运行环境由密钥分发中心（KDC）、Web 服务器、客户端 3 个部分组成。其中，KDC 负责维护所有的用户账号及认证信息，它同时包含认证服务器（Authentication Server，AS）和票据授权服务器（Ticket Granting Server，TGS）。认证过程由三个阶段组成（见图 7-5），如需要访问某 Web 服务：

- 第一阶段：获得票据许可票据（TGT）。
- 第二阶段：获得服务许可票据（SGT）。
- 第三阶段：获得服务。

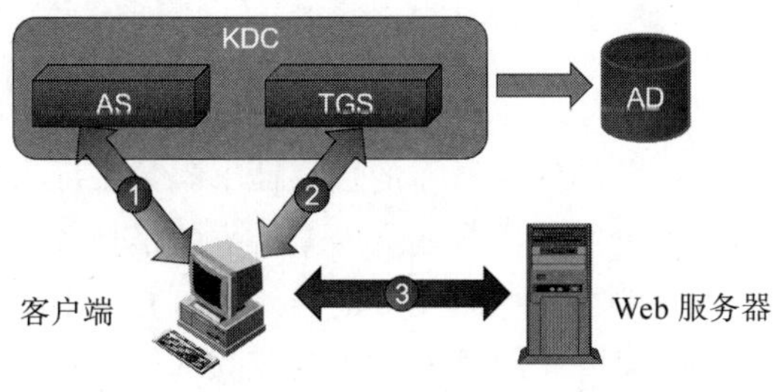

图 7-5　Kerberos 认证过程——三次通信

（6）基于 PKI/CA 体系的认证

在一般人的印象中，银行的“U 盾”是目前全球应用比较广泛的安全认证手段之一，是成熟的安全身份认证方式。其实，“U 盾”本质上是基于 PKI/CA 体系认证的主要应用场景之一。PKI 是 Public Key Infrastructure（公开密钥基础架构）的英文缩写，是一组由硬件、软件、参与者、管理政策与流程组成的基础架构，其目的在于创造、管理、分配、使用、存储以及撤销数字证书。在密码学中，公开密钥基础架构借着数字证书认证机构 CA 将用户的个人身份与公开密钥链接在一起。基于 PKI/CA 体系的身份认证（图 7-6）可以实现：

- ❑ 身份的真实性：通过 PKI 技术规范，确认使用人的真实身份。
- ❑ 行为不可抵赖性：重要的网络系统存在许多关键的网络行为，如什么人、什么时间登录等，需要获得这些关键网络行为的证明，从而使用人登录的操作过程不可抵赖。
- ❑ 数据传输的完整性：确保信息不会被截取和窃听，被截取后不能被篡改，保证数据传输的完整性。

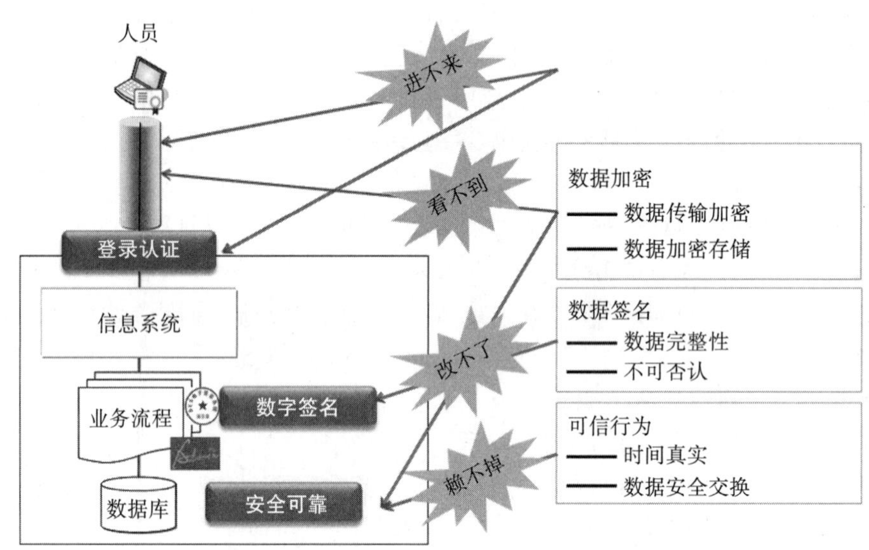

图 7-6　基于 PKI/CA 体系的身份认证的优势

其中，数字证书认证机构 CA 是各国认可的权威、可信、公正的第三方机构，专门负责发放并管理所有参与网上业务的实体所需的数字证书。数字证书如同是网络世界的身份证，可以在网络世界中为互不见面的用户建立安全可靠的信任关系。甚至针对金融业务体系，中国专门成立了中国金融认证中心（China Financial Certification Authority，CFCA），它是经中国人民银行和国家信息安全管理机构批准成立的国家级权威安全认证机构，是国家重要的金融信息安全基础设施之一。在《中华人民共和国电子签名法》颁布后，CFCA 成为首批获得电子认证服务许可的电子认证服务机构之一，为国内的金融机构提供权威的信息安全认证方案。

基于 PKI/CA 体系的身份认证方式也使得业务系统运维在身份认证领域的重点由对身份鉴别流程的维护及鉴别要素的保护转向了以数字证书为核心的系统维护，进一步有效减轻运维当中管理人员的维护工作，最大程度上避免了出现人为因素错误的可能性，增强系统的整体安全性，对用户及运维人员的使用体验提升也有极大帮助。

2. 常见的访问控制方式与对应问题

身份认证针对的是用户实体的合法身份鉴别，访问控制则是对用户的访问权进行管理，防止对信息的非授权篡改和滥用。访问控制对经过身份认证后的合法用户提供所需要的且经过授权的服务，拒绝合法用户越权的服务请求，拒绝非法用户的非法授权访问，保证用户在系统安全策略下有序工作。访问控制是系统运维阶段的重要保障工作之一，特别是针对特权访问的授权。

访问控制模型是对安全策略所表达的安全需求的简单、抽象和无歧义的描述，它综合了各种因素，包括系统的使用方式、使用环境、授权的定义、共享的资源等。访问控制模型通过对主体的识别来限制对客体的访问权限。访问控制主要围绕以下几种主体对客体的访问权限来进行操作：

- 读：允许主体对客体进行读访问操作。
- 写：允许主体对客体进行修改，包括扩展、收缩及删除等操作。
- 执行：允许主体将客体作为一种可运行文件运行。
- 拒绝访问：主体对客体不具有任何访问权限。

通常来说，访问控制有以下几类模型和方式[24]。

（1）自主访问控制

自主访问控制（Discretionary Access Control，DAC）是应用很广泛的访问控制方法，其定义了资源的所有者（往往也是创建者），可以规定谁有权限访问他们的资源。这样，用户或用户进程就可以有选择地与其他用户共享资源。它是一种对单个用户执行访问控制的过程和实施。

自主访问控制模型通常使用访问控制表（ACL）或能力表（CL）来实现访问控制（图 7-7）。访问控制表权限与客体关联，是在客体上附加一个主体明细表的方法来表示访问控制矩阵。能力表权限与主体关联，为每个用户维护一个表，表示主体可以访问的客体及权限。

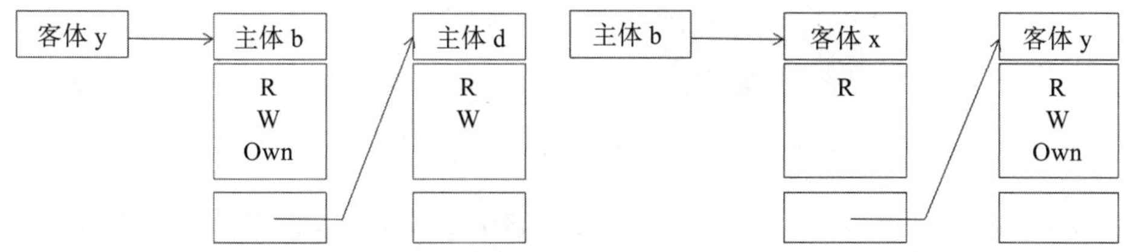

图 7-7 访问控制表（左）或能力表（右）的结构

自主访问控制模型在进行授权时相对灵活，访问控制中客体的所有者可以将其所拥有的权限进行转移，从而具有很好的灵活性，适用范围比较广，因而可以用于多个系统。但是，其存在几个缺点，会加大后期运维阶段的管理成本：

- 由于权限可以进行委托，会导致资源管理比较分散，同时增加了系统的风险性。
- 不能够适应多域安全策略环境，以及在环境策略变化的情况下无法保证整体的安全性。
- 访问控制权限容易发生转移，同时，在主体与客体数量较多时，会给系统带来巨大开销，导致效率低下，不能很好地适应较大规模的网络环境。

（2）强制访问控制

强制访问控制（Mandatory Access Control，MAC）是主体和客体都有一个固定的安全属性，应用系统通过比较客体和主体的安全属性，根据既定的访问控制规则限制来决定主体是否可以访问客体。这个访问控制规则是强制执行的，系统中的主体和客体均无权更改。

通过强制访问控制，安全策略由安全策略管理员集中控制；用户无权覆盖策略，如不能给被否决而受到限制的文件授予访问权限。比较典型的强制访问控制模型有 Bell-LaPadula（BLP）、Biba 等。

Bell-LaPadula 模型（图 7-8）侧重于数据的保密性和对机密信息的受控访问。在该模型中，信息系统中的实体分为主体和对象。模型定义了“安全状态”的概念，并且证明了每个状态转换都是从一个安全状态转移到另一个安全状态，从而证明了该系统满足模型的安全性要求。Bell-LaPadula 模型基于状态机的概念，该状态机在一个计算机系统中具有一组允许的状态，并且从一个状态到另一种状态的转换由状态转移函数定义。该安全模型针对访问控制，并被描述为“下读，上写”。

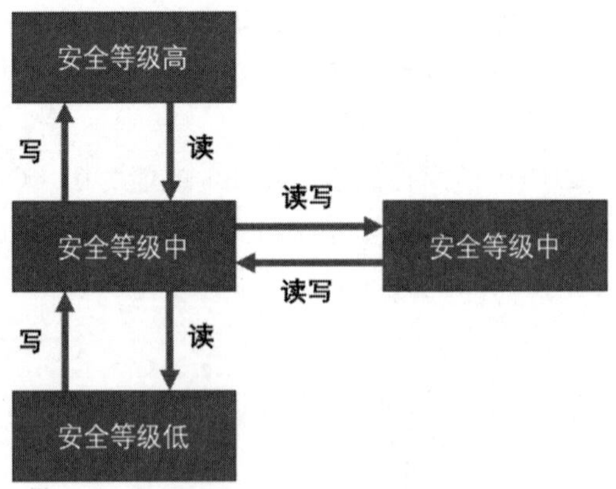

图 7-8　Bell-LaPadula 模型的读写权限图示

在 Bell-LaPadula 模型中，用户只能在自己的安全级别或更高的安全级别上创建内容（如秘密研究人员可以创建秘密或绝密文件，但不能创建公共文件；不能下写）。相反，用户只能在自己的安全级别或更低的安全级别查看内容（如秘密研究人员可以查看公共或秘密文件，但不能查看绝密文件；不能上读）。

Biba 模型（图 7-9）解决了系统内数据的完整性问题。它不关心安全级别和机密性。Biba 模型用完整性级别来防止数据从任何完整性级别流到较高的完整性级别。信息在系统中只能自上而下流动。Biba 通过 3 条主要规则来提供这种保护：

- 简单完整性公理：主体不能从较低完整性级别读取数据（被称为“不能向下读”）。
- 完整性公理：主体不能向位于较高完整性级别的客体写数据（被称为“不能向上写”）。
- 调用属性：主体不能请求（调用）完整性级别更高的主体的服务。

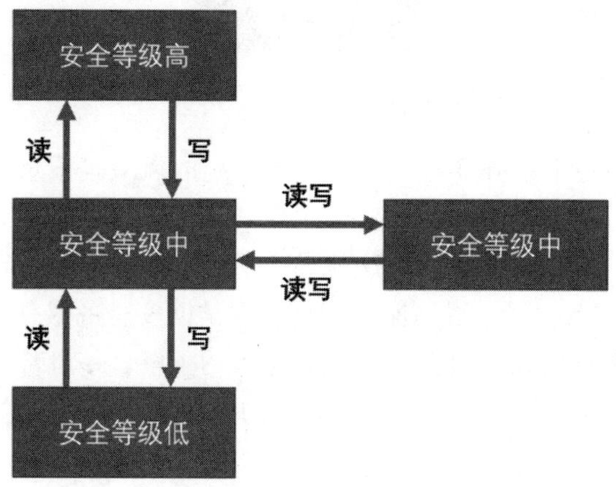

图 7-9 Biba 模型的读写权限图示

强制访问模型的优势不言而喻，其一般都应用于对安全性需求较高的系统，同时由于访问规则已经被强制规定，对于后期运维的管理成本也较低。但它的缺点也非常明显，访问控制规则是强制执行的，系统中的主体和客体均无权更改，这就导致了它的灵活性较差。如果在应用系统的后期运行过程中访问控制需求出现临时变化，那么运维人员也无法对其进行调整。

（3）基于角色的访问控制

基于角色的访问控制（RBAC，见图 7-10）是在 20 世纪 90 年代被提出的，是一种评估效果比较好的访问控制信息技术。在此种模型中，主体与客体并不直接发生联系，而是增加了角色这一层次，先将访问操作的权限匹配给某些角色，然后再将这些特定的角色指定给相应的主体，通过这种方式主体就得到了对客体的访问权限。

基于角色使得主体和客体之间的关系不是通过它们之间的映射来建立，而是中间有了周转，多了一个“角色”中转站。RBAC 的优点在于实现了集中化管理、支持不同颗粒度的权限控制。但其也有固有的弱点，主要体现于它的笨重性、对人工输入的依赖性以及需要持续维护。动态的组织需要动态的访问控制。所有这些因素结合在一起，在某些应用场景下形成了一个不安全的 IAM 结构。

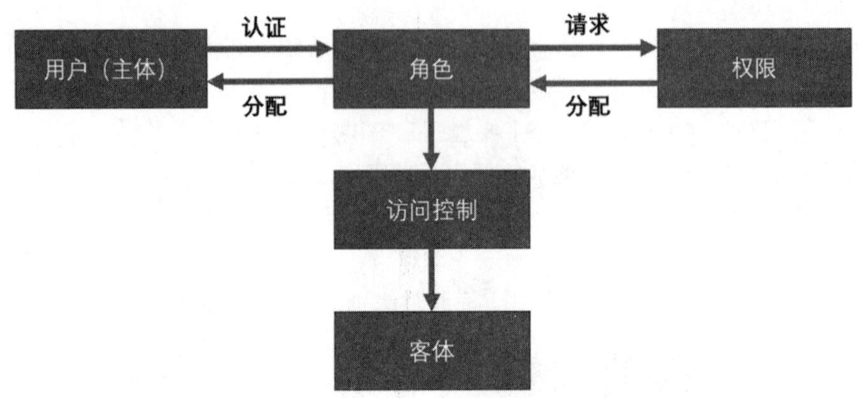

图 7-10 基于角色的访问控制的读写权限图示

在运维阶段，作为一个系统管理人员，了解系统的风险是很重要的。进行安全风险分析，并制定积极的风险防范计划，对 RBAC 的部署至关重要。RBAC 是以数据为中心的，数据被归类为与组织结构相关的数据，这就导致了访问控制角色的定义。如果企业对安全风险是被动的，那么 RBAC 可能不是保障网络数据访问安全的最佳方式。RBAC 要求企业在部署前对公司的安全布局和权限授予方式有深入的了解，一旦部署后，很难对不断变化的安全威胁和风险做出反应，这也是对运维人员的挑战。基于角色的访问控制（RBAC）是一个动态的、持续的管理过程。

7.6.2 统一的身份认证与访问管理

统一的身份认证与访问管理（Identity and Access Management，IAM）主要可以从账号管理（Account）、认证管理（Authentication）、授权管理（Authorization）和审计管理（Audit）四个方面进行阐述，在业界通常称之为 4A。通过对这 4 个 A 的建设，就可以搭建起一个企业或组织的身份管理体系架构。IAM 解决方案确保企业当中合适的人员能够在合适的时间、出于合适的原因访问合适的 IT 资源。它们是纵深防御安全战略的基本组成部分，对于防御 IT 系统遭受网络攻击和数据丢失至关重要，可以说 IAM 是对前文中所提及的诸多身份认证方式与访问管理模型的集成与实现。

1. IAM 的主要功能

IAM 的主要功能包括单点登录、多因素身份认证、用户资源调配和生命周期管理、允许或阻止对资产的访问、限制平台访问、防止敏感数据传输、提供身份与访问管理报告等[25]。

- 单点登录：大多数 IAM 解决方案都支持单点登录（SSO）功能，该功能使用户可以使用一组登录凭据来访问所有业务应用程序和服务。SSO 通过消除密码疲劳来提高用户满意度。它通过集中和统一管理功能来简化 IT 操作。而且，它通过消除危险的密码管理做法，减少了攻击面和安全漏洞以增强安全性。

- 多因素身份验证：大多数 IAM 解决方案都提供了多因素身份验证（MFA）功能，以防止假冒和凭证盗用。使用 MFA，用户必须出示多种形式的证据才能访问系统，如密码、指纹和 SMS 代码。现代 MFA 解决方案使用上下文信息（位置、时间、IP 地址和设备类型等）和管理定义的策略来确定在特定情况下应用于特定用户的身份验证因素，从而支持自适应身份验证方法。
- 用户资源调配和生命周期管理：大多数 IAM 解决方案为入职用户提供管理工具，并在整个就业过程中管理其访问权限。它们提供自助服务门户，允许用户请求访问权限并更新账户信息，而无须服务台干预。
- 允许或阻止对资产的访问：设计 IAM 系统的目的是允许或阻止对受保护数据和应用的访问，更复杂的 IAM 解决方案使企业可以更精细地管理权限。例如，企业可以设置条件限制特定用户一天中可以访问服务的时间，以及从什么位置访问服务。
- 限制平台访问：组织可以使用 IAM 解决方案来限制哪些用户可以访问产品和服务的开发、预演和测试平台。
- 防止敏感数据传输：许多企业使用 IAM 来增强数据安全性，通过设置严格的权限来限定哪些用户可以创建、更改或删除数据，以及谁可以传输数据。例如，通过应用 RBAC，禁止临时员工在公司系统外部发送或接收任何数据。
- 提供身份与访问管理报告：IAM 系统提供报告，帮助企业证明其符合数据安全和隐私法规。这些报告的见解可以帮助企业改进安全流程并降低风险，还可帮助企业更好地了解员工在工作中发挥最大效率所需的资源，并让企业 IT 和安全团队支持法规遵从性审计和取证调查。

2. IAM 与特权账户管理（PAM）

IAM 的基石之一就是特权账户管理（PAM）。IAM 考虑的是确保正确的实体或人员能有恰当的权限，在正确的时间、以恰当的方式访问该访问的系统，且所有牵涉其中的人都认为该访问是正确的。PAM 则是将这些原则和操作简单应用到“超级用户”账户和管理凭证上。此类凭证的例子包括 UNIX 和 Linux 系统的 root 账户、活动目录（AD）的 Admin 账户、业务关键数据库的 DBA 账户，以及 IT 运营所需的大量服务账户。普遍认为，PAM 可能是减小数据泄露风险和最小化数据泄露影响的最有效操作。PAM 的主要原则有：杜绝特权凭证共享、为特权使用赋以个人责任、为日常管理实现最小权限访问模型、对这些凭证执行的活动实现审计功能。

很多合规规定都对特权用户管理提出了强安全控制建议。为符合这些要求，预防灾难性数据泄露发生，公司企业在日常安全操作中实现了各种各样的 PAM。但如何选择合适的 PAM 解决方案，需要找寻哪些功能呢？

Gartner[26] 提出，良好 PAM 解决方案应建立在四大基础之上，我们可以视其为对 IAM

主要功能的扩展与补充：

- 提供所有特权账户的完整可见性。
- 治理和控制特权访问。
- 监视和审计特权活动。
- 自动化和集成 PAM 工具。

3. IAM 在运维中面临的挑战

IAM 解决方案具备管理用户访问公司资源的基本功能，但是，如果企业的组织庞大且复杂，则可能需要更高级的解决方案或系统和工具的组合。在建设 IAM 系统之前，首先需要考虑企业的业务在当下和未来的需求。除了解决方案本身的功能之外，也需要考虑 IT 基础架构的需求。两个重要的问题包括：解决方案是否易于维护？当企业增加更多的应用和用户时，它可以进行扩展以满足业务需求吗？

其次，企业还需要考虑检查兼容性和合规性的问题。在企业有新的业务系统建设时，需要确认它与企业之前的整体 IAM 解决方案是否兼容与匹配。同时，我们也要确认企业实施的 IAM 系统是否符合任何适用的本地和相关法律法规要求，做到与监管要求同步更新、同步维护。IAM 解决方案应增强合规性，而不会对业务造成更多潜在风险。

使用新的方法对用户进行身份验证和授权可能需要变更管理。考虑在整个企业中实施更新的 IAM 解决方案之前，首先选择部分业务模块试行，如部分非核心业务的内部系统，因为 IAM 方案的变更将影响所有需要访问公司 IT 资源的人和实体。为了鼓励采用新的 IAM 工具和流程，首先要花时间获得所有主要利益相关方的支持。

在运行分析方面，企业需要在运维阶段设置和跟踪关键指标，要跟踪 IAM 解决方案的有效性，并确定系统是否真正落实并加强了系统的安全性。在业务运行过程中，需要考虑跟踪和定期报告特权账户授权访问系统所需的时间、重置密码的次数，以及潜在的异常行为，包括违规行为次数、不合理的请求等。

7.7 数据管理和安全

机密性、完整性与可用性是信息安全的基本三要素，而对于数据安全来说，这三要素可视为数据保护的基石，一切的管理与安全的机制皆以数据为核心，围绕着机密性、完整性与可用性开展实施。在一个 DevSecOps 项目的生命周期中，同样如此。在项目的不同阶段，以数据为核心资产的保护措施如影相随。本节将从数据本身的安全、数据的安全防护、大数据的安全及数据治理与合规几个方面，对数据管理和安全进行探讨。

7.7.1 数据本身的安全

从某些角度来说，数据本身是具备生命力的，从数据的产生到存储、传输、使用，再到销毁，其代表了数据自身所存在的生命周期。而在当今网络环境下的 DevSecOps 项目中，基于全生命周期的数据安全管理是时刻需要被考虑的。例如，从安全的数据存储、传输和处理到访问控制和有效的密钥管理，如果有一个环节容易受到攻击，则会破坏其他安全措施的有效性。

这种来自多方面的风险需要一种全面的、以数据为中心的安全保护方法，这种方法应该在其生命周期的所有环节关注保护数据本身，而不是只关注其周围的网络、应用程序或服务器。企业必须遵循如下原则以始终确保数据安全：

1）在文件系统、数据库中通过存储技术保护静态数据。

2）当数据在网络中移动时，保护传输中的数据。

3）在使用或处理数据时，保护正在使用的数据。

这些基于数据状态的原则在一定程度上又构成了数据安全自身的三要素，代表了确保数据在整个生命周期内安全性所需的三重保护——安全存储、安全传输、安全使用。

1. 安全存储

安全存储的保护对象往往是静态的数据。静态数据是以任何数字形式存储的非活动数据，静态数据可能位于硬盘驱动器或数据库、数据池、云存储或任何其他可存储的位置。由于数据存储的聚合性，静态数据对于想要窃取大量有价值数据的攻击者来说是一个很有吸引力的目标。

在被认为是最安全的数据状态下，我们通常会将基于边界的技术和解决方案视为第一道防线，包括数据分级、访问控制、鉴权等，并根据数据本身的用途和敏感性添加额外防线。这些额外防线包括加密敏感数据、数据状态监控等，无论数据存储在本地还是存储在云中，这是对数据安全机密性的保护。

2. 安全传输

传输中的数据很容易受到攻击，无论是通过专用网络、本地设备，还是公共 / 不可信空间。人们普遍认为，加密传输中的数据是标准做法——这通常是安全团队、项目团队保护数据资产时最先关注的环节之一。这是必须的，而且只要项目团队严格遵守正确的协议，传输加密就是一种有效的防线。

但依靠加密技术仅仅是对传输中数据的机密性进行了保护，针对如何避免数据被篡改，以及如何确保传输数据的完整性，数字签名等针对于数据安全完整性的校验应当被引入。

3. 安全使用

数据只有在使用时才能发挥其价值，保证数据使用的安全是数据安全治理的关键步骤。如果前面描述的两种数据状态可以简单地标记为最容易理解和最容易解决的，那么使用中的数据应该被贴上最容易被忽略的标签。因此，它很快就成为攻击者最容易突破的地方。

在业务层面，应用系统提供服务的同时，其安全风险也随之暴露在系统中，攻击者可利用应用或数据库的脆弱性发起攻击，达到破坏系统或者获取数据信息的目的。由此，需要针对业务访问过程进行严格控制。同时，启用实时的安全监控、日志记录及事后的安全审计。

在运维过程中，重要数据的操作需要高度谨慎，一些细微的错误操作可能会导致数据库异常，并且由于接触数据的人群错综复杂，很容易发生数据运维过程中的恶意篡改或者批量导出。由此，运维过程中的安全性也需要通过一定的技术手段进行保障。

在企业内部的系统开发测试过程中，由于要高度模拟生产环境，因此很多情况下需要使用生产环境中的生产数据进行系统开发测试。而生产数据一旦流转到开发测试环境，其数据的安全性则无法得到保障。由此，需要通过脱敏技术确保数据中的敏感信息被清洗，但又不影响开发测试人员对于数据的使用。

以上我们仅列举几个常见的涉及数据使用安全的场景，在实际情况中，企业应该时刻注意在所有开展的 DevSecOps 项目中所可能出现的使用安全风险，并采取恰当的管控措施。

7.7.2 数据的安全防护

这里所指的数据安全防护，并非前文所阐述的数据安全存储，而是更关注数据存储在硬件之上的基础安全保护。这是确保数据完整性与可用性的基石，同时也需要融入相关的机密性安全技术。

1. 磁盘阵列

磁盘阵列是指把多个类型、容量、接口甚至品牌一致的专用磁盘或普通硬盘连成一个阵列，使其以更快的速度、准确而安全的方式读写磁盘数据，从而达到同时兼顾数据读取速度和安全性的一种手段。

几种常见的冗余磁盘阵列（RAID）实现方式如下：

- RAID-O（条带）：提高了磁盘子系统的性能，但不提供容错能力。
- RAID-1（镜像）：磁盘一对一镜像，确保数据不丢失。
- RAID-5（奇偶校验）：需要三个以上磁盘，其中一个作为校验信息，允许其中一个磁盘损坏。

2. 数据备份

备份管理包括备份的可计划性、自动化操作和历史记录的保存或日志记录。几种常用的备份方式及原理如下。

1）完全备份（Full Backup）：指对某一个时间点上的所有数据或应用进行的一个完全拷贝，包括其中的系统和所有数据。

- 优点：加快系统或数据的恢复时间。
- 缺点：存在大量的重复信息，备份所需时间较长。
- 特性：在备份过程中，任何现有的标记都被清除，每个文件都被标记为已备份；换言之，清除存档属性。

2）增量备份（Incremental Backup）：备份自上一次备份（包含完全备份、差异备份、增量备份）之后有变化的数据。

- 优点：无重复的备份数据，备份所需时间很短。
- 缺点：恢复时间较长。
- 特性：只备份有标记的选中的文件和文件夹，它清除标记，即备份后标记文件，换言之，清除存档属性。

3）差异备份（Differential Backup）：每次备份的数据是相对于上一次全备份之后新增加的和修改过的数据。

- 优点：不仅有增量备份时间短、节省磁盘空间的优势，也有全备份恢复所需时间短的特点。
- 特性：只备份有标记的那些选中的文件和文件夹。它不清除标记，即备份后不标记为已备份文件，换言之，不清除存档属性。

3. 双机容错

双机容错的目的在于保证系统数据和服务的在线，即当某一系统发生故障时，仍然能够正常地向网络系统提供数据和服务，使得系统不至于停顿，双机容错的目的在于保证数据不丢失和系统不停机。

4. NAS

NAS解决方案通常配置为作为文件服务的设备，由工作站或服务器通过网络协议和应用程序来进行文件访问，大多数NAS链接在工作站客户机和NAS文件共享设备之间进行。这些链接依赖企业的网络基础设施来正常运行。

- 优点：易于安装和管理、不占用服务器资源、跨平台。
- 不足：性能相对较差，因为数据传输使用网络，可能影响网络流量，甚至可能产生数据泄露等安全问题。

5. 数据迁移

由在线存储设备和离线存储设备共同构成一个协调工作的存储系统，该系统在在线存储和离线存储设备间动态地管理数据，使得访问频率高的数据存放于性能较高的在线存储设备中，而访问频率低的数据存放于较为廉价的离线存储设备中。

6. 异地容灾

异地容灾是以异地实时备份为基础的高效、可靠的远程数据存储。在各单位的IT系统中必然有核心部分，通常称之为生产中心，往往会给生产中心配备一个备份中心，该备份中心是远程的，并且在生产中心的内部已经实施了各种各样的数据保护。不管怎么保护，当火灾、地震这种灾难发生时，一旦生产中心瘫痪了，备份中心会接管生产，继续提供服务。

7. SAN

SAN 允许服务器在共享存储装置的同时仍能高速传送数据。这一方案具有带宽高、可用性高、容错能力强的优点，而且它可以轻松升级，容易管理，有助于改善整个系统的总体成本状况。

8. 硬盘安全加密

对于经过安全加密的故障硬盘，硬盘维修商根本无法查看，绝对保证了内部数据的安全性。硬盘发生故障更换新硬盘时，可全自动智能恢复受损坏的数据，有效防止企业内部数据因硬盘损坏、操作错误而造成数据丢失。

7.7.3 大数据安全

在不断变化的业务场景下，DevSecOps 和敏捷开发都是大多数企业的转型方向。而在这个过程中，组织都无可避免地面对一个问题：大量的数据产生了。大量组织机构参与到大数据产业中，提供对外的各种数据服务，成为数据源提供者、数据计算平台提供者、数据服务或应用提供者等大数据产业相关的角色；在组织的内部管理运营过程中，组织机构利用大数据技术使能业务的发展和组织的运营，极大程度改变了其传统工作模式和业务发展方向，同时，这对组织机构的数据安全管理带来了新的挑战。

组织机构除了关注自身业务中产生的数据之外，也开始采集外部第三方组织或人员的数据来丰富自己的数据资源，数据在不同组织机构间的流通和加工成为不可避免的趋势。数据作为组织机构的重要资产，一方面面临着传统环境中数据安全的相关风险，另一方面也面临着大数据环境下所特有的数据安全风险。因此大数据安全成为当前产业环境下各类组织机构共同关注的安全命题。

中国信息通信研究院的《大数据安全白皮书》[27] 指出，大数据安全是一个跨领域、跨学科的综合性问题，可以从法律、经济、技术等多个角度进行研究。以下我们将会以技术和管理作为切入点，梳理分析当前大数据的安全需求和涉及的技术。如图 7-11 所示参考了 NIST 等国内外关于大数据技术参考架构的研究，考虑到大数据平台为上层应用系统提供存储和计算资源，是对数据进行采集、存储、计算、分析与展示等处理的工具和场所，因此我们以大数据平台为基本出发点，形成了大数据安全总体视图。

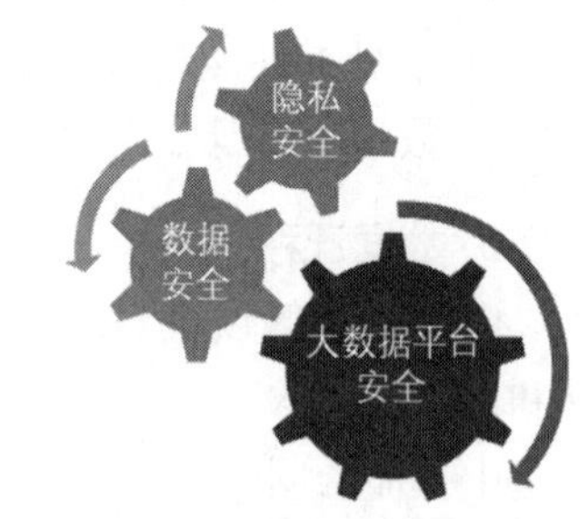

图 7-11 大数据安全总体视图

在视图中，大数据安全技术体系分为大数据平台安全、数据安全和隐私保护三个层次，自下而上为依次承载的关系。

大数据平台不仅要保障自身基础组件安全，还要为运行其上的数据和应用提供安全机制保障；除平台安全保障外，数据安全防护为业务应用中的数据流动过程提供安全防护手段；隐私安全保护是在数据安全基础之上对个人敏感信息的安全防护。

最后，让我们看一下大数据平台主要面临的一些安全挑战和实践。

❑ Hadoop 开源模式下缺乏整体安全规划，自身安全机制存在局限性。

目前，Hadoop 已经成为应用最广泛的大数据计算软件平台。Hadoop 的最初设计是为了管理大量的公共 Web 数据，假设集群总是处于可信的环境中，由可信用户使用的相互协作的可信计算机组成。因此最初的 Hadoop 没有设计安全机制，也没有安全模型和整体的安全规划。随着 Hadoop 的广泛应用，越权提交作业、修改状态、篡改数据等恶意行为不断出现，Hadoop 开源社区开始考虑安全需求，并相继加入了 Kerberos 认证、文件 ACL 访问控制、网络层加密等安全机制，这些安全功能可以解决部分安全问题，但仍然存在局限性。在身份管理和访问控制方面，依赖于 Linux 的身份和权限管理机制，身份管理仅支持用户和用户组，不支持角色；仅有可读、可写、可执行三个权限，不能满足基于角色的身份管理和细粒度访问控制等新的安全需求。在安全审计方面，Hadoop 生态系统中只有分布在各组件中的日志记录，无原生安全审计功能，需要使用外部附加工具进行日志分析。另外，开源发展模式也为 Hadoop 系统带来了潜在的安全隐患。企业在进行工具研发的过程中，多注重功能的实现和性能的提高，对代码的质量和数据安全关注较少。因此，开源组件缺乏严格的测试管理和安全认证，对组件漏洞和恶意后门的防范能力不足。据 CVE 漏洞列表显示，从 2013 年到 2017 年，Hadoop 暴露出来的漏洞数量共计 18 个，其中有 5 个是关于信息泄露的漏洞，并且漏洞数量逐年增长。

❑ 大数据平台服务用户众多、场景多样，传统安全机制的性能难以满足需求。

在大数据场景下，数据从多个渠道大量汇聚，数据类型、用户角色和应用需求更加多样化，访问控制面临诸多新的问题。首先，多源数据的大量汇聚增加了访问控制策略制定及授权管理的难度，过度授权和授权不足现象严重。其次，数据多样性、用户角色和需求的细化增加了客体的描述困难，传统访问控制方案中往往采用数据属性来描述访问控制策略中的客体，非结构化和半结构化数据无法采取同样的方式进行精细化描述，导致无法准确为用户指定其可以访问的数据范围，难以满足最小授权原则。大数据复杂的数据存储和流动场景使得数据加密的实现变得异常困难，海量数据的密钥管理也是亟待解决的难题。

❑ 大数据平台的大规模分布式存储和计算模式导致安全配置难度加大。

开源 Hadoop 生态系统的认证、权限管理、加密、审计等功能均通过对相关组件的配置来完成，无配置检查和效果评价机制。同时，大规模的分布式存储和计算架构也增加了安全配置工作的难度，对安全运维人员的技术要求较高，一旦出错，会影响整个系统的正常运行。据某三方调查机构的报告显示，大数据平台服务器配置不当，已经导致全球 5120TB 数据泄露或存在数据泄露风险，泄露案例最多的国家分别是美国和中国。2021 年年初针对 Hadoop 平台的勒索攻击事件，在整个攻击过程中并没有涉及常规漏洞，而是利用平台的不安全配置，轻而易举地对数据进行操作。

7.7.4 数据治理与合规

在展开本小节的叙述之前，让我们看看这样一个事件。2021 年 7 月，国家网信办会同公安部、国家安全部、自然资源部、交通运输部、税务总局、市场监管总局等部门联合进驻某互联网科技公司，开展网络安全审查。审查重点是关键信息基础设施运营者采购网络产品和服务可能带来的国家安全风险，而数据安全是重中之重。

在互联网时代，虽然大数据技术与应用对社会经济、教育、医疗、金融甚至人们的消费习惯、思维习惯，都带来了非常多的积极转变，但同时也伴随着越来越多的数据安全问题。随着问题的产生，国内外各类监管法律法规、标准制度也在逐步完善，网络安全立法演变为全球范围内的利益协调与国家主权斗争。

企业的业务数据安全治理能力不单单只影响到企业本身，其可能还涉及对社会乃至国家层面的影响。举例来说，一家跨国金融机构所掌握的数据可能涉及个人信息、企业信息、市场公开数据、市场研判信息、合同信息、未公开金融数据、国家政策信息、监管数据等，再加上跨国机构往往面对不同国家及地区市场，又会存在不同的地域性敏感数据，由此可见其涉及数据的复杂度及动态性之高，一旦在数据安全保护的任何一个环节出现纰漏，都有可能造成无法挽回的严重后果。

1. 国内数据治理体系的发展

在我国，全国信息安全标准化技术委员会提出了数据安全成熟度模型。该标准是基于大数据环境下电子化数据在组织机构业务场景中的数据生命周期，从组织建设、制度流程、技术工具以及人员能力四个方面构建了数据安全过程的规范性数据安全能力成熟度分级模型及其评估方法。

而最近，按照相关的国家标准，由中国网络安全与信息化产业联盟数据安全治理委员会（简称数据安全治理委员会）起草编著，通过对国内外当下的数据安全情势与市场趋势进行解读与前瞻，结合国际相关标准与框架，发布了《数据安全治理白皮书 3.0》[28](图 7-12)。该白皮书中，再一次强调了数据安全治理是以“让数据使用更安全”为目的的安全体系构建的方法论，核心内容包括：

- 满足数据保护、安全合规、敏感管理三个需求目标。
- 核心理念包括分类分级、角色授权、场景化。
- 数据安全治理的建设步骤包括组织构建、资产梳理、策略制定、过程控制、行为稽查和持续改善。
- 核心实现框架为人员组织、策略规范、技术支持三大部分。

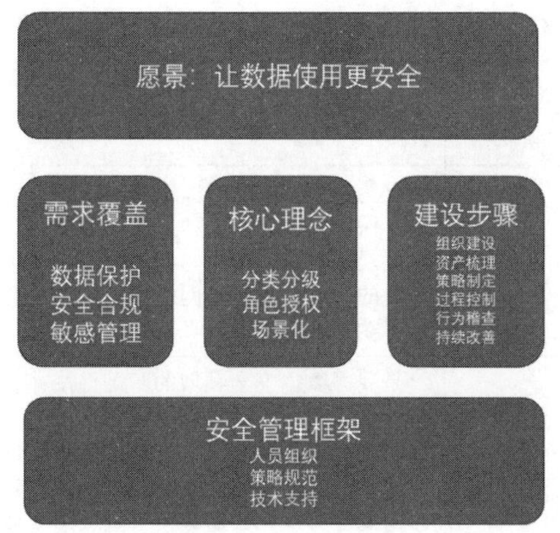

图 7-12 《数据安全治理白皮书 3.0》的理念与框架

在该白皮书中强调数据安全治理的核心理念是：

- 分类分级：对数据进行不同类别和密级的划分；根据类别和密级制定不同管理和使用原则，对数据做到有差别和针对性的防护。
- 角色授权：在数据分级和分类后，了解数据在被谁访问、这些人如何使用和访问数据，针对不同角色制定不同安全政策。常见角色包括业务人员（须进一步细分）、数据运维人员、开发测试人员、分析人员、外包人员和数据共享第三方等。
- 场景化：针对不同角色在不同场景下研究数据使用需求；在满足数据被正常使用的目标下，完成相应安全要求和安全工具选择。比如对于运维人员，在备份和调优场景下，并不需要对真实数据的直接访问能力，只需提供行为审计、敏感数据掩码能力即可。

在组织建设方面，该指引提到首先要成立专门数据安全治理机构，以明确数据安全治理的政策、落实和监督由谁长期负责，以确保数据安全治理的有效落实。在整个数据安全治理的过程中，最为重要的是实现数据安全策略和流程的制定，所有的工作流程和技术支撑都是围绕着此规范来制定和落实的。

在数据安全治理的技术支持方面，对数据资产梳理的技术支撑最为重要。数据资产梳理就是为了有效地解决企业对资产安全状况摸底及资产管理工作，提高工作效率，保证资产梳理工作质量。通过合规合理的梳理方案，要做到风险预估和异常行为评测，避免核心数据遭破坏或泄露的安全事件。

2. 国内外与数据管理相关的法律法规

下面将重点罗列部分国内外现行与网络数据安全、个人信息安全、金融数据安全等相关的法律法规等，给予读者参考与解读（见表 7-2 和表 7-3）。

表 7-2 国内涉及数据管理的部分法律法规的解读

法律		
名称	**发布机构**	**解读**
《中华人民共和国网络安全法》	全国人大	是为保障网络安全，维护网络空间主权和国家安全、社会公共利益，保护公民、法人和其他组织的合法权益，促进经济社会信息化健康发展而制定的法律。该法律的发布标志着中国首部网络空间管辖基本法的构建，为诸多网络安全领域的监管提供基本法律依据。数据的治理在其中也做出了明确规范
《中华人民共和国数据安全法》	全国人大	是我国数据安全领域的基础性法律，一是设专章对支持促进数据安全与发展的措施做了规定，保护个人、组织与数据有关的权益，提升数据安全治理和数据开发利用水平，促进以数据为关键生产要素的数字经济发展；二是加强具体制度与整体治理框架的衔接。从基础定义、数据安全管理、数据分类分级、重要数据出境等方面，进一步加强与其他法律的衔接，完善我国数据治理法律制度建设；三是加大数据处理违法行为处罚力度，建设重要数据管理、行业自律管理、数据交易管理等制度，回应实践问题及社会关切
《中华人民共和国密码法》	全国人大	是中国密码领域的综合性、基础性法律。其中涉及了多类有关数据安全保护的应用场景。制定该法律就是要把对密码与数据保护工作的最新要求通过法定程序转化为国家意志，把密码工作的各个重要环节和关键要素纳入法治轨道，也为涉及该领域的相关技术及保护对象提供监管及法律依据
《中华人民共和国银行业监督管理法》	全国人大	通过金融监管的专业化分工，进一步加强银行业的监管、降低银行风险，维护国家金融稳定和保护广大人民群众的财产安全。该法律也是中国金融监管机构对相关从业机构、实体实施监管的法律基础
《中华人民共和国个人信息保护法》	全国人大	该法律构建了完整的个人信息保护框架。其内容涵盖了个人信息的范围以及个人信息从收集、存储到使用、加工、传输、提供、公开、删除等所有处理过程。同时明确赋予了个人对其信息控制的相关权利，并确认与个人权利相对应的个人信息处理者的义务及法律责任；对个人信息出境问题、个人信息保护的部门职责、相关法律责任进行了规定
行政法规		
《网络安全等级保护条例》	公安部	数据的安全保护始终贯穿于网络安全等级保护的各个环节。通过出台技术标准推动建立信息安全等级保护制度并持续加强监管力度，监管部门采取更加主动的方式检查信息安全等级保护制度的遵守情况
《个人信息和重要数据出境安全评估办法》	国家网信办	主要内容包括个人信息和重要数据出境需进行安全评估的适用范围、重点内容、流程、重新评估机制等，是《网络安全法》第三十五条关于数据（包括个人信息和重要数据）出境安全评估制度的配套部门规章
《金融信息服务管理规定》	国家网信办	对金融信息服务行业进行了规范。明确金融信息服务提供者应当履行主体责任，配备与服务规模相适应的管理人员，建立信息内容审核、信息数据保存、信息安全保障、个人信息保护、知识产权保护等服务规范

表 7-3　国外涉及数据管理的部分法律法规解读

名称	国家 / 地区	解读
《通用数据保护条例》（General Data Protection Regulation，GDPR）	欧盟	推动强制执行隐私条例，规定了企业在对用户的数据收集、存储、保护和使用时新的标准。虽然 GDPR 只在欧洲生效，但是这不代表着这件事就与生活在欧洲之外的我们完全无关。因为考虑到“全球性”是写入互联网基因内的属性，几乎所有的服务都会受到影响，所以生活在欧洲之外的人其实也会从此条例中获益
《个人数据保护法》	新加坡	法令要求主要涵盖两个范围，即：1）保护个人资料不被滥用；2）杜绝行销来电和信息。公司必须在获得消费者允许后，才能收集和使用消费者的个人信息，公司也须向消费者解释他们收集和披露消费者个人信息的原因
《个人数据保护法案》（PDP）	印度	该法案在欧盟 GDPR 颁布后做出了修改，规定了个人数据采集、存储、处理和传输的方式。该法案引进了“数据受托人（近似数据控制器）”“数据所有者（近似数据主体）”和“数据处理者”的概念，规定了数据所有者的权利和受托人以及数据处理者在收集和处理数据时应承担的义务。另外，该法案还规定了个人数据合法传输至境外时应符合的方式和条件
《国家安全与个人数据保护法提案》	美国	规范特定国家的数据跨境传输限制
《数据保护法案》	美国	阻止网站和应用程序使用个人数据伤害用户，保护用户信息不受黑客攻击，并追究公司滥用数据的责任

7.8　安全众测

安全众测是一个存在很多年，但是一直都没有被“规范”的行为。但是最近，中国人民银行正式批准发布金融行业标准《金融网络安全 网络安全众测实施指南》，为行业指明了行为准则和规范。标准给出了金融信息系统网络安全众测实施的指导，明确了众测的作用、重点关注的风险项以及实施主体和职责，并提供了依托众测需求方、众测组织方、众测测试方以及众测审计方等四方主体进行众测准备、众测实施以及分析与报告编制的过程，适用于金融机构开展网络安全众测工作，并给为金融机构提供网络安全众测服务的组织提供参考。

对于非行业人士来说，可能根本没有听说过网络安全众测，但如果换个说法——白帽子黑客，就有很多人听说过了。在这一行最开始的时候，白帽子黑客和黑客的行为在很多时候是无法分辨的。双方同时游荡在系统的外围，使用各种各样的方式对系统进行攻击，区别只在发现漏洞后的处置上，是报告给企业还是盗走数据卖掉。从法律角度来说，白帽子的行为可以说是“在违法的边缘反复横跳”，在这个过程中，白帽子和企业往往会产生不可调和的矛盾。为了解决矛盾，漏洞平台出现了，平台就是作为白帽子和企业之间的沟通桥梁，一方面为企业提供安全帮助，另一方面为白帽子解除一定的法律风险。但是在 2016

年，白帽子和企业之间的矛盾还是爆发了，这就是著名的“某交友网站白帽事件”。

《金融网络安全 网络安全众测实施指南》的出台也解决了金融行业内的痛点，明确了众测运营中四个角色的职责与义务。本节将以该指南为例进行阐述，以便读者对安全众测的实施有一个初步了解。

1. 众测需求方

- ❑ 明确了授权主体为金融机构。
- ❑ 组织系统、网络、安全运维团队做好测试期间的系统、网络、安全的监控工作，发现重大安全攻击事件或系统服务中断等突发事件，及时启动相应的应急流程。
- ❑ 做好众测过程突发事件的应急响应工作，包括事件报告、事件分析、事件处置、评估总结等工作。
- ❑ 委派或委托平台指派项目负责人对项目进行实时跟踪，对提交的漏洞及时进行审核和确认，对发现的漏洞进行处理及应急响应，严格管理漏洞的生命周期。
- ❑ 进行漏洞审核时宜严格按照协议验收、评定漏洞风险。
- ❑ 组织专项工作人员负责跟踪漏洞的处置修复，对于危害较高的漏洞，组织相关人员对漏洞进行快速整改修复，并协调漏洞复检工作。

2. 众测组织方

- ❑ 明确了组织方对实施人员和过程的要求，明确了组织方的科学管理体系要求，同时明确要求保障测试人员的身份与背景可靠，明确组织方要对实施人员完成实名认证，包含个人 / 企业实名认证，并签署安全保密协议。
- ❑ 对测试人员进行安全保密教育，与其签订安全保密责任书，规定履行的安全保密义务和承担的法律责任，并负责检查落实，明确签署安全保密教育与保密责任书。
- ❑ 在保密教育与保密协议任务中，组织方根据需求方对于安全众测项目的要求，对测试人员进行安全保密宣传和教育培训工作，包括项目测试范围、项目测试时间、项目测试行为准则、安全保密要求等，与测试人员签署安全保密协议。
- ❑ 明确需要提供网络安全众测授权委托书 / 安全测试人员清单，明确测试方可以是个人参与或者企业参与，并且签署保密协议。
- ❑ 通过技能考核设置测试方的准入门槛，同时建立测试方的信誉体系及优胜劣汰竞争机制。
- ❑ 对不符合相关法律法规及不按需求方要求进行测试的测试方进行处罚及清退，确保身份可信、技能可行。

3. 众测测试方

- ❑ 对测试人员要求满足：年满 18 周岁，无违法及犯罪记录，并且履行遵守国家有关法律法规和技术标准、需求方和组织方的相关要求，在授权的范围内开展安全众测服务。

- 明确测试方在授权范围内开展安全众测服务，提供准确、真实、客观的网络安全漏洞等义务，明确需要配合完成漏洞复测任务，对测试人员明确测试边界与测试行为要求。

4. 众测审计方

一方面是对安全众测过程的可控、可审计，更安全可靠地配合组织方交付项目。另一方面，能够更好地量化测试人员的工作量及测试目标范围。

- 明确了审计方与组织方、测试方宜相互权限隔离。
- 关于众测审计方，明确了对众测过程中的流量及日志进行保存，并且明确要求记录测试人员访问信息，包括众测环境系统 / 账号的登录、登出等关键时间，以及众测项目测试时对众测系统所做的行为，包括用户、时间、事件类型、操作的资源、操作的结果、访问发起端的地址或标识。
- 审计方的审计系统向需求方开放，即需求方有权对测试人员的行为进行实时审计、检查。
- 负责测试过程中测试人员的安全监控工作，发现异常及时通知需求方和组织方。
- 负责测试过程中测试人员安全接入账号的管理工作，包括账号暂停、账号恢复、项目暂停、项目恢复等。
- 发生突发事件时，协助需求方进行突发事件的溯源分析和应急响应工作。
- 编写安全审计报告，安全审计报告的内容包括但不限于测试范围、测试时间、测试人员、审计内容及审计结果等。
- 审计测试人员是否按照要求使用授权的测试接入途径进行安全测试。
- 审计整体的测试过程，量化测试人员测试工作量、测试目标范围。
- 审计测试人员使用的攻击手法。
- 审计测试人员的高风险行为操作，溯源攻击过程。
- 备份测试流量和行为等审计信息，建议保存 6 个月以上，以满足安全众测后期事件溯源的需要。
- 明确了四方角色的职责与义务，实质上是将“挖洞”行为正规化，保证各方利益，让行业进入良性发展。

《金融网络安全 网络安全众测实施指南》的出台，对于网络安全行业来说，则进一步推进了安全众测的正规化发展，可以将更多的民间力量纳入网络安全体系当中，助力我国网络安全行业的发展。

7.9　红蓝对抗

在系统运行的过程中，可通过多渠道安全渗透机制，先于别人发现自己的漏洞和弱点。

一般在企业安全建设中，都会采用红蓝对抗演习等多渠道安全渗透机制和安全众测。红蓝对抗演习需要企业具有较高攻防技能的安全人员，也可外聘外部专业机构完成，以检测安全防护框架和安全运维框架的有效性。

在演习的过程中，攻击方发现问题，产品开发小组通过既定的修复和发布流程，迅速地修正问题，堵住漏洞。与防守方共同合作，分析找出攻击方的攻击链路，这是在红蓝对抗中产品运营小组需要重视和注意的。

1. 为什么要做红蓝对抗和实战演练

首先是企业安全的需求。安全服务于业务，但是灰犀牛和黑天鹅的存在给业务增加不确定因素，在企业安全建设的过程中黑天鹅几乎无法避免。所以我们要找出问题，实战也就是最必要的。其次企业安全面临挑战。如今，网络攻击发展日新月异，0Day 漏洞、APT(高级持续性威胁) 攻击大家也早已司空见惯，那么对于企业安全建设来说，是否已经跟上了攻击的步伐呢？最后是红蓝对抗的必要性。实战出真知，可深层次检测风险。技术好不好，管理体系化到不到位，试一次就知道了，因为实战的结果不会骗人，而且很多深层次问题必须依靠实战来检测和衡量。

2. 究竟该如何落地一次红蓝对抗赛

除了组织方的确立，包括平台、裁判、规则、奖惩都需要确定好，同时还要确定内外部的攻击方红队和防守方蓝队。其中还有几个关键点需要注意：

- 一是保密规则和攻击手可靠（尤其数据的保护）。
- 二是赛中的关键信息（重点关注未体现在结果报告的重要信息，毕竟可能攻击了 50 次，只成功了 1 次，而报告只记录了那一次）。
- 三是赛后的复盘总结（基于素材的深度推理）。
- 四是赛后木马及痕迹的清除，不能因为演练引入新的风险。

3. 攻防能力如何进化

当具备对抗能力之后，将由传统被动挨打转移到主动防御建设阶段；从防御的层层积累，到检测、溯源、审计手段的多样化；将分布在各个维度的数据、安全态势、应急措施统一整合起来；将原来基于漏洞的管理转换为应急的全面复盘，每次修复行动都增强了企业安全现状的全貌（形成举一反三的机制）；由人工跟进漏洞到全自动化编排处理，自动化的前置条件是资产完全、流程完全、自动化手段完全；从红蓝对抗的起点中找到漏洞，到规范化模拟 TTPS 阶段，增强效果；从一味对标最佳实践、大而全的安全建设到以攻防演练为核心，从安全效果反推建设效率及成本；在不能完全剔除攻击者的情况下，采取合理有效监控和观察手段，及时止损；从依据黑客行为特征到完全依赖白名单到基于行为的动态智能检测；依据云原生的架构治理内部服务，由以往的 IP、主机重新定义身份信息，并给予认证鉴权。

7.10 DevOps 平台的安全

对 DevOps 平台而言，小到团队，大到部门甚至公司的开发过程都是基于此平台，甚至整个开发过程中的数据也都经过或存储于此平台。因此，DevOps 平台的稳定性和安全性对其使用者来说是至关重要的。一旦黑客通过 DevOps 平台中的安全漏洞渗透入平台，使得 DevOps 平台瘫痪，资源被盗取，数据泄露，甚至可能利用操作影响业务系统时，将会给企业带来巨大的影响和损失。由于很多企业的 DevOps 平台都是通过将各个开源和商用的 DevOps 工具进行集成，甚至将其当作底座，来开发一套界面以方便对 DevOps 流程进行管理，所以其安全漏洞往往也是分散在各个独立的 DevOps 工具中的，这增加了维护整个 DevOps 平台安全性的难度。

作为 DevOps 平台中的核心工具以及最受欢迎的 CI 工具，Jenkins 在全球范围内的使用量庞大，因此也成为黑客攻击和利用最多的 DevOps 工具之一——一有新的漏洞被发现，便迅速加以利用。比如 2017 年 Jenkins 远程命令执行漏洞 CVE-2017-1000353 的曝光，是导致“史上最大规模挖矿事件”的原因之一（图 7-13）。据报道，攻击者因此获益 300 万美元。另外，从 CVE-2019-1003000 漏洞公布到挖矿木马的爆发，也仅仅只是两天而已。针对已经公布的 CVE-2017-1000353、CVE-2018-1999002、CVE-2018-1999043、CVE-2018-1000861 以及 CVE-2019-1003000 等远程命令执行漏洞，不法分子都能利用这些漏洞在 Jenkins 服务器上安装挖矿恶意软件。被恶意挖矿的 Jenkins 主机的 CPU 使用率将会很高，最终严重影响 Jenkins 正常的管理和调度工作。

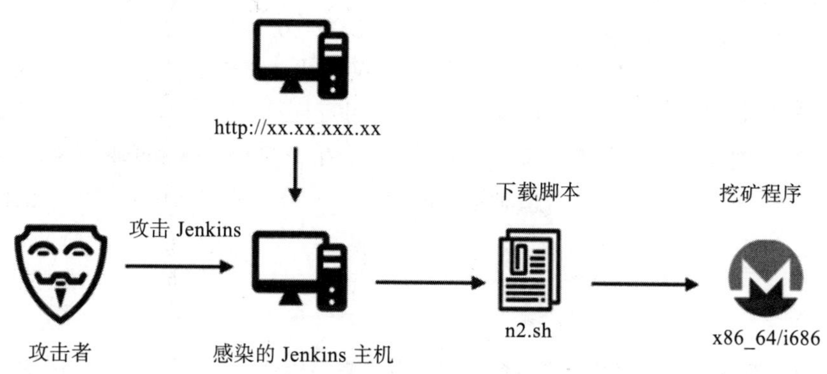

图 7-13　黑客利用感染的 Jenkins 主机进行挖矿

又比如 2018 年 7 月 18 日，Jenkins 官方发布最新安全公告，披露多个安全漏洞。其中 CVE-2018-1999002 是由 Orange 发现的 Jenkins 未授权任意文件读取的高危安全漏洞。恶意攻击者可以通过发送精心构造的 HTTP 请求，在未经授权的情况下获取 Jenkins 主进程可以访问的 Jenkins 文件系统中的任意文件内容。这包括 Windows 系统服务器中的任意文件，且在特定条件下也可以读取 Linux 系统服务器中的文件。通过利用该文件读取漏洞，攻击者可以获取 Jenkins 系统的凭证信息，导致用户的敏感信息遭到泄露。同时，Jenkins 的部分凭证可能与其他账号密码相同，攻击者获取到凭证信息后甚至可以直接登录 Jenkins 系统进行命令执行操纵等。除了由于 Jenkins 本身的安全漏洞遭受攻击外，Jenkins 丰富庞大的插件库也因为安全漏洞成为黑客攻击的对象。2020 年 9 月，Jenkins 官方发布了涉及 10 个插件的 14 个 CVE 安全漏洞，其中就包括与 XSS、XXE 和 CSRF 相关的 8 个高危安全漏洞。

不仅仅是 Jenkins，DevOps 工具栈中另一个核心工具 Git 也是黑客经常关注的对象。比如被官方评级为“高危”安全漏洞的 CVE-2018-11235，可以导致 Git 端任意代码的执行。攻击者通过建立一个恶意的 Git 仓库包含一个精心制定的 Git 子模块，同时攻击者需要诱骗受害者克隆恶意存储库，从而在受害者的系统上执行任意代码。该问题是 Git 客户端在处理此定制的 Git 子模块时导致的。另外，发生在 2020 年的 Git 的另一个安全漏洞 CVE-2020-5260 产生了凭证泄露。Git 使用凭证助手来帮助用户存储和检索凭证。但当一个 URL 中包含经过编码的换行符时，可能将非预期的值注入到凭证助手的协议流中。这将使恶意 URL 欺骗 Git 客户端向攻击者发送主机凭据。当使用受影响版本 Git 对恶意 URL 执行 git clone 命令时会触发该漏洞。另外，在 GitLab 8.5-12.9 版本中，存在一处任意文件读取漏洞 CVE-2020-10977。攻击者可以利用该漏洞，在不需要特权的状态下，读取任意文件，造成严重信息泄露，从而导致进一步被攻击的风险。

另一款流行的项目需求管理商用工具 Atlassian Jira 8.4.0 之前的版本中的 /rest/api/latest/groupuserpicker 资源存在信息泄露漏洞。该漏洞源于网络系统或产品在运行中存在配置等错误，未授权的攻击者可利用漏洞获取受影响组件的敏感信息。市面上最流行的代码分析开源软件 SonarQube 也被发现过安全漏洞，漏洞 CVE-2020-27986 可以让攻击者通过 API 设置值发现明文 SMTP、SVN 和 GitLab 凭证。不仅如此，对于其他常用 DevOps 工具，比如自动化配置管理工具 Puppet 和 Ansible，被发现过反序列化、远程命令执行等安全漏洞；监控工具 Zabbix 被发现过远程代码执行、SQL 注入、Shell 命令注入和认证绕过等安全漏洞；日志分析工具 Splunk 也被发现过信息泄露、命令注入和服务端请求伪造等安全漏洞。

7.11 RASP

WAF（应用防火墙）已经成为常见 Web 应用普遍采用的安全防护工具。传统的 WAF 通常位于 Web 应用程序的前面，检查传入的 HTTP 请求流量，以了解已知的攻击和异常使用模式。作为门卫模式的工具，WAF 通常部署在 Web 应用系统的外部边界。其原理是实时扫描（寻找恶意输入和违规检测模式）和拦截 Web 请求与用户数据相关的数据包，然后使用规则对数据包进行匹配扫描，如果没有规则匹配上就放行数据包。因此，WAF 在监控进出 Web 应用程序 / 数据库的有害用户输入和不正常的数据流上是非常有效的。

然而，在现在移动互联网和云计算盛行的今天，网络边界已经越来越不清晰了，这样也使得防火墙的安全防护效果越来越差。比如 WAF 基于流量分析，不理解应用的上下文，因此不能完全清楚应用的输入和输出，从而会造成一定的漏测和误测。WAF 最大的缺点是有些安全攻击可以通过各种函数进行编码实现“换脸”，绕过 WAF 的匹配规则。另外，一旦应用程序的代码有所改变，相应的配置也需要改变，一旦更新不及时或者更新失败，都会产生大量的误报。并且 WAF 严重依赖特征库，而面对各种各样花式攻击，导致特征编写很难以不变应万变。

RASP（运行时安全自我保护）是 2012 年由当时的 Gartner 副总裁 Joseph Feiman 提出的。Joseph Feiman 将防火墙比喻为主角周围的保镖，虽然保镖身强体壮，但主角本身可能非常脆弱。所以一旦保镖的防御被攻克，则主角就非常危险了。RASP 是让主角在很短时间内，并且在成本很低的情况拥有很高的自我保护能力。根据 Gartner 的定义，RASP 是“一种建立在应用中，或者连接在应用运行环境中的安全技术；该技术可以控制应用执行情况，并且检测和阻断实时的攻击”。

7.11.1　RASP 和 WAF

RASP 继承了 WAF 的大部分功能，通过在应用中部署代理，观测并分析应用进程及运行时进入的数据，从而在安全事件发生时可以进行控制，防止威胁直达其攻击目标。RASP 不仅可以分析应用程序的行为，还可以结合应用程序的上下文在应用层检测用户流量，并且进行持续不断的分析，一旦发现有攻击行为就能立刻进行响应和处理。与 WAF 不同的是，RASP 不是拦截数据包，而是拦截和审查将要执行的代码，对代码进行规则匹配，并且在可疑行为进入应用程序时并不拦截，而是先做标记，在输出时再检查是否为危害行为，从而排除掉了大量的无效攻击，使得其查杀漏报率和误报率都会更低，但同时也消耗了更多的资源。相比 WAF，RASP 拥有如下优势：

1）极低的误报率：与 WAF 通过分析网络流量寻找问题不同，RASP 包括对应用上下文的分析，所以能非常精准地区分攻击和合法输入，从而极大地减少了其误报的概率。WAF 通常根据传入的 HTTP 请求判断是否阻塞，它依赖签名来检测已知的恶意模式或已知的良好模式，并基于这些特征库进行阻塞。RASP 工具同时提供了这两种功能，以及多种检测技术，如沙箱检测、语义分析、输入跟踪和行为分析等。当将多种检测技术（每种检测技术都适用于特定类型的攻击）与多个执行点结合在一起时，在准确性上相比传统的 WAF 有了巨大的飞跃。

2）维护成本极低：WAF 的安装过程非常复杂，需要精确地配置以覆盖尽可能广的应用程序。而 RASP 可以做到开箱即用且只需要非常简单的配置，这得益于其与应用程序融为一体的特性，从而能够在应用内部监控实时数据。

3）极高的覆盖率和兼容性：RASP 安全系统可以应用到任何可注入的应用程序，能处理绝大多数的网络协议，如 HTTP、HTTPS、AJAX、SQL 与 SOAP。而 WAF 通过监控网络流量提供保护，因此只支持 Web 应用程序（HTTP）。此外，WAF 需要特定的解析器、协议分析工具或其他组件来分析应用程序使用的其他网络协议，这会导致一些兼容性与性能问题。

4）更全面的保护：WAF 可以分析与过滤用户输入并检测有害行为，却无法检查和分析应用的输出。RASP 不但能监控用户输入，也能监控其输出，这就使得 RASP 具备了全面防护的能力。RASP 能够定位 WAF 通常无法检测到的严重问题，如未处理的异常、会话劫持、权限提升和敏感数据等。

5）可以与 SAST 完美集成：RASP 可以与 SAST 无缝对接，这使得企业能够全程掌握产品的整个生命周期，从早期的开发阶段一直到后期的部署、运维和运营。其显著的好处可以归纳为以下两点：

- 提供虚拟补丁：随着业务对敏捷和快速交付的需求日益增强，有些甚至很多情况下，对于开发阶段通过安全扫描工具发现的安全漏洞，由于人力资源的紧缺和上线压力，没有办法修复所有漏洞，因此必须带病上线。在使用 RASP 的情况下，理论上来说，企业可以放心上线，因为 RASP 就像一个大的虚拟补丁，将所有漏洞都在线修复。这使得系统可以暂时安全运行，然后在资源充足的情况下再修复和更新这些漏洞。这种能力在 CI/CD DevOps 和期限紧迫的敏捷工作流中尤为重要。
- 快速缓解攻击：得益于 SAST 的先期扫描结果，RASP 能快速定位漏洞。RASP 和 SAST 的结合使用对于大型企业尤为重要，快速修复漏洞能节约大量时间和人力成本，并且大幅降低漏洞带来的风险。这是 WAF 无法提供的。

7.11.2 RASP 的工作原理和特点

RASP 是一种新型应用安全保护技术，它将保护程序像疫苗一样注入应用程序中，与应用程序融为一体，能实时检测和阻断安全攻击，使得应用程序具备自我保护能力，遇到特定漏洞和攻击时不需要人工干预就可以进行自动重新配置并应对新的攻击。RASP 嵌入到应用程序或其堆栈中，因此随应用程序扩展。例如，如果应用程序在多个服务器实例上向外扩展副本，则 RASP 将随之扩展。如果部署在虚拟服务器或云服务器上，RASP 将受益于与应用程序一起增加的 CPU 和内存资源。

Java 版的 RASP 技术使用 javaagent 机制来实现。在服务器启动时，可动态修改 Java 字节码，对敏感操作的函数进行挂钩，比如数据库操作、文件读取和写入操作、命令执行等。当服务器发生攻击事件时，就会触发这些 Hook 点，此时 RASP agent 就可以获取到函数的参数，比如要读取的文件名、要执行的命令等。

RASP 有监控检测和阻断保护两种模式。检测模式在检测到安全攻击时只是记录下来并发送警告给用户，保护模式不仅能够检测同时能够拦截潜在的安全攻击。一旦 RASP 探测到用户访问违反设定好的安全规则，RASP 就会接管并执行必要合理的保护行为。RASP 可以在应用程序内部运行，因此能够看到系统里所有用户行为的细节，从而可以提供更高的对于安全攻击识别的准确性。比如 RASP 可以通过上下文了解用户的逻辑、代码库、API、系统配置、运行时数据、逻辑和事件流等，并从中获取必要的信息，这就给非常精确的探测和拦截模式提供了坚实的基础。

RASP 监控检测是复杂的，它根据请求类型使用不同技术。大多数产品同时检查请求及其参数，以多种方式检查每个组件。RASP 在检测应用程序攻击方面比它的前辈 WAF 要有效得多。与使用基于签名的检测的其他技术不同，RASP 监视应用程序行为和外部引用，映射应用程序函数和第三方代码的使用，映射执行序列，反序列化有效负载，并相应地应用策略。它使用类似沙箱请求来查看它们如何发挥作用，使用语义分析来检测滥用，使用输入跟踪来检测人为引入的代码，以及使用行为分析来配合签名和 IP 地址信誉等传统工具。这不仅可以实现更准确的检测，还可以通过优化检查的类型来提高性能。

大多数 RASP 平台也采用结构分析，能够了解正在使用的框架及框架的常见漏洞利用。RASP 可以访问整个应用程序栈，可以检测第三方代码库的变化——相当于对开源库的漏洞扫描，来检测过期代码的使用。RASP 还可以快速检查传入请求和检测注入攻击。

RASP 的另一个巨大优势是它可以在运行时持续地测量应用程序的使用率和缺陷率，并且通过对应用程序功能和开源使用进行分类，了解每个 API 的参数的正确数量和类型。此功能的一部分来自于其对应用程序功能目录化、理解正确的参数数量和类型以及在运行的应用程序代码中应用策略的能力。这有助于安全团队可视化代码中的安全问题，并定制他们希望的响应方式和规则。RASP 也可以理解运行时代码路径、服务器交互、开源库和框架的细微差别、库的使用和自定义代码，这为裁剪检测规则提供了优势，比如启用特定策略来检测针对 Spring 框架的攻击。RASP 可以配置为阻止针对旧版本库的特定攻击，并提供一种虚拟补丁。

另外，大多数公司都有大量的“技术债务”，因为应用程序及其平台包含的安全漏洞比开发团队能够在短时间内修复的要多。使用基本的安全补丁来保持开发、QA 和生产版本的底层软件的更新是一项挑战，更不用说修复所有易受攻击的代码了。RASP 可帮助检测哪些版本的应用程序库是过时的，如果脆弱子模块被用来了解是否有必要打补丁，则也通过提供“虚拟补丁”阻止对残余漏洞的攻击。大多数开发和运营团队不会跟踪永无休止的安全补丁流，因此拥有自动化发现和报告的工具是很有帮助的。

7.11.3 RASP 技术面临的挑战

虽然前面我们描述了 RASP 的诸多好处，但是，时至今日，RASP 技术仍有如下不足之处。而这些关于 RASP 不成熟的技术和使用方式，阻碍了 RASP 的大范围推广。

- 因为 RASP 是针对应用程序的，每个应用都必须有独立的探针，不能像防火墙一样只在入口放置一个设备就可以了，所以这样增加了部署困难和防范不完整的风险。
- 由于 RASP 进行实时深入检测和拦截，虽然对精确度和误判率有很大的帮助，但 RASP 的运行也会消耗一定资源的 CPU，有可能会导致应用的运行速度变慢，会对系统性能有一定的影响，甚至导致应用崩溃，最终也可能会影响到用户的体验。这也是影响企业客户是否部署 RASP 的主要原因之一。

- ❑ RASP 执行规则、操作方式和检查次数可能会影响延迟和性能。越来越深入的请求分析增强了安全性，但也增加了延迟。如果没有在本地缓存第三方威胁情报，或者使用了外部查找，则延迟会增加。如果传感器或集成点只收集事件并将其传递到外部服务器进行分析，则添加的服务可能会增加延迟。
- ❑ RASP 与编程语言有关，需要支持应用本身使用的语言。然而，实现对多种语言的全面覆盖，增加了开发 RASP 相关工具的难度。
- ❑ 使用 RASP 并不能真正地解决安全漏洞，只是临时提供一个虚拟补丁修补已知漏洞。当不用 RASP 后这些安全漏洞还是存在的。所以，应该将 RASP 和安全扫描工具结合使用，并且在发现漏洞后进行及时的修复。

在过去的网络安全技术变革中，从边界安全演进到主机安全，是因为后者相对前者有着更低的侵入性，而且可以看到更深层的异常行为，能够为安全带来更高的价值。那么相比之下，通过运行时的情境感知能力可以看到的是完全透明的流量，可以实现业务透视。在这样的技术优势面前，虽然目前的技术的成熟度还有待改进，但这阻止不了 RASP 将会成为应用安全下一个重要方向的趋势。

7.12 总结

在当前诸多尝试推广或实施 DevSecOps 的企业与机构中，往往会将开发过程中的安全作为它们实施的首要目标。这是由于在传统 SDL 中，多数暴露于研发测试阶段的问题通过 DevSecOps 的实施可以得到有效快速解决。对运维过程中的安全而言，它是一个持续的改进与度量过程，而且由于其所涉及的子领域较多且具有一定的独立性，使得它也成为了诸多企业在 DevSecOps 转型路上所要解决的痛点之一。

本章首先讲述了在配置和环境管理中，系统的运维角色已经交到产品开发小组（Pod）中，以及他们在日常的环境配置和管理任务中需要遵循的安全原则和怎样保障计算环境的安全。发布部署策略则是 DevSecOps 实施过程中的重要环节，本章通过蓝绿发布、灰度发布（金丝雀发布）和滚动发布三种模式及案例的讲述来帮助读者深入理解。无论在传统安全运维还是 DevSecOps 当中，持续监控和安全、日志分析及管理、事件响应与业务的连续性都是绕不开的话题，也起着举足轻重的作用，本章也将其与 DevSecOps 的理念进行了结合讲述。身份认证和访问控制、数据管理和安全这两大领域往往也是运维阶段问题暴露较多的环节，我们通过分析各种身份认证、授权、数据保护的实现方法，总结归纳其各自优缺点，以及在 DevSecOps 当中所要注意的地方，来帮助读者提升各自能力的成熟度。同时，我们还解读了部分国内外现行与网络数据安全、个人信息安全、金融数据安全等相关的法律法规。关于安全众测环节，我们则是以 2021 年中国人民银行正式批准发布的金融行业标准为例来进行讲述，帮助读者对安全众测的实施进行初步了解。最后，我们介绍了防火墙（WAF）之后下一代运维运营侧的运行时安全自我保护技术 RASP，让读者对其特点、优势和挑战有了基本的了解。

总的来说，由于运维阶段所涉及的子领域较多且具有一定的知识领域独立性，其 DevSecOps 转型实施起来的复杂度也较高。本章所讲述的内容也许无法在运维安全环节中做到面面俱到，但始终贯穿着人人都需要为安全负责的理念，并以 Pod 为基础的 DevSecOps 团队的视角进行展开叙述。

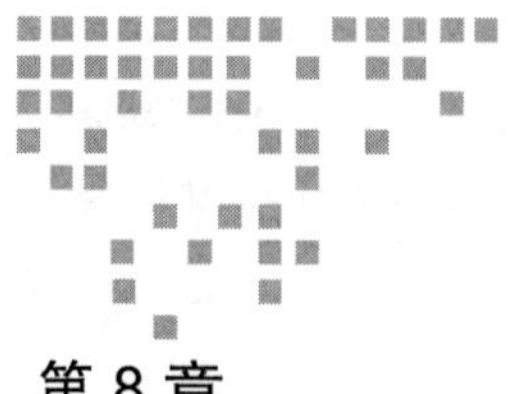

Chapter 8 第8章

DevSecOps 度量体系建设

DevSecOps 的实施与落地本身是一套体系化的项目工程，是通过开发、测试、运维和安全团队共同努力将安全和合规作为属性嵌入整个流程，并获得配套工具链支撑的过程。如何帮助管理层了解研发过程和研发效能，而不仅仅是线上业务指标？如何帮助团队实现反馈闭环，从而发现问题并改进？如何进一步帮助企业 / 团队推动 DevSecOps 的文化？如何通过安全左移，帮助开发团队实现快捷又安全的交付？这些都是来自灰石网络和德富银行管理层的共同疑问。

德富银行里，江宇宁和汪泉刚刚结束了对中国区总经理关于 DevSecOps 转型项目进度的汇报，从会议室走了出来。

“宇宁，总经理对你的 DevSecOps 转型工作的全面铺开非常满意呢！”老汪拍着江宇宁的肩膀笑呵呵地说。

“还好了。不过，难道你没有感觉到，虽然总经理对我们的工作成果持肯定态度，但言语之间，貌似也带着些许疑惑。”宇宁边走边表情凝重地思考着。

“你这么一说，我突然好像也有了同样的感觉。”老汪从刚才的兴奋，也逐渐开始进入沉思中，“总经理的疑惑，或许来自于作为一个高层，他目前了解 DevSecOps 转型项目唯一的途径……”

“就是我们的汇报！”宇宁突然醒悟一般地补充上老汪的话。之后两人互相坚定地看了对方一眼，像是双方对这个猜测的一个肯定。

“总经理平时很忙，虽然只能通过我们了解项目的进度，但我觉得他更想了解下面到底做了些什么和做得怎么样。”宇宁总结了一下老汪的猜测。

“是的，总经理平时就是非常关心基层工作的，而并不是完全从中层汇报来做判断，从他来后设置的每个月空出几个时间段，与基层员工报名参与的一对一聊天机制就能看得出来。”老汪跟着补充道，“但他毕竟身居高位，下面管理着几千人、上百个团队和项目，平时根本没有时间和精力了解具体某一个项目的进度和问题啊。”

“的确是个问题。”宇宁回应着，“除非有一种有效的手段和方法……”这时，宇宁脑袋里突然闪过了上一次他和周天一起聊天时，周天提过的一个词——“度量”。

“有办法了！”宇宁兴奋地喊了起来。

“什么办法，快说快说！”老汪在一旁也忍不住好奇地问。

“我也不是特别确定，等我取了经，回来再和你说。”宇宁卖了个关子，赶紧拿起手机，给周天发了一条消息。

两天后，猫头鹰咖啡馆里，江宇宁对周天诉说着自己的疑惑。

“你的判断是对的。”周天回应道，“领导肯定不能只根据汇报做出判断。”

“是的。记得你上次提过你们在搞度量，是不是就是用来给领导了解基层和项目情况用的？”宇宁急不可耐地追问着。

“是的，度量的确提供了一种有效的方式，方便管理层了解基层工作的情况。但是我们不是在搞度量，而是在改进度量。”周天解释道，“度量机制在我们公司之前就有用过，但领导更多是关注人力方面的使用效率和产出的。你也知道，我们公司上下班是有打卡机制的。”周天有些自嘲似的说道。

“哈哈，打卡这个机制我们公司之前也有，只不过最近几年取消了，但是就是因为取消了，所以大家才更关心下面的人到底有没有干活和干了多少活，这个也可以理解。”宇宁哈哈一笑，“但是这个不是重点。你刚才提到你们在改进度量？”

“哈哈，还是你会抓重点。”周天笑道，“由于之前度量体系已经不能满足我们现在 DevSecOps 实践的推广，所以需要进行改进，当然，这里也有很多坑。”周天叹了口气。

“哦？洗耳恭听啦。”宇宁睁大了眼睛，把自己的位置向周天挪动了少许。可以看出，他对于这次取经充满了期待。

“首先是选取度量指标，这就存在着很多问题。”

“是不是因为大家业务场景不同，在乎的度量指标也不同？”宇宁急不可耐地问道。

“你说得非常对！”周天肯定地回答，“虽然这是个棘手的问题，但还是可以解决的。我们最终还是可以梳理出一套大家公认的 DevSecOps 度量指标体系，只是在使用的时候，可以根据业务场景有所侧重。”

“这倒是，指标本身可能有它的局限性，关键在于怎么去用。”宇宁也补充道。

“当度量指标体系确定下来后，就是统一度量平台的建设。”周天开始进一步介绍，“度量平台就是对确定下来的度量指标数据的收集、存储、分析和展示。因为对于度量来说，我们需要一个载体传达给大家，尤其是领导。”

“嗯嗯。”宇宁表示完全同意周天的说法。

“度量指标体系建立好，统一度量平台建设好，之后的度量使用简直就是我们的噩梦！”周天突然掩面长叹。

“啊？！”听着周天的陈述，宇宁被这突如其来180度转折的感慨搞得诧异不已。

看着宇宁惊呆的表情，周天突然放声大笑：“哈哈，不好意思，有点夸张了。不过在之后使用度量的过程中我们的确踩了很多坑！”

“继续。”虽然被周天耍了一把，但这丝毫不影响宇宁的兴趣。

“比如，我们的CIO对度量也是非常关心的，他平时只关注3个代表速度、质量和安全的指标，然后给所有团队制定了每年改进的目标。可是，由于我们一开始没有灵活处理这个改进目标，导致下面很多团队怨声载道。”

“是不是这种一刀切的目标让很多业务场景不同的团队很难实现？”宇宁问道。

“完全正确。”周天肯定了宇宁的猜测，“所以之后就出现有些团队质疑我们的度量指标和方式。比如，某个指标数据好看，就一定代表做得好吗？再之后，我们甚至发现有些团队为了应付度量目标，在数字上做了手脚。表面上看起来达到了目标，但其实根本不是通过改进实现的。”

“这样推动度量，反而打击了团队的积极性，丧失了度量本来应有的价值。”宇宁感慨。

“是啊，我们也很快就意识到了这一点，所以赶紧做了战术性调整，让团队重新建立了对度量的信任，甚至加入了更多方式方法，将DevSecOps度量合理应用到更广的范围。”周天缓了缓接着说。

“来来来，还有什么，继续继续！”宇宁听上了瘾，像个孩子一样催促着，“你一会儿没什么事吧？等一下，我再买两杯咖啡！”

“哎，我一会儿还要……”还没等周天反应过来，宇宁已经飞快地冲到吧台前。周天无奈地笑了笑，“好吧，就当我给你免费授课了吧。哈哈！”

8.1 持续反馈和度量驱动

在企业发展过程中，很多问题都是可以被感知的，但是可能缺乏某种方式去量化它。所以我们可能需要一把“尺子”使得团队里的人都能够感受到变化，以及分析这种变化是不是我们希望的趋势，以及使用这把“尺子”去影响我们对未来的判断。在DevOps的经典著作*DevOps Handbook*一书中，Gene Kim提出了DevOps三步法的概念：从开发到运维；开发运维的闭环；实验性质地迭代闭环。DevOps三步法的核心是持续反馈（Continuous Feedback），强调从错误中学习改进，进行试错开发，因此真正的DevOps也是一个持续反馈带动持续改进的过程。在实践中，度量提供了一套可量化的、可视化的并带有分析结果的持续反馈机制和落地方案。

管理学之父德鲁克说：“如果你不能度量它，就无法改变它。”度量可以帮助我们更深刻地理解研发效能，甚至影响我们的决策，指引改进方向，并量化改进效果。而度量驱动是通过度量数据，认识和理解目标及其背后的原因，最终作为决策的输入，影响到技术的使用、人的文化意识的改变，甚至管理层的决策。当基于度量做决策时，因为有数据的支撑，减少了误判的概率，并且让决定变得更快、更准确，有逻辑，易于阐述，因此不需要太多解释，也不易被反驳。团队间的沟通也可以由度量数据驱动，使得大家避免过多的主观判断，因此也可以减少团队之间的指责，从而改善团队的合作气氛和加强团队之间的沟通。另外，在组织内实现度量驱动，这不仅仅是技术的改变，更重要的是文化上的变化。每个人都需要转换观念、态度和对开发过程的理解，最终通过度量去驱动人的思维模式的转变，进而逐渐改变整个企业的文化。

另外，度量驱动通过数据反馈也可以降低转型过程中的不确定性，实时的度量指标可以帮助企业快速调整，提高转型的成功率，缩短交付周期，找到可行的敏捷实践，形成通过度量快速反馈和快速决策的机制，让改善可以持续发生，鼓励分享，改进经验，提升员工荣誉感。最后，用流程固化有效的 DevSecOps 实践，并在流程里进行度量跟踪和关联，从而提高研发能力与交付速度、质量和安全的关联性。对度量驱动的 DevSecOps 转型而言，需要持续地对软件交付过程进行优化。一方面，过程度量可以帮助企业发现 DevSecOps 转型过程中的瓶颈。另一方面，结果性度量能够帮助企业衡量和评判 DevSecOps 转型的最终结果是否如预期一样产生相应的价值。在使用度量驱动的企业，任何工作都是可以被度量的，无论是过程指标、结果指标还是业务收益指标。另外，开发、测试、运维甚至业务人员的决定都是基于度量结果决定的。

度量驱动的原则如下：

- 分配度量指标相关负责人：度量指标的负责人应当拥有一定能力和方法来确保精准的度量结果。度量负责人应当确保正常和最新的度量收集、存储、分析和展示。
- 创建分层的度量指标：度量的结构化、分组和分层可以让其更好地被理解。另外，度量指标分层分类之后，使得其更容易相互关联、发现趋势，也能更好地进行分析，从而发现并解决问题。
- 分析数据并利用度量做决定：度量的可视化让整个开发过程具备了可见性，方便开发团队快速又准确地做出决定。即便是错误，也能及时被发现和修复。换句话说，度量驱动可以帮开发团队“把脉”，并且提供一个持续改进的机会。

总之，基于度量驱动的 DevSecOps 转型，即通过与迭代结合使用实现集中、高效的开发方式，通过自动化部署流水线有效提高软件交付的效率，通过质量内建确保软件交付的质量，通过对过程性数据的持续收集和分析发现交付过程中存在的瓶颈，通过软件产品和用户的线上数据获取反馈并且及时做出调整，最终通过结果性数据去评价团队的成效。

虽然度量可以为团队带来持续反馈和持续改进，并且驱动整个 DevSecOps 转型的落地，然而，大量实践证明，向开发团队引入度量可能需要经历一个理解、学习、踩坑，最终成功的漫长而艰难的过程，因为很多因素都会影响最终结果，比如企业的文化、员工的意识和态度、管理层是否支持、度量的使用方法以及大家的工作习惯等。因此，为了更好、更容易地让管理层支持和开发团队接受度量，需要建立一套完整的度量体系，这包括梳理常见的度量指标、搭建统一度量平台以及分析如何正确地使用度量等。

8.2 度量指标的定义与成熟度模型

前面我们提到，度量可以帮助团队发现问题和瓶颈，并检验和改进措施效果，但是不同团队所处阶段、研发能力成熟度、面临问题不同，导致度量体系并没有所谓的唯一性，因此团队需要根据自己的场景选择合适的度量指标和方法。即使是在同一个公司或者团队内，度量体系也应该是持续演进的，而不是固定不变的。虽然度量体系没有唯一性，但行业众多公司经过大量的度量实践，也有一些普适性的考量维度，大致分为三类：

- 基于研发效能，4 个维度：交付效率、交付质量、交付能力、交付安全。
- 基于团队 + 个人，4 个维度：质量、速度、效能、准确度。
- 基于产品质量，3 个维度：产品内部质量、产品外部质量、产品使用质量。

在本书中，我们更多关注的是 DevSecOps 度量，或者说是研发效能度量：交付效率、交付质量、交付能力和交付安全，这些指标的提升需要组织通过管理、技术、协作等多方面的系统性改进。图 8-1 中列举了研发效能常见的度量指标，其中交付能力和交付效率统一体现了交付速度。

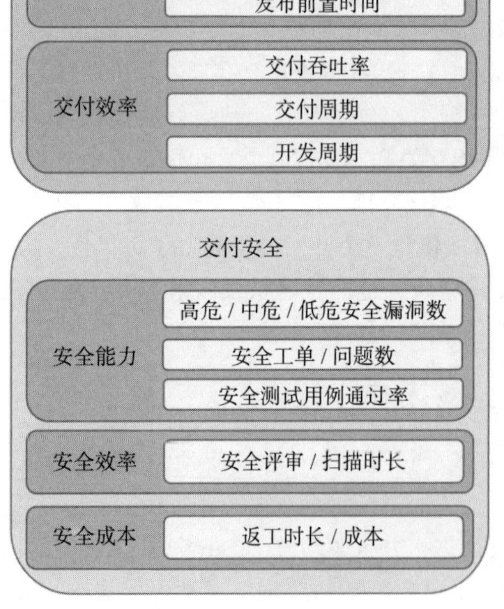

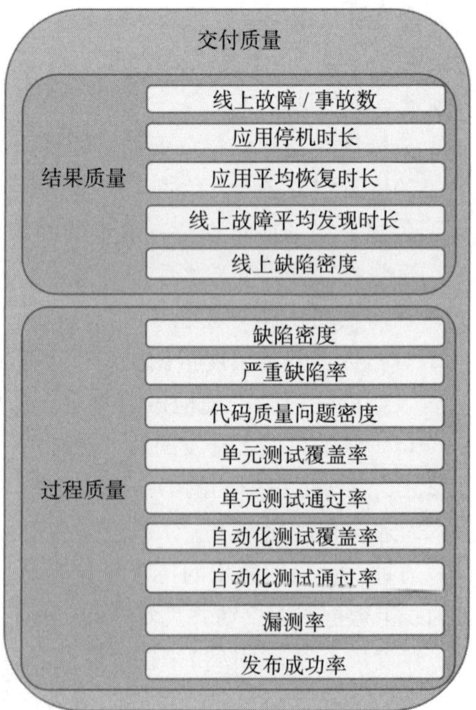

图 8-1 研发效能度量指标

8.2.1 度量的指标

关于交付速度，从软件开发整个生命周期层面的交付周期、开发周期，到需求侧的需求吞吐量，再到持续集成过程中的相关过程数据，如代码提交频率、构建次数、构建频率、构建时长、构建成功率、构建修复时间等，以及发布部署侧相关的指标，如发布频率、发布成功率、发布时长、发布前置时间等，都可以帮助团队判定研发团队是否能够做到小步提交，频繁提交，并且当发现问题之后能否快速地响应等。

交付质量方面的度量又分为结果质量度量和过程质量度量。线上结果质量度量（比如线上故障个数、线上缺陷密度、系统下线时长、故障平均恢复时间等）是常见的容易被领导关注的度量指标，因为这种结果度量指标可以很直观地体现团队对于业务交付的价值。传统的线上度量也更多是监控提供的关于业务、应用和基础设施的度量，这些往往是运维团队掌控的。公司可能想收集更多带来收入和竞争优势的应用和服务相关的度量信息，但是运维团队可能对应用的使用和基础设施有深入的了解，却不怎么了解应用和服务的内部工作原理。并且，公司也不是因为服务器运行稳定和大容量互联网连接而赚钱，更多的是由于应用和服务提供的功能，以及功能的稳定运行。因此需要快速发现问题，并且把开发应用的人引入度量体系，而不仅仅是运维人员。当应用和期望不一样时，开发人员可能很容易看出来，毕竟产品是他们开发的。因此，度量体系的负责人或者拥有者应该是开发团队。

除了用结果质量度量指标去验证和保证 DevSecOps 交付的最终质量以外，过程质量度量则更能帮助团队确保各个环节的交付质量，以保障最终交付的质量。比如，低质量的、重复的和高复杂度的代码会产生大量的技术负债，使得软件交付效率无法得到有效提升，所以需要持续地获取代码质量相关的数据，持续改进代码质量。单元测试作为开发阶段的自动化测试方案，其单元测试用例数、单元用例通过率和单元用例覆盖率等参数也常常作为这个阶段的标准指标，用来保证代码层面关于函数和逻辑方面的质量。

除了开发过程中的代码质量外，另一类常常被关注的过程质量度量是与需求最相关的缺陷。测试阶段发现的缺陷代表开发的代码并没有满足需求里的变更要求（比如新的功能点等），尤其是与业务关联的严重缺陷。因此，缺陷个数 / 密度、严重缺陷率等度量指标通常作为开发质量保障（QA）的验收指标。另外，线上缺陷数 / 密度、漏测率等也往往作为测试人员能力考核的度量指标。除了功能性要求，某些场景对系统 / 产品的性能也有着特殊的要求，因此相关的性能度量指标（比如延迟时长、流量负载等）也作为 QA 验收指标而变得同样重要。最后，在 DevSecOps 环境下，自动化测试逐渐开始取代传统的人工测试，因此相关的自动化测试用例数、用例通过率以及用例覆盖率等也成为越来越被关注的度量指标。

前面我们讨论了交付速度和交付质量的度量，这些更多是传统 DevOps 所关注的领域。而 DevSecOps 度量体系不仅仅包含速度和质量，安全作为核心目标也同等重要。除了第 5 章讨论的需求安全和第 6 章讨论的架构安全外，目前的 DevSecOps 更多的安全左移发生在开发和测试阶段，比如代码安全扫描、第三方安全扫描以及对测试环境的动态和交互式安全扫描，各种安全扫描的结果主要总结为不同级别（高危、中危、低危等）的安全风险和漏洞数量等指标和参数。

除了扫描出来的安全漏洞数量本身，发布阶段的时长是 DevSecOps 团队一直关注的参数。它通常指测试通过到成功上线部署之间的时长，包括各种审批流程的时长、安全评审和扫描的时长以及生产环境部署准备和部署本身（采用相关的部署策略，比如蓝绿部署、金丝雀部署或者灰度部署等）的时长。其中安全评审和扫描往往在整个部署阶段占了很大的比重。DevSecOps 通过自动化扫描和安全左移，实现安全问题可以在更早阶段被发现和处理，从而最小化上线前安全评估和扫描的工作和时长，最终实现更短的交付周期。图 1-5 中的 T7 便是通过安全左移最终减少的安全评估阶段的时长。

传统开发模式中，如果上线前的安全评估和扫描阶段发现了高危安全漏洞，是一定会被要求返工给开发团队进行修复才能上线的。开发团队修复安全漏洞后，需要再次通过整个研发流程（构建、测试、发布等）。这个过程消耗的时间则称为返工时长，也就是返工消耗的成本（包括人力成本和资源成本）。由于 DevSecOps 实现了安全的左移，使得安全漏洞可以在更早阶段发现并修复，因此减少了返工的可能性，并因此节省了相关的成本。同样，图 1-5 中的 T2–T4 便是在开发阶段发现并修复安全漏洞所节省的返工时长。T2–T4–T5 便是在测试阶段发现并修复安全漏洞所节省的返工时长。

前面提到的安全评审和扫描时长的缩短和返工成本的减少，都是通过 DevSecOps 的安全左移实现的，因此安全左移后发现安全漏洞的能力也就变得极为重要。这个能力可以通过对比左移前后的安全评审阶段发现的安全问题数来体现。如果越多安全漏洞可以更早被发现，就说明左移的漏洞扫描能力越强，从而减少了返工修复的成本。当上线前的安全评估阶段发现的安全问题数因此减少甚至消失时，代表着安全能力左移的成功。上线前的安全扫描发现问题数减少到一定程度时，则可以考虑减少相关线上安全评估和扫描的工作和环节，从而减少相关的安全评审时长，进而减少整体交付时长或者发布阶段的时长。

另外我们也需要关心相关安全事故 / 事件的工单数的减少情况，这代表着开发团队通过安全左移过程中的培训，提高了自身的编码安全能力，从而最终产出更安全的代码。最后，与功能测试的用例通过率类似，安全测试用例通过率代表着对应用安全性的保障，从而大概率减少应用被黑客攻击的可能。

表 8-1 将 DevSecOps 度量中常用的全局和局部重点指标分成了四大类：交付效率、交付质量、交付能力和交付安全。并且对每个指标进行了定义和详细描述，还注明了其数据来源，方便大家进行数据的收集和分类。在 DevSecOps 体系中，度量主要是用来辅助研发效能的持续反馈和改进的，更重要的还是基于度量指标和数据的分析和思考。所以，建议不要花费过多的时间在个别指标的研究上，而更多需要考虑的是如何更好、更有效地在实践中用好这些度量指标。

表 8-1　DevSecOps 度量指标

维度	指标项	指标解读	备注	单位	数据来源
交付效率	交付周期	需求状态从已选择到已发布（或已完成）所需的天数	反映了整个团队对客户问题或业务的交付速度，依赖整个组织各职能部门的协调一致和紧密协作	天	项目管理工具
	开发周期	需求状态从待开发到待发布所需的天数	反映了研发技术团队的交付速度，依赖需求的拆分和管理、开发团队的分工协作	天	项目管理工具
	交付吞吐率	单位时间交付的需求个数	需要注意的是，需求颗粒度要保持一定规则，避免需求大小不统一导致的数据偏差	个数 / 周期	项目管理
交付质量	缺陷密度	测试阶段发现缺陷数 / 相关代码千行数	用来衡量开发人员的开发能力。缺陷密度越高，说明程序员的开发水平越差	每千行缺陷数	项目管理工具
	代码质量问题密度	代码质量问题数 / 相关代码千行数	用来衡量开发人员的开发效能。代码质量问题密度越高，说明开发效能越低，比如可读性、运行速度、复杂度、规范性	每千行代码漏洞	代码质量分析工具
	单元测试覆盖率	单元测试覆盖的函数及代码的比率	代表单元测试对代码的覆盖范围和能力	百分比	单元测试覆盖率测试工具
	单元测试通过率	单元测试通过的比率		百分比	单元测试结果
	自动化测试通过率	测试用例的通过率		百分比	测试工具 / 平台
	自动化测试覆盖率	测试用例覆盖需要测试项的比例	代表自动化测试的测试用例的覆盖范围和能力	百分比	测试工具 / 平台
	严重缺陷率	测试阶段发现的严重缺陷 / 总缺陷数	代表开发人员的开发能力	百分比	项目管理工具

（续）

维度	指标项	指标解读	备注	单位	数据来源
交付质量	漏测率	线上发现的由于变更引起的缺陷 / 总缺陷数	代表测试人员的水平。漏测率越高，说明测试人员测试能力越差	百分比	项目管理工具
	线上缺陷数 / 密度	统计周期内线上或单个版本严重级别缺陷数量 / 需求个数	维度一：按照月度收集严重级别的缺陷并分类汇总到责任团队 维度二：按照版本收集严重级别的缺陷数量除以总的版本需求	百分比	项目管理工具
	线上事故 / 故障数	统计周期时间内线上应用的故障和事故总数	线上故障 / 事故可以分为业务相关的故障和非业务相关的故障，以及不同的严重等级	个数 / 周期	运维平台
	系统下线时长	固定时间内，系统故障无法正常提供服务的总时长	∑（故障恢复时间 – 故障发生时间） 可用性 | 停机 99% | 87.6 小时 99.9% | 8.8 小时 99.99% | 53 分钟	分钟 / 年	运营平台 / 监控工具
	故障平均修复时长 / 工单流转时长	线上系统和应用发生故障后恢复线上服务的平均时长	∑（故障恢复时间 – 故障发生时间）/ 故障个数	分钟	运维平台
	故障平均定位 / 发现时长	线上系统和应用从故障发生到被发现的平均时长	∑（故障发现时间 – 故障发生时间）/ 故障个数	分钟 / 秒	运维平台或者监控
	发布成功率	代表发布流程 / 工具的部署完善能力	上线成功次数（上线成功 + 上线关闭）/ 上线总次数（上线成功次数 + 上线失败次数）	百分比	发布工具或运维平台
交付能力	发布频率	单位时间内有效发布次数	团队对外响应的速度不会大于其发布频率，发布频率约束了团队对外响应和价值的流动速度	次	项目管理工具；产品总监
	发布前置时间	代码提交到功能上线的时长	反映了团队的工程技术能力，依赖交付过程中高度自动化以及架构支撑能力	小时	项目管理工具

（续）

维度	指标项	指标解读	备注	单位	数据来源
交付安全	上线前各个阶段发现的安全漏洞数	在代码层面扫描的安全漏洞	基于安全规则集，对源代码进行的白盒测试	个数	SAST 工具
		引入的第三方代码库 / 工具等的安全漏洞	通过维持漏洞知识库或者搜索版本发布信息发现安全隐患	个数	FOSS 工具
		在上线前，对应用端口的安全测试	模拟黑客行为的渗透测试、黑盒测试，通过对端口 / 站点的攻击行为发现的安全漏洞。专业性要求高，容易引入脏数据	个数	DAST 工具
		在功能测试过程中进行的安全测试	以插桩方式在系统运作时通过截取流量分析安全隐患	个数	IAST 工具
	上线前安全审核时长	功能测试和变更审批流程通过，接下来的上线前安全评估的时长		天 / 小时	运维平台
	返工时长	上线前发现安全漏洞需要返工修复直到成功上线的时长	代表因为安全漏洞造成的返工成本	天	项目管理工具
	安全测试用例通过率	测试用例通过的比例		百分比	安全测试工具

8.2.2 成熟度模型

既然我们已经定义了度量的指标，那么如何通过这些指标评估一个 DevSecOps 团队是否实现了预期的目标，如何帮助成熟度水平不高的 DevSecOps 团队提高他们的成熟度，以及如何确保一个 DevSecOps 团队快速交付的产品是安全可靠的呢？相信它们是大家心里共同的疑问，其实，这也是 DevSecOps 成熟度模型建立所要解决的几个核心问题。总的来说，成熟度模型可以帮助企业合理地使用各度量指标，根据结果分级优化现有交付流程，从而实现项目的快速持续安全交付。

说到成熟度，合理的分级是模型的关键，是建立成熟度模型的第一步。我们建议从以下几个方面对成熟度的分级进行综合考量：

1）DevOps 工具链平台的建设。包含交付效率、交付质量、交付能力的各指标。

2）安全工具的集成与使用情况。包含交付安全的各指标。

3）团队组织架构情况。根据企业的人员组织结构进行定义，数据基于不同人员、职责、产品业务线及整个企业的数据层级与逻辑关系。

4）团队工作方式（敏捷或者瀑布）。

5）团队成员的知识储备与问题解决能力。包含团队成员对于 DevSecOps 中所涉及的各课程培训完成指标、能力测试成绩指标等。

6）开发团队、DevSecOps 负责人与信息安全团队的协作能力。包含在项目过程中各参与方的参与时间比、缺陷或漏洞各方修复占比、团队可自主解决问题占比等指标。

7）产品交付质量与安全水平。包含交付质量、交付安全中的部分指标。

结合以上的分析，设立等级卡点，梳理出合理的成熟度等级。第二步即根据不同的成熟度等级设立对应的产品交付流程。成熟度越高的团队其相对应的流程可以简化，以帮助 DevSecOps 团队实现快速安全的交付。对于成熟度越低的团队，则所需要其他方面介入的流程会越多，包括质量审核、安全审查等。同时信息安全团队在不同成熟度的 DevSecOps 团队中所投入的工作比例也根据等级做出相应的调整。

但是，一次成熟度评估的通过并不意味着该 DevSecOps 团队在未来的交付工作中能够持续维持该水平。因此，结合不同成熟度的周期性度量在确保产品的持续快速又安全的交付上能够起到关键作用。表 8-2 罗列了成熟度模型的初步举例，企业可参考该表格根据自身实际情况对分级、评判标准、交付流程及评估周期的内容进行调整。

表 8-2 DevSecOps 成熟度模型参考

成熟度等级	一级	二级	三级	四级	五级
需求安全	无	有基本的需求安全管理	有完整的需求安全管理，比如安全审查表	在需求收集和分析、用例和验收部分均实现安全，有优化版的安全审查表	将需求安全管理与安全管控，以及安全扫描结果和度量进行关联并统一管理
架构安全	无	有基本的架构安全评估和人工威胁建模体系和流程	有完整的基于变更管理的架构安全评估和人工威胁建模体系和流程	有基于工具的威胁建模体系和流程	将架构安全与安全管控，以及安全扫描结果和度量进行关联并统一管理
开发安全	没有代码安全规范、安全开发框架、应用安全工具以及安全管控	有简单基本的代码安全规范、源代码安全管控，SAST 和 SCA 等工具开始集成自动化并使用，开始设置安全门禁进行安全管控	有完整的代码安全规范、源代码安全管理、安全管控、SAST 和 SCA 等工具的使用。基于实际情况优化安全扫描规则，降低误报率，扫描时间可控，可视化扫描结果	有完整的代码安全规范、源代码安全管理、安全管控，SAST 和 SCA 等工具的使用。基本不存在误报，扫描时间不对交付产生影响，可视化扫描结果	有完整的代码安全规范、源代码安全管理、安全管控、SAST 和 SCA 等工具的使用。基本不存在误报，可视化结果，并与前后过程进行关联

（续）

成熟度等级	一级	二级	三级	四级	五级
测试安全	单一第三方外包的最基本的渗透测试或者内部安全团队的人工渗透测试	DAST 和 IAST 等工具在开发团队开始使用，取代人工渗透测试	使用 DAST 和 IAST 工具进行自动化安全扫描，并补充有手工安全渗透测试，覆盖尽可能多的业务场景并可视化结果	使用 DAST 和 IAST 工具进行自动化安全扫描，覆盖所有业务场景，不引入脏数据，并可视化结果	使用 DAST 和 IAST 工具进行自动化安全扫描，覆盖所有业务场景，可视化结果，并与前后过程进行关联
运维运营安全	监控体系中无安全监控，无安全运营反馈	有基本的安全监控，能覆盖部分业务场景，反馈安全问题并且用业务问题统一跟踪状态	具有完善的安全监控度量指标和自动化安全监控体系，完整的安全问题追踪机制和流程	安全监控体系覆盖全部业务和基础运营场景，安全问题反馈和处理机制和流程持续优化	安全监控服务智能化，安全反馈问题分级分类机制
团队安全能力	团队完成部分 DevSecOps 工具部署，设立 DevSecOps 负责人角色	DevSecOps 工具与 CI/CD 流水线集成实现自动化，团队所有成员完成两个小时在线培训，了解基本软件开发安全概念，DevSecOps 负责人具备二级安全能力（黄带）	团队所有成员完成 10 个小时以上在线安全培训，可以 将 OWASP 前十大安全漏洞结合实际开发过程，DevSecOps 负责人具备进阶的三级安全能力（橙带），建立 DevSecOps 度量平台	团队所有成员具备二级安全能力（黄带），DevSecOps 负责人具备四级安全能力（绿带），所有产品质量与安全漏洞问题都能在规定时间内得到及时解决与修复，团队具备一定 DevSecOps 文化和意识	团队所有成员具备二级安全能力（黄带）甚至更高，DevSecOps 负责人具备专业安全人员能力（蓝带或黑带），安全右移至运维侧，能够长期维持该水平。建立完善的安全预警机制。安全进一步左移至需求和架构安全层面
对应交付流程	该阶段仍按照传统或现有交付流程	按照传统或现有交付流程，但可鼓励部分试点团队在实现自动化的基础上，尝试引入符合 DevSecOps 标准的快捷审批流程，根据对应类别的安全分类区别执行不同的安全审批流程	建议采用符合 DevSecOps 标准的快捷审批流程，根据对应类别的安全分类区别执行不同的安全审批流程，缩短审批时间。帮助团队实现自主快速交付	必须采用符合 DevSecOps 标准的快捷审批流程。根据对应类别的安全分类区别执行不同的安全审批流程，缩短审批时间。帮助团队实现自主快速交付	必须采用符合 DevSecOps 标准的快捷审批流程。长期运维机制+需求和架构安全保障流程
评估周期		每月	每季度	每半年	每一年

成熟度模型的使用需要与 DevSecOps 度量平台进行充分结合，以提高模型的运行效率。

8.3 度量平台的建立、安全管控和可视化

在选取合适的度量指标之后，研发过程中会产生大量的数据，但原始数据不是度量。真正的度量不仅仅是需要收集相关数据，并且需要对数据进行存储和分析，并最终可视化展示。更进一步来说，DevSecOps 的度量平台建设也不应单单在于数据的可视化，而且需要与对应的模型、流程进行结合，从真正意义上帮助企业实现多维度的可视化。

DevSecOps 度量平台的建设可以归纳为四个维度、四个结合、三个展示面、四个流程。

四个维度指的是上一小节中所罗列的维度，包括交付效率、交付质量、交付能力和交付安全。四个结合指的是平台的建设要与数据结合、与模型结合、与人员组织架构及交付流程结合。三个展示面则代表着平台要面向 DevSecOps 项目团队、产品业务线、企业管理层三个层次进行可视化。四个流程则阐述了平台的建设需要遵循数据的收集、数据的存储、数据的分析及数据的展示这四个过程。我们可以以图 8-2 为例，来进行展开阐述。

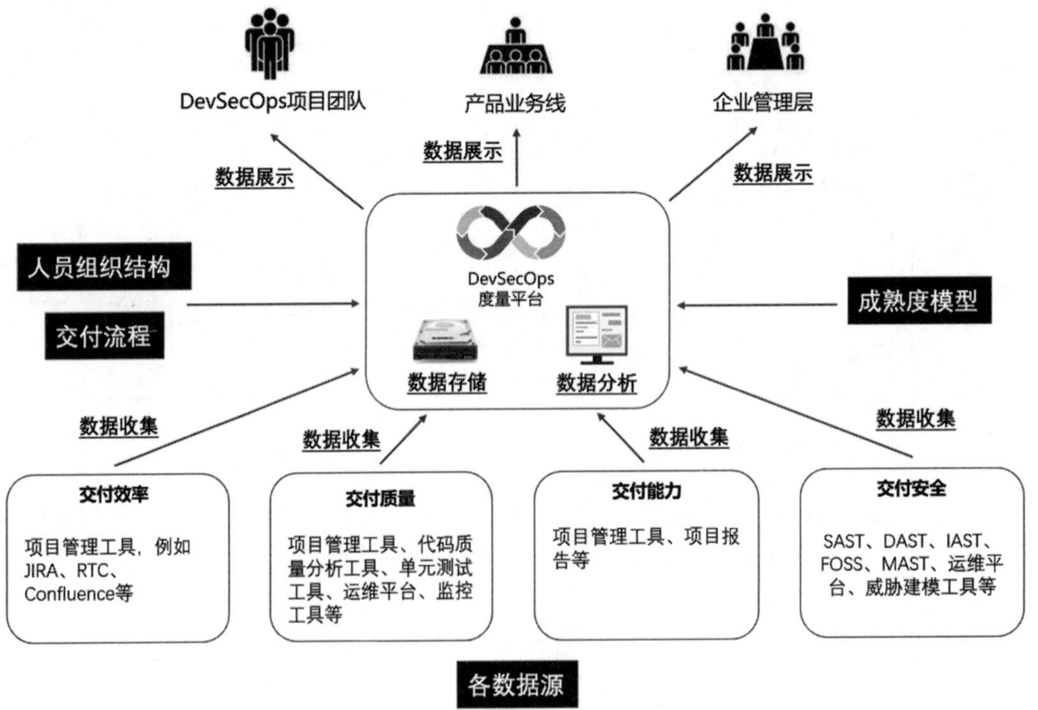

图 8-2　DevSecOps 度量平台建设架构示例

1. 四个维度

四个维度指的是包括交付效率、交付质量、交付能力和交付安全在内的各数据来源的维度，在上一小节中，我们针对每个维度及其包含的各个指标项已经做了详细说明，这里不做复述。但要注意的是，表 8-1 中所罗列的指标项可作为参考范例，企业仍须结合自己

的实际情况对各指标项及内容进行调整。

2. 四个结合

交付效率、交付质量、交付能力和交付安全四个维度中所涉及的平台及工具是产生一切度量数据的来源，是一切实施现状的依据，是 DevSecOps 度量平台的基础支撑。它们可以基于平台的度量从竖向纵深的方向去帮助分析。因此，平台的建设必须与四个维度中所产生的数据进行结合。

将成熟度模型引入度量平台，将更直观地帮助不同用户了解团队、产品业务线乃至企业整体的 DevSecOps 实施现状，并根据成熟度模型中的评级可视化管理。

人员组织架构是一切数据归纳整理的重要依据，是一个横向贯穿整个平台的数据结构。完善的人员组织架构关系与度量平台结合，可以清晰地帮助平台梳理出度量数据基于不同人员、团队、产品业务线及整个企业的数据层级与逻辑关系。

交付流程应当是贯穿于产品或业务的整个生命周期的。将企业的生产流程与 DevSecOps 度量平台进行结合，可以直接帮助平台实现在不同阶段、卡点的数据可视化。同时，不同阶段的数据可视化也可以帮助各项目团队避免诸多潜在的风险。例如，在产品编码阶段实现了可视化度量，代码中的漏洞、缺陷可以在早期更直观地被展示出来，让项目团队更早地介入修复，能够有效避免后续更多问题的产生，间接帮助提高产品的交付效率。

3. 三个展示面

显而易见，针对不同的用户群体，他们所需要关注的度量结果也是不同的。对于项目团队本身来说，他们更关注与团队自身相关的度量数据，如生产进度、具体的漏洞与缺陷、代码质量等。产品业务线则更关注对产品整体的把控及项目间的协调数据，如总体与各项目的生产进度、漏洞与缺陷数量的变化趋势、各团队及人员成熟度、项目间的进度与质量差距等。而对于企业管理层来说，其更关注宏观层面的数据，把握企业各产品业务的大方向，确保发展不偏离方向，监控各产品业务不出现重大问题，同时给予管理层最直观的 DevSecOps 实施现状展示。

因此，我们需要在度量平台中实现针对不同层次用户所关注的数据分析结果，以帮助实现精确的度量可视化。

4. 四个流程

前文已经说到，数据的展示需要基于交付效率、交付质量、交付能力和交付安全四个维度中所涉及的平台及工具中所产生的数据，经过收集、存储、分析形成结果再展示给用户。

对于数据的收集，首先我们需要设定明确的展示目标，考虑该展示目标所需要涉及的数据源，在权限允许的范围内首先寻求自动化的获取数据方式，比如通过安全扫描工具的 API 接口自动化地获取扫描结果、统计信息等。对于时效性高的数据，采集频率可以设置得较高，对于时效性较低的数据，可以将采集频率设置较低。例如，对于企业人员的安全培训完成情况，其完成周期较长，且该数据对团队 DevSecOps 成熟度评估短期内的结果影响不大，则对该类数据的收集可以考虑设置为每日一次或每周一次。但一些高危漏洞信息、事故信息等，需要得到及时响应，其数据时效性要求很高，则其采集频率需要设置为实时或者每分钟采集。

数据的存储方面要尽可能考虑到未来的可拓展性，及数据的可用性。如果数据涉密，则还要考虑到数据存储的机密性。

数据的分析则是需要充分地将源数据进行筛选，与企业的交付流程、人员组织结构、成熟度模型结合使用。例如，评估分析一个项目团队的 DevSecOps 成熟度，首先需要结合企业的人员组织结构，及其团队各个成员的职能组成、团队规模、团队所负责的项目及业务线等。再根据成熟度模型中所定义的各指标项，抽取对应的数据，与人员组织结构相结合可以获得该团队初步的成熟度分析结果。再结合交付流程，如在项目交付过程及生命周期中，该项目是否有缺陷、漏洞被发现，是否有事故发生，代码质量如何？这些都是对团队 DevSecOps 成熟度分析结果有重要影响的因素，需要综合分析。

数据的展示是多维度、多层次的，一般来说平台面向前文所述的三个展示面，但基于每个企业中不同产品、不同业务场景，其展示维度也可以多元化。同时，数据的展示也应当考虑到对应用户群体的认证与授权，需要明确定义哪些度量结果是可以被哪些用户群体访问、哪些度量结果是公开信息。比如说，A 项目团队的度量数据可以被其业务线及企业负责人完整查看，但 B、C、D 等其他项目团队访问 A 团队度量数据时，某些不应被公开的信息则需要被隐藏，这需要平台拥有一套完善的用户认证与授权机制。

8.4 度量实践常见的问题和误区

前面我们讨论了度量在企业推动 DevSecOps 过程中的巨大的价值。然而，在实践中，度量在有些时候或者有些场景下是比较敏感且是从上到下都回避的一件事。所以，在实际操作方面，需要考量加入度量指标的时间点，并且需要考虑哪些度量指标更合理及使用方式等。使用错误的度量或者错误地使用度量，不仅不能驱动 DevSecOps 落地从而让团队受益，反而可能起到反向效果，引发领导或者团队的不满，进而不愿配合 DevSecOps 推广。所以在介绍如何正确和合理使用 DevSecOps 度量之前，本节先介绍一下 DevSecOps 度量在实践过程中常见的问题和误区。

首先，管理者常常关注传统的人力度量指标以控制成本，比如资源使用率（如工时）、代码行数、缺陷数和需求数量（故事点数量）。比如，以打卡或工时数据进行度量。这是很多管理者最常见也是最倾向于衡量的指标，因为他们最关心的可能是员工到底是不是在干活和干了多少活。然而，工作时间长就一定代表着产出高吗？另一方面，就算额外的工作量全部是有效并且有产出的，如果只考虑个人工作量和产出，那么在实际中，当局部人力资源过度优化，会造成大量排队、等待以及频繁的工作任务切换，看上去很高的资源利用率不但无法转化成生产力，反而会伤害端到端的生产效率。

除了传统度量指标，另一个常见的误区是以局部产出进行度量。敏捷开发中很多工作是并行的，产品也是不断迭代和持续演进的，这对精准度量造成一定困难。比如，代码行数常常被当作考核程序员工作量的指标之一，这样会容易得到一堆臃肿、低效和难以维护的代码。另外，如果简单地将缺陷数作为 KPI，则会引起开发和测试之间的矛盾和隔阂。此外，需求或者故事点也是被常用的度量指标，用来衡量团队的交付能力。然而，由于团队之间的场景不同（比如系统新旧不同、复杂度不同、人数不同），单纯的需求交付个数是无法进行横向甚至自我对比的。

除了局部指标的局限性，同一个指标在不同业务场景下的使用也应当不同。比如 DevOps 的实践非常推崇开发过程中的单元测试，也建议将单元测试的通过率和覆盖率作为质量门禁的度量指标之一。然而单元测试覆盖率也不是越高越好。首先单元测试覆盖率越高，需要的开发成本越高。另外，对于业务变化快的代码，单元测试的维护成本也会越高。对于单元测试覆盖率，建议逐步提升，确保每次加入新代码后单元测试覆盖率不会下降。并且，对于单元测试覆盖率的具体数字也要求结合业务来看，单纯地追求数字没有任何意义。

除了以上常见的使用度量的错误方式和误区外，度量的使用也可能会存在以下问题：

- 未准确定义的度量：会造成团队的理解失误和目标错误。
- 不能恰当地分析度量：往往也会让团队看不到这些数字背后的问题。
- 不能周期性地重建基准：固定的基准会让团队停滞不前，应该根据改进情况调整基线的标准。

8.5 实践中如何正确使用度量

上一节列举了一些常见的度量使用的问题和误区。接下来，我们从度量驱动的各个方面（比如全局性、可视化、提醒和预警、度量的分析和度量门禁等），分析一下如何更好地使用度量，从而避免上一节中提到的误区和反向效果。

首先，度量指标的数据不能简单地进行跨团队的横向对比，因为团队之间的业务场景不同，没有可比性。可以进行一定程度的纵向对比，也就是和自己比，对比的是不同时间段的状况，从而梳理出团队改进的情况。当然，纵向对比也有一定的缺陷，对于研发效能已经很好的团队，其改进空间也就很小了，因此在同样努力的前提下，纵向对比的改进比例很有可能比不上基础比较差的团队的改进比例。所以，纵向对比的改进数据需要结合现状数据一起来看，这样可以从一个综合的比较公平的视角来跟踪和评判团队的研发效能状况。

其次，度量需要考虑全局的指标使用情况，而不能让某个单点度量指标引导错了方向。不能聚焦某阶段的工作输出指标，而需要聚焦整体结果产出指标。这些指标也反映出了研发效能改进的关键点，即以端到端的流动效率（而非资源效率）为核心。流动效率是指需求在整个流程中跨越不同职能和团队流动的速度，速度越快则需求交付的效率越高，交付时长越短。在实际工作中，流动效率和资源效率需要进行协同优化，而不是简单地只考虑其中一类。

另外，度量指标不能与绩效挂钩，但是可作为 KPI 的参考因素帮助管理者了解现状，发现问题和做出判断。因为度量数据并不能直接并且 100% 准确地反映研发效能对产品价值的影响，因此无法进行绝对公平的衡量，一旦作为 KPI，就容易衍生出为了度量结果的“数字游戏”。这时，使用度量非但起不到正面效果，还会对公司和团队造成伤害。度量需要作为改进机会定位的风向标，确保团队能够一起往正确的方向走，而不是简单粗暴地作为惩罚团队的依据。举个反面例子：一个背负“需求按时完成率”的团队，为了确保需求能按时完成，估算时留了尽量多的缓冲时间，或者尽量少做一些需求，按时完成率就容易实现了。结果造成的问题是该研发团队只接收了团队全员工作量 60% 的需求。所以，如果简单地以需求交付数量作为 KPI，甚至将度量作为惩罚性依据，则团队有可能为了数字和绩效，把合理大小的需求有目的性地再次进行拆分成毫无道理的粒度。当团队放弃以改进为目标，而仅仅是为了完成任务免受惩罚，就会以游戏、规避或者利己的心态对待度量，从而使得很多度量指标以非预期的方式完成。

为了让度量引起足够重视，进而影响人的意识，从而改变团队或者企业文化，度量的可视化是非常必要的。关键的度量数据可以展示在公共区域，或者人流密集大（比如公司入口的门厅、团队旁边等地点）、比较显眼的区域的大型显示屏或者投影上。展示的度量数据需要与相关的团队甚至个人相关联。另外，作为管理者，要经常关注大屏幕上与自己团队相关的信息，对异常的度量数据提出质疑，并让相关团队或者人员及时解决。另外，设置一定的激励机制配合度量结果也能起到一定的积极作用。很多实践证明，度量的可视化是改变个人意识及团队 / 公司文化的有效手段之一。通过这种潜移默化的影响，逐渐让团队开始通过度量指标关注研发效能，尤其是过程效能。

除了可视化，相关的提醒和预警机制也可以配合度量一起使用，以保证度量发现的问题可以及时和按时解决。提醒和预警的方法和手段包括发邮件、打电话、发短信和微信等。提醒机制也可以归类为度量可视化的一种，比如通过每天的微信群模板，列出团队中每个人的任务进度状态，以及研发过程中各种指标的情况（代码质量、单元测试覆盖率等），通过每天在微信群通知并公开个人对应的度量指标，促使团队积极完成任务和及时改进。

虽然我们需要建设的是一套度量体系，但对于不同类型的系统或者场景，可以制定不同的度量标准，使得度量数据可以更加精准和公平地做出反馈，从而帮助团队做出正确的判断。比如对于存在大量技术负债的历史遗留系统，不应该像对待新系统一样设定过高的期望和过严的要求，以及进行过多的效能改进投入。相比新系统而言，历史遗留系统的效能改进成本会非常高，如果使用与新系统一样的高目标、严要求的度量标准，往往变成不可能完成的任务，最终反而得不到预期的效果，而且可能打击团队的信心和士气。正确的方法是根据历史遗留系统的具体实际情况，制定适合的度量指标以及合理的目标。比如，可以将当前的系统代码质量现状作为质量门槛的基线标准，同时针对新增代码则以更高要求的质量评审进行把关。

再有，前面提到过，度量驱动的目的包括帮助团队发现过程中的瓶颈和评估改进的结果。因此需要对度量数据进行分析，发现最有价值的信息，如趋势、上下文信息等，进而帮助团队发现深层次的问题并为解决方案提供实验数据，由此进行改进。比如测试阶段发现的缺陷数量过多，耗费了大量的测试资源，就要分析缺陷的分类和数量，判断是否左移简单的测试工作给开发（单元测试和冒烟测试）以提高测试效率，从而节省测试成本。那么，如何进行度量分析呢？首先是通过抓需求梳理整个研发过程，因为需求是贯穿研发交付过程始终的。另外需要验证数据的真实有效性，让团队认可这个客观数据。接下来，对大的阶段进行拆分，保证数字的合理性，比如拆解测试周期。通过把表面问题细分到各个步骤，才能明确到底是哪个步骤导致的问题。最后根据不同的视角和维度划分指标，比如划分组织级指标、团队级指标和项目级指标。划分指标的核心是由大到小，从指标受众和试图解决的问题出发，进行层层拆解，从而直达问题的根本原因。度量指标工作具体的实施步骤如下：

1）制定度量指标所关心的目标，所要解决的问题（明确要解决的问题域）。

2）建立一套针对问题域的分析方法，并找到要进行分析的数据域（制定方法论、解决域）。

3）对数据域中的数据进行可度量化的拆解与分析（度量指标拆解）。

4）针对解决域中的方法以及分解出的具体指标，制定实施方案（具体实施）。

5）实施完成后可以产出数据与报表。针对结果进行评估并调整整个解决过程（持续优化）。

除了通过自动化方式持续获得软件交付各个阶段所产生的数据外，某些关键度量指标可以作为质量门禁，集成在流水线上作为质量和安全的把控，保证产品质量和安全，并且避免技术负债。比如，关键度量指标可以是高危安全漏洞、严重缺陷、严重代码质量问题、单元测试通过率和覆盖率、接口测试通过率等。如果结果不满足质量门禁指标的要求，比如高危安全漏洞数大于零，则强制流水线构建失败，以分支不能进行合并或者测试结果不达标等方式阻止流程继续执行。

关于应用运维端的度量，尤其是监控中的度量数据，可以在三个层面进行分类和可视化：业务指标、应用指标和基础设施指标。数据分层的方法让度量更加结构化，方便业务和开发人员理解和分析。业务指标可以检查当前的状态是否符合要求的 SLA、使用趋势或收入。应用指标可以检查应用组件的性能、不同服务执行的延迟及数据增长等。而基础设施指标可以检查最底层的 CPU、内存、硬盘和 I/O 使用率的情况。要找出问题的根本原因，需要把不同的指标关联起来。比如可以把关键指标的度量数据图叠加起来，自上而下依次是业务、应用和基础设施指标。分析时比如从上往下，可以看到 QPS 的变化是如何影响应用性能和服务器 CPU 的；从下往上时，可以看出 I/O 的变化是如何影响 SLA 的。

最后，度量只是工具和手段，不是目的。度量的真正目标是提高效能，因此不要舍本逐末。比如说，如果花费在度量精准度上的时间超过了收益，那么就不要浪费太多人力物力去做得那么精准了，可以换个方法或者参考一下度量指标大体的数据。另外，虽然我们推崇量化和数字驱动，但在效能的度量上，不能过于迷信数字，很多时候还是要结合场景，具体情况具体分析。

8.6 研发效能度量实践

阿里巴巴定义研发效能为一个组织持续快速交付价值的能力，并从三个维度、五组度量指标来衡量企业的研发效能（见图 8-3）。

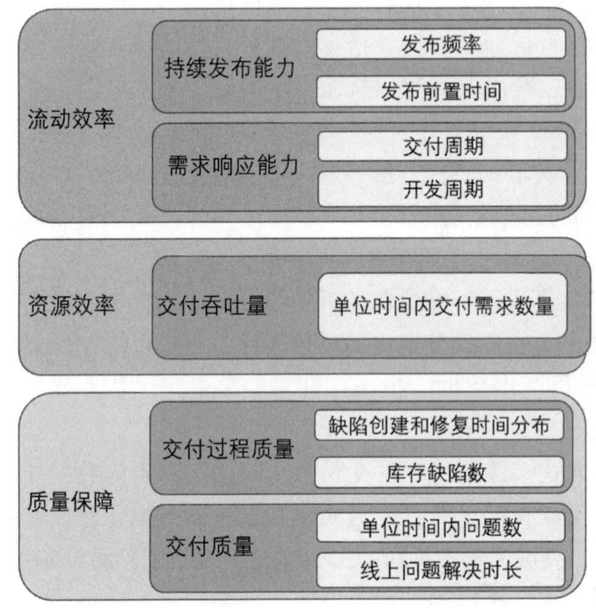

图 8-3 阿里巴巴三维、五组度量指标[㊀]

1）流动效率：包括持续发布能力和需求响应能力两组度量指标。

- 持续发布能力包括发布频率和发布前置时间。
- 需求响应能力包括交付周期和开发周期。

2）资源效率：交付吞吐量是指单位时间内需求交付的数量。

3）质量保障：包括交付质量（线上）和交付过程质量。

- 交付质量包括单位时间内问题数目和线上问题解决时长。

㊀ 洪永潮，阿里巴巴研发效能专家，《阿里巴巴如何度量团队的研发效能》。

❑ 交付过程质量包括缺陷创建和修复时间分布，以及库存缺陷数。

其中流动效率是研发效能改进的核心，将带来全局系统性改变。研发效能需要落实到具体技术和管理的实践中，最终为组织效能（利润、客户增长和满意度等）服务。定义和分类好度量指标之后，在对度量进行分析时，阿里巴巴引入了一张周期时间控制图和一张缺陷趋势图，分别对交付速度和交付质量进行分析。

周期时间控制图（图 8-4）把已发布的需求的日期作为横坐标，以交付周期的天数为纵坐标。在周期时间控制图上，通过观察和分析点的分布可以得到以下结论：

1）点越往下代表交付周期越短，需求响应能力越快，可预测性越好。

2）点的分布越密越好，代表需求交付越频繁，发布频率越高（交付效率越高）。

3）点的分布越均匀，代表持续均匀地交付；如果点分布集中，则基本上就是批量发布。

4）85% 控制线（图 8-4 中横线）代表 85% 的需求交付都在此交付周期内完成（图 8-4 中 85% 控制线为 8 天），其水位越向下越好，代表大部分的需求交付周期都很短。

5）随着时间的推移，如果点逐渐往下移动，则代表团队的响应能力在逐步提高。

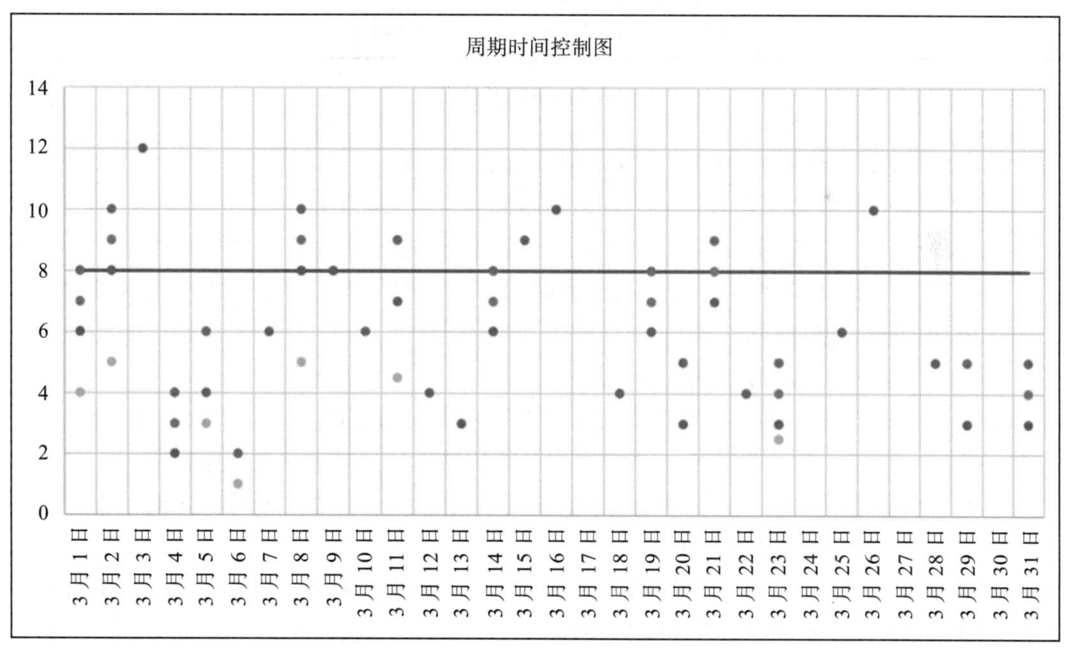

图 8-4　周期时间控制图

缺陷趋势图（图 8-5）通过标注发现的缺陷、解决的缺陷和缺陷库存，对研发模式和过程进行分析。趋势图从一个侧面反映了团队的开发和交付模式，它引导团队持续且尽早发现缺陷并及时移除它们。控制缺陷库存让系统始终处于接近可发布状态，保障了持续交付和对外响应的能力。

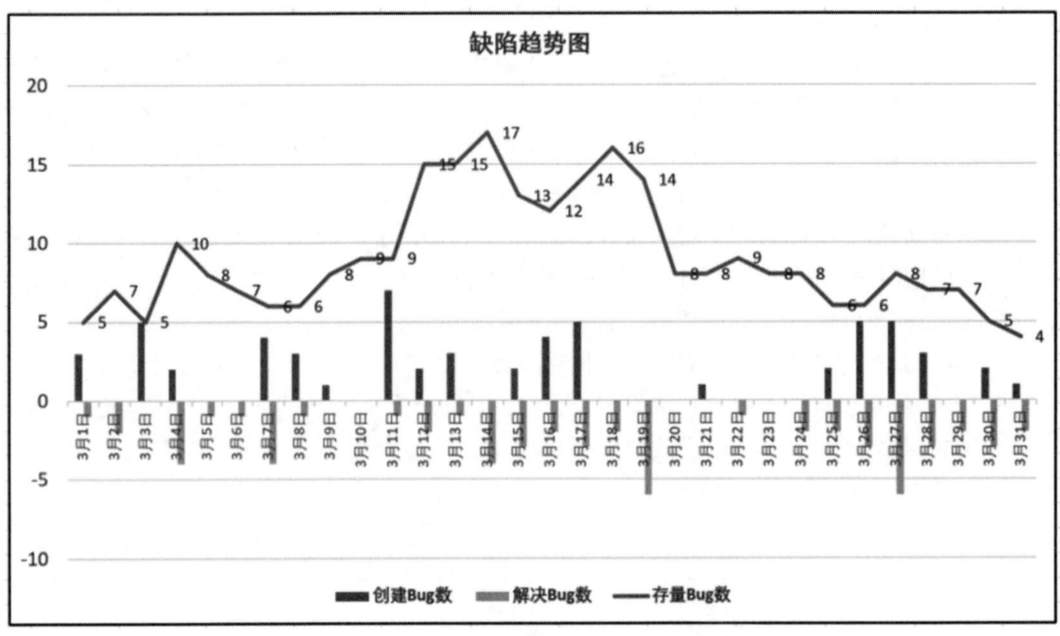

图 8-5 缺陷趋势图

最后，阿里巴巴还用“2-1-1”定义了研发效能的目标：

- “2”是指 85% 以上的需求可以在 2 周内交付（交付周期）。
- 第一个“1”指的是 85% 以上的需求可以在 1 周内开发完成（开发周期）。
- 第二个“1”指的是 1 小时发布前置时间，即提交代码后可以在 1 小时内成功完成发布（发布前置时间）。

为了达到这种目标，响应的能力要求为：

- 1 小时发布前置时间依赖持续交付流水线来实现高度的自动化能力（自动化构建，自动化测试，自动化发布），以及微服务架构的设计，方便独立快速发布。
- 1 周开发周期则涉及更多的能力，比如需求的拆分和管理、开发团队的分工协作模式等。以及持续集成和持续测试实践。
- 最困难的则是 2 周的交付周期，首先它是基于前两个指标，同时还涉及整个组织中各个职能部门的协调一致和紧密协作。

总之，为了达到“2-1-1”目标，团队需要进行技术、管理、流程和协作等多方面的全面实践改进。当然，并不是所有团队的目标都需要设成“2-1-1”，还是要根据实际情况和场景，设计适合自己的研发效能目标。

8.7　总结

本章基于 DevSecOps 方法论中一条重要的理念——持续反馈，引申出其落地实践的具体形式——度量。在详细介绍了度量对于软件开发的重要性后，逐步介绍了整个 DevSecOps 体系的建设过程——度量指标的定义、成熟度模型的设计，以及度量平台的建立。在 DevSecOps 体系建立之后，更重要的则是如何合理地使用度量。本章也探讨了使用度量的一些误区以及可能产生的恶劣后果，基于这个反面结果，从各个维度介绍了正确使用度量的不同方法。最后引入了业界企业对于度量更多的理解和使用方式，从而给读者提供一些不同的参考和借鉴。

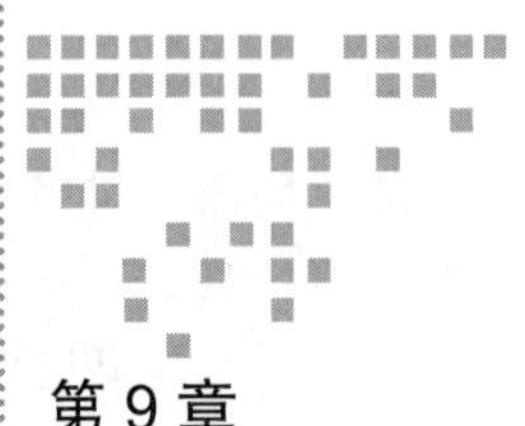

Chapter 9 第9章

云原生场景下的DevSecOps应用

又是一个夜晚，江宇宁看着面前的工作规划陷入沉思，公司业务全面云原生化转型的战略近期正式定下来了。对于德富银行的Z交易系统来说云原生化的转型迫在眉睫。在德富银行内部Z交易系统是一个已经存在了三十多年的老旧系统，其架构沉重，技术过时，已经被诟病许久。但往往由于这样的系统处于特殊的专业领域和具备极高的安全性、稳定性，使得其在国际诸多金融机构之中依然有着举足轻重的地位和不可替代性。前段时间负责Z交易系统的项目团队已完成了DevSecOps的初步转型落地，但随着用户需求的不断激增和监管要求的不断提高，Z交易系统无论在性能、合规还是业务更新迭代方面，都依旧被自身老旧系统的特性所制约，面临诸多挑战。上云，且实现全面云原生化转型，是德富银行的新战略，Z交易系统也成为第一批转型的试点项目。

在第二天的项目会上，宇宁和老汪已早早地来到了会议室，在座的还有Z交易系统各业务线的主管。吴飞已被任命为Z交易系统云上转型的负责人，为了迎接这一挑战，最近他和宇宁、老汪也没少打交道，一是上云涉及不少DevSecOps的工作内容，二是云原生也带来了很多新的安全风险。

“我先来说说我的想法吧，第一步，就是拆！”吴飞开门见山地说道。

确实，由于Z交易系统的核心功能模块过于庞大，且核心业务处理功能目前在金融领域暂时还没有其他替代解决方案，因此，任何一个子功能的变更都会变得十分复杂，牵一发而动全身。

宇宁和老汪听后，也认可地点了点头，他们似乎早已心中有数。

吴飞继续说道：“咱们所谓的拆，就是尽可能地剥离一些可被拆解的子功能，并基于微服务架构创建各类接口，在保留核心功能模块不大改的情况下，尽可能通过接口形式实现部分子功能及所有新增功能的微服务架构。”

“听说最近监管机构也对Z交易系统所涉及的业务提出了新的要求，对于业务中断的恢复时间更加严格了？”江宁宁问道。

“是啊，我们也想趁着这次上云的契机尽可能实现该要求的达标。按照传统架构及Z交易系统现有技术，一旦发生任何意外情况，咱们的业务中断时间有可能会高于监管的新要求，所以这也是迫在眉睫的需求。”吴飞说道。

“确实，通过业务上云，本身就使得系统更加具备弹性。通过微服务架构的实现，也会让各功能模块更加轻量化。再基于容器技术的规模化应用，将大大缩短咱们业务迭代的周期。”老汪边点头边说。

“没错，这就是我们要做的第二步。”吴飞也点了点头，他继续说道，“老汪你提到的每一点，对于实现Z交易系统所涉及的业务中断的加速恢复都非常有帮助。”

吴飞边说边指着电脑屏幕：“这也是我们设定的实现目标之一。咱们拆分出来的功能模块及新增功能，都必须采用区别于老旧核心功能模块的新技术开发，并全面基于容器化技术。”吴飞似乎说得有些兴奋了。

“这样咱们也避免了对Z交易系统的核心老旧功能模块的过多变更，我们不需要关心原来系统是怎么处理数据的，各个子功能都可通过核心功能模块开发出来的接口来获取处理结果，然后自身基于微服务结构与容器化技术来解除各子业务间的相互依赖，再对外提供服务，更轻量的同时可移植性也更高。这样确实能大量减少转型工作的复杂度。”江宇宁补充道。

这段时间，宇宁、老汪和吴飞看了很多与云原生技术相关的行业报告和技术资料，按照行业最新报告，过去几年中以容器、微服务、DevOps、Serverless为代表的云原生技术正在被广泛采纳，2020年60%以上的用户已在生产环境中应用容器技术，可以说云原生的理念经过几年发展，经过云原生开源社区的不断丰富和早期技术尝鲜者们的落地实践，已经进入快速发展期。虽然金融行业相较于互联网行业来说进展相对较慢，但其所涉及的业务复杂度、高安全标准及强监管要求，对云原生应用来说也是更大的挑战。

“不过说真的，业务上云本身也是把双刃剑。”吴飞说。

“哦？”宇宁虽然心中有数，但还想听听吴飞更多的见解。

“就像我们分析的，它给我们带了这么多的好处，但同时挑战也是不少的。”吴飞边说边端起手中的杯子喝了一口水。

“所以接下来第三步就是你准备要让咱们来做的？”江宇宁问道。

“没错，第三步就是要控制云原生所带来的新安全风险，或者说这是要与前面两步同时开展的。”吴飞回答。

“哈哈，英雄所见略同。”宇宁笑道，似乎他自己也觉得有点不谦虚了。

“转型后，新架构、新技术一定会带来更多的新风险，比如说，如何保障镜像安全？如何提升容器运行时安全？又如何确保云上数据的合规？这些都是咱们要思考的。”吴飞继续说。

“有风险对于咱们来说才有新的挑战！”老汪会心一笑。

“不过好在云原生理念和DevSecOps理念天生一对，完美融合，虽有新需求和挑战，但这绝对是Z交易系统摆脱老旧系统束缚转型的绝佳机会啊。”吴飞说。

“这不，我们已经在着手更新咱们的威胁建模数据库了，引入更多与云原生相关的威胁与安全风险数据，并制定对应的控制措施。”江宇宁对吴飞和他的团队说道。

老汪接着补充：“我们可以将云原生场景下的DevSecOps安全需求总结为如下几个关键点——代码安全、镜像安全、编排系统安全、容器运行时安全等，所以我们也需要围绕着这些安全需求，以DevSecOps全生命周期安全嵌入和实施的理念去设计和实施相关流程及工具。”

“看来两位已是胸有成竹！”吴飞心中一喜。

“哈哈，我们也只是为你们保驾护航，最重的担子还是要落在你们身上啊！”江宇宁边说边笑着拍了拍吴飞的肩膀。

在接下来的会议中，江宇宁、老汪和吴飞的团队就更多问题进行了展开讨论。DevSecOps转型的后时代正在来临，德富银行的改革之路仍在继续。

9.1 云原生带来的新变化

云原生是对传统云计算技术的变革，在改变了应用的设计、开发、部署和运行模式的同时，也给组织原有开发、运维、安全等角色协作方式带来了变化，可以说对应用架构设计、产品迭代开发模式、数据中心基础设施、开发运维责任边界都产生了影响，给DevSecOps涉及的组织、流程、工具、文化也都带来了新的变化。

9.1.1 云原生的 DevOps 新变化

分析云原生应用的DevOps流程之前，让我们先回顾一下容器技术。容器是云原生应用的基础性技术，实质是面向应用的封装和交付方式，具有轻量、可移植性和不可改变性的关键特性。应用生命周期中的开发、测试、部署、运维等不同阶段的交付成果都使用相同的容器标准，将大大缩短迭代的周期，使从源代码到构建再到运维构成了一个完整的过程。可以说，容器技术是整个云原生技术的基础技术底座。容器具有两大关键特性：

- 不可改变性（immutability）：容器把应用的可执行文件、依赖文件和操作系统文件等打包成镜像，使应用的运行环境固定下来不再变化。
- 可移植性（portability）：镜像可在其他环境下重现同样的运行环境。

这些特性给运维和应用的发布带来了极大的便利，这要归功于封装应用的镜像。镜像就是容器运行的模板，容器就是镜像运行的实例。DevOps理念强调开发和运营团队之间的密切协同，以提高应用构建和运行的集成性，而容器的可移植性之所以特别适用于这种方法，是因为它们使组织机构能够维持开发、测试和生产环境的一致性，可以说云原生应用自生命周期开始，就保证了其运行时环境的一致性。

图 9-1 是一个典型的云原生应用的 DevOps 流程图：开发人员进行业务代码开发并将代码提交到代码仓库。CI 环节会自动获取代码、编译代码和构建镜像，然后测试验证镜像，最终将容器镜像推送到镜像仓库中进行存储和提供镜像检索。CD 环节会通过容器编排工具，拉取仓库镜像并推送至节点主机以部署容器。

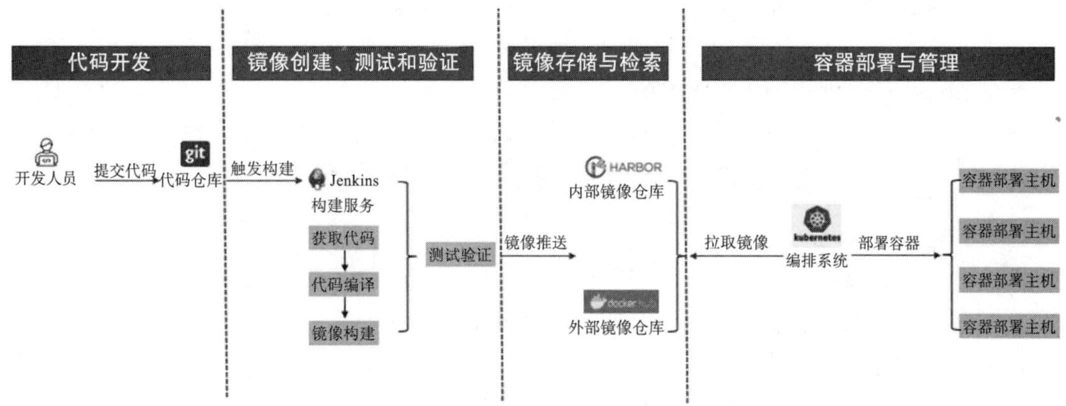

图 9-1　云原生应用的 DevOps 流程图

我们再来看云原生技术给 DevSecOps 涉及的组织和文化、流程、工具带来的变化：

- 组织和文化层面：容器技术带来的运行环境不可改变性和可移植性，将影响企业内开发和运维角色的工作边界和责任划分。因为镜像的一致性，可以很好保障开发环境和运行环境一致，从而简化了运维工作，提升了运维效率，但开发角色不再只简单地负责业务代码开发，也必须承担镜像的构建和维护工作，其责任边界进一步扩大。另外，云原生开源社区从建设初期就表现出对安全足够的重视度，社区视安全为云原生基础属性的技术导向，也对开发和运维人员的安全意识提升起到了很好的促进作用。云原生社区近几年一直在倡导将安全能力逐步融入业务运行的基础设施中，在该发展趋势下，运维角色参与安全工作的自主性和动机会更强。因为运维角色将可以更方便地使用容器平台原生自带的安全能力，自主推进基础的安全风险排查和安全加固，这将改变传统模式下由安全角色通过外挂式安全产品来检测并发现安全问题后，再驱动运维角色来响应修复的被动局面。整体来说，在云原生技术趋势下，开发和运维角色将会以更强的安全意识、更强的动机，以及更高自主性参与到安全工作建设中，这也将带来安全文化的新风向。
- 流程层面：云原生应用架构从单体架构转向微服务架构，对业务设计及威胁建模均会产生影响。同时，围绕着容器镜像的开发、构建、分发、部署、运行流程，将强调流程执行和流转的工具自动化，要求安全的无缝集成和设立安全卡点，逐步减少人工干预。

- ❑ 工具层面：容器化应用给企业带来了新的安全风险和攻击面，如镜像、镜像仓库、容器编排组件、容器运行均面临新的安全风险，这就提出了新的安全工具需求，同时要求工具集成到生产过程中，建设自动化安全工具链。

最后，通过图 9-1 我们也可以看到，云原生应用 DevOps 流程中核心的组件包括镜像、镜像仓库、编排工具、容器和运行容器的主机，因此在考虑云原生 DevSecOps 的安全需求时将主要围绕这些核心组件场景面临的安全风险及安全防护需求展开。

9.1.2 云原生面临的新安全风险

云原生技术架构充分利用了云计算弹性、敏捷、资源池和服务化特性，在改变应用的设计、开发、部署和运行模式的同时，也带来了新的安全风险和挑战。

1. 镜像安全风险

由于容器可移植、易于重复使用，且早期云原生开源社区推动了 DockerHub 等开放镜像仓库的发展，使得获取大量可用基础镜像变得非常简单便捷，这些都可能诱使团队随意运行不可信的外部来源的镜像，或者基于不可信来源的基础镜像构建业务镜像，给企业生产环境引入恶意软件、包含有漏洞的组件等常见风险。

- ❑ 软件漏洞风险：容器化环境最常见的风险是用于创建容器的镜像版本存在漏洞，因而所部署的容器存在漏洞。容器镜像本质上是一个静态存档文件，将应用的可执行文件、依赖文件和操作系统文件以一个分层文件系统方式存储起来。我们先看一个简单的容器镜像文件示例（图 9-2）。

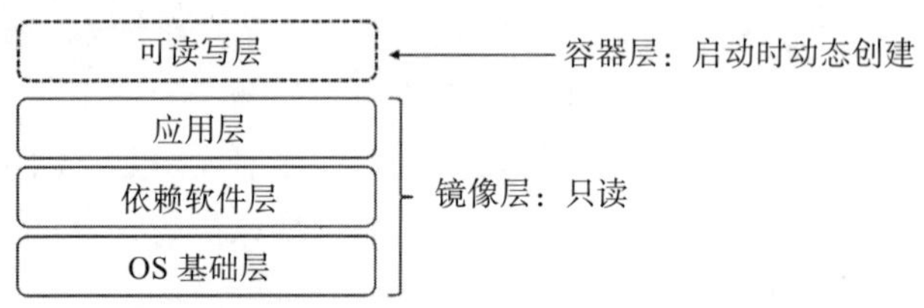

图 9-2 容器镜像文件

镜像中的组件可能存在包含已知漏洞的情况，或者当时不包含已知漏洞但在后续应用中随时存在爆出新漏洞的可能性。特别是当前软件开发中大量引用第三方开源组件，以及使用 DockerHub 等第三方开放镜像仓库中的基础镜像来构建业务镜像，导致目前生产环境的镜像漏洞风险极为严重。根据云原生安全厂商 Sysdig 在 2021 年的安全报告中针对其客户生产环境的 10 亿个容器的分析结果显示：高达 55% 的镜像存在漏洞，其中 OS 系统漏洞中 4% 为高危漏洞，一旦被攻击者利用可造成严重危害（如破坏镜像以及关停业务应用等）。引用第三方组件带来的漏洞风险更是严峻，检出的漏洞中超过 50% 是高危漏洞。

- ❑ 恶意软件风险：由于镜像只是打包在一起的文件集合，其中可能会有意或无意地包含恶意文件。此类恶意软件与镜像中的任何其他组件具有相同能力，因此可以用来攻击环境中的其他容器或主机。这种携带恶意软件的镜像的来源可能是所使用的根镜像层，以及通过第三方镜像仓库如 DockerHub 下载的不明来源镜像。2021 年 3 月，安全厂商 Palo Alto Networks 公布了 DockerHub 上存在多个携带挖矿木马病毒的恶意镜像，这些镜像在仓库上公开存放两年之久且已被全球用户下载超过 2000 万次。

- 敏感信息外泄风险：开发人员在构建镜像时可能会将认证信息、云访问凭证等敏感信息和配置直接嵌入镜像文件系统中，导致能够访问和获取到镜像的任何人都可以轻易对镜像进行分析以获取信息，从而导致敏感信息泄露。

2. 镜像仓库安全风险

目前行业内除开放的第三方镜像仓库 DockerHub 外，大量企业也会自建私有镜像仓库，或者使用云服务商提供的容器镜像仓库服务。Harbor 镜像仓库是业内广泛使用的开源仓库方案，大量企业会基于开源 Harbor 方案进行私有镜像仓库研发落地。可以说一旦 Harbor 软件存在严重的安全漏洞并被攻击者利用，将会影响行业内大量企业的私有镜像仓库的安全。镜像仓库面临的常见安全风险有两类：

- 认证和授权限制不足：如果仓库类软件的认证和授权机制设计存在缺陷，则可能导致业务私有镜像被非法访问和泄露、业务知识产权被盗。企业内部往往默认镜像仓库中的镜像是可信和安全的，一旦因仓库软件设计缺陷导致攻击者获得管理权限，攻击者就可能在仓库中上传恶意镜像，误导内部员工部署使用，导致下游容器和主机遭到攻击。业内常用的私有镜像仓库软件 Harbor 的 1.7.0 ~ 1.8.2 版本爆出存在垂直越权漏洞，因注册模块对参数校验不严格，可导致任意管理员注册。攻击者可以通过注册管理员账号来接管 Harbor 镜像仓库，从而写入恶意镜像，最终可以感染使用此仓库的客户端。
- 与镜像仓库的连接不安全：镜像中经常包含敏感组件，如组织机构的专有软件和嵌入式密钥。如果与镜像仓库的连接通过不安全的通道进行，那么镜像的内容会与用明文传输任何其他数据一样存在保密性风险；也会提高中间者攻击的风险，导致攻击者截取用于镜像仓库的网络流量、偷取流量中开发人员或管理员的凭证、给编排工具等提供虚假或过时的镜像等。

3. 编排工具安全风险

经过近几年的发展，以 Kubernetes 为代表的容器编排系统已成为云原生时代的操作系统，其负责容器的调度、资源管理和服务管理。企业内 Kubernetes 容器集群的规模也日趋增大，甚至很多大型企业在内部实践时单个 Kubernetes 集群规模远超开源社区版本单集群最大 5000 个节点规模的限制，可以说以 Kubernetes 为主流的容器编排系统真正让容器应用进入大规模工业生产。编排系统存在的主要安全风险有：

- 管理访问权限风险：错误配置 Kubernetes 管理控制台，无密码即可访问导致的安全事件在近几年屡被曝光。2018 年，RedLock 公司工作人员发现数百个 Kubernetes 管理控制台无需密码即可访问，即直接公开暴露在互联网之上，这些管控台对应的容器集群都被黑客们蓄意利用以从事非法“挖矿”。2018 年特斯拉在亚马逊上的 Kubernetes 集群被入侵，原因是集群控制台没有设置密码保护，攻击者入侵后在一个 Pod 中找到 AWS 的访问凭证，并凭借这些凭证信息获取特斯拉敏感信息。虽然 Kubernetes 软件提供了账户及权限管理模块，但软件设计缺陷或者集群运维人员的错误配置等都会导致管理大门被暴露给攻击者。还有一类是未授权访问，由于运维人员经验不足导致编排工具中账户管理实践薄弱，存在一些高特权账户未被严格管理和审计，一旦攻击者入侵这些账户，就会导致整个集群遭到入侵。
- 容器混布带来的东西向攻击风险：编排系统关注工作负载的规模和密度，为了提高企业内部的资源利用率，往往会将不同敏感度级别的工作负载置于同一主机上，例如面向用户的 Web 服务器容器与运行处理敏感财务数据的容器被编排系统调度部署到同一台主机上。一旦 Web 服务器存在应用漏洞并被攻击者利用而入侵，就会导致同主机的其他业务容器面临入侵风险。
- 容器网络隔离风险：Overlay（覆盖）网络是目前最主流的容器跨节点数据传输和路由方案。容器集群节点之间的流量是通过虚拟覆盖网络来路由的，该覆盖网络通常由编排工具管理，对现有的网络安全和管理工具是不透明的。虽然加密的覆盖网络提供了许多运行和安全效益，但也可能造成安全“盲点”，导致组织机构无法有效监控网络内部的流量。当出现不同敏感业务级别的容器应用使用统一虚拟网络，如面向公众的 Web 服务和内部财务管理应用使用统一虚拟网络时，一旦 Web 服务被入侵，攻击者就可能利用共享网络来攻击财务应用。
- 编排工具节点不可信风险：编排工具节点是集群中最基本的节点，如果该节点被攻击者控制，将会给整个集群带来更大的风险。例如，允许未经授权的主机加入集群并运行容器；当用于认证的密钥被错误配置为在所有节点中共享后，单个节点主机被入侵将意味着整个集群被入侵。另外，如果编排工具和 DevOps 管理员主机之间的通信是未加密和未认证的，将导致更进一步的内部渗透攻击。

4. 容器安全风险

- 运行时软件本身的漏洞：目前行业常见的容器运行时软件有 Docker、Containerd 等。这几年 Docker 软件被频繁曝出 CVE 漏洞，如果漏洞可被利用于“容器逃逸”，那么攻击者就可以攻击其他容器以及访问容器所在主机的操作系统资源，这类漏洞虽然很少见，但会带来极大的安全风险。攻击者还可能利用漏洞入侵运行时软件本身，然后篡改该软件，从而让攻击者访问其他容器、监控容器与容器之间的通信等。
- 容器的网络访问不受限制：大多数容器运行时默认的网络配置是允许容器通过网络

访问其他容器以及主机操作系统。一旦某个容器被入侵，攻击者将可以在该容器内进行网络探测扫描，找到下一个存在脆弱性的容器或主机。由于容器之间大部分是虚拟化连接，因此在容器化环境下管理对外网络访问更加复杂。从一个容器到另一个容器的数据流在网络中可能只显示为封装的数据包，而没有直接表明其根本来源、目的地或有效载荷，我们将无法检测这些流量是否存在威胁。

- 容器运行时配置不安全：容器运行时通常会给管理员提供多种配置选项，而配置不当会降低系统的相对安全性。例如在 Linux 容器主机上，允许的系统调用集通常默认仅限于容器安全运行所必需的调用。如果该列表被扩大，则被入侵的容器会让其他容器和主机操作系统面临更大风险。同样，如果容器在特权模式下运行，则可以访问主机上的所有设备，从而让其本质上成为主机操作系统的一部分，并影响在主机操作系统上运行的所有其他容器。运行时配置不安全的另一个典型示例是允许容器在主机上装载敏感目录。容器通常很少对主机操作系统的文件系统进行更改，而且几乎不应该更改控制主机操作系统基本功能的位置（例如，Linux 容器的 /boot 或 /etc、Windows 容器的 C:\Windows）。如果允许遭到入侵的容器更改这些路径，那么，它也可以被用来提权并攻击主机本身以及主机上运行的其他容器。
- 应用漏洞：如果容器运行的应用存在缺陷，则容器可能遭受入侵。例如，容器化的 Web 应用可能容易受到 XSS 跨站脚本漏洞的攻击，部署数据库前端服务的容器可能会受到 SQL 注入漏洞的影响。当攻击者利用应用本身的漏洞入侵到容器后，就可以实施进一步的入侵行为，如攻击其他容器或进一步逃逸到主机。

9.1.3 云原生带来的新安全需求

前文介绍了云原生应用的典型 DevOps 流程以及核心组件面临的安全风险，面对新的安全风险，我们可以将云原生场景下的 DevSecOps 安全需求总结为如下几个关键点：代码安全（业务代码）、镜像安全、编排系统安全、容器运行时安全。我们也将围绕着这些安全需求，以 DevSecOps 全生命周期安全嵌入和实施的理念来设计和实施相关流程及工具。

- 代码安全：云原生应用同样可以通过 SCA、IAST 等安全工具进行代码安全扫描。代码安全包括业务代码和关键基础设施及代码，如容器运行相关的 YAML 文件和 dockfile 文件的安全。
- 镜像安全：容器镜像面临恶意软件、漏洞、敏感信息外泄、配置不当等风险，因此需要针对镜像提供安全扫描工具以及镜像加密、镜像签名等工具，保证镜像从构建到部署、运行生命周期内一致的安全性。
- 编排系统安全：以 Kubernetes 为主流的容器编排系统就是云原生时代的操作系统，其本身的软件漏洞、配置不当、管理不当等会导致整个集群被攻击和受控，对业务造成破坏和可用性损失等。所以在云原生 DevSecOps 场景也需要集成编排系统相关安全检测工具，以及时发现编排系统漏洞和配置等安全风险。

- ❑ 容器运行时安全：容器运行时存在被外部攻击入侵的可能，并且可通过容器逃逸、横向渗透等方式将攻击行为扩散到整个集群及下层主机系统。我们需要在运行时环境集成可靠的容器运行时 HIDS 类工具来提供入侵检测和防护。

9.2 云原生 DevSecOps 实施流程

CNCF 在云原生定义之外也给出了云原生堆栈模型，云原生堆栈由基础层、环境层、生命周期层组成。云原生应用具有开发、分发、部署、运行的全生命周期，其相对传统应用最核心的变化是容器化，容器化的安全实施会涉及组织机构内的多个相关方，并且会对追求业务目标的开发和运维人员的工作效率产生重大影响。

CNCF 引领的云原生社区倡导在应用生命周期的不同阶段（如开发、分发、部署、运行时），就将安全嵌入进去来确保全生命周期的安全，本质上与 DevSecOps 理念是一致的。在云原生应用场景，安全更应该深入集成到应用的全生命周期中，只有开发人员、运维人员、安全人员加强交流和合作，有策略地执行云原生安全实践，才可以实现大规模的高可用性、一致性、高弹性和冗余。安全本身仍然是一个跨学科领域，不能与开发生命周期隔离开来，也不能视为纯粹的技术领域。开发人员、运维人员和安全人员必须加强交流和合作，才能继续推动该领域和行业的发展。

当然，同传统应用的 DevSecOps 实践一样，如果不注重在安全理念及文化、安全工具集成、安全流程的使用等方面进行长期的教育和培训，那么云原生安全的落地和应用可能会难以为继，甚至被打回原形。下面我们将参照 CNCF 定义的云原生应用生命周期的不同阶段，给出安全流程和实施建议。

9.2.1 开发阶段的安全

云原生场景下的安全将持续倡导“安全左移”理念，在代码开发及测试阶段及早发现安全风险并修复。基础架构即代码是实施 DevOps 实践和持续集成 / 持续交付的一个重要组成部分。云原生应用的代码不仅包括业务代码，也包含业务运行依赖的基础环境的配置类代码。这使得我们针对开发代码的安全测试，不仅能发现业务代码中的安全漏洞风险，也能及早发现不合规情况和配置错误，从而保障应用在上线后能够按照预期状态运行。

第 3 章详细介绍了持续交付和研发安全，本章将立足于云原生应用，以开发阶段为云原生应用生命周期的第一个阶段。云原生应用的开发不只关注自定义业务代码，还关注基础架构即代码（IaC）、Dockerfile、K8s 清单等，以用于部署和配置云原生应用。而开发阶段的安全检查主要围绕着风险和合规两个方面进行：

- ❑ 风险：相关业务代码是否存在漏洞。
- ❑ 合规：相关运行时配置文件是否存在配置不合规、高风险配置情况。

在云原生应用的开发阶段，要将安全无缝集成到 DevOps 团队现有工具中，增强敏捷性和安全性，其实施流程如图 9-3 所示。

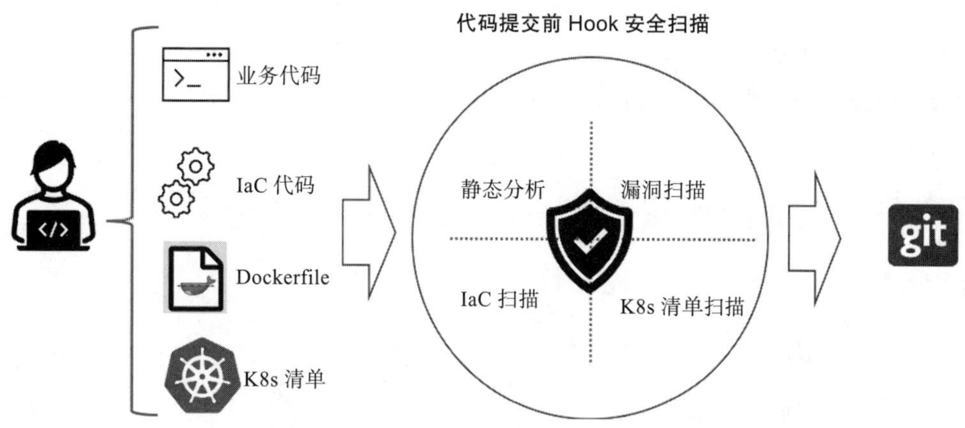

图 9-3　云原生开发阶段的 DevSecOps 实施流程

实施的安全建议如下：

- IDE 工具中集成安全检查：IDE 工具中集成安全检查能力的优势是可以提供丰富的上下文相关的安全信息，根据这些信息在开发阶段实现早期快速、轻松地进行安全漏洞修复。
- 代码提交前 Hook 安全扫描：安全扫描包括静态分析、漏洞扫描、IaC 扫描、K8s 清单扫描，即对开发相关的代码、配置文件、运行清单均进行相应安全扫描，确保无漏洞及合规风险，安全扫描通过后才可以成功提交至代码仓库。

9.2.2　分发阶段的安全

云原生应用追求快速迭代，因此广泛使用开源软件和第三方的运行时镜像（包括上游依赖项的镜像层），一旦某个底层基础镜像存在安全漏洞，就会影响依赖该基础镜像构建的所有业务镜像，甚至存在攻击者恶意伪造基础镜像投放到 DockerHub 公开仓库中诱骗用户下载使用的情况，因此云原生的软件供应链安全显得尤其重要，需要对云原生应用的制品（例如容器镜像）进行持续的安全扫描和修复更新。安全扫描主要关注漏洞、恶意软件、不安全编码方法、高危配置等安全风险，除了持续性的安全风险扫描外，还需要对制品进行加密签名以确保完整性，并在后续部署和运行时阶段进行一致性验签。

云原生应用分发阶段的主要任务就是基于镜像定义和规范，构建容器镜像制品。整个分发阶段可分解为容器镜像构建、镜像仓库存储、应用测试及安全测试、镜像完整性保障几个关键阶段。按照传统 CI/CD 模式，分发阶段的应用测试主要是发现应用中的 Bug。云原生应用会集成开源软件和第三方组件，存在将漏洞和恶意软件引入容器镜像中的风险，因此针对容器镜像的安全扫描，需要扫描漏洞、恶意软件、高风险配置等常见风险项，以及引入镜像的完整性验证步骤，防止镜像被篡改。

分发阶段的安全检查流程如图 9-4 所示。通过该流程可以帮助开发和运维人员识别容器镜像的安全风险，通过相关安全技术和工具保护整个 CI/CD 管道和基础架构的安全。此外，如果有保密性要求，那么组织机构可以对镜像进行加密。镜像签名以及验签可以实现镜像的完整性检查，确保镜像可信，后续一旦因容器被入侵等原因导致镜像不可信，就应吊销签名证书。

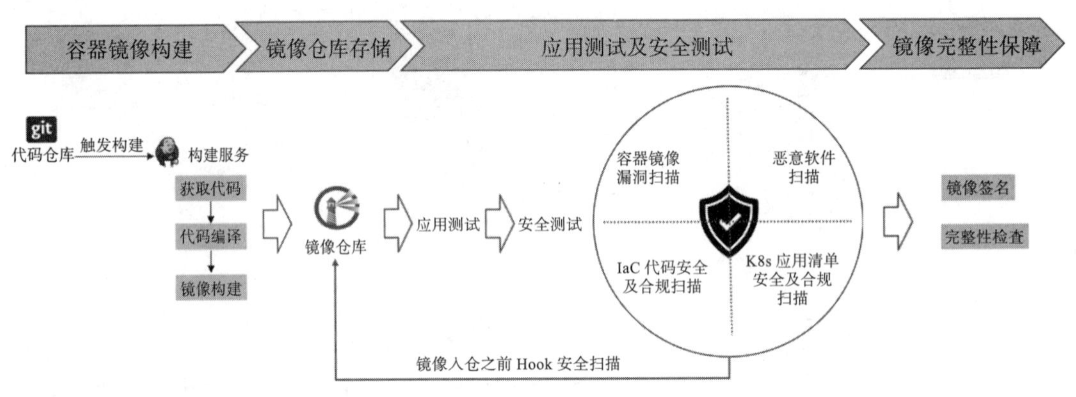

图 9-4　云原生分发阶段的安全检查流程

针对分发阶段实施的安全建议如下：

- 镜像安全扫描：针对容器镜像进行深度安全扫描是整个云原生应用生命周期中实现容器应用保护最重要的一个步骤。我们建议先在 CI 管道中进行扫描，确认安全的镜像才可以部署到生产环境中。通过容器镜像漏洞扫描，可以确保开发人员、运维人员、安全人员详细了解所有已知漏洞以及漏洞的严重性、CVSS 分数和是否具有缓解措施 / 修复程序之类的详细信息。建议将容器镜像漏洞扫描结合 CI 管道中定义的合规性规则，如漏洞合规性基线要求，确保仅将已修复和不存在严重漏洞风险的镜像部署到生产环境中，从而减少潜在的攻击面。容器镜像扫描不仅关注漏洞类风险，还对来自开源镜像仓库的开源软件包或者根镜像层进行恶意软件扫描，避免恶意镜像被带入生产环境。当然，通过容器镜像扫描，可以全面了解镜像中是否存在漏洞或者恶意软件，但要注意，扫描仅能发现风险，无法预防漏洞或恶意软件。我们推荐更“左移”的安全策略，在容器镜像的构建阶段就制定镜像的安全构建要求，比如必须从公司统一私有镜像仓库获取安全的根镜像来源。在镜像构建完成之后提交到镜像仓库阶段，同样可以设置安全基线及合规要求，符合安全基线要求的镜像才可以提交到仓库存储并分发到生产环境。我们提倡尽早定义镜像的安全构建原则以及尽早进行安全扫描，这样可以避免高风险镜像流入镜像仓库，带来不必要的存储成本。
- 镜像加固：容器镜像构建生成后，基于其漏洞扫描的结果，须对其进行安全加固。除了对已知漏洞进行修复外，还可以通过在运行时阶段进行容器运行时配置加固。

例如涉及安全加固的配置项时，可以考虑容器运行时限制资源的访问、限制内核级的进程执行、执行环境是否限制特定用户等。

- K8s 应用清单安全扫描：K8s 应用清单中定义了部署容器化应用所需的配置。美国 NIST SP800-190 等指南和建议推荐了应用容器安全的最佳实践和配置，CIS Kubernetes Benchmark 和 CIS Docker Benchmark 均有详细的配置相关安全基线要求。通过参照 CIS 基线定义项实现的基线扫描类工具，可识别出相关应用清单文件中导致不安全部署状态的风险配置。
- K8s 应用清单加固：对于容器镜像，可以在构建阶段以及运行时阶段考虑并执行容器应用清单加固，安全加固的目标需要考虑容器运行时最小约束原则。
- 应用测试：云原生应用应该遵循与传统应用相同的应用测试标准，包括 SAST、DAST 等测试工具的集成和实现自动化测试。
- IaC 代码安全扫描：IaC 用于部署云和容器基础架构，云原生场景下越来越多的组织机构在执行 IaC，但这些模板中的不安全配置可能导致安全风险。在部署应用和 IaC 制品之前，应使用自动化安全扫描工具对这些 IaC 模板文件进行扫描，用于发现不安全配置和其他安全控制。需要提前识别关注的关键性错误配置，包括资源限制设置、配置设置（如特权容器）、有哪些安全性上下文和系统调用会导致系统入侵等。
- 自动化安全测试：建议对云原生应用和基础架构进行自动化安全测试，通过自动化测试手段消除手动安全门（例如，在单个检查点进行验证和手动控制操作），从而提高安全性和发布速度。测试工具应保持更新，按照威胁模型尝试执行威胁，证明按需控制的有效性，从而实时改善系统的安全性和合规遵从性。
- 创建制品和镜像仓库：建议企业内部创建独立的私有镜像仓库，在镜像构建阶段依赖的根镜像不应该直接从公共仓库源获取，应由经过授权的开发人员统一拉取根镜像，并经过安全人员的扫描确认镜像整体安全可信后，将其存储在内部镜像仓库中以供组织内部使用。另外，建议开发测试环境和生产环境的镜像仓库区分开来，开发测试环境的仓库用于暂存，经过应用测试及安全测试后的镜像可以存储到生产环境仓库以供部署使用。通过分场景、分阶段、独立的镜像仓库方式，可以更严格地控制开源组件的来源和安全性，同时可以对 CI/CD 链中的各个阶段进行不同类型的测试。
- 镜像签名、可信任及完整性：在构建阶段对镜像内容进行数字签名，并在使用前对签名数据进行验证，以防止镜像数据在构建阶段和运行时阶段之间被篡改，从而确保镜像的完整性和来源。云原生场景下的软件供应链更为复杂，创建一个镜像制品需要多个验证步骤，需要保证多个实体的可信性。例如软件包签名，对制品软件包（如应用软件包）进行签名；配置签名，对配置文件（即应用配置文件）的签名；镜像签名，对容器镜像清单的签名。签名表示这些制品已被组织机构批准使用，签名后的制品的验证至关重要，建议对仓库中的镜像进行变更或将代码提交到仓库时进行相互认证。

- ❑ 镜像加密：在强商业秘密保护场景，可通过对容器镜像加密，使其内容保持机密，确保内容从构建阶段到运行时阶段都可以保持机密性。如果在分发时遭到入侵，则镜像仓库的内容仍可以保持机密。镜像加密的另一个常见用途是强制执行容器镜像授权，常见于合规需求，如区域限制或出口控制以及数字版权管理等场景。当镜像加密与密钥管理认证和授权、凭证分发相结合时，可能会要求容器镜像只能在特定平台上运行。

9.2.3 部署阶段的安全

部署阶段主要通过容器编排系统拉取镜像并部署到对应主机上，其主要任务是整合一系列运行前检查，确保在运行时环境中部署的应用容器符合并遵守全组织机构范围内的安全性和合规性策略。通过前面在开发和分发阶段集成了安全流程后，可以实现实时、持续验证容器集群的工作负载的安全属性，如签名验证、容器镜像安全性、容器运行时配置和主机适用性等。在部署完镜像后，也需要部署相关工作负载可观测性的功能组件，通过监控日志和可用指标对安全进行补充。

部署阶段的安全检查流程如图 9-5 所示。

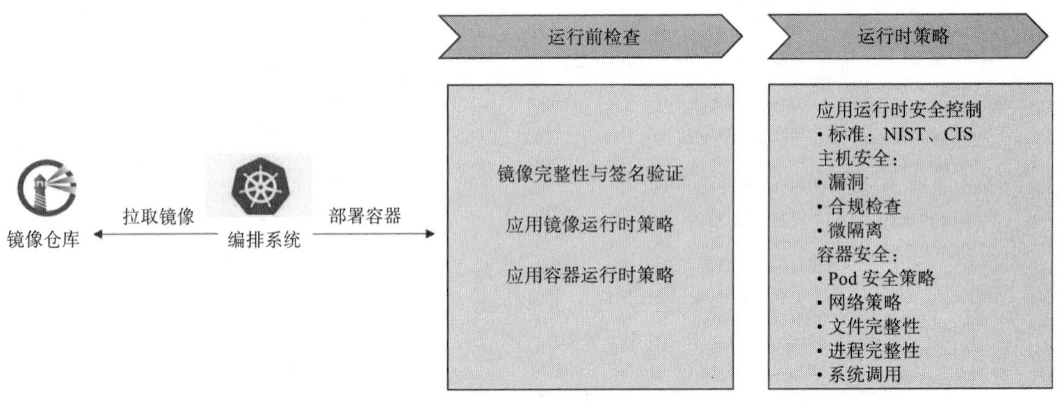

图 9-5 部署阶段的安全检查流程

针对部署阶段实施的安全建议如下：

- ❑ 运行前部署检查：验证镜像签名和完整性、镜像运行时策略（例如不存在恶意软件或严重漏洞）、容器运行时策略（例如非特权容器）。
- ❑ 应用运行时安全控制：参考 NIST、CIS 标准进行运行时安全控制，主要包括主机漏洞和合规性控制，以及工作负载、应用和网络安全策略。
- ❑ 可观测性和衡量指标：将可观测性和衡量指标纳入云原生架构，其监控日志和可视化分析工具可以辅助安全分析。通过对日志进行分析，安全团队可以发现异常数据、可疑事件、不明原因的调用等。现在针对大规模日志数据的分析，往往还可以结合人工智能、机器学习或者统计建模等方法进行行为和启发式分析。

- 事件响应和调查：一旦发生线上问题或安全事件，日志将是问题分析、调查追溯的主要证据。开发人员在应用中应该进行日志相关功能的设计和实现日志上报能力，常见的日志类型包括应用的身份认证、授权、操作失败等。基于日志的取证能力是任何事件响应和止损活动的基本能力，一方面为确定事件的根本原因提供证据，另一方面也可为要采取的任何止损措施提供反馈。容器环境的短生命周期特性要求使用更敏捷的工具来捕获和分析任何证据，总之建议提前规划日志取证功能，方便后续缩短问题原因的定位时间，并最大程度地降低入侵风险。

9.2.4　运行时阶段的安全

在成功完成前面的开发、分发、部署阶段后，云原生应用将以容器形态运行，运行时的安全性取决于先前各个阶段安全实施流程的有效性。因为云原生提倡应用快速开发与容器化部署，所以要求针对云原生应用场景，将基于边界的安全防护方式转变为针对动态工作负载的安全防护方式。

运行时安全除了动态工作负载防护理念之外，还提倡基于云原生运行时环境进行分层和纵深防御，也就是 Kubernetes 官方给出的云原生安全 4C 模型（https://kubernetes.io/docs/concepts/security/overview/）。可以简单将云原生运行时环境分解为如图 9-6 所示的 4 层模型，以贯彻纵深防御理念。云原生安全模型的每一层都构建在外层之上，如代码层的安全性得益于强大的基础（云、集群、容器）安全性，当然也无法通过在代码级别解决安全性问题来防止基础层中的安全风险。

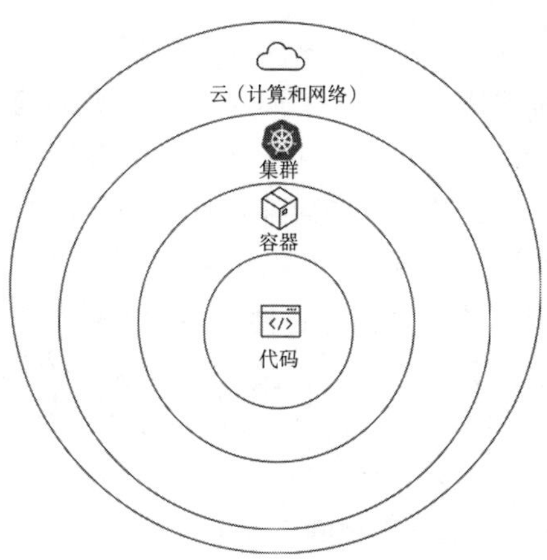

图 9-6　云原生四层安全模型

该模型同 CNCF 定义的云原生堆栈模型理念一致，只是将运行时环境分解为更具体的云、集群、容器、代码，分别对应云基础安全、编排安全、容器安全、代码（应用）安全。

1. 云基础安全

“云”是对位于同一位置的服务器或公司数据中心的统称，提供基础的存储、计算、网络环境，云层是容器集群的可信计算基础。如果云层易受攻击（或以易受攻击的方式配置），则无法保证在此基础上构建的组件是安全的。公共云服务商都会为在其环境中运行工作负载提供安全建议，Kubernetes 也给出了保护基础架构的建议，如表 9-1 所示。

表 9-1　Kubernetes 基础设施保护建议

Kubernetes 基础设施关注项	建议
对 API Server 的网络访问（控制平面）	不允许在 Internet 上公开对 Kubernetes 控制平面的所有访问，并且由仅限于管理群集所需的 IP 地址集的网络访问控制列表控制
对节点的网络访问	应配置为仅接受来自指定端口上控制平面的连接（通过网络访问控制列表），并接受 NodePort 和 LoadBalancer 类型 Kubernetes 中服务的连接。如果可能的话，这些节点就不应该完全暴露在公网上
Kubernetes 访问云提供商 API	每个云提供商需要向 Kubernetes 控制平面和节点授予不同的权限集。最好为集群提供云提供商访问权，该访问权遵循其所需管理资源的最低权限原则
获取 ETCD	ETCD（Kubernetes 的数据存储）应仅限于控制平面。建议通过 TLS 使用 ETCD
ETCD 加密	建议对所有驱动器静态加密，由于 ETCD 保存整个集群的状态（包括 Secrets），因此特别建议对其静态加密

2. 集群（编排）安全

容器编排系统具有多个组件，分成控制层和数据层，并且面临诸多安全威胁，影响部署的整体安全性以及运行时的持续安全性。常见的安全威胁有编排工具 Dashboard 未经授权访问，以及更改、恶意访问编排工具的 API 从而拦截控制层流量等。对任何编排工具而言，使用最佳实践和配置加固来降低攻击面都是首要的要求，然后监控和检测在运行时阶段对初始配置所做的任何更改，从而确保集群的持续安全。

1）安全策略：编排工具提供多种安全特性和多种配置方案，以控制在容器运行时生成容器的安全特权。建议合理使用这些安全配置，从而加强安全防护。

2）资源请求和限制：可以通过 cgroup 机制来实现不同的对象级别和资源请求及限制。限制资源请求有助于防止类似 fork 炸弹、加密货币挖掘类攻击，或者因程序错误导致耗尽计算资源类问题，避免单个工作负载出现问题从而导致耗尽节点和集群资源。

3）控制平面身份验证和根信任证书：除了对控制平台进行安全加固外，编排系统管理人员还应该配置对所有控制平面组件进行定期证书轮换，各组件只有相互认证和证书验证通过后才可以进行通信。常见的编排工具控制平面组件有 controller-manager、调度器、API Server、Kubelet 等。此外，还须注意根信任证书的保护，发出命令的 CA 可以是默认编排工具 CA 或外部 CA，管理人员应特别注意保护 CA 的私钥。

4）日志审计分析：相比传统应用，云原生场景下的可观测性理念会驱动为工作负载生成更细粒度的审计配置和过滤功能，因此安全团队要保证日志生产以及关联分析的持续自动化运行。此外云原生日志的互操作性使得可以进行高级过滤，防止下游处理中的过载问题。与传统的日志分析一样，关键是生成可操作的审计事件，将日志中的数据关联起来形成上下文，形成驱动决策树和事件响应的“信息”。针对日志也可以基于预先定义的合规基线规则，来检测违反组织机构策略的违规行为。集群需要启用API审计功能，审计相关角色，包括安全团队、集群管理和运维人员等，基于特定的API组或操作行为过滤来审计集群内的各类操作行为。最后要注意审计的准确性，避免警报洪泛、误报频繁，导致大家疲劳应对警报。

3. 容器安全

镜像将以容器形态运行，可以对运行的容器监控其进程、文件、网络行为。可以采用下面安全建议来保护容器的运行时环境：

1）主机操作系统只应允许在容器中执行或调用经过批准的功能和系统调用（例如seccomp过滤器）。

2）应监控并阻止对关键挂载点和文件的变更。

3）必须通过配置防止更改二进制文件、证书和远程访问配置。

4）必须通过配置使得容器的进出网络访问仅限于操作所需的内容。

5）应检测并拒绝恶意域名的网络流量。

6）镜像信任和内容保护：为了保证本地工作负载加载的镜像来源可信，可以利用策略代理来强制执行镜像验签，控制只有经过签名验证的镜像才可以加载运行。此外还可以通过加密容器来保护容器内存在的敏感数据。

4. 应用安全

1）WAF&RASP：应用自身存在因业务代码漏洞被攻击者利用入侵的风险。常见的Web类应用在运行时会通过WAF或者RASP等工具提供应用运行时的异常检测和防护能力，在云原生场景同样适用。

2）微服务架构和零信任原则：对于以微服务架构部署的容器化应用，其边界即微服务本身，需要定义微服务之间的访问控制策略。建议在微服务架构和访问控制中引入零信任原则，即默认不信任，必须经过严格的身份认证及访问权限验证，实现当单个微服务被入侵时无法横向移动，从而降低攻击影响范围。微服务之间的隔离和访问控制策略将是安全人员和集群运维人员的共同职责，企业内往往需要这两类角色协同配合以实现正确合理配置微隔离策略，确保集群内微服务之间的东西向网络通信仅限于授权访问的范围。

3）服务网格应用：相对于传统的微服务架构，服务网格具有可观测性、流量控制、安全三大技术优势，从而被称为“第二代微服务架构”。服务网格将微服务治理与业务逻辑解耦，将微服务通信及相关管控功能从业务程序中分离并下沉到基础设施层，使其与业务系统完全解耦，从而开发人员更加专注于业务本身。在云原生场景下单体应用被分解为多个微服务，复杂的访问关系、更大的网络流量导致微服务网络会成为一个重要的攻击面。服务网格提供了保护微服务网络调用的能力和基础设施。服务网格在安全性上提供的三大技术优势是服务的认证、服务间通信的加密、安全相关策略的强制执行。通过服务网格的应用，能够减少云原生部署的攻击面，并提供用于构建零信任应用网络的关键框架。

5. 运行时检测

我们建议持续监测和持续响应。首先我们应该对已部署的容器工作负载验证其运行时状态是否符合预期，并且定期对运行时环境进行安全扫描和监视，通过运行时监控类组件检测、跟踪、聚合、报告来自容器的系统调用和网络流量，从而发现意外或恶意行为。虽然前面开发阶段的应用测试和安全测试可以提前防止已知的、预期的问题转移到生产环境中，但因业务运行过程中会产生动态变化和出现新的安全风险，因此仍须动态扫描运行的工作负载，以检测尚未发生的恶意或隐蔽行为。例如工作负载也可能在运行时中毒，病毒、木马带来的恶意行为只能通过与容器基线预期行为进行比较才能检测出来。很多容器安全商业产品会在容器运行后自动学习生成容器的行为基线，在学习结束后对发生的不符合基线模型的行为均产出预警，并提供给安全或者运维人员进行分析判定。

9.3 云原生 DevSecOps 相关安全工具

人的技术激情造就了云原生社区，催生了云原生技术的发展和应用。同样，云原生安全也依赖于开源社区的逐步发展。CNCF 社区贡献了大量的开源安全工具，可以很好地与企业的 DevOps 流程进行集成应用（图 9-7）。

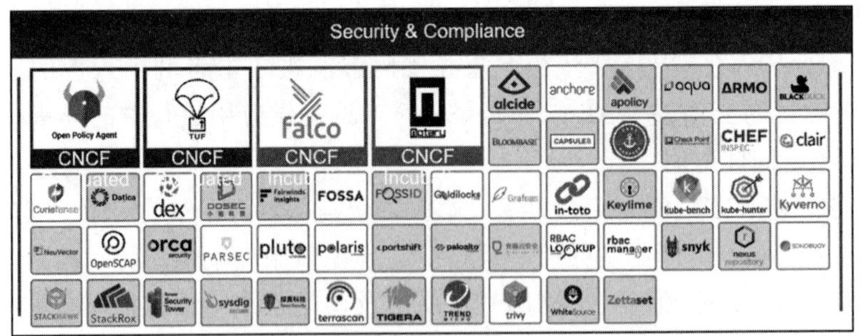

图 9-7　CNCF 云原生安全和合规项目生态

下面我们将逐一介绍云原生场景下安全相关的开源和商业工具。

9.3.1 云原生安全开源工具

除了云服务商积极参与云原生开源社区建设外，从 2010 年开始陆续有较多创业创新厂商投入到云原生安全领域的开源项目建设中，为社区贡献了贯穿应用开发、分发、部署、运行时全生命周期的安全工具，以便在企业内部集成应用。见表9-2至表9-5。

表9-2 开发阶段工具：实现对IaC的安全扫描

工具类型	工具名称	许可证	工具简介
IaC扫描&镜像安全扫描	Trivy	免费（AGPL）	扫描容器镜像、文件系统和Git仓库中的漏洞，以及IaC文件配置问题，如Terraform、Dockerfile和Kubernetes，发现会导致攻击的潜在风险配置
IaC扫描	Kubesec	免费（Apache）	扫描声明Kubernetes资源的YAML文件，以找到薄弱的安全参数。例如检测授予Pod的过多功能和权限、使用root作为默认容器用户、连接到主机网络命名空间等

表9-3 分发阶段工具：实现对容器镜像的安全扫描

工具类型	工具名称	许可证	工具简介
镜像安全扫描	Anchore2	免费（Apache）和商业服务	分析容器镜像并应用用户定义的策略来实现自定义安全检查。除了CVE已知漏洞扫描外，还可以自定义配置扫描：Dockerfile检查、凭证泄露、特定于语言的包（npm、maven等）、软件许可证等
镜像安全扫描	Clair	免费（Apache）	DockerHub官方集成扫描引擎，也是第一个开源的镜像安全扫描项目。主要关注漏洞扫描，包括CVE以及由Debian、RedHat或Ubuntu安全团队编写的特定于发行版的漏洞列表
镜像安全扫描	KubeXray	免费（Apache），但需要从JFrog Xray(商业产品)中检索数据	侦听Kubernetes API Server事件，并利用来自JFrog Xray的元数据，以确保只有符合当前策略的Pod才能在Kubernetes上运行。KubeXray不仅审计新的或升级的容器部署（类似于Kubernetes许可控制器），还可以根据配置的新安全策略动态检查运行时容器，删除指向脆弱镜像的资源
镜像安全扫描	Snyk	免费（Apache）和商业服务	一种特殊的漏洞扫描器，关注开发工作流，可集成到代码库中基于源码识别代码中直接和间接的库依赖关系，支持多种流行编程语言和发现隐含的许可风险

表9-4 部署阶段工具：实现编排和集群的安全风险检测

工具类型	工具名称	许可证	工具简介
合规&基线检测	Kube-bench	免费（Apache）	基于Go语言编写，检测Kubernetes集群是否符合CIS Kubernetes基准要求，主要是针对Kubernetes集群组件（ETCD、API、Controller Manager等），查找不安全的配置参数、敏感的文件权限、不安全的账户或公开端口、资源配额等
集群安全检查	Kube-hunter	免费（Apache）	在Kubernetes集群中寻找安全弱点（比如远程代码执行或信息泄露）。提供外部攻击者视角，支持以远程扫描器方式运行，或以active hunting模式利用目标Kubernetes中发现的漏洞。漏洞利用攻击可能会导致集群受损，须谨慎使用

（续）

表 9-5　运行时阶段工具：实现运行时行为监控及异常行为检测

工具类型	工具名称	许可证	工具简介
运行时安全	SysDig	免费（Apache）	支持 Linux、Windows、Mac OSX 的全系统探索、故障排除和调试工具，可用于获得托管 OS 和运行于其上的任何容器的细粒度可视性、检查和取证
运行时安全	Falco	免费（Apache）	云原生运行时安全工具集，利用 SysDig 的 Linux 内核检测和系统调用分析来深入了解系统行为，同时其运行时规则引擎可以检测应用程序、容器、底层主机和 Kubernetes 协调器中的异常活动。通过为每个 Kubernetes 节点部署一个代理来实现完整的运行时可视性和威胁检测，不需要修改注入第三方代码的容器或部署边车容器

9.3.2　云原生安全商业产品

除了上面独立的安全工具外，近几年主打云原生安全理念的安全厂商也逐渐增多，其产品通常会覆盖云原生应用全生命周期安全，并且提供插件和接口以供企业 CI/CD 流程进行集成。这里介绍几个在 CNCF 社区具有一定知名度的商业安全产品，见表 9-6。

表 9-6　云原生安全商业产品

产品	主页	简介
AquaSec	https://www.aquasec.com/	针对容器和云工作负载的商业安全工具，包括：镜像扫描（支持与镜像仓库或 CI/CD 集成）；检测容器修改或可疑活动的运行时保护；容器本地应用防火墙；云服务的无服务器安全性；合规性和审计报告，与事件记录集成
Capsule8	https://capsule8.com/	同容器基础设施的传感器集成，该传感器将收集主机和网络数据，根据不同的攻击模式匹配此活动，向传感器推送针对性的检测规则，可响应最新的软件漏洞威胁和 0day 攻击
Cavirin	https://www.cavirin.com/	提供镜像扫描功能，可以与 CI/CD 集成，在不符合要求的镜像被推送到你的私有存储库之前阻止它们。Cavirin security suite 使用机器学习来为网络安全状态提供一个类似于信用的评分，并提供一些修复方案来改进安全状态或安全合规
Qualys	https://www.qualys.com/	提供镜像漏洞扫描，静态分析发现容器镜像存在漏洞后，会再通过向镜像注入二进制代理的方式来获取运行时的安全探测，支持自定义安全检查规则
NeuVector	https://neuvector.com/	通过分析网络活动和应用程序行为来执行容器安全基线化和运行时保护，从而为每个镜像创建一个定制的安全概要文件。它还可以主动阻止威胁，通过修改本地网络防火墙隔离可疑活动

（续）

产品	主页	简介
StackRox	https://www.stackrox.com/	该容器安全平台的目标是覆盖集群中 Kubernetes 应用程序的整个生命周期。它根据观察到的容器行为生成运行时概要文件，并将在任何异常时自动发出警报。支持 CIS Kubernetes 基准检测
SysDig	https://sysdig.com/products/secure/	提供容器全生命周期的安全防护能力，主要集成容器镜像扫描、运行时保护和取证功能，可以识别漏洞、阻止威胁，以及进行合规性和跨微服务的安全审计
Tenable Container Security	https://www.tenable.com/products/tenable-io/container-security	因开发 Nessus 工具广为人知，其产品利用在计算机安全领域的经验，将 CI/CD 流水线与漏洞数据库、专门的恶意软件检测引擎和安全威胁补救建议相集成
Twistlock	https://www.twistlock.com/	提供与云提供商（AWS、Azure、GCP）、容器编排者（Kubernetes、Mesosphere、OpenShift、Docker）、无服务器运行时、网格框架和 CI/CD 工具的全面集成，并使用机器学习技术来生成容器行为模式和容器感知网络规则

9.3.3　云原生 DevSecOps 实践框架

结合前面的各阶段安全实施流程和介绍的安全工具，我们给出企业内云原生 DevSecOps 实践框架，如图 9-8 所示。

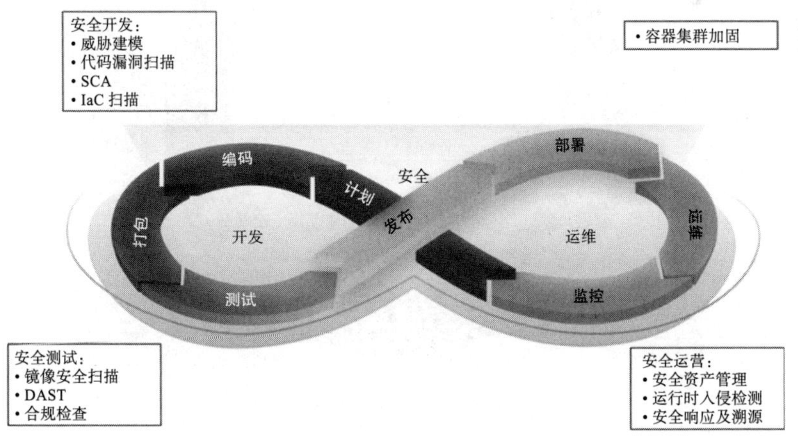

图 9-8　企业内云原生 DevSecOps 实践框架

其中：

- 安全开发：我们可以集成前面介绍的 SCA、IaC 扫描、SAST 代码漏洞扫描工具，在开发阶段实现对业务代码和基础架构代码的漏洞和合规性扫描。
- 安全测试：可以在镜像仓库、制品库、CI 工具中集成镜像安全扫描工具来实现镜像的漏洞、合规性检查，以及通过常规 DAST 工具实现应用漏洞扫描。

- 部署阶段：可以通过合规基线检测和集群安全检查类工具，提前识别集群内组件漏洞和配置类风险，实现集群整体安全加固。
- 运行时阶段：可以通过运行时安全工具或者商业安全产品，实现容器运行时入侵检测和防御。结合容器集群安全资产信息，对接企业内部安全运营中心，实现安全风险、安全事件的运营处置。

9.4 云原生 DevSecOps 的落地应用和演进趋势

立足现状，着眼未来，我们一起来看一下云原生 DevSecOps 的落地应用现状和演进趋势。

1. 安全左移——镜像安全扫描逐步落地且需求升级

值得庆幸的是，由于开源项目资源丰富、技术认知度高、易于应用及 CI/CD 集成，在安全公司 SysDig 发布的 2021 年容器应用报告中显示有 74% 的客户已针对部署前的容器镜像执行了安全扫描（见图 9-9），云原生 DevOps 正在落地安全左移。这是一个好迹象，构建阶段进行安全扫描有助于团队在将镜像投入生产之前就解决潜在的安全风险。

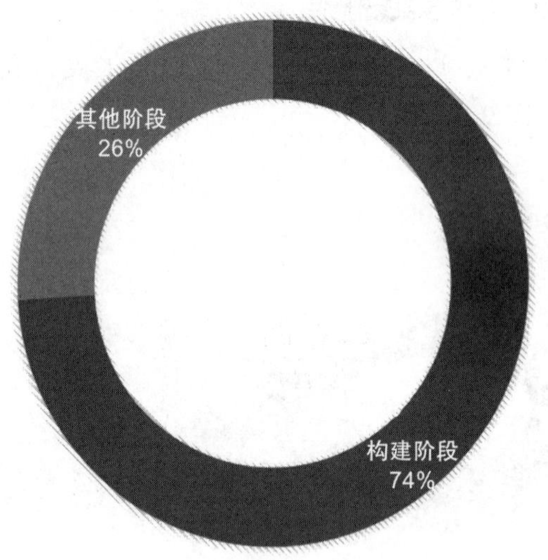

图 9-9 镜像安全扫描

SysDig 的客户会进行两种类型的镜像安全扫描，一种是从镜像仓库拉取镜像到后台进行扫描，定义为后台扫描方式。第二种是 inline（内联）方式，将镜像扫描集成到 CI/CD 管道、镜像仓库、运行时阶段，基于扫描结果来触发管控操作（如阻断）。客户实施后台扫描的比例约 34%，高达 66% 的客户采用 inline 方式集成安全扫描，表示客户的安全需求不再停留在能发现风险级别，而是需要更高级的安全管控操作，应能基于安全风险的严重程度决定是否阻断构建、部署、运行过程。

2. 云商的容器安全架构体系完备，全面支撑云原生应用落地

目前主流公有云厂商均已发布自己的云上容器安全体系和容器安全整体解决方案，架构理念均继承自 CNCF 云原生堆栈（见图 9-10），划分为云基础平台安全、容器基础设施安全、软件供应链安全、容器运行时安全四个部分，全面支撑业务云原生化的容器安全防护需求。强调云原生安全责任共担模型，云厂商的责任是保障云硬件、内核、操作系统等基础设施环境的安全，以及集群管控面相关组件和基础设施的安全，云上租户负责业务应用的安全防护、云上资源的安全配置和更新。

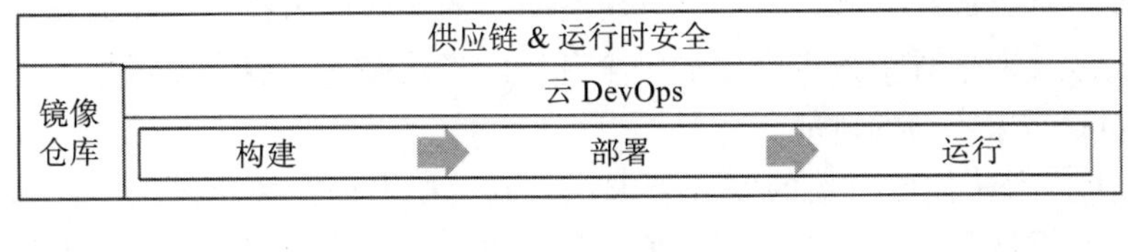

图 9-10　云平台容器安全体系架构

3. Kubernetes 成为云原生时代操作系统和新的安全锚地

在云原生应用场景，容器具有短生命周期特性，动态创建和回收，“不变”的是镜像和上层容器编排系统。Kubernetes 以超过 70% 的市场占有率成为行业内应用最广泛的编排系统，并且已然发展为云原生时代的操作系统，成为很多安全功能和安全需求落地的锚点，CNCF 更是开发了 CKS 认证（Kubernetes 安全专家认证），鼓励行业发展 Kubernetes 安全专家人才。众多云原生安全厂商已经在围绕 Kubernetes 构建产品安全理念和安全能力。Kubernetes 官方也给出了大量最佳安全实践，指引客户利用其原生的安全特性和配置进行集群加固和安全配置，最小化攻击面。在云原生 DevSecOps 场景，集群的管理和运维人员就可以主动在部署和运行时实施较多的安全需求落地。

DevSecOps 理念的落地从来不是一个短期内能达成的目标，回顾完现状我们能看到镜像安全、Kubernetes 安全的建设成果和令人欣慰的应用趋势。接下来我们再来看看云原生 DevSecOps 的演进趋势。

1）首先是责任边界的进一步模糊，安全人人有责：在云原生场景，开发者更多地参与到了定义或创建应用程序运行的基础设施中，并实际监控和响应该基础设施，而这一角色

传统上由运维角色承担。同时集群的管理和运维人员可以更加自主可控地利用容器编排层和 Server Mesh 层的原生安全属性和安全能力，实现安全加固、安全检测和安全审计，原有运维角色也会逐步承担起集群的安全运维和应急响应职责，开发、安全、运维责任边界的进一步模糊有利于真正做到安全人人有责。

2）更多企业使用云技术来减少安全开销：云原生需要新的安全工具、安全技术和安全人才。在早期产品、技术、人才紧缺的情况下，确保企业容器平台的安全是一项巨大的挑战。随着云提供商的容器服务产品变得越来越成熟，并且通过兼容规范与更多的云原生安全工具和智能工具集成在一起，我们预计将有更多的人使用云技术。作为责任共担模型的一部分，上云从长期来看将减少企业的安全开销。当然多云、混合云场景下也给企业全面落地 DevSecOps 带来了新的挑战。

3）云原生技术迭代催生新的安全需求：云原生技术仍在快速迭代中，无服务器架构和设计已经有很多技术尝鲜者在应用落地。随着服务提供商像现有容器生态系统一样通过安全控制措施降低消费者的开销，预计在云原生架构中采用无服务器架构的数量将随着时间的推移而增加。Serverless 场景下将会面临新的安全风险，需要建设新的安全工具和安全流程。

4）伴随云原生技术发展实现安全控制和自动化提升：云原生仍是一个不断发展的领域，其面临的安全威胁以及对应的安全挑战也在不断发展。除了为企业打造安全的容器平台生态系统外，DevSecOps 的落地还需要制定完备的安全策略，以及合理的安全技术控制卡点和自动化措施，用于安全策略执行、响应和运维。

5）云原生容器化的安全优势会逐渐显现：容器因为不可变基础设施特性，为应用组件提供了统一的运行环境。这种统一性使我们在开发、测试和生产运行时环境中能够实现并行安全。通过构建纵深防御体系，并结合应用微隔离等机制，只要使用正确（避免漏洞风险、配置风险等），容器将带来巨大的安全优势，减少企业内安全事件。

6）攻击态势下安全防护重点迁移：从早期针对 DockerHub 仓库中镜像投毒类攻击到目前针对容器编排工具和部署的攻击，攻击者会不断利用最主要的弱点进行攻击，并且从基础组件扩大到云原生应用相关的组件。随着云原生的大规模应用，单个弱点随着安全技术增强和风险全面收敛后，攻击者将寻找新的容易利用的漏洞。CVE 漏洞数据也显现了这一趋势，早期是 Kubernetes、Docker 组件漏洞，近两年一些应用组件、服务网格 Istio 组件的安全漏洞在逐渐增多。

最后，安全必须跟上云原生技术的发展步伐，我们相信在未来整个云原生应用生命周期中，可以形成自动化、高效率、内生的安全机制，让应用实现上线即安全，让安全理念深入人心，做到安全共建、人人有责。

9.5 总结

云原生是对传统云计算技术的变革，在改变应用的架构设计、开发部署和运行模式的同时，也给组织原有开发、运维、安全等角色的协作方式带来了变化，给 DevSecOps 涉及的组织和文化、DevOps 流程、安全技术均带来了新的机遇和挑战。

回顾本章内容，首先引领大家认识云原生应用的 DevOps 的新变化，再分析面临的新安全风险，最后提出新云原生场景下的 DevSecOps 安全需求将围绕着代码安全、镜像安全、编排系统安全、容器运行时安全这些新安全需求，以开发、分发、部署、运行时全生命周期安全嵌入和实施的理念去设计和实施落地。工欲善其事，必先利其器。云原生开源社区贡献了大量的开源安全工具和商业安全产品，可以很好地跟企业的 DevOps 流程进行集成应用，形成企业内部的云原生 DevSecOps 实践框架。之后，我们立足现状分析了行业的 DevSecOps 应用现状：镜像安全扫描的高普及率表明云原生 DevOps 正在落地安全左移的好迹象，依托云厂商完备的容器安全架构体系在全面支撑和加速云原生应用落地，以及 Kubernetes 将成长为云原生时代的操作系统和新的安全锚地。最后我们畅想了云原生安全的几大演进趋势。云原生终将跨越技术鸿沟迎来广泛应用的那一天，其将给企业的 DevSecOps 实践带来深刻的影响和变革，安全必须跟上云原生技术的发展步伐。

后　记

自 2017 年 DevSecOps 的理念被首次引入 RSA 大会以来，业界关于 DevSecOps 的话题越来越多，许多企业也开始纷纷加入实践的行列。发展至今，它的体系和架构越来越清晰，相关的方法论、技术和相应的工具也日益成熟。灰石网络与德富银行作为 DevSecOps 实践的先驱者，在各自领域内实现了对业务和产品的快速持续且安全交付的目标。

互联网和金融行业可谓是当前 IT 业界最具有代表性的两大行业，前者是创新、敏捷文化的代名词，后者则是传统行业的践行者。从安全角度来说，与金融等重监管、重安全流程管理的公司有所不同，互联网公司从创始人到员工，从文化到组织机构，天生就具备敏捷的特性，往往以交付速度与快速迭代为首要目标。而对于以金融机构为代表的传统行业，稳定和安全则是它们的生存之本。速度和安全本身就是一对相辅相成的概念，DevSecOps 的出现与实践正好可以帮助不同行业的实践者找到速度和安全之间的平衡点。

经过一系列背景调查和交流，灰石网络与德富银行分别制定了符合自己行业特点的 DevSecOps 实施方案，并建立了成体系的运营模型、实现模型和成熟度模型。它们首先从研发入手，提高以 Pod 为单位的 DevSecOps 团队中各成员的安全意识和能力，建立安全编码规范，并及时对代码的质量和安全进行分析。在测试环节，它们进行持续测试下的“左移”&“右移”，将许多在传统 SDL 模式下最后才能由安全团队进行的测试工作及职能整合进 DevSecOps 团队，引入如动态应用安全测试、交互式应用安全测试等工具，让安全人员和研发人员之间的协作更加高效。

但完成上述工作之后，灰石网络与德富银行都发现不少瓶颈环节依旧存在，究其原因，是在需求阶段出现管理纰漏，以及产品和业务在设计上的一些潜在风险都会导致项目后期的交付受到重大影响。而对于在项目早期产生的问题，往往越到项目后期其修复难度越大，修复时间也越长。因此，灰石网络与德富银行都需要开展更进一步的左移工作，一是完善需求和需求安全的管理流程，二是在架构和设计层面建立一套完善的安全风险评估体系，引入最新的威胁建模技术，并尝试实现高度自动化的安全风险评估工作。

随着组织结构调整与 DevSecOps 责任制的建立，运维大部门的概念被重新定义。灰石网络与德富银行的运维人员被打散并分配至对应产品或业务线，与开发、测试、安全等人员共同组成了以 Pod 为单位的 DevSecOps 团队，从而推进运维职责的左移，让运维人员能够与 Pod 团队中的其他职能成员联系得更紧密，共同面对在传统运维中所遇到的各种问题。同时，运维工作也不再单单是维护业务的运营，同时还要维护整个 DevSecOps 体系，保证系统的安全稳定、保持风险和漏洞的信息不过时、保护业务不中断、有序响应任何事件和事故、运用新技术预测安全风险、及时修复质量和安全问题，实现真正意义上的 Dev+Sec+Ops，即研发安全运维一体化。

云原生的出现无论对于互联网还是传统行业来说，都是一个新的机遇和挑战，它对传统云计算技术进行了变革，在改变应用的架构设计、开发部署和运行模式的同时，给组织原有开发、运维、安全等角色的协作方式也带来了变化，给 DevSecOps 涉及的组织和文化、DevOps 流程、安全技术均带来了一定程度上的改变。云原生技术的引入可谓是带领大家进入了 DevSecOps 转型之路的下半场。灰石网络与德富银行都选择了接受这一新的挑战，尤其对于德富银行这样的老牌跨国金融机构来说，其内部本身就存在诸多老旧系统，或因行业原因、监管原因、业务形态及技术限制，它们的转型之路尤为艰难。DevSecOps 与云原生的出现让这类系统的转型在挑战中出现了新的生机。

展望未来，转型之路还有很多挑战。越来越多新技术的出现将继续推动 DevSecOps 体系向着更完善、更成熟的方向发展，但我们初心未变，更快速、更安全、可持续的交付是我们始终追求 DevSecOps 的不变目标。

书中的人物介绍与关系

江宇宁

2006 年研究生毕业后就一直就职于德富银行亚太运营中心，先后在零售银行、信息安全等部门担任过多个职务，凭着出色的工作成绩，目前任职德富银行中国区信息安全团队的主管。

周天

周天和江宇宁从小学到高中都是同一所学校，可以说是多年的“老铁”。后来大学期间，周天选择了出国深造，攻读软件工程。回国后的周天最终加入了灰石网络，担任高级研发效能专家，负责研发团队的 DevSecOps 推广和效能提高，同时他还兼任公司态势感知平台的负责人。

汪泉

也称老汪，江宇宁在公司的老搭档，他是德富银行中国区安全运营中心主任。

魏瑜

灰石网络测试部门的总监，周天的老搭档。

刘超

灰石网络资深研发专家，江南通项目负责人，在项目实施过程中和周天有过短暂意见分歧。

李世成

德富银行企业银行项目团队的负责人，他现在正扛着团队的 DevSecOps 转型和业务系统转型两面大旗，因此在工作中时常需要得到江宇宁和汪泉的支持。

小李

灰石网络业务运行控制中心值班人员之一，同时也是公司应急响应日常运行组成员之一。

吴飞

德富银行 Z 交易系统云上转型的负责人，为了迎接这一挑战，最近他和宇宁、老汪也没少打交道。

参考文献

[1] DevSecOps 社区调查报告 [EB/OL]. https://www.sonatype.com/2020-dso-community-survey.

[2] 2020 年开源安全和风险分析（OSSRA）报告 [EB/OL]. https://www.163.com/news/article/BI400QVI00014AED.html.

[3] 2021 年 CVE 漏洞趋势安全分析报告 [EB/OL].http://www.anquanke.com/post/id/225670.

[4] OWAPS[EB/OL]. https://owasp.org/.

[5] DevSecOps: How to Seamlessly Integrate Security Into DevOps [EB/OL].https://www.gartner.com/en/documents/3463417/devsecops-how-to-seamlessly-integrate-security-into-devo.

[6] 应用安全测试（AST）魔力象限 [EB/OL]. https://www.microfocus.com/zh-cn/assets/security/magic-quadrant-for-application-security-testing.

[7] 漫淡软件成分分析（SCA）安全测试技术 [EB/OL].https://bbs.huaweicloud.com/blogs/263415.

[8] GitLab: 2018 年全球开发者报告 [EB/OL]. http://www.199it.com/archives/703089 .html.

[9] COHN M. Succeeding with Agile: Software Development using Scrum [M]. NewYork: Addison-Wesley Professional, 2009.

[10] JONES C. Applied Software Measurement: Global Analysis of Productivity and Quality [M]. NewYork: McGraw-Hill, 2008.

[11] 全国信息安全标准化技术委员会 . 信息安全技术　关键信息基础设施网络安全保护基本要求 [S].2020.

[12] 中国人民银行 . JR/T 0196—2020　多方安全计算金融应用技术规范 [S].2020.

[13] 中国国家标准化管理委员会 . GB/T 20984—2007　信息安全技术　信息安全风险评估规范 [S]. 2007.

[14] Chapter 3–Threat Modeling [EB/OL].https://docs.microsoft.com/en-us/previous-versions/msp-n-p/ff648644(v=pandp.10)?redirectedfrom=MSDN.

[15] OWASP Threat Dragon [EB/OL]. https://owasp.org/www-project-threat-dragon/.

[16] Microsoft 威胁建模工具 [EB/OL]. https://docs.microsoft.com/zh-cn/azure/security/develop/threat-modeling-tool-threats.

[17] IrisRisk [EB/OL].https://www.iriusrisk.com/.

[18] 中国人民银行 . JR/T 0214—2021 金融网络安全 网络安全众测实施指南 [S]. 2021.

[19] 信息安全基础——安全监控 [EB/OL]. https://zhuanlan.zhihu.com/p/67905068.

[20] 全国信息安全标准化技术委员会 . 网络安全态势感知技术标准化白皮书（2020 版）[R].2020.

[21] 大佬建议汇总：日志管理的九个建议 [EB/OL]. https://www.sohu.com/a/471642633_120136504.

[22] 朱胜涛，温哲，位华，等 . 注册信息安全专业人员培训教材 [M]. 北京：北京师范大学出版社，2019.

[23] 中国国家标准化管理委员会 . GB/Z 20986—2007 信息安全技术 信息安全事件分类分级指南 [S]. 2007.

[24] 关于访问控制模型 [EB/OL]. https://cloud.tencent.com/developer/article/1793181.

[25] 身份和访问管理（IAM）[EB/OL]. https://zhuanlan.zhihu.com/p/356072520.

[26] Best Practices for Privileged Access Management Through the Four Pillars of PAM [EB/OL]. https://www.gartner.com/en/documents/3899567.

[27] 中国信息通信研究院安全研究所 . 大数据安全白皮书 [R]. 2018.

[28] 中国网络安全与信息化产业联盟数据安全治理委员会 . 数据安全治理白皮书 3.0[R]. 2021.

推荐阅读

计算机安全
原理与实践
原书第4版
Computer Security
Principles and Practice

网络空间安全防御
与态势感知

企业安全建设指南
金融行业安全架构与技术实践

手机安全和可信应用
开发指南
TrustZone与OP-TEE技术详解

PRACTICAL
INTERNET OF
THINGS SECURITY
物联网安全

CLOUD SERVICE
SECURITY
云服务安全

CLOUD DATA
SECURITY
云数据安全

网络空间安全学科规划教材
原书第3版
网络防御与安全对策
原理与实践
Network
Defense and
Countermeasures
Principles and Practices
Third Edition

Introduction to Adversarial Examples
AI安全之
对抗样本入门